水质监测岗位技术考核题集与环境监测技术问题解答

主　编　李怡庭　齐文启
副主编　孙宗光　周良伟　高俊杰

中国水利水电出版社
www.waterpub.com.cn
·北京·

内 容 提 要

本书分为两篇。第一篇为水质监测岗位技术考核试题集，内容涵盖了现阶段水利行业水质监测技术规范全部要求，是从事河湖和地下水水质监测人员岗位技术考核的必备读本。第二篇主要针对生态环境监测技术人员在实际工作中遇到的各种问题，由知名专家领衔的团队进行权威解答。本书内容丰富，涉及面广，新颖实用。

本书对水利和生态环境系统各级监测机构及第三方检验检测机构的技术人员具有指导作用，也可供高校相关专业的师生参阅。

图书在版编目（CIP）数据

水质监测岗位技术考核题集与环境监测技术问题解答/李怡庭，齐文启主编. -- 北京：中国水利水电出版社，2021.3
ISBN 978-7-5170-9506-4

Ⅰ．①水… Ⅱ．①李… ②齐… Ⅲ．①水质监测－岗位培训－题解②环境监测－岗位培训－题解 Ⅳ．①X83-44

中国版本图书馆CIP数据核字(2021)第056155号

书　　名	水质监测岗位技术考核题集与环境监测技术问题解答 SHUIZHI JIANCE GANGWEI JISHU KAOHE TIJI YU HUANJING JIANCE JISHU WENTI JIEDA
作　　者	李怡庭　齐文启　主编
出版发行	中国水利水电出版社 （北京市海淀区玉渊潭南路1号D座　100038） 网址：www.waterpub.com.cn E-mail：sales@waterpub.com.cn 电话：（010）68367658（营销中心）
经　　售	北京科水图书销售中心（零售） 电话：（010）88383994、63202643、68545874 全国各地新华书店和相关出版物销售网点
排　　版	中国水利水电出版社微机排版中心
印　　刷	清淞永业（天津）印刷有限公司
规　　格	184mm×260mm　16开本　24印张　584千字
版　　次	2021年3月第1版　2021年3月第1次印刷
印　　数	0001—5000册
定　　价	**98.00元**

凡购买我社图书，如有缺页、倒页、脱页的，本社营销中心负责调换

版权所有·侵权必究

第一篇 水质监测岗位技术考核试题集

编写：潘曼曼　万晓红　刘洪林　高　博　吴培任　彭　菲
　　　朱圣清　夏光平　张　俊　王海兵　吴文强　赵彦龙
　　　渠晓东　黄少峰

第二篇 环境监测中的技术问题解答

编写：邓九兰　彭国伟　陈　桥　王延军　曹　勤　汪志国
　　　董玉珍　钱莲英　李　曼　林燕春　朱静静

再 版 说 明

  2013年《水环境监测实用技术问答与岗位技术考核试题集》出版后，受到读者的关注和好评。近年来，生态环境监测和水利系统的河湖、地下水水质监测在内容和形式都发生了变化。加之新制定和修订的国家和行业有关监测技术标准发布实施，原书的许多内容因技术标准的变化而需修订。鉴于此，作者对原书相关内容进行了必要的修改，并补充了新的内容予以再版，以满足读者的需要。

  本书再版时对内容结构做了调整，书名相应改为《水质监测岗位技术考核题集与环境监测技术问题解答》。

  本书第一篇是水质监测岗位技术考核试题集，内容涵盖了现阶段水利行业水质监测技术规范全部要求。命题选题合理，理论与实践相结合，是水质监测从业人员岗位技术考核的必备读本。第二篇内容针对生态环境系统基层监测技术人员提出的在监测工作中遇到的技术问题，由国内资深的环境监测知名专家和国家级监测机构首席水环境监测专家领衔进行权威解答。本书内容丰富、新颖实用。

  本书是一本适用性广的技术工具书，对水利系统和生态环境系统相关的技术人员、第三方环境监测机构的技术人员具有指导作用，也可供高校相关专业的师生参阅。

  本书难免存在错误，恳请读者批评指正。

作者

2020年8月

目　　录

再版说明

第一篇　水质监测岗位技术考核试题集

第一章　基础实验试题 ………………………………………………………………… 3
第二章　样品采集试题 ………………………………………………………………… 86
第三章　有机分析测试试题 …………………………………………………………… 109
第四章　质量控制与质量管理试题 …………………………………………………… 129
第五章　水生生物监测试题 …………………………………………………………… 154
第六章　沉积物监测与土壤监测试题 ………………………………………………… 168
第七章　其他实用技术试题 …………………………………………………………… 178

第二篇　环境监测中的技术问题解答

一、生化需氧量、溶解氧、化学需氧量监测问题 …………………………………… 189
二、氨氮、总氮、硝酸盐氮、凯氏氮监测问题 ……………………………………… 200
三、总磷监测问题 ……………………………………………………………………… 206
四、Hg、As、Se 监测问题 …………………………………………………………… 208
五、阴离子监测中的问题 ……………………………………………………………… 217
六、挥发酚监测中的问题 ……………………………………………………………… 222
七、油类监测中的问题 ………………………………………………………………… 224
八、重金属监测中的问题 ……………………………………………………………… 235
九、大气、锅炉监测问题 ……………………………………………………………… 247
十、噪声监测中的问题 ………………………………………………………………… 256
十一、质量控制问题 …………………………………………………………………… 261
十二、标准、规范相关问题 …………………………………………………………… 273
十三、环保验收中的问题 ……………………………………………………………… 298
十四、其他问题 ………………………………………………………………………… 334
附表 ……………………………………………………………………………………… 336
附表1　主要行业污染物排放表标准 ………………………………………………… 336
附表2　《地表水和污水监测技术规范》和标准分析方法中的水样保存及
　　　　标准分析方法等相关规定要求 …………………………………………… 339

第一篇

水质监测岗位技术考核试题集

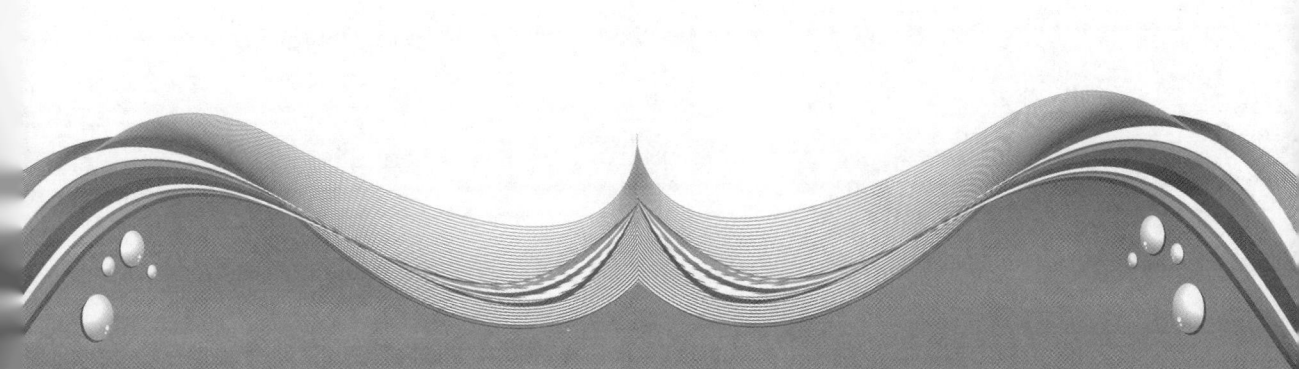

第一章 基础实验试题

一、填空题

1. 电导率表示水溶液（传导电流的能力），可间接表示水中（离子成分总浓度）。

2. 浊度表示水中（含有悬浮及胶体状态的杂质）引起水的浑浊程度，是天然水和饮用水的一项重要（指标）。

3. 透明度是指水样的澄清程度，洁净的水是透明的，水中存在（悬浮物）、（胶体颗粒）等时，透明度降低。

4. 总含盐量又称（全盐量），通常情况下近似于天然水体中（矿化度）值。

5. 残渣分为（总残渣）、（总可滤残渣）、（总不可滤残渣），它们之间的关系为（总残渣＝总可滤残渣＋总不可滤残渣）。

6. 水中的悬浮物是指水样通过孔径为（0.45）μm 滤膜，截留在滤膜上并于（103～105）℃下烘干至恒重的固体物质。

7. 漂浮或浸没的不均匀（固体物质）不属于悬浮物质，应从水样中除去。

8. 水中的碱度主要由（碳酸盐）、（重碳酸盐）和（氢氧化物）组成。

9. 总碱度等于（氢氧化物碱度）、（碳酸盐碱度）、（重碳酸盐碱度）之和。

10. 溶解在水中的（分子态）氧，称为溶解氧。

11. 天然水中溶解氧的饱和含量与空气中氧的（分压）、（大气压）以及（水温）和水质有密切关系。

12. 生活污水中的氮主要以（硝酸盐氮）、（亚硝酸盐氮）、（氨氮）和有机氮的形式存在。

13. 氨氮是指水中以（游离氨/NH_3）和（铵离子/NH_4^+）形式存在的氮。

14. 氨氮在水中以游离氨和铵离子形式存在，两者的组成比，取决于水中的（pH）值，当（pH）值高时，游离氨的比例较高；反之，则铵离子的比例较高。

15. 水中总氮是指以（有机氮）和（无机氮）形式存在的氮。

16. 总磷包括（溶解态）、（颗粒态）、（有机态）和（无机态）磷。

17. 高锰酸盐指数是水体受（有机物和还原性无机物）污染程度的综合指标。

18. 化学需氧量是指在一定条件下，用（强氧化剂）消解水样时，所消耗（氧化剂）

的量，以（O_2 的 mg/L）表示。

19. 五日生化需氧量（BOD_5）指将水样在（20±1）℃培养（5天），样品培养前后（溶解氧）之差。

20. 砷的化合物中，（三）价砷的化合物毒性最强。

21. 铬的毒性与其价态有关。水中的铬常以（三价和六价）两种价态存在，其中（六价）铬的化合物毒性最强。

22. 水体中，六价铬一般以（CrO_4^{2-}）、（$HCrO_4^-$）和（$Cr_2O_7^{2-}$）三种阴离子形式存在。

23. 油类是指（矿物油）和（动植物油脂），即在 pH≤2 能够用规定的萃取剂萃取并测量的物质。

24. 水中硫化物包括溶解性（H_2S）、（HS^-）和（S^{2-}），存在于悬浮物中的可溶性硫化物、酸可溶性金属硫化物以及未电离的有机和无机类硫化物。

25. 我国化学试剂分为四级。优级纯试剂用 GR 表示，标签颜色为（绿）色；分析纯试剂用 AR 表示，标签颜色为（红）色；化学纯试剂用 CP 表示，标签颜色为（蓝）色；实验试剂用 LR 表示，标签颜色为（黄）色。

26. 实验中铬酸洗液用（重铬酸钾）和（浓硫酸）配制而成。

27. 为洗涤下列污垢，请选用合适的洗涤剂：
(1) 盛 $AgNO_3$ 溶液后产生的棕色污垢用（稀 HNO_3）。
(2) 盛 $KMnO_4$ 溶液后产生的棕色污垢用（$HNO_3+Na_2C_2O_4$）或（$Na_2C_2O_4$）。
(3) 盛 $FeCl_3$ 溶液后产生的红棕色污垢用（浓 HCl）。
(4) 盛沸水后产生的白色污垢用（稀 HCl）。

28. 测定铬的玻璃器皿，包括采样容器，不能用（重铬酸钾洗液或铬酸溶液）洗涤，可用硝酸与硫酸混合液或洗涤剂洗涤。

29. 测定铬的玻璃器皿用（硝酸与硫酸混合液或洗涤剂）洗涤。

30. GB/T 6682—2008《分析实验室用水规格和试验方法》中将实验室用水分为（三个）级别，一般实验室用水应符合（三级）水标准要求。

31. GB/T 6682—2008《分析实验室用水规格和试验方法》中规定的技术指标包括（pH 值）、（电导率）、（吸光度）、可氧化物、蒸发残渣以及可溶性硅六项内容。

32. 为了证明高纯水的质量，应用（电导法）是最适宜的方法。

33. 用纯水洗涤玻璃仪器，使其干净又节约用水的方法原则是（少量多次）。

34. 配制溶液和进行检验检测工作，应采用（蒸馏）水或（去离子）水，自来水只能用于初步（洗涤）、冷却和加热等。

35. 进行氨氮的测定时，配制试剂的水应该是（无氨水）。

36. 配制 NaOH 标准溶液时，所采用的蒸馏水应为（不含 CO_2）的蒸馏水。

37. 玻璃量器不得接触（浓碱液）、（氢氟酸）以及（高温溶液）。

38. 磨口试剂瓶不宜贮存（碱性）试剂。

39. 酸式滴定管不宜装（碱性）溶液，因为玻璃活塞易被碱性溶液（腐蚀）。

40. 实验室中，不能在电热干燥箱中受热的常用玻璃仪器有（滴定管）、（无分度吸管）、（分度吸管/吸量管）、（容量瓶）、（量筒）。

41. 实验室中，（滴定管）、（无分度吸管）、（分度吸管/吸量管）在使用之前必须用待吸或滴定溶液润洗，而容量瓶、锥形瓶在使用前则不能用待盛液体润洗。

42. 干燥器中最常用的干燥剂有（变色硅胶）和（无水氯化钙）。它们失效的标志分别是（硅胶变红）和（氯化钙结成硬块）。

43. 天平的计量性能包括（稳定性）、（正确性）、（灵敏性）、（示值变动性）。

44. 试样的称量方法包括（固定质量称量法）、（递减称量法）等。

45. 吸湿性或（挥发性）强的物品必须在（带有磨口盖/能密封）的容器内称量。

46. 滤纸分定性和（定量）两种，定量滤纸常用于（重量）分析中。

47. 滤纸按过滤速度分（快速）、（中速）、（慢速）三类。

48. 使用固体试剂时，应遵守（只出不进）、（量用为出）的原则。

49. 凡能产生刺激性、腐蚀性、有毒或恶臭气体的操作必须在（通风橱）中进行。

50. 开启易挥发液体试剂瓶盖之前，应先将试剂瓶放在（流水中）冷却几分钟，开启瓶盖时不要将瓶口（正对自己或别人），最好在（排/通风柜）内进行。

51. 打开浓盐酸瓶塞时，应带好（防护眼镜和手套），并在（通风柜/橱）内进行。

52. 稀释浓硫酸时必须在（硬质玻璃）的烧杯中进行，必须将（硫酸）沿（玻璃棒）慢慢加入（水）中，并不断搅拌。绝不可将（水）倒入（硫酸）中，以防（溶液过热而迸溅）。温度过高时应（冷却）后再继续稀释。

53. 氯仿遇紫外线和高温可形成光气，毒性很大，可在贮存的氯仿中加入1%~2%的（乙醇）来消除。

54. 规范的滴定姿势应是操作者（面对）滴定管，站立或坐姿，（左）手转动活塞（或捏玻璃珠），（右）手持锥形瓶。滴定时（精神集中），以免滴过终点。

55. 滴定时速度不宜太快，切不可（成线/直线/线性）流下。

56. 滴定管读数时，应手持滴定管，保证滴定管（垂直）。

57. 为了减少测量误差，使用分度吸管/吸量管做精密移液时，每次都应以（零标线）

为起点,放出所需体积,不得(分段连续)使用。

58. 用 250mL 容量瓶配制溶液,当液面凹位与刻度线相切时,其体积应记录为(250.00)mL,用 50mL 量筒量取溶液的准确体积应记录为(50.0)mL。

59. 冷凝管的冷却水应从(下口管)进(上口管)出。

60. 对于加热温度有可能达到被加热物质的沸点时,必须加入(沸石/玻璃珠/碎瓷片)以防爆沸。

61. 常用的酸碱指示剂中,甲基橙的变色范围(3.1~4.4),碱性溶液颜色显(黄色);而百里酚酞的变色范围(9.4~10.6),酸性溶液显(无色)。

62. 甲基橙指示剂酸式为(红)色,碱式为(黄)色。

63. 酚酞指示剂酸式为(无)色,碱式为(红)色。

64. 在滴定过程中,指示剂发生颜色改变的转变点称为(滴定终点)。

65. 酸碱滴定中选用指示剂的原则是指示剂的变色范围必须处于或部分处于(计量点附近)的 pH 值突跃范围内。

66. 酸碱滴定时,酸和碱的强度越(强),浓度越(大),其 pH 值突跃范围越大。

67. 酸碱滴定中,当选用的指示剂一定时,若 pH 值突跃范围越大,则滴定的相对误差越(小)。

68. 用盐酸滴定碳酸钠可以准确滴定(2)个终点,而用氢氧化钠滴定碳酸溶液只能准确滴定(1)个终点。

69. 强碱滴定一元强酸时,计量点 pH=(7),滴定一元弱酸时,计量点 pH(>)7。

70. 强酸滴定强碱时,计量点 pH=(7),滴定一元弱碱时,计量点 pH(<)7。

71. 测定总硬度时,控制 pH=(10),以(铬黑T)做指示剂,用 EDTA 滴定,溶液由(紫色)变为(天蓝色)为终点。

72. 测定钙硬度时,控制 pH=(12~13),镁离子以($Mg(OH)_2$ 的形式析出)而不干扰滴定,以钙指示剂做指示剂,用 EDTA 滴定,溶液由(红色)变为(蓝色)为终点。

73. 含有 0.01mol/L Cl^-、0.01mol/L I^- 混合水溶液,逐滴加入 $AgNO_3$ 水溶液,首先生成沉淀的颜色是(黄色)。

74. 水质分析中加入缓冲溶液的目的是保持溶液的(pH值)相对稳定。

75. 缓冲溶液就是弱酸及其(弱酸盐)的混合液,其(酸碱度/pH值)能在一定范围内不受少量酸或碱稀释的影响发生显著变化。

76. 任何缓冲溶液都有一定的(缓冲容量),在使用前应该用稀酸或稀碱液使水样的 pH 值调节到一定的范围。

77. 测定氟化物样品时，用（柠檬酸钠）做总离子强度缓冲液，可以掩蔽钙、镁、铝、铁等离子。

78. 配制 1000mL 硝酸钾贮备液时，为使其稳定，可加入 2mL（三氯甲烷）。

79. 已知准确浓度的试剂溶液称为（标准溶液）。

80. 配制标准溶液的方法有（直接法）和（间接法）。凡是非基准物质的试剂可选用（间接法）配制。

81. 用直接法配制标准溶液时，根据标准溶液的（体积）和基准物质的（量），计算出标准溶液的准确浓度。

82. 标定盐酸溶液常用的基准物质有（无水碳酸钠）、（硼砂）。

83. 标定氢氧化钠溶液常用的基准物质有（草酸）、（邻苯二甲酸氢钾）。

84. 标定高锰酸钾溶液常用的基准物质有（草酸）、（草酸钠）。

85. 用失去部分结晶水的 $H_2C_2O_4 \cdot 2H_2O$ 为基准物，标定 NaOH 溶液浓度，对测定结果的影响是（偏低）。

86. 用基准碳酸钠标定盐酸标准溶液时，检验员未将基准碳酸钠干燥至恒重，则标定的盐酸浓度将（偏高）。

87. 水中嗅可以用（文字描述）和（臭阈值）表示。

88. 测定水样浊度通常用（分光光度）法和（目视比浊）法。

89. 用钴铂比色法测定水样的色度是以（与之相当的色度标准溶液）的度值表示。

90. 分光光度法适用于测定（天然水）、（饮用水）的浊度，最低检测浊度为（3）度。

91. 目视法测定水的浊度时，所用的无色具塞比色管的（玻璃材质）和（直径）均需一致。

92. 测定悬浮物的操作中，称重至"恒重"对滤膜是指两次称量差不超过（0.0002）g，对载有悬浮物的滤膜是指两次称重差不超过（0.0004）g。

93. 电导率的标准单位是（S/m 或西门子/米）。

94. 通常规定（25）℃为测定电导率的标准温度。

95. 采用离子选择性电极测定离子浓度时，两个电极构成的电池电动势与水样中待测离子浓度的（对数值）呈线性关系。

96. 离子浓度越大，离子选择性电极的响应时间越（短）。

97. 电位滴定法是根据（指示电极的电位突跃）指示终点。

98. 酸度计中的复合电极是由（玻璃）电极和（Ag－AgCl）电极构成，其中，（玻璃电极）是指示电极。

99. 电位法测量溶液 pH 值时，采用（pH 玻璃电极）作为指示电极。

100. 采用 pH 计测定水样 pH 值时，通常采用（甘汞电极）做参比电极，（玻璃电极）做指示电极。

101. 测定 pH 值时必须进行（温度补偿）和（标准）校正。

102. 常规测定 pH 值所使用的 pH 计（酸度计），其精度至少应当精确到（0.1），在读数时，应停止搅动，（静止片刻）以使读数稳定。

103. 测定 pH 值时，为减少空气和水样中（二氧化碳）的溶入或挥发，在测定水样之前，不应（提前打开）水样瓶塞。

104. 测定样品 pH 值时，先用（蒸馏水）认真冲洗电极，再用（水样）冲洗，然后将电极浸入样品中，小心摇动或进行搅拌使样品与电极均匀接触，静置待（读数稳定）时记下 pH 值。

105. 测定两份水样的 pH 值分别为 6.0 和 9.0，其氢离子活度相差（1000）倍。因为 pH 值的定义是（氢离子活度的负对数），即 pH＝($-\lg[H^+]$）。所以，pH＝6.0 时，其氢离子活度应为（10^{-6} mol/L）；pH＝9.0 时，其氢离子活度应为（10^{-9} mol/L）。

106. pH 值为 2 的溶液，其 $[H^+]$ 是 pH 值为 4 的溶液的（100）倍。

107. pH 值为 12 的溶液，其 $[OH^-]$ 是 pH 值为 10 的溶液的（100）倍。

108. 玻璃电极在 pH＞10 的碱性溶液中，pH 值与电动势不呈直线关系，出现（碱性误差（钠差）），即 pH 的测量值比应有的（偏低）。

109. 碘量法要求在（中性）或（弱碱性）介质中进行。

110. 碘量法测定溶解氧，应在水样中加入（硫酸锰）和碱性碘化钾，溶解氧与其生成（水合氧化锰）沉淀，棕色沉淀越多，溶解氧数值（越高）。

111. 碘量法测定溶解氧每消耗 1mmol 硫代硫酸钠，表明含（8）mg O_2。

112. 便携式溶解氧测定仪一般为（覆膜电极法）和（荧光法）两种，其特点（简便）、（快捷）、（干扰少），适用于（现场）测定。

113. 化学分析方法根据被测物质（含量）及操作方法不同分为常量、半微量及微量分析。

114. 常用于水质分析的消化有（硝酸消化法）、（硝酸-盐酸消化法）、（硝酸-硫酸消化法）。

115. 容量分析法按其利用化学反应的不同，可分为（酸碱滴定）法、沉淀滴定法、（络合滴定）法和氧化-还原滴定法。

116. 滴加的标准溶液与待测组分恰好反应完全的这一点，称为（化学计量）点。

117. 硝酸银滴定法测定水中氯化物时，如果水样碱度过高，则会生成（氢氧化银）

或（碳酸银）沉淀，使终点不明显或结果偏高。

118. 使用硝酸银滴定法测定水中氯化物的浓度，标准溶液的摩尔浓度是（0.0141）mol/L。

119. 硫酸盐的 EDTA 滴定法适用于硫酸根含量在（10~200）mg/L 范围的天然水，但经过稀释或浓缩，可扩大稀释范围。

120. EDTA 与不同价态的金属离子生成络合物时，化学计量系数之比一般为（1∶1）。

121. 用莫尔法滴定氯化物的适宜 pH 值范围是（6.5~10.5）。

122. 物质以分子或离子的形态均匀的分散到另一种物质里的过程，称为（溶解）。

123. 溶解一般为（吸热）过程，绝大多数沉淀的溶解度随温度升高而增大。

124. 沉淀法中，沉淀要经过（陈化）、（过滤）、（洗涤）、（干燥）和（灼烧），将沉淀转化为称量形式才能进行称量。

125. 重量法中要求沉淀剂应易挥发、（易分解），在灼烧时可以从（沉淀）中将其除去。

126. 重量法测定水中用全盐量时，若蒸干的残渣有色（含有机物），则应滴加（过氧化氢/H_2O_2）溶液处理。

127. 测定高锰酸盐指数时，水中的（亚硝酸盐）、（亚铁盐）、（硫化物）等还原性无机物和在此条件下可被氧化的（有机物）均可消耗 $KMnO_4$。

128. 高锰酸钾标准溶液应保存在（棕色试剂瓶）中、并存放于（暗处），使用之前一定要（标定）。

129. 在酸性条件下，$KMnO_4$ 的基本单元为（$1/5\ KMnO_4$）；在中性条件下，$KMnO_4$ 的基本单元为（$1/3\ KMnO_4$）。

130. 化学需氧量是指在一定条件下，水中（能够被重铬酸钾氧化的还原性物质总量），用（重铬酸钾）作氧化剂，以（硫酸亚铁铵（Fe^{2+}））返滴定，（试亚铁灵）作指示剂，出现（红褐色）即为终点。

131. 重铬酸钾法测定水中化学需氧量，滴定时，应严格控制溶液的酸度，如酸度太大，会使（滴定终点不明显）。

132. 重铬酸盐法测定水中化学需氧量时，若水样中氯离子含量较多而干扰测定时，可加入（硫酸汞）去除，如果氯离子大于 1000mg/L 时，应使用（氯气修正法）。

133. 在测定化学需氧量的过程中，水中的有机物被氧化为（二氧化碳）和（水）。

134. 测定化学需氧量时，为加快 $K_2Cr_2O_7$ 的氧化反应速度，常加（Ag_2SO_4）作催化剂。

135. 用重铬酸钾法测定水样化学需氧量时，若回流过程中溶液颜色变绿，说明（氧化剂量不足），应将水样按一定比例稀释后再重做。

136. 用稀释与接种法测定水中 BOD_5 时，为保证微生物生长需要，稀释水中应加入一定量的（无机营养盐）和（缓冲物质），并使其中的溶解氧近饱和。

137. 碘量滴定法测定硫化物时，当加入碘液和硫酸后，溶液为无色，说明（硫化物含量较高），应补加适量（碘标准溶液），使呈（淡黄色）为止。空白试验亦应（加入相同量的碘标准溶液）。

138. 利用标准曲线法进行测定时，待测物质的浓度应在（标准系列浓度范围）内。

139. 水中氨氮常用的测定方法有（纳氏试剂分光光度法）、（水杨酸分光光度法）、（蒸馏-中和滴定法）、（连续流动分析法/流动注射分析法）和（气相分子吸收光谱法）等方法。

140. 根据纳氏试剂分光光度法，测定水中氨氮时，为除去水样色度和浊度，可采用（絮凝沉淀）法和（预蒸馏）法。

141. 纳氏试剂分光光度法测定水中氨氮的方法原理是：以游离态的氨或铵离子等形式存在的氨氮与纳氏试剂反应，生成（淡红棕）色络合物，该络合物的吸光度与氨氮含量成正比，于波长 420nm 处测量吸光度。

142. 根据纳氏试剂分光光度法，分别加入酒石酸钾钠和纳氏试剂混匀，放置（10）min 后进行比色。

143. 根据纳氏试剂分光光度法测定水中氨氮时，纳氏试剂是用（$HgCl_2 - KI - KOH$）或（$HgI_2 - KI - NaOH$）试剂配制而成，且两者的比例对显色反应的灵敏度影响较大。

144. 纳氏试剂分光光度法测定水中氨氮时，为除去水样色度和浊度，可采用絮凝沉淀法和（预蒸馏）方法。水样中如含余氯，可加入适量（$Na_2S_2O_3$）去除；金属离子干扰可加入（掩蔽剂（酒石酸钾钠））去除。

145. 根据 HJ 535—2009《水质 氨氮的测定 纳氏试剂分光光度法》，当水样体积为 50mL，使用 20mm 比色皿时，纳氏试剂分光光度法方法检出限为（0.025）mg/L。

146. HJ 636—2012《水质 总氮的测定 碱性过硫酸钾消解紫外分光光度法方法》适用于（地表）水、（地下）水、（工业废水）和（生活污水）中总氮的测定。

147. 根据 HJ 636—2012 标准分析方法，测定水中总氮时，样品消解温度和时间是（120~124）℃和从温度达到 120℃开始计时（30）min。

148. 为使过硫酸钾溶解，可采用（加热）、（超声）等方法助溶，但溶液温度不得大于（60）℃。

149. GB 11893—1989 标准分析方法规定了测定总磷是用（过硫酸钾/硝酸—高氯酸）为氧化剂，将（未经过滤的）的水样消解，用钼酸铵分光光度法测定。

150. 分光光度法测定水中亚硝酸盐氮时，若水样有悬浮物和颜色，每 100mL 水样需加入 2mL（氢氧化铝悬浮液），搅拌，静置，过滤，弃去 25mL 初滤液后，再取试样测定。

151. 使用铬酸钡分光光度法测定水中硫酸盐的浓度时，水样中碳酸根也与钡离子形成沉淀。在加入铬酸钡之前，将样品（酸化）并加热以除去碳酸盐。

152. 用亚甲蓝分光光度法测定水中阴离子表面活性剂时，应按规定进行空白试验，即用（100mL）蒸馏水代替试样，在实验条件下（用 10mm 光程比色皿），空白试验的吸光度不应超过 0.02，否则应仔细检查仪器和试剂是否存在污染。

153. 分光光度计主要由（光源）、（单色器）、（吸收池）、（检测器）、（记录系统）五部分组成。

154. 可见光分光光度计工作范围为（360～800）nm，在比色器中进行测定时，被测物质必须在仪器工作波长范围有（吸收）。

155. 比色分析用的特定单色光是应用（棱镜）和（光栅）等获得。

156. 吸光度 A 与透光率 T 的关系式为（$A=-\lg T$）。

157. 如果吸光度为 0.500，其透光度为（32%）。

158. 应用分光光度法测定样品时，校正波长是为了检验波长刻度与实际波长的（符合程度），并通过适当方法进行修正，以消除因波长刻度的误差引起的光度测定误差。

159. （朗伯-比尔定律）是吸收光谱法定量的理论基础。

160. $A=\varepsilon bc$ 式中 ε 叫（摩尔吸光系数），它反映了在一定波长下用吸收光谱法测定该吸光物质的灵敏度，ε 越大对光的吸收（越强），灵敏度（越高）。

161. 分光光度法测定水样中铁可用（磺基水杨酸）或（邻二氮菲）显色后进行比色分析。

162. 采用邻菲罗啉比色法测天然水中铁时，需将水中的 Fe^{3+}（还原成 Fe^{2+}）以后才能显色测定。

163. 用邻菲罗啉分光光度法测定水样中的总铁含量时，加入盐酸羟胺的目的是将（Fe^{3+}）还原为（Fe^{2+}）。

164. 六价铬与二苯碳酰二肼反应时，显色酸度一般控制在（0.05～0.3mol/L（1/2 H_2SO_4）），以（0.2mol/L）时显色最好。

165. 在水质监测中，测定水中砷的两个常用的分光光度法分别是（新银盐分光光度法）和（二乙氨基二硫代甲酸银分光光度法）。

166. 用二苯碳酰二肼法测定水中的六价铬含量时，其测定原理是加入显色剂二苯碳酰二肼与六价铬生成（紫红）色化合物，其颜色深浅与六价铬含量成（正比）。

167. 二苯碳酰二肼分光光度法测定水中六价铬时，如水样有颜色但不太深，可进行

（色度）校正，浑浊且色度较深的水样用（锌盐沉淀分离）预处理后，仍含有机物干扰测定时，可用（酸性高锰酸钾（氧化法））破坏有机物后再测定。

168. N-(1-萘基）乙二胺偶氮分光光度法测定水中苯胺类化合物时，若水样颜色较深，可用（聚己内酰胺粉末）脱色处理。

169. 分析苯胺项目时，对色泽很深的废水样品，应采用（蒸馏法），消除其干扰。

170. 利用显色剂对无机离子进行显色比色分析时，应注意控制显色剂的（用量）、介质的（酸度）及溶液中共存离子的（干扰）。

171. 硫酸铜溶液呈蓝色的原因是该溶液中的有色质点有选择地吸收（黄）色光，使（蓝）色光透过。

172. 一般常将（200~400）nm波长的光称为紫外光，用紫外分光光度法测定样品时，应选择（石英）材质的比色皿。

173. 红外光度法测定水中油所用的四氯乙烯试剂应以干燥4cm空石英比色皿为参比，在（2800~3100cm^{-1}）范围用4cm石英比色皿测定四氯乙烯，2930cm^{-1}、2960cm^{-1}、3030cm^{-1}处吸光度应分别不超过（0.34、0.07、0）。

174. 红外分光光度法测定水中石油类时，用（硅酸镁）来吸附萃取液中的动植物油，吸附方式有（吸附柱）法和（振荡吸附）法。

175. 分光光度计通常使用的比色皿具有（方向性），使用前应做好标记。

176. 一组比色皿使用前应进行杯差检测，比色皿间透射比差不大于（0.5%）即可配套使用。

177. 比色皿放入比色架时应保持方向相同，样品溶液放入仪器测量前应注意消除比色皿壁的（气泡）。

178. 玻璃比色皿适用于（可见光）比色测量；石英比色皿适用于（紫外和可见光）比色测量；使用比色皿时，两个透光面要（垂直）比色皿架，以保证在测量时，入射光（垂直于）透光面，避免光的（反射损失），保证光程固定。

179. 分光光度法测定样品时，比色皿表面不清洁是造成测量误差的常见原因之一，每当测定有色溶液后，一定要充分洗涤，可用（相应的溶剂）涮洗，或用（（1+3）HNO_3）浸泡，注意浸泡时间不宜过长，以防比色皿脱胶损坏。

180. 盛放水溶液的比色皿用后应立即（用水冲洗干净），必要时用1:1的盐酸浸泡后用水冲洗干净。

181. 拿取比色皿时，只能用手指接触两侧的（毛玻璃），避免接触（光学面），不得将（光学面）与硬物或脏物接触，盛装溶液时，高度到比色皿的（三分之二）处即可，最多不超过（四分之三）处，光学面有残液时先用滤纸吸收，再用镜头纸或软棉织物擦拭。

182. 由于硫离子很容易被氧化，硫化氢易从水样中逸出，因此在采样时应防止曝气，并加适量的（氢氧化钠溶液）和（乙酸锌-乙酸钠溶液），使水样呈（碱性）并形成（硫化锌沉淀）。

183. 用 4-氨基安替比林法测定挥发酚，采集后的样品应贮存于（玻璃瓶）中，及时加磷酸酸化至 pH 值约（4.0），并加适量（硫酸铜），使样品中硫酸铜质量浓度为 1g/L 以抑制微生物对酚类的生物氧化作用。样品在（4）℃下冷藏，24h 内进行测定。

184. 含酚废水的保存用磷酸酸化，加 $CuSO_4$ 是（抑制微生物氧化）作用。

185. 吸收光谱定量分析通常利用（标准曲线/工作曲线）法。

186. 原子吸收分光光度计主要由（光源）、（原子化器）、（分光系统/单色器）和（检测系统）四部分组成。

187. 原子吸收扣除背景吸收的方式有（氘灯法）、（塞曼法）、（自吸收法）等。

188. 原子发射光谱分析过程主要分三步：（激发）、（分光）、（检测）。

189. 原子吸收分光光度计中的光源通常采用（空心阴极灯/元素灯或无极放电灯），提供被测元素的原子所吸收的（特征谱线）。

190. 火焰原子吸收光度法分析水中铁、锰时，铁锰的光谱线较复杂，为克服光谱干扰应选择小的（光谱通带）。

191. 火焰原子吸收光度法分析过程中主要干扰有：物理干扰、化学干扰、（电离干扰）和（光谱干扰）等。

192. 火焰原子吸收光谱仪的原子化器的作用是（产生基态原子）用以吸收来自锐线源的（共振辐射）。

193. 石墨炉原子吸收分析阶段，灰化的含义在于（基体）和（干扰物）的灰化清除，保留分析元素。

194. 石墨炉原子吸收光度法分析程序通常有（干燥）、（灰化）、（原子化）和（除残净化）4 个阶段。

195. 原子荧光光谱仪主要由（激发光源）、（原子化器）、（检测器）3 部分组成。

196. 原子荧光光度法常用于分析地表水中的（砷）、（汞）、（硒）、（铅）等。

197. GB 3838—2002《地表水环境质量标准》中汞的Ⅲ类标准限值为≤（0.0001mg/L），对于Ⅰ～Ⅲ类水样最好的检验方法是（原子荧光法）。

198. 使用原子荧光法进行测定时，分析中所用的玻璃器皿在使用前均需用（1+1）HNO_3 溶液浸泡（24）h。

199. 原子荧光光谱仪的检测部分主要包括（分光系统）、（光电转换装置）以及放大系统和输出装置。

200. 在原子荧光分析的实际工作中，会出现空白（荧光）大于样品强度的情况，这是因为空白溶液中不存在（干扰）的原因。

201. 在原子荧光分析中，标准溶液的（介质）应和样品完全一致，同时必须做（空白）。

202. ICP光谱仪的进样装置通常是由（雾化器）、（雾化室）和（相应的供气管路）组成。

203. ICP焰炬通常分成三区：（预热区）、（初始辐射区）和（正常分析区）。

204. 电感耦合等离子体光源的切向进气，即（冷却气）的作用是（参与放电过程）、（维持ICP工作的气流），把（等离子体焰炬）和（石英管）隔离开，以免烧熔石英炬管。

205. 电感耦合等离子体光源的中层管进气即（辅助气）的作用是（点燃等离子体）。在形成（等离子体焰炬）后可以关掉。在进行有机试样分析时，可起到抬高（等离子体焰炬的作用），以减少炭粒沉积，保护（进样管）的作用。在点燃时起到保护（中心管口）的作用。

206. 电感耦合等离子体光源的载气的作用是在（等离子体）中打通一条通道，有利于等离子体形成环状结构，载带（试样气溶胶）进入等离子体。

207. 质谱是一个质量筛选和分析器，通过选择不同的（质核比）的离子来检测到不同离子的强度。

208. ICP－MS的全称是（电感耦合等离子体质谱），其中ICP起到（离子源）的作用。

209. ICP－MS的接口包括（采样锥）和（截取锥）两部分。

210. ICP－MS法存在的主要干扰是（同质量类型离子干扰）、（多原子离子干扰）、（双电离离子干扰）和难容氧化物离子干扰。

211. ICP－MS进样时，由载气带入等离子体焰炬中心区，发生（蒸发）、分解、（激发）和（电离）。

212. 在利用ICP－MS测定地表水样品前，需将水样经过（0.45μm）的滤膜。

213. 离子色谱最常见的分离方式为（离子交换）；水质监测中最通用的检测器为（电导检测器）、（紫外检测器）、（安培检测器）。

214. 现代离子色谱中的电导检测器主要用（抑制型）电导检测器。

215. 在离子色谱分析中，为了缩短分析时间，可通过改变分离柱的容量、淋洗液强度和（流速），以及在淋洗液中加入有机改进剂和用梯度淋洗技术来实现。

216. 离子色谱法主要用于分析有机和无机（阴）、（阳）离子的分离。

217. 离子色谱分析样品时可采用（去离子水）或（淋洗液）稀释样品，以减少水负峰的影响。

218. 离子色谱中抑制器主要起降低淋洗液的（背景电导），增加被测离子的（电导值），起到改善（信噪比）的作用。

219. 当改变离子色谱淋洗液的流速时，待测离子的洗脱顺序（不会改变）。

220. 离子色谱分析中水的纯度会影响到分析结果，用于配置淋洗液和标准溶液的去离子水电阻率应为（18MΩ·cm）以上。

221. NaOH 是离子色谱常用的分析（阴）离子推荐淋洗液，在使用中，空气中的（CO_2）总会溶入 NaOH 溶液中，改变淋洗液的组成和浓度，造成基线漂移，影响分离。

222. 离子色谱法测定氟化物和氯化物时，不被色谱柱保留或弱保留的阴离子干扰测定时，用（弱）保留淋洗液进行洗脱。

223. 色谱法中，混合组分是通过在（流动相）和（固定相）之间的作用力的不同而达到分离的目的的。

224. 对于气液色谱法，分配系数（C_s/C_m）大的组分保留时间（越长）。

225. 气相色谱的（流动相）是气体，（固定相）是固体，例如活性炭、硅胶等作固定相。

226. 阿特拉津又名（莠去津），可以用（气相色谱）法和（液相色谱）法测定。

227. 滤膜法测定水中总大肠菌群和粪大肠菌群时，放置滤膜的操作应为：用已灭菌的镊子夹取灭菌滤膜的边缘，将其（粗糙）面向（上），贴放在已灭菌的滤床上，稳妥地固定好滤器。

228. 灭菌与消毒的区别是：灭菌是将（所有的）微生物杀死，消毒是杀死（病原）微生物。

229. 经过（沉淀）、（过滤）后，水中杂质、微生物及附在悬浮物的细菌已大部分去除。

230. 中华人民共和国法定计量单位的基础是（国际单位制）。

231. 法定计量单位是国家以（法令）的形式，明确规定并且允许在全国范围内（统一）实行的计量单位。

232. 记录测量数据时只能保留（一位）可疑数字，全部检测数据均应用（法定计量）单位。

233. （24.00－8.00）×0.1000＝（1.600）。

234. （14.00－5.00）×0.1000＝（0.900）。

235. pH＝7.00，表示其有效数字为（2）位。

236. pH＝7.0，表示其有效数字为（1）位。

237. 数字 0.0530 表示其有效数字为（3）位。

238. 实验室常用的 50mL 规格的滴定管最小量度值为（0.1）mL，它的读数最多为（4）位有效数字。

239. 标定酸溶液时，测定结果平均值为 0.1000mol/L，某一测定值为 0.0998mol/L，该测定值的相对偏差为（-0.2%）。

240. 入河排污口污水量应按各测次分别计算，取加权平均值；根据调查取得的入河排污口（周期性或季节性）的排放规律，确定（排污天数），计算年排放量。

241. GB 3838—2002《地表水环境质量标准》按功能将地表水分为（五）大类，其中（Ⅲ）类及以上可做生活饮用水水源地。

242. GB 5749—2006《生活饮用水卫生标准》规定总硬度以（$CaCO_3$）计，不得高于（450）mg/L。

243. GB 5749—2006《生活饮用水卫生标准》规定溶解性总固体不得高于（1000）mg/L。

244. 过量硫酸盐对人体有致泻作用，GB 5749—2006《生活饮用水卫生标准》规定硫酸盐含量不应高于（250）mg/L。

245. GB 5749—2006《生活饮用水卫生标准》中三卤甲烷指的是：（三氯甲烷）、（一氯二溴甲烷）、（二氯一溴甲烷）和（三溴甲烷）。

246. GB 5749—2006《生活饮用水卫生标准》对饮用水的要求是感官性（无不良刺激或不愉快的感觉）、所有有害或有毒物质的浓度（对人体健康不产生毒害和不良影响），且不应含有（各种病源细菌、病毒和寄生虫等）。

247. GB 5749—2006《生活饮用水卫生标准》的微生物指标包括：总大肠菌群、（耐热大肠菌群）、（大肠埃希氏菌）和（菌落总数）。

248. GB 5749—2006《生活饮用水卫生标准》中消毒剂常规指标包括：游离氯、（一氯胺）、（臭氧）和（二氧化氯）。

249. GB 5749—2006《生活饮用水卫生标准》规定，水中菌落总数的限值为（100）CFU/mL。

250. GB 5749—2006《生活饮用水卫生标准》规定，饮用水的 pH 值不小于（6.5）且不大于（8.5）。

二、判断题

1. 化学变化是物质变化时生成了其他物质的变化。（√）

2. 在水溶液中或熔融状态下能够导电的化合物叫电解质。（√）

3. SO_2 和 CO_2 是非电解质，所以其水溶液不能导电。（×）

4. 水的硬度分为暂时硬度和永久硬度，重碳酸盐硬度属于永久硬度。（×）

5. 水中的碱度是由碳酸盐和重碳酸盐组成。（×）

6. 水中重碳酸盐、碳酸盐和氢氧化物三种碱度不可以共同存在。（√）

7. 盐都是离子化合物。（×）

8. 气体溶解度随着温度升高而减小，随着压强增大而增大。（√）

9. 溶质和溶剂的某些物理、化学性质相似时，二者之间的作用力就强，保留时间就长。（√）

10. 国际单位就是我国的法定计量单位。（×）

11. 物质的量浓度就是原来的当量浓度。（×）

12. 物质的量浓度就是原来的摩尔浓度。（√）

13. 摩尔是一系统的物质的量，该系统中所含的基本单元数与 $0.012kg$ ^{12}C 的原子数目相同。（√）

14. 物质的量浓度会随基本单元的不同而变化。（√）

15. 我国标准物质分为国家一级标准物质和二级标准物质。（√）

16. 二级试剂的名称是分析纯，符号是 AR，标签是红色。（√）

17. 在水质监测中，应根据分析方法对检验结果准确度的要求等选用不同等级的试剂。（√）

18. 分析试验所用的水，要求其纯度符合标准的要求即可。（√）

19. 分析试验所用的纯水要求其纯度越高越好。（×）

20. 纯净的水 pH＝7，则可以说 pH 值为 7 的溶液就是纯净的水。（×）

21. 无浊度水是将蒸馏水通过 $0.4\mu m$ 滤膜过滤，收集于用滤过水荡洗两次的烧瓶中的水。（×）

22. 实验中铬酸洗液用铬酸钾和浓硫酸配制而成。（×）

23. 铬酸洗液失效后，应用废铁屑还原残留的 Cr(Ⅵ) 到 Cr(Ⅲ) 再用石灰中和成 $Cr(OH)_3$ 沉淀。（√）

24. 指示剂变色点与化学计量点不一致产生的误差属于系统误差。（√）

25. 酚酞指示剂酸式为无色，碱式为红色。（√）

26. 甲基橙指示剂酸式为黄色，碱式为红色。（×）

27. 在醋酸钠水溶液中滴加酚酞指示剂，溶液呈红色，加入少量的氯化铵晶体后，溶液的红色变浅。（√）

28. 在氧化还原滴定中根据标准溶液或被滴物质本身颜色的变化指示终点的指示剂叫

专属指示剂。（×）

29. 用 $KMnO_4$ 滴定无色或浅色的还原剂溶液时，稍过量的 $KMnO_4$ 就使溶液呈粉红色，指示终点的到达。所以 $KMnO_4$ 属于专属指示剂。（×）

30. 物质以分子或离子的形态均匀的分散到另一种物质里的过程，称为溶解。（√）

31. 溶解一般为吸热过程，绝大多数沉淀的溶解度随温度升高而增大。（√）

32. 用量筒量取液体时，量筒应放在平整的桌面上，视线与量筒内凹液面的最低处平齐。（√）

33. 液体试剂取用时，可以直接从原装试剂瓶内吸取，但剩余试剂不能放回原装试剂瓶。（×）

34. 清除砷化物残留物时，可在污染处喷洒碱水，然后再清洗干净。（√）

35. 实验室稀释硫酸时，必须在硬质耐热玻璃烧杯或锥形瓶中进行，方法是将水沿玻璃棒缓缓注入硫酸中，边注入边搅拌。（×）

36. 配制硫酸、磷酸、硝酸、盐酸溶液时都应将酸注入水中。（√）

37. 将 50g 水倒入 50g 98% 的浓硫酸中，可制成 49% 的硫酸溶液。（×）

38. HCl 和 HNO_3 以 3∶1 的比例混合而成的混酸叫"王水"，以 1∶3 的比例混合的混酸叫"逆王水"，它们几乎可以溶解所有的金属。（√）

39. 使用氢氟酸操作时，为预防烧伤可戴上纱布手套或线手套。（×）

40. 试样中含有机物时不能直接用高氯酸溶解，以免引起燃烧或爆炸。（√）

41. 乙醚、石油醚两种沸点较低的有机试剂，使用时应注意实验室温度不能太高，并且要远离火源。（√）

42. 皮肤被氨水灼伤，可用水或 2%HAc 或 2%H_3BO_3 冲洗，如误服可谨慎洗胃，并口服蛋白水、牛奶等解毒剂。（√）

43. 玻璃量器的标准容量通常是指在 25℃ 时的容量。（×）

44. 容量瓶在使用前应检查是否漏水。方法是加水于标线附近，塞紧瓶塞，将瓶倒立 2min，检查是否漏水。（×）

45. 可以用烘箱干燥容量瓶和烧杯。（×）

46. 容量瓶、滴定管、吸管不可以加热烘干，也不能盛装热的溶液。（√）

47. 碱式滴定管用来装碱性及氧化性溶液。如高锰酸钾、碘和硝酸银。（×）

48. 不可以用玻璃瓶盛装浓的碱溶液，可以盛装除氢氟酸以外的酸溶液。（√）

49. 用于测定色度的标准色列可以长期使用。（√）

50. 测定浑浊水的色度时，要用滤纸过滤去除悬浮物。（×）

51. 水处理过程中，通常采用过滤方法去除溶解性的 Ca^{2+}、Mg^{2+} 离子。（×）

52. 用滤纸过滤时，将滤液转移至滤纸上时，滤液的高度一般不要超过滤纸圆锥高度的 1/3，最多不得超过 1/2 处。（√）

53. 水管的管壁积有铁、锰沉积物，当水压或水流方向发生变化时，会将铁、锰沉积物冲出，造成黄水或黑水的现象。（√）

54. 盐酸发黄的原因是其中含有二价铁离子，不能用来制备溶液。（×）

55. 纳氏试剂应贮存于棕色玻璃瓶中。（×）

56. 因日光促进硫代硫酸钠的分解，硫代硫酸钠溶液应保存于棕色瓶中，并放置暗处。（√）

57. 配制硫代硫酸钠溶液时，为了去除水中的二氧化碳和杀死细菌，应用新煮沸并冷却了的蒸馏水，并加入少量酸使溶液呈弱酸性。（×）

58. 玻璃电极在使用前一定要浸泡 24h 的目的是清洗电极。（×）

59. 电位滴定法是根据滴定过程中电池电动势的变化来确定滴定终点的滴定分析法。（√）

60. 电极电位的大小只应与溶液中离子浓度有关，而不应与电极材料和溶液性质有关。（×）

61. 沉淀法中，沉淀要经过陈化、过滤、洗涤、干燥和灼烧，将沉淀转化为称量形式才能进行称量。（√）

62. 在重量分析法中，要获得符合要求的沉淀，需在适宜的浓溶液中进行沉淀。（×）

63. 滴定分析方法是使用滴定管将一未知浓度的溶液滴加到待测物质的溶液中，直到与待测组分恰好完全反应。（×）

64. 中和滴定过程中向锥形瓶内加入少量蒸馏水，或在滴定临近终点时，用洗瓶中的蒸馏水洗下滴定管尖嘴口的半滴标准溶液至锥形瓶中，二者均不会对结果产生影响。（√）

65. 滴定完毕后，将滴定管内剩余溶液倒回原瓶，再用自来水、蒸馏水冲洗滴定管。（×）

66. 在标准溶液配制、标定过程中表示物质的量浓度时，必须指定基本单元。（√）

67. 用直接法配制标准溶液时，根据标准溶液的体积和基准物质的量，计算出标准溶液的准确浓度。（√）

68. 硫化钠标准溶液配制好后，应在临用前标定。（√）

69. 如果苯胺试剂为无色透明液，可直接称量配制。若试剂颜色发黄，应重新蒸馏或标定苯胺含量后使用。（√）

70. 配制一定物质的量浓度的氢氧化钠溶液时，洗涤液转入容量瓶时，不慎倒在瓶外，使配制溶液浓度偏高。（×）

71. 用标准盐酸滴定氢氧化钠溶液测碱液浓度时，酸式滴定管洗净后，没有用标准盐酸润洗，直接装标准盐酸滴定碱液，所测出的碱液的浓度值偏低。（×）

72. 取 20mL 盐酸溶液，用 0.0100mol/L 的碳酸钠标准溶液标定时，恰好用了 10mL 碳酸钠标准溶液，则该盐酸溶液的浓度为 0.0200mol/L。（×）

73. 配制 NaOH 标准溶液时，所采用的蒸馏水应为去 CO_2 的蒸馏水。（√）

74. 稀释标准溶液时，无论稀释倍数是多大均可一次稀释至所需浓度。（×）

75. 高锰酸钾可以直接配制准确浓度的标准溶液。（×）

76. 采用化学纯的试剂配制标准溶液，会导致标准溶液浓度偏高。（×）

77. 凡是属于优级纯等级的试剂都可以用直接法配制标准溶液。（×）

78. 直接法配制的标准溶液需要进行标定。（×）

79. 两物质在化学反应中恰好完全作用，那么它们的物质的量一定相等。（×）

80. 用 0.1000mol/L NaOH 溶液滴定 0.1000mol/L HAc 溶液，化学计量点时溶液的 pH 值小于 7。（×）

81. 强酸强碱滴定的化学计量点 pH 值是 7。（√）

82. 在滴定分析中，滴定终点与化学计量点是一致的。（×）

83. 酸碱溶液浓度越小，滴定曲线化学计量点附近的滴定突跃越长，可供选择的指示剂越多。（×）

84. 仪器分析用标准溶液制备时，一般先配制成标准贮备液，使用当天再稀释成标准溶液。（√）

85. 一定温度下某物质的饱和溶液一定是含 100g 溶质的溶液。（×）

86. 假如把 80℃ 的氯酸钾饱和溶液冷却至室温，溶液的浓度保持不变。（×）

87. 一定温度下的饱和溶液在该温度下加入固体溶质，溶液的浓度不会改变。（√）

88. 一杯接近饱和的 $Ca(OH)_2$ 溶液可以通过降低温度将其转变为饱和溶液。（×）

89. 在常温下，向 100g 质量分数为 5％的蔗糖溶液中加入 5g 食盐粉末，完全溶解后，溶液中蔗糖溶质的质量分数将减小。（√）

90. 当缓冲溶液的浓度较高，溶液中共轭酸碱的浓度比较接近，缓冲溶液的缓冲能力最大。（√）

91. 水质分析中加入缓冲溶液的目的是增加分析速度。（×）

92. 蒸馏是利用液体混合物在同一温度下各组分沸点的差别，把各种组分分离出来。（×）

93. 用直形冷凝管，沸点在 150℃ 以下的组分蒸馏时：

(1) 沸点越低，冷凝管越短，沸点很低时，可用直线冷凝管。（×）

(2) 沸点越低，冷凝管越长，沸点很低时，可用蛇形冷凝管。（√）

94. 冷凝管的冷却水应从上口管进下口管出。（×）

95. 计量器具经检定合格便可长期使用，不需再定期检定。（×）

96. 有些环境参数会影响仪器性能，有些环境参数直接影响样品测量结果。（√）

97. 天平的精度级别越高，灵敏度越高。（×）

98. 天平使用过程中要避免振动、潮湿、阳光直射及腐蚀性气体。（√）

99. 天平和砝码使用一定时期（一般为一年）后应对其性能及质量进行校准。（×）

100. 使用分析天平可称出物体的重量。（×）

101. 台秤又称托盘天平，通常其分度值为 0.1～0.01g，适用于粗略称量。（√）

102. 用扭力天平（分度值为 0.01g/格）称一物体的质量为 24.0358g。（×）

103. 在称量过程中，称量值越大，误差越大，准确度也越差。（×）

104. 每次试剂称量完毕后，多余试剂不能随意处置，应倒回原试剂瓶。（×）

105. 同一水样既可以测酸度，又可以测碱度。（√）

106. 测定水样中酸碱度时，如水样浊度较高，应过滤后测定。（×）

107. 碳酸氢钠中含有氢，故其水溶液呈酸性。（×）

108. 活度系数的大小，与溶液中各种离子的总浓度有关，与离子的电荷数无关。（×）

109. pH 值表示酸的浓度。（×）

110. pH 值越大，酸性越强，pOH 值越大，碱性越强。（×）

111. pH 标准溶液在冷暗处可长期保存。（×）

112. 在 pH＝10 的溶液中，铬黑 T 长期置入其内，可被徐徐氧化，所以在加入铬黑 T 后要立即进行滴定。（√）

113. pH 值为 2 的溶液，其 [H^+] 是 pH 值为 4 的溶液的 2 倍。（×）

114. 现有常温时 pH＝1 的某强酸溶液 10mL，加水稀释成 100mL，溶液的 pH 值变成 2。（√）

115. 在测定某溶液的 pH 值之前，必须对 pH 计进行定位校正。（√）

116. 目视法测定水样浊度时，水样必须静置 1h 后方可测定。（×）

117. 测定水的电导率可以反映出水中所有杂质的多少。（×）

118. 电导率越大，说明水中含有离子杂质越多。（√）

119. 水的电导率的大小反映了水中离子的总浓度或含盐量。（√）

120. 透明度是指水样的澄清程度，洁净的水是透明的，水中存在悬浮物和胶体时，透明度便降低。（√）

121. 水中的悬浮物是指水样通过普通滤纸，截留在滤纸上并于103～105℃下烘干至恒重的固体物质。（×）

122. 测定水中悬浮物时，通常采用滤膜的孔径为0.45μm。（√）

123. 漂浮或浸没的不均匀固体物质不属于悬浮物质，应从水样中除去。（√）

124. 在溶液加水稀释时，溶液中溶质的质量不变。（√）

125. 为使过硫酸钾溶解，可将溶液在电炉子上煮沸。（×）

126. 碘溶液应防止见光、遇热，可以接触橡皮等有机物。（×）

127. EDTA具有广泛的络合性能，几乎能与所有的金属离子形成络合物，其组成比几乎均为1∶1的螯合物。（√）

128. 用EDTA测定水中总硬度，终点时溶液呈现蓝色，这是游离出来的铬黑T的颜色。（√）

129. 用EDTA滴定法测定水中总硬度时，在加入铬黑T后要立即进行滴定，其目的是减少碳酸钙及氢氧化镁的沉淀。（×）

130. 用EDTA滴定法测定水中总硬度时，在缓冲溶液中加入镁盐，是为了使含镁较低的水样在滴定时终点更明显。（√）

131. 用EDTA-2Na标准溶液滴定水中的总硬度时，滴定管未用EDTA-2Na标准溶液洗涤3次，会使测定结果产生负误差。（×）

132. 用EDTA-2Na标准溶液测定水中的Ca^{2+}、Mg^{2+}含量时，滴定速度过快，会使测定结果产生正误差。（×）

133. 电化学电池中，发生氧化反应的电极称为阳极，发生还原反应的电极称为阴极。（√）

134. 标准氢电极是最准确的参比电极，是参比电极的一级电极，在实际工作中应用最多。（×）

135. 离子选择性电极是能正确测定溶液中待定离子浓度的电极。（×）

136. 离子交换分离法可用于分离带不同电荷的离子，不可用于分离带相同电荷的离子。（×）

137. 离子选择电极法测定水中氟化物时，水样的色度和浊度不影响测定。（√）

138. 测定氟化物样品时，用柠檬酸钠做总离子强度缓冲液，可以掩蔽钙、镁、铝、铁等离子。（√）

139. 水中含有能被氧化的有机物,将会消耗水中溶解氧。(√)

140. 测定溶解氧的水样,应带回实验室再固定。(×)

141. 碘量法测定水中溶解氧时,若亚铁离子含量高,应采用叠氮化钠修正法消除干扰。(×)

142. 在碘量法中,采用淀粉指示剂指示滴定终点,其最佳加入时间是滴定前。(×)

143. 用酸性高锰酸钾法测定水中高锰酸盐指数时,沸水浴液面达到反应溶液液面的2/3即可。(×)

144. 酸性高锰酸钾法测定水中高锰酸盐指数时,酸化溶液用硫酸而不用盐酸,是因为盐酸的酸性强。(×)

145. 用碘化钾碱性高锰酸钾法测定高氯废水中化学需氧量时,若水样中含有氧化性物质,应预先于水样中加入硫代硫酸钠去除。(√)

146. 化学需氧量是指水体中氧含量的主要污染指标。(×)

147. 测定水中化学需氧量时,0.4g 的硫酸汞最高可络合 400mg 氯离子。(×)

148. 测定水中化学需氧量,配制硫酸亚铁铵标准溶液时,可以用托盘天平称取硫酸亚铁铵固体试剂。(√)

149. 测定化学需氧量时,加热回流期间,不可断电、停水,否则影响 COD 测定结果。(√)

150. 在重铬酸钾法测定 COD 的回流过程中,若溶液颜色变绿,说明水样的 COD 适中,可继续进行实验。(×)

151. 重铬酸盐法测定水中化学需氧量时,若水样中氯离子含量较多而干扰测定时,可加入硫酸汞去除。(√)

152. 用重铬酸钾法测定水样化学需氧量时,氯离子因能被重铬酸钾氧化而对测定结果产生正干扰。(√)

153. 测定化学需氧量的玻璃器皿均可以用水、酸或肥皂水洗。(×)

154. 水中氨氮的来源主要为生活污水中含氮有机物受微生物作用的分解产物,以及某些工业废水和农田排水中排放的含氮化合物。(√)

155. 通常所称的氨氮是指有机氨化合物、铵离子和游离态的氨。(×)

156. 氨氮以游离氨或铵盐的形式存在于水中,两者的组成比取决于水的 pH 值。(√)

157. 水中存在的游离氨和铵盐的组成比取决于水的 pH 值,当 pH 值偏高时,游离氨的比例较高;反之,则铵盐的比例较高。(√)

158. 水中氨氮是指以氨分子形式存在的氮。(×)

159. 测定氨氮时应先加入纳氏试剂，然后再加入酒石酸钾钠，次序不得相反。（×）

160. 酚二磺酸分光光度法测定水中硝酸盐氮时，为了去除氯离子干扰，可以加入 $AgNO_3$ 使之生成 AgCl 沉淀凝聚，然后用慢速滤纸过滤。（√）

161. 水样中亚硝酸盐含量高，要采用高锰酸盐修正法测定溶解氧。（×）

162. 分光光度法测定水中亚硝酸盐氮，通常是基于重氮偶联反应，生成红色染料。（√）

163. 分光光度法测定水中亚硝酸盐氮时，配制亚硝酸盐氮标准贮备液的方法为准确称取一定量 $NaNO_2$，溶解于水中，用 $KMnO_4$ 溶液、$Na_2C_2O_4$ 标准溶液标定。（√）

164. 测定总氮，是将水样中的无机氮和有机氮氧化为硝酸盐后，于波长 200～220nm 处测定吸光度。（×）

165. 用硝酸银测定氯离子，以铬酸钾为指示剂，如果水样酸度过高，则会生成重铬酸盐，不能获得红色铬酸银终点。（√）

166. 用 $AgNO_3$ 测定水中 Cl^- 时，如果水样过酸或过碱，都应调整水样的 pH 值至中性或微碱性。（√）

167. 用 $AgNO_3$ 测定水中 Cl^- 时，如果水样碱度过高，则会生成氢氧化银或碳酸银沉淀，使终点不明显或结果偏高。（√）

168. 测定氯化物的水样中，含有机物高时，应使用马福炉灰化法处理。（√）

169. 测定氯化物的水样中，含少量有机物时，可用高锰酸钾氧化法处理。（√）

170. 用硝酸银滴定法测定水中氯化物要扣除空白，其原因是纯水中仍含有微量的氯离子。（√）

171. 邻联甲苯胺比色法测定余氯时配制的邻联甲苯胺溶液，室温下保存，最多可使用 6 个月。（√）

172. 测定硫酸盐时，要求水样低温保存，因为水中如有有机物存在时，某些还原剂将还原硫酸盐为硫化物。（×）

173. 铬酸钡分光光度法测定水中硫酸盐时，水样中加入铬酸钡悬浮液后，经煮沸、稍冷后，向其中逐滴加入（1+1）氨水至呈柠檬黄色，过滤后进行测定。（×）

174. 如果水样中不存在干扰物时，测定挥发性酚的预蒸馏操作可以省略。（×）

175. 4-氨基安替比林分光光度法测定水中挥发酚时，若水样中不存在干扰物质，预蒸馏操作可以省略。（×）

176. 测定水样氰化物时，在 pH<2 的情况下加热蒸馏，可蒸出全部简单氰化物，不能蒸出络合氰化物。（×）

177. 测定水中砷时，在加酸消解破坏有机物的过程中，溶液如变黑产生正干扰。（×）

178. 二乙基二硫代氨基甲酸银分光光度法测砷时，所用锌粒的规格不需严格控制。（×）

179. 二乙基二硫代氨基甲酸银分光光度法分析砷时，导气管要用无水乙醇清洗，避免因为有微量水分在三氯甲烷溶液中产生浑浊而影响测定结果。（√）

180. 水中的铬常以三价和六价两种价态存在，其中六价的毒性最强。（√）

181. 测定六价铬的水样应在弱碱性条件下保存。（√）

182. 六价铬与二苯碳酰二肼反应时，硫酸浓度一般控制在 $0.05 \sim 0.3 \text{mol/L } 1/2 H_2SO_4$，酸度高时，显色快，但不稳定。（√）

183. 测定铬的玻璃器皿及采样容器，可用重铬酸钾洗液、硝酸与硫酸混合液或洗涤剂洗涤。（×）

184. 二苯碳酰二肼分光光度法测定六价铬时，水样应在弱酸性条件下保存。（×）

185. 测定水中总铬的前处理中，应先加入尿素，再加高锰酸钾。（×）

186. 亚甲基蓝分光光度法测定水中阴离子表面活性剂时，在测定之前，应将水样预先经中速定性滤纸过滤，以除去悬浮物。（√）

187. 亚甲基蓝分光光度法测定水中硫化物时，加入的显色剂均含硫酸，应沿管壁徐徐加入，并加塞混匀，避免硫化氢逸出而损失。（√）

188. 用邻菲罗啉分光光度法测定水样中的亚铁含量时，必须加入盐酸羟胺。（×）

189. 萃取液经硅酸镁吸附剂处理后，极性分子构成的动植物油不被吸附，非极性的石油类被吸附。（×）

190. 测定石油类和动植物油时，萃取液用硅酸镁吸附后，去除的是动植物油等非极性物质。（×）

191. 分析苯胺项目时，对色泽很深的废水样品，应采用蒸馏法，消除其干扰。（√）

192. 传统的元素分析方法包括分光光度法、原子吸收法（火焰与石墨炉）、原子荧光光谱法、ICP 发射光谱法。（√）

193. 摩尔吸光系数是吸光物质在特定波长和溶剂的情况下的一个特征常数，其值越大，方法的灵敏度越高。（√）

194. 一束可见光通过某物质的溶液时，当光子的能量大于电子能级的能量差时，该光子才能被吸收。（×）

195. 将不同波长的单色光依次通过浓度一定的吸光溶液时，会有不同的吸光度，其中吸收最强的波长称为最大吸收波长，即 $\lambda_{\max}$。（√）

196. 待测离子在火焰中产生基态原子，基态原子对光源发射的特征谱线进行吸收，得到样品的吸光度 A，根据吸光度获得样品浓度。（√）

197. 比色分析中所说的波长的单位是 10^{-9}m，即毫微米。（×）

198. 分光光度计波长准确度是指单色光最大强度的波升值与波长指示值之差。（√）

199. 吸光度为透光度的负对数。（√）

200. 应用分光光度法进行样品测定时，摩尔吸光系数随比色皿厚度的变化而变化。（×）

201. 应用分光光度法进行试样测定，由于不同浓度下的测定误差不同，因此选择最适宜的测定浓度可减少测定误差，一般来说，透光度在20%～65%或吸光值在0.2～0.7时，测定误差相对较小。（√）

202. 分光光度法主要应用于测定样品中的常量组分含量。（×）

203. 分光光度计通常使用的比色皿具有方向性，使用前应做好标记。（√）

204. 紫外可见分光光度法在λ_{max}处，在比色皿及入射光强度一定时，吸光度正比于被测物质浓度。（√）

205. 原子吸收光谱法是一种相对而不是绝对的方法，定量结果只能由与标准溶液或标准物质相比较而得到，在原子吸收光谱中有两种基本定量方法：校正曲线法和标准加入法。（√）

206. 火焰原子吸收光谱法不能同时测定多种元素，灵敏度低，但稳定重现性好，准确度高。（√）

207. 火焰原子吸收光度法分析水中铁、锰时，铁锰的光谱线较复杂，为克服光谱干扰应选择小的光谱通带。（√）

208. 火焰原子吸收分光光度法分析铜、锌、铅、镉时，当样品中含盐量很高，分析波长又低于350nm时，可能出现非特征吸收。（√）

209. 使用火焰原子吸收分光光度计测定时，分析中所用的玻璃器皿在使用前均需用0.2% HNO_3 溶液浸泡24h。（×）

210. 火焰原子吸收光度法测定水中钾和钠时，加入铯盐的目的是消除化学干扰。（×）

211. 火焰原子吸收光谱仪中，大多数空心阴极灯一般是工作电流越小，分析灵敏度越低。（×）

212. 在原子吸收分析中，增大灯电流可以提高测试灵敏度。（×）

213. 荧光是一种光致发光现象，只有选择合适波长的激发光，才可能得到合适的荧光光谱。（√）

214. 原子荧光分析仪对原子化器的要求与原子吸收光谱仪基本相同。（√）

215. 原子荧光分析仪的激发光源可以用锐线光源也可以用连续光源。（√）

216. 原子荧光分析比原子吸收分析有更高的灵敏度和选择性，并可进行多元素同时测定。（√）

217. 原子荧光用的空心阴极灯与一般原子吸收用的空心阴极灯是一样的。（×）

218. 原子发射光谱法可以定性分析，同时测定多种元素，激发能力强，线性范围宽，但操作条件复杂，重现性差。（√）

219. 在原子荧光光谱分析中，屏蔽气作为氩氢火焰外围的保护气，可防止原子蒸气被周围空气氧化，起到稳定火焰形状的作用。（√）

220. 原子荧光光谱仪中原子化器的作用是将样品中被分析元素转化成自由离子。（×）

221. 使用原子荧光法进行测定时，分析中所用的玻璃器皿在使用前均需用（1+1）HNO_3 溶液浸泡 24h。（√）

222. 在原子荧光光谱分析中，硼氢化钾的浓度对砷的测定没有影响。（×）

223. 为了检测荧光信号，避免发射光谱的干扰，将原子荧光光谱仪的激发光源和原子化器置于与单色器和检测器成直角的位置。（√）

224. 原子荧光分析仪原子化器的位置对仪器的灵敏度、稳定性影响很大。（√）

225. 原子荧光测定时增大负高压和灯电流可以使灵敏度提高，但同时会使稳定性下降。（√）

226. 原子荧光测定时选择过大的灯电流不会缩短灯的寿命。（×）

227. 在原子荧光光谱分析中，水样中的三价砷含量是由测得的总砷量减去五价砷量求得。（×）

228. 用原子荧光光谱法测定水样中汞时，既可在酸性介质中进行，也可在碱性介质中进行。（×）

229. 电感耦合等离子体焰炬自下而上温度逐渐升高。（×）

230. 电感耦合等离子体质谱几乎克服了传统方法的大多数缺点，可以同时对多种重金属元素进行检测。（√）

231. 排风系统在起冷却作用的同时，也将 ICP 产生的有毒气体抽到室外。（√）

232. ICP 是一种高温离子源，能够把引入的样品从分子状态变成离子状态。（√）

233. ICP-MS 的检出限比原子吸收法高。（×）

234. 在进行元素分析的时候，一般在样品中额外添加 50×10^{-12} g/L 的内标元素。（√）

235. 内标元素可以选择样品溶液中包含的元素。（×）

236. 在气相色谱分析中，采用程序升温技术的目的是增加峰面积。（×）

237. 高效液相色谱法中，淋洗液流速改变时，待测化合物的出峰顺序将会发生改变。（×）

238. 气固色谱法的分离原理是固定相对不同组分的吸附能力不同。（√）

239. 热导池检测器（TCD）是用导热系数较大的氢气或氦气，不同组分导热系数的差异引起电桥平衡改变产生不同的信号。（√）

240. 热导池检测器（TCD）主要用于气体 O_2、N_2、CO 和 CH_4，还包括硫化氢、氯化氢、氯和二氧化碳等的检测。（√）

241. 电子捕获检测器主要用于卤素、含氧、氮物质的有机物检测。（√）

242. 离子色谱（IC）是高效液相色谱（HPLC）的一种。（√）

243. 离子色谱最常见的分离方式为离子交换；最通用的检测器为电导检测器。（√）

244. 离子色谱法中，改变淋洗液浓度只能影响待测离子的保留时间，而不能影响水负峰的位置。（√）

245. 离子色谱分析系统中能存在气泡。（×）

246. 离子色谱分析中，淋洗液的流速和被测离子的保留时间存在正比关系。（×）

247. 使用离子色谱法测定亚硝酸盐时，由于亚硝酸根不稳定，亚硝酸盐的标准使用溶液应现用现配。（√）

248. 用离子色谱法测定水中阴离子时，若样品中含有有机物浓度较高，则使用 C_{18} 柱去除干扰，若样品中含有金属离子影响待测离子的分析，则需使用阳离子交换柱（H 柱）去除干扰物。（√）

249. 用离子色谱法测定水中阴离子时，待测水样应尽快分析，否则应在 4℃ 保存，一般不需要加入保存剂。（√）

250. 用离子色谱法测定水中阴离子时，水样不需要进行任何处理，即可进行分析。（×）

251. 每个方法的检出限和灵敏度都是表示该方法对待测物测定的最小浓度。（×）

252. 在报测量结果时可疑数据可以不参加平均。（×）

253. 在 40g 15% 的 KNO_3 溶液中再溶解 10g KNO_3，溶液的质量百分比浓度变为 25%。（×）

254. 滴定分析的相对误差一般要求为 0.1%，故滴定时耗用标准滴定溶液的体积应控制在 10～15mL。（×）

255. 用 0.1mol/L NaOH 溶液滴定 100mL 0.1mol/L 盐酸时，如果滴定误差在 ±0.1% 以内，反应完毕后，溶液的 pH 值范围为 3.3～10.7。（√）

256. 吸取 5.00mL 浓度为 1073mg/L 锌储备液，用 1% 硝酸溶液稀释到 1000mL，配置成使用液，根据有效数字运算规则其浓度表示为 5.365mg/L。（×）

257. 原子吸收分光光度法测定镉标准样品得到如下数据 0.228、0.230、0.228、0.232、0.230、0.230，平均值为 0.230，相对偏差为 0.00151。（×）

258. 工作曲线与标准曲线的区别是标准曲线省略前处理步骤。（√）

259. 数字"0"在数值中并不是有效数字。（×）

260. 在分析数据中,所有的"0"都是有效数字。(×)

261. 系统误差可以用对照实验加以校正。(√)

262. 要求准确度好必须以精密度好为前提。(√)

263. 线性回归中的相关系数是用来作为判断两个变量之间相关关系的一个量度。(√)

264. $4.50×10^{10}$ 的结果为两位有效数字。(×)

265. 5800 为 4 位有效数字,修约后如要保留两位有效数字则应为 58。(×)

266. 562000 有效数字为 6 位。(√)

267. 修约至小数后一位:
(1) 4.2468→4.2。(√)
(2) 23.4548→23.5。(√)
(3) 0.4643→0.5。(√)
(4) 1.0501→1.0。(×)

268. 将测量数据 54.295 修约为 4 位有效数字 54.30。(√)

269. 将 60.38 修约到个数位的 0.5 单位后的结果应为 60.5。(√)

270. 将 15.4565 修约为整数是 15。(√)

271. 对拟修约的数字,在确定修约位数后必须连续修约到所确定的位数。(×)

272. 分析化验结果的有效数字和有效位数与仪器实测精密度无关。(×)

273. 试验方法中规定的精密度,可用来指导方法使用者判断测定结果的可信度。(√)

274. 细菌总数是指 1mL 水在普通培养基中,于 35℃经 24h 培养后,所生长的细菌菌落总数。(×)

275. 经革兰氏染色后革兰氏阳性细菌是紫色。(√)

276. 水中保留一定量的余氯,可反映了细菌数目接近为零。(√)

277. 微生物检验中,如有传染物品污染桌面或地面,立即用水冲洗即可。(×)

278. 微生物检测中,玻璃器皿必须用干热灭菌法灭菌。(×)

279. 凡是符合 GB 3838—2002《地表水环境质量标准》Ⅴ类水标准限值的水体,均可做生活饮用水的源水。(×)

280. GB 3838—2002《地表水环境质量标准》中氟化物(以 F^- 计)Ⅰ类、Ⅱ类、Ⅲ类标准限值都为≤1.0mg/L。(√)

281. GB 5749—2006《生活饮用水卫生标准》中规定,硝酸盐氮属于感官性状和一般化学指标类。(×)

三、选择题

1. 天然水中的杂质肉眼可见的是（C）。
 A. 胶体　　　　　B. 粒子　　　　　C. 悬浮物　　　　　D. 细菌

2. 测定色度时规定每升水中含（A）铂时所具有的颜色作为 1 个色度单位，称为 1 度。
 A. 1mg　　　　　B. 10mg　　　　　C. 0.1mg　　　　　D. 1g

3. pH 值是水中（C）的负对数。
 A. 氢离子浓度　　B. 氢氧根离子浓度　　C. 氢离子活度　　D. 氢元素含量

4. 溶液的 pH 值就是该溶液中氢离子活度的（B）。
 A. 对数　　　　　B. 负对数　　　　　C. 倒数　　　　　D. 负倒数

5. 实验室的纯水制备系统需要及时更换滤芯，长时间不更换会带来实验室的（B）。
 A. 随机误差　　　B. 系统误差　　　　C. 过失误差

6. 测定水中酸度和碱度时的实验用水应为（B）。
 A. 无氨水　　　　B. 无二氧化碳水　　C. 无氧水　　　　D. 无酚水

7. 分析天平的分度值是（C）。
 A. 0.01g　　　　B. 0.001g　　　　　C. 0.0001g　　　　D. 0.1g

8. 天平及砝码应定时检定，一般规定检定时间间隔不超过（B）。
 A. 半年　　　　　B. 一年　　　　　C. 二年
 D. 三年　　　　　E. 五年

9. 下列需要定期检定的有（ABC）。（多项选择）
 A. 电子天平　　　B. 砝码　　　　　C. 电导率仪　　　D. 电热板

10. 实验室分析用水的电导率应小于（C）。
 A. 1.0μS/cm　　　B. 0.1μS/cm　　　C. 5.0μS/cm　　　D. 10.0μS/cm

11. 电导率仪法测定水的电导率，通常规定（C）℃为测定电导率的标准温度。如果测定时水样的温度不是该温度，则应进行温度补偿。
 A. 15　　　　　　B. 20　　　　　　C. 25　　　　　　D. 30

12. 下列哪些玻璃仪器可将两种相互不混的液体进行分层分离（C）。
 A. 烧杯　　　　　B. 容量瓶　　　　C. 分液漏斗　　　D. 滴定管

13. 洗净的试剂瓶应（A）。
 A. 壁不挂水珠　　B. 透明　　　　　C. 无灰尘　　　　D. 瓶内干净无杂质

14. 测定含磷水样的容器，应使用（A）或（B）洗涤。
 A. 铬酸洗液　　　B. （1+1）硝酸　　C. 阴离子洗涤剂　D. 去污粉

15. 使用原子荧光法进行测定时,分析中所用的玻璃器皿在使用前均需用(A)溶液浸泡(A)h。

A. (1+1) HNO_3,24   B. 浓 HNO_3,12

C. 5% HNO_3,24   D. 浓 HCl,12

16. 盛装过废水的玻璃器皿可用下列哪种洗液洗涤(CD)。(多项选择)

A. 重铬酸钾洗液   B. 碘化钾-硫代硫酸钠洗液

C. 碱性高锰酸钾洗液   D. 碱性乙醇洗液

17. 以下不可以用烘箱干燥的有(A)。

A. 容量瓶   B. 锥形瓶   C. 烧杯

18. 下列仪器中可在沸水中加热的有(DE)。(多项选择)

A. 容量瓶   B. 量筒   C. 比色管

D. 三角烧瓶   E. 蒸馏瓶

19. 在测定过程中,要准确量取 10.00mL 溶液,应选用(D)。

A. 容量瓶   B. 量筒

C. 胶帽滴管   D. 无分度吸管/吸量管

20. 如发现容量瓶漏水,则应(C)。

A. 调换磨口塞   B. 在瓶塞周围涂油   C. 停止使用   D. 摇匀时勿倒置

21. 实验室配制一定量、一定浓度的盐酸,需使用的一组仪器是(C)。

A. 托盘天平、烧杯、玻璃棒、试管   B. 托盘天平、烧杯、玻璃棒、药匙

C. 烧杯、量筒、玻璃棒、胶头滴管   D. 烧杯、量筒、玻璃棒、药匙

22. (A)属于物理变化。

A. 潮解   B. 分解   C. 水解   D. 燃烧

23. 取用一定量的液体试剂时,常用(C)量体积。

A. 胶头滴管   B. 烧杯   C. 量筒   D. 试管

24. 从细口瓶倒液体时的正确操作是(B)。

A. 把瓶塞取下,正放在桌上   B. 瓶上的标签向着手心

C. 试剂瓶放回原处,标签向内   D. 倒完液体后,瓶口敞开

25. 下列操作哪些是错误的?(BDE)。(多项选择)

A. 配制氢氧化钠标准滴定溶液时用量筒量水

B. 将 $AgNO_3$ 标准滴定溶液装在碱式滴定管中

C. 基准 Na_2CO_3 放在 270℃ 的烘箱中烘至恒重

D. 测定烧碱中 NaOH 含量时,采用固定量称样法称样

E. 以 $K_2Cr_2O_7$ 基准溶液标定 $Na_2S_2O_3$ 溶液浓度时,将 $K_2Cr_2O_7$ 溶液装在滴定管中滴定

26. 液体试剂取用时，必须遵守的是（AB）。（多项选择）

A. 应规定"只准倾出，不准吸出"，即先倾出适量液体试剂至洁净、干燥的容器内，再用吸管吸取

B. 不准直接从原装试剂瓶内吸取，以防污染原试剂或带入水分

C. 可以直接从原装试剂瓶内吸取

27. 不能放在无色试剂瓶中的试剂为（C）。

A. NaOH 溶液　　B. H_2SO_4 溶液　　C. $AgNO_3$ 溶液　　D. Na_2CO_3 溶液

28. 进行有关氢氟酸的分析，应在下列哪种容器中进行（CD）。（多项选择）

A. 玻璃容器　　B. 石英器皿　　C. 铂制器皿　　D. 塑料器皿

29. 加热温度有可能达到被加热物质的沸点时，必须加入（A）以防爆沸。

A. 沸石　　B. 砂粒　　C. 磁子　　D. 冷水

30. 凡能产生刺激性、腐蚀性、有毒或恶臭气体的操作必须在（B）中进行。

A. 室外　　B. 通风柜　　C. 室内　　D. 隔离间

31. 下列情况处理不正确的是（A）。

A. 浓碱液沾到皮肤上立即用稀硫酸中和

B. 误食铜盐可立即喝生牛奶

C. 清除砷化物残留物时，可在污染处喷洒碱水，然后再清洗干净

D. 剧毒品不能与其他物品特别是性质相抵触的物品混放

32. 对于强碱溶液的灼伤处理应用2%（C）溶液。

A. 碳酸　　B. 磷酸　　C. 醋酸　　D. 盐酸

33. 在实验室中，皮肤溅上浓碱液时，在用大量水冲洗后继而应用（AC）处理。（多项选择）

A. 5%硼酸　　B. 5%小苏打溶液　　C. 2%醋酸

D. 2% HNO_3　　E. 1∶5000 $KMnO_4$ 溶液

34. 对于强酸的灼烧处理应用2%（A）溶液。

A. $NaHCO_3$　　B. Na_2CO_3　　C. NaOH　　D. Na_2SO_4

35. 含氰化物废液应先将pH值调至（C），再进行其他处理。

A. 4　　B. 6　　C. 8　　D. 10

36. 氯仿遇紫外线和高温可形成光气，毒性很大，可在储存的氯仿中加入1%～2%的（C）消除。

A. 抗坏血酸　　B. 碳酸钠　　C. 乙醇　　D. 三乙醇胺

37. 当油类起火时，可用来灭火的灭火剂有（BDE）。（多项选择）

A. 水　　B. 泡沫灭火剂　　C. 四氯化碳灭火剂

D. 干粉灭火剂　　E. 1211灭火剂

38. 二氧化碳灭火剂能够灭火的原因是（CE）。（多项选择）
A. 它在高压低温下能变成干冰　　　　B. 它是气体
C. 在一般情况下不能燃烧　　　　　　D. 它溶于水
E. 比空气重，形成气体覆盖层隔绝空气

39. 下列物质中属于爆炸品的有（BC）。（多项选择）
A. 过氧化物　　　B. 三硝基甲苯　　　C. 硝酸铵
D. 硝酸钠　　　　E. 氯化钾

40. 下列溶液浓度的表示方法及单位现在已不能使用的有（ABD）。（多项选择）
A. 当量浓度（N）　　　　　　　　　B. 克分子浓度（M）
C. 物质的量浓度（mol/L）　　　　　D. 百万分之一（ppm）

41. SL 219—2013《水环境监测规范》所列常用水样保存方法要求测定总硬度的水样采集后，每升水样加入 10mL（B）做保存剂，水样保存时间为（C）天。
A. 氢氧化钠　　　B. 浓硝酸　　　C. 14　　　D. 30

42. 测定六价铬的水样需加（B），调节 pH 值至（C）。
A. 氨水　　　B. 氢氧化钠　　　C. 8　　　D. 9

43. 测定总铬的水样，需加（B）保存，调节水样 pH 值（D）。
A. 硫酸　　　B. 硝酸　　　C. 氢氧化钠
D. 小于 2　　　E. 大于 8

44. 测定六价铬的水样，应在（A）条件下保存。
A. 弱碱性　　　B. 弱酸性　　　C. 中性　　　D. 强碱性

45. 测定含氟水样应使用（B）贮存样品。
A. 硬质玻璃瓶　　　B. 聚乙烯瓶

46. 测定硫酸盐时，要求水样应低温保存，因为水中如有有机物存在时，某些（A）将还原硫酸盐为硫化物。
A. 细菌　　　B. 氧化剂　　　C. 还原剂　　　D. 微生物

47. 在 $4P+3KOH+3H_2O = 3KH_2PO_2+PH_3$ 反应中，磷元素发生的变化是（C）。
A. 被氧化
B. 被还原
C. 既被氧化又被还原
D. 既没被氧化又没被还原

48. 下列氧化物中，不能直接与水反应生成对应的含氧酸的是（B）。
A. 二氧化碳　　　B. 二氧化硅　　　C. 二氧化硫　　　D. 三氧化硫

49. 下列物质中，水解而呈酸性的是（A）。
A. NH_4Cl　　　B. $NaCl$　　　C. K_2CO_3　　　D. $NaNO_3$

50. 下列都易溶于水的一组物质是（C）。
A. $NaCl$，$AgCl$　　　　　　　　B. H_2SiO_3，H_2SO_4
C. $Ba(OH)_2$，$NaOH$　　　　　　D. $BaSO_4$，$Ba(NO_3)_2$

51. 配制比色标准系列管时,要求各管中加入(A)。
A. 不同量的标准溶液和相同量的显色剂 B. 不同量的标准溶液和不同量的显色剂
C. 相同量的标准溶液和相同量的显色剂 D. 相同量的标准溶液和不同量的显色剂

52. 饱和溶液的特点是(C)。
A. 已溶解的溶质与未溶解的溶质的质量相等
B. 溶解和结晶不再进行
C. 在该温度下加入固体溶质,溶液浓度不改变
D. 蒸发掉部分溶剂,保持原来温度,溶液浓度会变大

53. 饱和溶液一定是(D)。
A. 浓溶液 B. 不能再溶解任何其他物质的溶液
C. 稀溶液 D. 同种溶质在该温度下最浓的溶液

54. 将不饱和溶液转变为饱和溶液,最可靠的方法是(C)。
A. 升高温度 B. 降低温度 C. 加入溶质 D. 倒出溶剂

55. 对一杯接近饱和的 KNO_3 溶液,如果变成饱和溶液,可有多种方法,下列方法中不能实现其转变的是(D)。
A. 蒸发 H_2O B. 加 KNO_3 晶体 C. 降低温度 D. 升高温度

56. 一定温度下某物质的饱和溶液一定是(D)。
A. 含 100g 溶质的溶液 B. 浓溶液
C. 含 100g 水的溶质 D. 不能再溶解该物质

57. 假如把 80℃ 的氯酸钾饱和溶液冷却至室温,下列说法是错误的为(D)。
A. 溶质的总质量减少 B. 溶剂的总质量保持不变
C. 一些溶质从溶液中析出 D. 溶液的浓度保持不变

58. 下列有关溶液的说法,正确的是(B)。
A. 溶液通常是液体,溶质一定是固体
B. 凡是溶液一定是混合物
C. 一种物质分散到另一种物质中,形成的液体是溶液
D. 无色透明的液体是溶液

59. 测定水中总酸度时,用(D)做指示剂。
A. 甲基橙 B. 甲基红 C. 石蕊 D. 酚酞

60. 在实验室进行下列实验操作时,不需用玻璃棒的是(B)。
A. 转移液体时的引流 B. 把试剂瓶中的液体倒入试管中
C. 蒸发食盐水制食盐 D. 用过滤的方法除去海水中难溶性的杂质

61. 在一定温度下将 10g 某物质溶于 50g 水中,则此时该物质的溶解度是(D)。
A. 5g B. 10g C. 20g D. 无法计算

62. 将下列各组物质分别置于烧杯中,加适量水,振荡,可得无色透明溶液的一组是(C)。

　　A. $AgNO_3$、$BaCl_2$、HCl(过量)　　　　B. $MgCl_2$、Na_2CO_3、NaOH(过量)

　　C. $CaCO_3$、NaOH、HNO_3(过量)　　　D. CuO、Na_2SO_4、H_2SO_4(过量)

63. 水质分析中加入缓冲溶液的目的是(C)。

　　A. 增加分析速度　　　　　　　　　　　B. 提高碱度

　　C. 保持溶液的 pH 值相对稳定　　　　　D. 降低溶液硬度

64. 酚酞试液在酸性溶液中显(D)。

　　A. 红色　　　　B. 蓝色　　　　C. 紫色　　　　D. 无色

65. 在实验室常用的去离子水中加入 1~2 滴酚酞指示剂,水应呈现(D)色。

　　A. 黄　　　　　B. 红　　　　　C. 蓝

　　D. 无　　　　　E. 粉红

66. 指示剂的僵化是指(D)。

　　A. 金属离子形成的络合物稳定常数太大　　B. 金属离子形成的络合物稳定常数太小

　　C. EDTA 的络合能力相近　　　　　　　　D. 金属离子形成的络合物溶解度太小

67. 铬黑 T 的水溶液不稳定,在其中加入三乙醇胺的作用是(C)。

　　A. 防止铬黑 T 被氧化　　　　　　　　　B. 防止铬黑 T 被还原

　　C. 防止铬黑 T 发生分子聚合而变质　　　D. 增加铬黑 T 的溶解度

68. 测定受污染的水样,可以采用预蒸馏的方法将被测组分与干扰物质分离,以下哪种物质用此方法消除干扰(ABD)。(多项选择)

　　A. 挥发酚　　　　B. 氨氮　　　　C. 硝酸盐氮　　　　D. 氰化物

69. 蒸馏氨氮水样时,接收瓶中装入(A)溶液作为吸收液。

　　A. 硼酸　　　　　B. 硝酸　　　　C. 盐酸　　　　D. 乙酸

70. 在重量分析法中,要获得符合要求的沉淀,以下细节需注意的有(ABCDEF)。(多项选择)

　　A. 在适宜的稀溶液中进行沉淀　　　　　B. 在不断搅拌下,缓慢加入沉淀剂

　　C. 在热溶液中进行沉淀反应　　　　　　D. 陈化

　　E. 控制 pH 值　　　　　　　　　　　　F. 采用均匀沉淀法

71. 下列关于水中悬浮物测定的描述中,不正确的是(A)。

　　A. 水中悬浮物的理化特性对悬浮物的测定结果无影响

　　B. 所用的滤器与孔径的大小对悬浮物的测定结果有影响

　　C. 截留在滤器上物质的数量对悬浮物的测定结果有影响

　　D. 滤片面积和厚度对悬浮物的测定结果有影响

72. 下列说法正确的是(C)。

　　A. 氧化还原电位可以测量水中的氧化性物质浓度

B. 分光光度法测定样品，比色皿表面不清洁时一定要充分洗涤；可用相应的溶剂刷洗，或用铬酸-硫酸浸泡

C. 生物作用会对水样中待测的项目如含氮化合物的浓度产生影响

D. 测定 BOD 的水样，如果其浓度较低，最好用聚乙烯塑料瓶保存

73. 为了提高分析结果的准确度，对高含量组分的测定应选用（A）。
A. 化学分析法　　　B. 定性分析法　　　C. 仪器分析法　　　D. 无一定要求

74. 容量分析法的误差来源有：(ABCD)。（多项选择）
A. 滴定终点与理论终点不完全符合所致的滴定误差
B. 滴定条件掌握不当所致的滴定误差
C. 滴定管误差
D. 操作者的习惯误差

75. 滴定管活塞中涂凡士林的目的是（B）。
A. 使活塞转动灵活　　　　　　　　B. 使活塞转动灵活和防止漏液
C. 堵漏　　　　　　　　　　　　　D. 操作规定要求

76. 准确量取 15.00mL $KMnO_4$ 溶液，应选用（C）。
A. 50mL 量筒　　　　　　　　　　B. 10mL 量筒
C. 25mL 酸式滴定管　　　　　　　D. 10mL 吸量管

77. 滴定分析中，所使用的锥形瓶中沾有少量蒸馏水，使用前（C）。
A. 必须用滤纸擦干　　　　　　　　B. 必须烘干
C. 不必处理　　　　　　　　　　　D. 必须用待盛液体润洗

78. 用滴定分析的化学反应必须能用比较简便的方法确定（D）。
A. 反应产物　　　B. 终点误差　　　C. 反应速度　　　D. 等当点

79. 关于滴定终点，下列说法正确的是（B）。
A. 滴定到两组分摩尔数相等的那一点　　　B. 滴定到指示剂变色的那一点
C. 滴定到两组分克当量数相等的那一点　　D. 滴定到两组分体积相等的那一点

80. 在滴定分析中出现下列哪种情况可导致系统误差（A）。
A. 所用试剂中含有干扰离子　　　　B. 试剂未经充分混匀
C. 滴定管读数读错　　　　　　　　D. 滴定时有液滴溅出

81. 用标准溶液直接滴定待测物质的滴定法为（A）。
A. 直接滴定法　　　B. 反滴定法　　　C. 置换滴定法　　　D. 间接滴定法

82. 滴定分析所用指示剂是（B）。
A. 本身具有颜色的辅助试剂
B. 利用本身颜色变化确定化学计量点的外加试剂
C. 本身无色的辅助试剂

83. 先加入定量过量的标准溶液，待反应完全后，再用另一种标准溶液滴定剩余标准溶液的滴定法为（B）。
    A. 直接滴定法   B. 反滴定法   C. 置换滴定法   D. 间接滴定法

84. 加入适当试剂与待测物质反应，使其定量地置换成另一种可直接滴定的物质的滴定法为（C）。
    A. 直接滴定法   B. 反滴定法   C. 置换滴定法   D. 间接滴定法

85. 待测物质不能与滴定剂直接起反应，需通过另外的化学反应间接进行滴定的滴定法为（D）。
    A. 直接滴定法   B. 反滴定法   C. 置换滴定法   D. 间接滴定法

86. 如果化学反应能够满足滴定反应要求，则可以用（A）进行滴定。
    A. 直接滴定法   B. 反滴定法   C. 置换滴定法   D. 间接滴定法

87. 某化学反应反应速度较慢，并伴有副反应发生，则此反应不可用（A）进行滴定。
    A. 直接滴定法   B. 反滴定法   C. 置换滴定法   D. 间接滴定法

88. 在氧化还原滴定法中（A）。
    A. 氧化剂和还原剂都可以作标准溶液   B. 只有氧化剂可以作为标准溶液
    C. 只有还原剂可以作为标准溶液

89. 水的硬度主要是指水中含有（D）的多少。
    A. 氢离子   B. 氢氧根离子
    C. 可溶性硫酸根离子   D. 可溶性钙盐和镁盐

90. 用 EDTA 法测定水中硬度属于配位滴定法，影响配位滴定的重要因素有（ACD）。（多项选择）
    A. 配位化合物的稳定性   B. 配位化合物的显色性
    C. 配位反应的速度   D. 溶液的 pH 值

91. 用 EDTA 测定水的硬度，在 pH＝10.0 时测定的是水中（C）。
    A. 钙离子硬度   B. 镁离子硬度
    C. 钙和镁离子的总量   D. 氢氧根离子的总量

92. 用 EDTA 滴定法测定总硬度时，在加入铬黑 T 后要立即进行滴定，其目的是（A）。
    A. 防止铬黑 T 氧化   B. 使终点明显
    C. 减少碳酸钙及氢氧化镁的沉淀   D. 节省时间

93. 用 EDTA 标准溶液滴定时，整个滴定过程应在（B）内完成。
    A. 2min   B. 5min   C. 10min   D. 15min

94. 氯化物是水和废水中一种常见的无机阴离子，几乎所有的天然水中都有氯离子存在，它的含量范围（B）。
    A. 变化不大   B. 变化很大   C. 变化很小   D. 恒定不变

95. 硝酸银滴定法测定水中氯化物时，以铬酸钾为指示剂，如果水样酸度过高，则会生成（A），不能获得红色铬酸银终点。
   A. 重铬酸钾　　　　B. 铬酸钾　　　　C. 硝酸　　　　D. 硝酸盐

96. 用硝酸银滴定法测定氯化物时，如果水样碱度过高，则会生成氢氧化银或碳酸银沉淀，使终点不明显或（C）。
   A. 结果偏高　　　　B. 无法滴定　　　　C. 结果偏低　　　　D. 结果不变

97. 采用碘量法测定水中溶解氧时，如遇含有活性污泥悬浮物的水样，应采用（B）消除干扰。
   A. 高锰酸钾修正法　　　　　　　　B. 硫酸铜-氨基磺酸絮凝法
   C. 叠氮化钠修正法

98. 在碘量法中，淀粉溶液如果过早地加入，淀粉会（A）使滴定结果产生误差。
   A. 吸附较多的 I_2　　　B. 自行沉淀　　　C. 被分解　　　D. 被封闭

99. 间接碘量法的指示剂应在（C）时加入。
   A. 滴定开始　　　　B. 滴定中间　　　　C. 接近终点　　　　D. 任意时间

100. HJ 505—2009《水质　五日生化需氧量（BOD_5）的测定　稀释与接种法》规定于（C）分别测定样品的培养前后的溶解氧，两者之差即为 BOD_5 值，以 O_2 的 mg/L 表示。
   A. （20±1）℃　100 天　　　　　　B. 常温常压下　5 天
   C. （20±1）℃　5 天　　　　　　　D. （20±1）℃　10 天

101. 酸性高锰酸钾法测定水中高锰酸盐指数时，酸化溶液用硫酸而不用盐酸是因为（D）。
   A. 硫酸的酸性强　　B. 硫酸有氧化性　　C. 盐酸的酸性强　　D. 盐酸有还原性

102. 化学需氧量（COD）是指示水体中（C）的主要污染指标。
   A. 氧含量　　　　　　　　　　　　B. 含营养物质量
   C. 含有机物及还原性无机物量　　　D. 含有机物及氧化物量

103. 测定水样的高锰酸盐指数时必须遵守的操作条件是（ABDE）。（多项选择）
   A. 反应体系的酸度　　　　　　　　B. 加热温度和时间
   C. 草酸钠的浓度　　　　　　　　　D. 高锰酸钾工作液的加入量
   E. 滴定时的溶液温度

104. 仪器分析适用于生产过程中的控制分析及（A）组分的测定。
   A. 微量　　　　B. 常量　　　　C. 高含量　　　　D. 中含量

105. 电导率仪法测定电导率使用的标准溶液是（A）溶液。
   A. 氯化钾　　　　B. 氯酸钾　　　　C. 碘酸钾

106. 下列电极中常用作参比电极的是（B）电极。
   A. 离子选择　　　B. 饱和甘汞　　　C. 氧化-还原　　　D. 标准氢

107. 参比电极与指示电极的共同特点是（B）。

A. 对离子浓度变化响应快　　　　　　B. 重现性好
C. 同样受共存离子干扰　　　　　　　D. 电位稳定

108. 用电极法测定水中氟化物时，加入总离子强度调节剂的作用是（BCD）。（多项选择）
A. 增加溶液总离子强度，使电极产生响应
B. 络合干扰离子
C. 保持溶液总离子强度，弥补水样中总离子浓度与活度之间的差异
D. 调节水样酸碱度
E. 中和强酸、强碱、使水样 pH 值呈中性

109. 下列（A）属于电位分析法。
A. 离子选择电极法　　B. 电导法　　　　C. 电解法　　　　D. 极谱法

110. 比色分析法是依据（A）。
A. 比较溶液颜色深浅的方法来确定溶液中有色物质的含量
B. 溶液的颜色不同判断不同的物质
C. 溶液的颜色改变，判断反应进行的方向
D. 溶液的颜色变化，判断反应进行的程度

111. 朗伯定律解释的是溶液对光的吸收与（C）的规律。
A. 液层厚度成反比　　B. 溶液浓度成反比　　C. 液层厚度成正比　　D. 溶液浓度成正比

112. 朗伯-比尔定律 $A=\varepsilon bc$ 中，摩尔吸光系数 ε 值与（C）无关。
A. 入射光的波长　　　　　　　　　　B. 显色溶液温度
C. 测定时的取样体积　　　　　　　　D. 有色溶液的性质

113. 利用分光光度法测定样品时，下列因素中（A）不是产生偏离朗伯-比尔定律的主要原因。
A. 所用试剂的纯度不够的影响　　　　B. 非吸收光的影响
C. 非单色光的影响　　　　　　　　　D. 被测组分发生解离、缔合等化学因素

114. 分光光度计是用分光能力较强的棱镜或光栅来分光，从而获得纯度较高（D）的各波段的单色光。
A. 透射能力较高　　B. 透射能力较弱　　C. 波长范围较宽　　D. 波长范围较窄

115. 使用分光光度法测试样品，校正比色皿时，应将（A）注入比色皿中，以其中吸收最小的比色皿为参比，测定其他比色皿的吸光度。
A. 纯净蒸馏水　　　　B. 乙醇　　　　　　C. 三氯甲烷

116. 分光光度计波长准确度是指单色光最大强度的波长值与波长指示值（B）。
A. 之和　　　　　　　B. 之差　　　　　　C. 乘积

117. 一般将（B）nm 波长的光称为可见光。
A. 200～800　　　　　B. 400（或380）～800（或780）
C. 400～860

118. 一般将（C）nm 波长的光称为紫外光。
A. 200～800   B. 100～600   C. 200～400

119. 在比色分析中为了提高分析的灵敏度，必须选择摩尔吸光系数（A）有色化合物，选择具有最大 k 值的波长作入射光。
A. 大的   B. 小的   C. 大小一样

120. 分光光度计吸光度的准确性是反映仪器性能的重要指示，一般常用（A）标准溶液进行吸光度校正。
A. 碱性重铬酸钾   B. 酸性重铬酸钾   C. 高锰酸钾

121. 用紫外分光光度法测定样品时，比色皿应选择（A）材质的。
A. 石英   B. 玻璃

122. 分光光度计通常使用的比色皿具有（C）性，使用前应做好标记。
A. 选择   B. 渗透   C. 方向

123. 采用福尔马肼法测试浊度时，分光光度计应在（C）波长下测定吸光度。
A. 540nm   B. 420nm   C. 680nm   D. 460nm

124. 我们通常所称的氨氮是指（B）。
A. 游离态的氨及有机胺化合物   B. 游离态的氨和铵离子
C. 有机胺化合物、铵离子和游离态的氨   D. 仅以游离态的氨存在的氨

125. 用比色法测定氨氮时，如水样浑浊，可于水样中加入适量（B），用滤纸过滤后测定。
A. $ZnSO_4$ 和 HCl 溶液   B. $ZnSO_4$ 和 NaOH 溶液
C. $SnCl_2$ 和 NaOH 溶液   D. $SnCl_2$、HCl 和 NaOH 溶液

126. 用纳氏试剂分光光度法测定水中氨氮时，酒石酸钾钠不能掩蔽水中的（D）。
A. Mg^{2+} B. Ca^{2+} C. Fe^{3+} D. Cl^-

127. 纳氏试剂法测定氨氮使用的波长是（A）nm。
A. 420   B. 460   C. 540   D. 560

128. 分光光度法测定水中亚硝酸盐氮，标定 $NaNO_2$ 贮备液时，要把吸管插入 $KMnO_4$ 液面以下加入 $NaNO_2$ 贮备液，目的是（B）。
A. 防止溶液乱溅，而对结果造成影响   B. 防止 NO_2^- 遇酸后，转化挥发
C. 防止受环境污染

129. 钼酸铵分光光度法测定水中总磷，方法测定上限为（D）mg/L。
A. 0.1   B. 0.2   C. 0.4   D. 0.6

130. 铬酸钡分光光度法测定水中硫酸盐的方法，适用于测定（A）水样。
A. 硫酸盐含量较低的地表水和地下水

B. 硫酸盐含量较高的生活污水和工业废水

C. 咸水

131. 下列物质属于挥发酚类的是（ABD）。（多项选择）
A. 苯酚　　　　　　B. 氯酚　　　　　　C. 对硝基苯　　　　　　D. 甲酚

132. 4-氨基安替比啉法测定挥发酚，显色最佳 pH 值范围为（B）。
A. 9.0～9.5　　　　B. 9.8～10.2　　　　C. 10.5～11.0　　　　D. 12.0～13.5

133. 水样中加磷酸和 EDTA，在 pH<2 的条件下，加热蒸馏，所测定的氰化物是（B）。
A. 易释放氰化物　　B. 总氰化物　　　　C. 游离氰化物　　　　D. 有机氰化物

134. 二乙基二硫代氨基甲酸银分光光度法测定水中砷时，配制的氯化亚锡溶液需加入（B）。
A. 浓硫酸和锌粒　　B. 浓盐酸和锡粒　　C. 浓盐酸和锌粒　　　D. 浓硫酸和锡粒

135. 用二乙基二硫代氨基甲酸银分光光度法测定水中砷时，配制氯化亚锡溶液时加入浓盐酸的作用是（B）。
A. 帮助溶解　　　　　　　　　　　　　B. 防止氯化亚锡水解
C. 调节酸度　　　　　　　　　　　　　D. 防止氯化亚锡被氧化

136. 铬在水中的最稳定价态是（B）。
A. 六价　　　　　　B. 三价　　　　　　C. 二价

137. 二苯碳酰二肼分光光度法测定水中六价铬时加入磷酸的主要作用是（C）。
A. 消除 Fe^{3+} 的干扰　　　　　　　　　B. 控制溶液的酸度
C. 消除 Fe^{3+} 的干扰、控制溶液的酸度

138. 二苯碳酰二肼分光光度法测定水中总铬，是在酸性或碱性条件下，用高锰酸钾将（A），再用二苯碳酰二肼显色测定。
A. 三价铬氧化为六价铬　　　　　　　　B. 二价铬氧化为三价铬

139. 二苯碳酰二肼分光光度法测定水中总铬时，加入尿素的目的是（C）。
A. 将三价铬氧化成六价铬　　　　　　　B. 还原过量的高锰酸钾
C. 分解过量的亚硝酸钠

140. 亚甲基蓝分光光度法测定水中阴离子表面活性剂时，若水样需要保存 2d，需加入（B）。
A. 水样体积 1%的甲醛溶液　　　　　　B. 水样体积 1%的 40%甲醛溶液
C. 水样体积 1%的浓硫酸　　　　　　　D. 水样体积 1%的 40%硫酸溶液

141. 非分散红外光度法测定油类物质，当油品中含（C）多时会产生较大误差。
A. 烷烃　　　　　　B. 环烷烃　　　　　C. 芳香烃

142. （C）测定水中石油类会受到油品种的影响，当与标准油相差较大时，测定的误差也较大。

A. 重量法　　　　　B. 红外分光光度法　　C. 非分散红外光度法

143. 测定石油类和动植物油时，硅酸镁作吸附剂使用前应置高温炉内（C）℃加热2h进行处理。

A. 700　　　　　　B. 600　　　　　　　C. 500　　　　　　　D. 900

144. 燃烧氧化-非分散红外吸收法测定水中总有机碳时，用（C）配制有机碳的标准贮备液。

A. 葡萄糖　　　　　B. 间苯二酚　　　　　C. 邻苯二甲酸氢钾　　D. 草酸钠

145. 下面（C）是传统的元素分析方法。

A. 高效液相色谱法　B. 气相色谱法　　　　C. 原子吸收法　　　　D. 薄层扫描色谱法

146. 原子吸收光谱分析法的原理（A）。

A. 基于基态原子对特征光谱的吸收　　　　B. 基于溶液中分子或离子对光的吸收
C. 基于溶液中的离子对光的吸收　　　　　D. 基于基态原子对荧光的吸收

147. 原子吸收光度法背景吸收能使吸光度（A），使测定结果（D）。

A. 增加　　　　　　B. 减少　　　　　　　C. 偏低　　　　　　　D. 偏高

148. 火焰原子吸收光度法的雾化效率与（C）无关。

A. 试液密度　　　　B. 试液黏度　　　　　C. 试液浓度　　　　　D. 表面张力

149. 火焰原子吸收光度法测定时，增敏效应是指试样基体使待测元素吸收信号（B）的现象。

A. 减弱　　　　　　B. 增强　　　　　　　C. 降低　　　　　　　D. 改变

150. 在原子吸收分析中，下列操作不能提高灵敏度的是（A）。

A. 增大灯电流　　　B. 无火焰原子化　　　C. 增大负高压　　　　D. 减少光谱带

151. 原子吸收分光光度法测定待测元素时，为了获得较高的灵敏度和准确度，所用的光源应满足（ABCD）。（多项选择）

A. 能发射待测元素的共振线　　　　　　　B. 能发射锐线
C. 辐射光强度足够大　　　　　　　　　　D. 辐射光稳定性要好

152. 火焰原子吸收光谱仪中，大多数空心阴极灯一般是工作电流越小，分析灵敏度（B）。

A. 越低　　　　　　B. 越高　　　　　　　C. 不变

153. 火焰原子吸收分光光度法分析铜、锌、铅、镉时，当样品中含盐量很高，分析波长又低于（B）nm时，可能出现光散射的影响。

A. 200　　　　　　B. 350　　　　　　　C. 400　　　　　　　D. 800

154. 用火焰原子吸收光谱法测定铬时，应选择的火焰种类是（B）。

A. 氧化型　　　　　B. 还原型　　　　　　C. 化学计量型

155. 火焰原子吸收光度法测定时，当空气与乙炔比大于化学计量时，称为（A）

火焰。

A. 贫燃型　　　　　B. 富燃型　　　　　C. 氧化型　　　　　D. 还原型

156. 火焰原子吸收光度法测定水中钾和钠时，加入铯盐的目的是消除（C）干扰。

A. 基体　　　　　　B. 光谱　　　　　　C. 电离　　　　　　D. 化学

157. 火焰原子吸收光度法测定水中铁和锰时，影响其准确度的主要干扰是（D）。

A. 基体干扰　　　　B. 光谱干扰　　　　C. 电离干扰　　　　D. 化学干扰

158. 消除石墨炉原子吸收光度法中的记忆效应的方法有：(ABCE)。（多项选择）

A. 用较高的原子化温度和用较长的原子化时间

B. 增加清洗程序

C. 测定后空烧一次

D. 关机，再开机

E. 改用涂层石墨管

159. 原子吸收分光光度法测定铁选用的波长为（C）nm。

A. 279.5　　　　　B. 324.7　　　　　C. 248.3　　　　　D. 248.0

160. 铁元素的最灵敏线波长为（A）nm。

A. 248.3　　　　　B. 279.5　　　　　C. 213.9　　　　　D. 324.7

161. 原子蒸气受具有特征波长的光源照射后，其中一些自由原子被激发跃迁至较高能态，然后以直接跃迁形式回复到基态，当激发辐射的波长与所产生的荧光波长相同时，这种荧光称为（D）。

A. 敏化荧光　　　　B. 直跃线荧光　　　C. 阶跃线荧光　　　D. 共振荧光

162. 原子荧光法测量的是（D）。

A. 溶液中分子受激发产生的荧光　　　　B. 蒸气中分子受激发产生的荧光

C. 溶液中原子受激发产生的荧光　　　　D. 蒸气中原子受激发产生的荧光

163. 原子荧光分析中光源不具备的作用是（ABD）。（多项选择）

A. 提供试样蒸发所需的能量　　　　　　B. 产生紫外光

C. 产生自由原子激发所需的辐射　　　　D. 产生具有足够浓度的散射光

164. 在以下说法中，正确的是（B）。

A. 原子荧光分析法是测量受激发的基态分子而产生原子荧光的方法

B. 原子荧光分析属于光激发

C. 原子荧光分析属于热激发

D. 原子荧光分析属于高能粒子互相碰撞而获得能量被激发

165. 在原子荧光法中，多数情况下使用的是（D）。

A. 阶跃荧光　　　　B. 直跃荧光　　　　C. 敏化荧光　　　　D. 共振荧光

166. 原子荧光的量子效率是指（C）。
A. 激发态原子数与基态原子数之比
B. 入射总光强与吸收后的光强之比
C. 单位时间发射的光子数与单位时间吸收激发光的光子数之比
D. 原子化器中离子浓度与原子浓度之比

167. 原子荧光法常用的光源是（A），其作用是（E）。
A. 高强度空心阴极灯　　　　B. 氘灯　　　　C. 高压汞灯
D. 提供试样蒸发所需的能量　　E. 产生自由原子激发所需的辐射

168. 原子荧光法常用的检测器是（B）。
A. 紫外光度检测器　B. 日盲光电倍增管　C. 示差折光检测器　D. 氢火焰检测器

169. 原子荧光光谱中干扰荧光谱线的方法是（A）。
A. 增加灯电流　　　　　　　　B. 选用其他的荧光分析线
C. 加入络合剂络合干扰因素　　D. 预先化学分离干扰元素

170. 原子荧光法选择性好是因为（C）。
A. 原子化效率高　　　　　　　　B. 检测器灵敏度高
C. 各种元素都有特定的原子荧光光谱　D. 原子蒸气中基态原子数不受温度影响

171. 用冷原子荧光法测定水中汞时，在给定的条件下和（A）的质量浓度范围内荧光强度与汞的质量浓度成正比。
A. 较低　　　　B. 较高　　　　C. 较宽

172. 用冷原子荧光法测定水中汞时，按仪器说明书调试好仪器后，应预热（C），然后再开始分析空白和样品。
A. 20min　　　　B. 30min　　　　C. 1h

173. 气相色谱法测定甲基汞用（B）检测器。
A. FID　　　　B. ECD　　　　C. NPD　　　　D. FPD

174. 吹脱捕集系统可能会对分析水中VOCs带来污染的来源主要有（A）和捕集管路中的杂质。
A. 吹脱气　　　　B. 进样口　　　　C. 色谱柱　　　　D. 离子源

175. 高效离子色谱的分离机理属于（B）。
A. 离子排斥　　　　　　　　B. 离子交换
C. 吸附和离子对形成　　　　D. 凝胶吸附

176. 离子色谱法测定水样时，离子所带的电荷数越高，保留时间（D），离子半径越小，保留时间（D）。
A. 越短、越短　　B 越短、越长　　C. 越长、越长　　D. 越长、越短

177. 离子色谱法测定水样时，进样体积越大，水负峰（C），淋洗液浓度越高，水负

峰（C）。

　　A. 越小、越小　　　B. 越小、越大　　　C. 越大、越大　　　D. 越大、越小

178. 用离子色谱法测定水中的磷酸盐时，检测到的可溶性磷酸盐是指通过 $0.45\mu m$ 微孔滤膜过滤的（BCD）形式的磷酸盐。（多项选择）

　　A. H_3PO_4　　　B. $H_2PO_4^-$　　　C. HPO_4^{2-}　　　D. PO_4^{3-}

179. 以下（ABC）溶液是常见的离子色谱淋洗液。（多项选择）

　　A. NaOH　　　B. Na_2CO_3　　　C. KOH　　　D. NaCl

180. 在离子色谱分析中，可以采用（ABCD）缩短分析时间。（多项选择）

　　A. 改变色谱柱容量　　　　　　B. 增加淋洗液强度
　　C. 提高流速　　　　　　　　　D. 梯度淋洗

181. 离子色谱分析中，水负峰的位置由（AC）决定。（多项选择）

　　A. 色谱柱的性质　　　　　　　B. 被测离子的保留时间
　　C. 淋洗液的流速　　　　　　　D. 淋洗液的浓度

182. 离子色谱分析中，水负峰的大小由（ABCD）决定。（多项选择）

　　A. 样品的进样体积　B. 样品溶质浓度　C. 淋洗液浓度　　D. 淋洗液种类

183. ICP-MS 最常用的前处理制样技术是（D）。

　　A. 固相萃取　　　B. 分散固相萃取　　C. 液液萃取　　D. 微波消解

184. ICP-MS 是一种（B）分析技术，能够检测和测量样品中（B）元素的含量。

　　A. 有机　　　　　B. 无机　　　　　　C. 食品　　　　D. 材料

185. 洗净后的容量瓶和消解罐通常用 10%～30%（C）浸泡。

　　A. 盐酸　　　　　B. 高氯酸　　　　　C. 硝酸　　　　D. 柠檬酸

186. 如何消除质谱型干扰（E）。

　　A. 稀释样品　　　B. 使用内标法校正　C. 尽量消除基体
　　D. 使用标准加入法　E. 选择无干扰的同位素

187. 下述（B）是基于发射原理。

　　A. 红外光谱法　　B. 荧光光谱法　　　C. 分光光度法　　D. 核磁共振波谱法

188. 流动分析测定阴离子表面活性剂时，运行结束后需要用（A）冲洗管路。

　　A. 无水乙醇　　　B. 氯仿　　　　　　C. 去离子水　　　D. 次氯酸钠

189. 流动分析中带入校准曲线计算结果的参数是（C）。

　　A. 峰高　　　　　B. 峰面积　　　　　C. 修正后峰高　　D. 修正后峰面积

190. 能够发生（B）反应的金属浸在含有该金属离子的溶液中，才能构成金属-金属离子电极。

　　A. 不可逆氧化还原　B. 可逆氧化还原　　C. 氧化还原　　　D. 置换

191. 准确度、精密度、系统误差、偶然误差之间的关系是（B）。
A. 准确度高，精密度一定高
B. 准确度高，系统误差、偶然误差一定小
C. 系统误差小，准确度一般较高
D. 精密度高，准确度一定高

192. 已知待测水样的 pH 值大约为 8，标准溶液最好选（C）。
A. pH＝4 和 pH＝6   B. pH＝2 和 pH＝6
C. pH＝6 和 pH＝9   D. pH＝4 和 pH＝9

193. 直接配置标准滴定溶液时，必须使用（C）。
A. 分析试剂   B. 保证试剂   C. 基准试剂   D. 优级试剂

194. 常用的标定盐酸溶液的基准物质有（AB）。（多项选择）
A. 无水碳酸钠   B. 硼砂   C. 氢氧化钠   D. 硝酸银

195. 采用化学纯的试剂配制标准溶液，会导致标准溶液浓度（C）。
A. 无法确定   B. 偏高   C. 偏低   D. 正常

196. 含酚废水中含有大量硫化物，对酚的测定产生（A）。
A. 正误差   B. 负误差   C. 无影响   D. 误差不确定

197. 在一般情况下，滴定分析（容量分析）测得结果的相对误差为（B）％左右。
A. 0.1   B. 0.2   C. 0.5

198. 重量法测定溶解性总固体时，两次测量之差小于（C）g 时，认为该样品已烘干至恒重。
A. 0.0002   B. 0.0003   C. 0.0004   D. 0.0005

199. 使用标准曲线时，测试样品浓度宜控制在曲线的（B）。
A. 10％～90％   B. 20％～80％   C. 10％～80％   D. 20％～90％

200. 有 K_2SO_4 和 $Al_2(SO_4)_3$ 的混合溶液，已知 Al^{3+} 的物质的量浓度为 0.4mol/L，SO_4^{2-} 的浓度是 0.7mol/L，则溶液中 K^+ 的浓度是（B）。
A. 0.215mol/L   B. 0.2mol/L   C. 0.15mol/L   D. 0.1mol/L

201. 1mol/L 硫酸溶液的含义是（D）。
A. 1L 水中含有 1mol 硫酸   B. 1L 溶液中含 1mol H^+
C. 将 98g 硫酸溶于 1L 水所配成的溶液   D. 指 1L 硫酸溶液中含有 98g 硫酸

202. 现有一瓶 500mL 的矿泉水，其水质成分表中标示其 Ca^{2+} 含量为 4mg/L，则其物质的量浓度为（A）。
A. 1×10^{-4} mol/L   B. 2×10^{-4} mol/L
C. 0.5×10^{-4} mol/L   D. 1×10^{-3} mol/L

203. 下列溶液的物质的量浓度是 0.5mol/L 的是（C）。

A. 40g NaOH 溶于 1L 水中　　　　　　B. 58.5g NaCl 溶于水制成 1L 溶液
C. 28g KOH 溶于水制成 1L 溶液　　　　D. 1L 2％的 NaOH 溶液

204. 将 30mL 0.5mol/L NaCl 溶液加水稀释到 500mL，稀释后溶液中 NaCl 的物质的量浓度为（A）。

A. 0.03mol/L　　　B. 0.3mol/L　　　C. 0.05mol/L　　　D. 0.04mol/L

205. 将 12mol/L 的盐酸（$\rho=1.10\text{g/cm}^3$）50mL 稀释成 6mol/L 的盐酸（$\rho=1.10\text{g/cm}^3$），需加水的体积为（C）。

A. 50mL　　　B. 50.5mL　　　C. 55mL　　　D. 59.5mL

206. 取 20mL 盐酸溶液，用 0.0100mol/L 的碳酸钠标准溶液标定时，恰好用了 10mL 碳酸钠标准溶液，则该盐酸溶液的浓度为（A）。

A. 0.0100mol/L　　　B. 0.0200mol/L　　　C. 0.0500mol/L　　　D. 0.1000mol/L

207. 欲配制质量分数为 15％NaCl 溶液 500g 需要 NaCl 75g，则需加水（B）。

A. 500mL　　　B. 425g　　　C. 475g　　　D. 425mL

208. 若配制浓度为 20μg/mL 的铁工作液，应（A）。

A. 准确移取 200μg/mL 的 Fe^{3+} 贮备液 10mL 于 100mL 容量瓶中，加入适量酸后再用纯水稀释至刻度

B. 准确移取 100μg/mL 的 Fe^{3+} 贮备液 10mL 于 100mL 容量瓶中，加入适量酸后再用纯水稀释至刻度

C. 准确移取 200μg/mL 的 Fe^{3+} 贮备液 20mL 于 100mL 容量瓶中，加入适量酸后再用纯水稀释至刻度

D. 准确移取 200μg/mL 的 Fe^{3+} 贮备液 5mL 于 100mL 容量瓶中，加入适量酸后再用纯水稀释至刻度

209. 若配制浓度为 20μg/mL PO_4^{3-} 的标准溶液，应（A）。

A. 准确移取 500μg/mL 的 PO_4^{3-} 贮备液 20mL 于 500mL 容量瓶中，用纯水稀释至刻度

B. 准确移取 500μg/mL 的 PO_4^{3-} 贮备液 10mL 于 500mL 容量瓶中，用纯水稀释至刻度

C. 准确移取 500μg/mL 的 PO_4^{3-} 贮备液 20mL 于 100mL 容量瓶中，用纯水稀释至刻度

D. 准确移取 500μg/mL 的 PO_4^{3-} 贮备液 10mL 于 100mL 容量瓶中，用纯水稀释至刻度

210. 配制硫代硫酸钠（$Na_2S_2O_3$）标准溶液时，应用煮沸（除去 CO_2 及杀灭细菌）冷却的蒸馏水配制，并加入（A）使溶液呈微碱性，保持 pH 值为 9～10，以防止 $Na_2S_2O_3$ 分解。

A. Na_2CO_3　　　B. Na_2SO_4　　　C. NaOH　　　D. $NaHCO_3$

211. 欲配制（1+5）HCl 溶液，应在 10mL 6mol/L 的盐酸溶液中加水（B）。

A. 100mL   B. 50mL   C. 30mL

D. 20mL   E. 10mL

212. 8g 无水硫酸铜配成 0.1mol/L 的水溶液，下列说法正确的是（C）。

A. 溶于 500mL 水中   B. 溶于 1L 水中

C. 溶解后溶液的总体积为 500mL   D. 溶解后溶液的总体积为 1L

213. 配制 500mL 0.2mol/L Na_2SO_4 溶液，需要硫酸钠的质量是（B）。

A. 9.8g   B. 14.2g   C. 16g   D. 32.2g

214. 以下标准溶液可以用直接法配制的是（B）。

A. $KMnO_4$ B. $K_2Cr_2O_7$ C. NaOH   D. $FeSO_4$

215. 0.0358+3.2+56.5+1.02 结果应记至小数点后（A）。

A. 1 位   B. 2 位   C. 3 位   D. 4 位

216. 把下列各数字修约至小数后一位，结果正确的是（ABC）。（多项选择）

A. 4.2468→4.2   B. 23.4548→23.5   C. 0.4643→0.5   D. 1.0501→1.0

217. 下列数据记录有错误的是（A）。

A. 量筒 10.00mL   B. 分度吸管 10.00mL

C. 滴定管 10.00mL   D. 无分度吸管 10.00mL

218. 20.33+0.065+3.2 结果应记为（D）。

A. 23.595   B. 23.59   C. 23.60   D. 23.6

219. 下列算式的结果应以（A）有效数字报出。

$$\frac{1.20 \times (1.24 - 1.2)}{5.4375}$$

A. 两位   B. 三位   C. 四位

D. 五位   E. 位数不定

220. 下列方法中（E）可以减小分析中的偶然误差。

A. 进行对照试验   B. 进行空白试验

C. 仪器进行校正   D. 进行分析结果校正

E. 增加平行试验次数

221. 将 67.905 修约成 4 位有效数字，正确的是（C）。

A. 67.91   B. 67.9   C. 67.90   D. 67.905

222. 将下列数据修约至四位有效数字，正确的是（ABD）。（多项选择）

A. 3.14851≈3.149   B. 18.2841≈18.28

C. 0.16485≈0.1649   D. 65065≈6.506×10^4

223. 0.0053 的有效数字为（B）。

A. 1 位 B. 2 位 C. 3 位 D. 4 位

224. 60.25 修约成 3 位有效数字应为（B）。
A. 60.0 B. 60.2 C. 60.3 D. 60.25

225. 32500 修约为 2 位有效数字应表示为（B）。
A. 32 B. 32×10^3 C. 3.25×10^4 D. 3.25

226. $0.0676\times70.19\times6.5023$ 结果为（C）。
A. 30.850975688 B. 30.85 C. 30.9 D. 31

227. 以下为 3 位有效数字的有（AC）。（多项选择）
A. 3.25×10^4 B. 1.2100×10^4 C. 0.0123 D. 0.01235

228. 分析 SiO_2 的质量分数得到两个数据：35.01%、35.42%，按有效数字规则其平均值应表示为（B）。
A. 0.35215 B. 0.3522 C. 0.352 D. 0.3521

229. 滴定管上的读数为 19.25，此数据为四位（C）。
A. 准确数字 B. 可靠数字 C. 有效数字

230. 用 25mL 移液管移出溶液的准确体积应记录为（C）。
A. 25mL B. 25.0mL C. 25.00mL D. 25.000mL

231. 根据水利系统水质监测质量管理"七项制度"之《实验室质量控制考核与对比试验实施办法》要求，采样时要采集不少于总数（B）的平行样，选（E）个平行样做加标回收试验。要进行采样过程的质量检查，每次可在一个采样点采集监测（F）样品。
A. 5% B. 5%～10% C. 15%
D. 1 E. 1～2 F. 全程序空白

232. 说明水质好转的过程是（B）。
A. 耗氧作用＞复氧作用 B. 耗氧作用＜复氧作用
C. 耗氧作用＝复氧作用 D. 以上都不是

233. 地下水中由于缺氧，锰以可溶态的（A）锰形式存在。
A. 二价 B. 三价 C. 四价
D. 六价 E. 七价

234. 消毒是杀灭（A）和病毒的手段。
A. 细菌 B. 微生物 C. 生物 D. 浮游动物

235. 饮用水通常是用氯消毒，但管道内容易繁殖耐氯的藻类，这些藻类是由凝胶状薄膜包着的（C），能抵抗氯的消毒。
A. 无机物 B. 有机物 C. 细菌 D. 气体

236. 经革兰氏染色后革兰氏阳性细菌是（A）色。
A. 紫 B. 红 C. 棕 D. 绿

237. 微生物检测中,玻璃器皿的灭菌可选用(D)法。
A. 干热灭菌　　　B. 湿热灭菌　　　C. 火焰灭菌　　　D. 以上答案都不对

238. 引起水体富营养化的污染物是(C)。
A. 有机物　　　B. 无机物　　　C. 磷　　　D. 汞

239. 对受污染严重的水体,可选择(B)测定其总大肠菌群数。
A. 滤膜法　　　B. 多管发酵法　　　C. 延迟培养法　　　D. 电极法

240. 滤膜法测定水中总大肠菌群和粪大肠菌群时,放置滤膜的操作应为:用已灭菌的镊子夹取灭菌滤膜的边缘,将其(A),贴放在已灭菌的滤床上,稳妥地固定好滤器。
A. 粗糙面向上　　　B. 粗糙面向下

241. GB 3838—2002《地表水环境质量标准》中,化学需氧量的地表水Ⅲ类标准是(B)。
A. 10mg/L　　　B. 20mg/L　　　C. 30mg/L　　　D. 40mg/L

242. GB 5749—2006《生活饮用水卫生标准》中pH值的规定范围是(C)。
A. 5.5～6.5　　　B. 8.5～9.5　　　C. 6.5～8.5　　　D. 7.5～8.5

243. GB 5749—2006《生活饮用水卫生标准》中规定水中镉的含量不超过(B)。
A. 0.10mg/L　　　B. 0.01mg/L　　　C. 0.02mg/L　　　D. 0.05mg/L

244. GB/T 14848—2017《地下水质量标准》中铁的Ⅲ类水质标准限值为(C)mg/L。
A. ≤0.1　　　B. ≤0.2　　　C. ≤0.3　　　D. >1.0

245. GB/T 14848—2017《地下水质量标准》中氯化物的Ⅲ类水质标准限值为(B)。
A. 150mg/L　　　B. 250mg/L　　　C. 450mg/L　　　D. 1000mg/L

四、简答题

1. 浊度是由于水中含有哪些物质所造成?

答:泥沙、黏土、有机物、无机物、浮游生物、微生物和土壤中的有机质等。

2. 简述检验浊度的意义。

答:浊度可以表示水的清澈或浑浊程度,是衡量水质良好的一个重要指标,也是考核水处理净化效率的重要依据。浊度越大,说明水中的泥沙、黏土、有机物、微生物等悬浮物质较多。而浊度的降低意味着水体中有机物、细菌、病毒等微生物含量相对减小。

3. 试述铂钴比色法测定水色度的原理。

答:用氯铂酸钾和氯化钴配制标准色列,与被测样品进行目视比较,水样的色度以与之相当的色度标准溶液的色度值表示。

4. 测定水中臭和味时,臭和味的强度分几级?各级的强度是怎样定义的?

答:臭和味的强度分六级,详见下表。

等级	强度	说　　明
0	无	无任何臭和味
1	微弱	一般饮用者甚难察觉,但臭、味敏感者可以发觉
2	弱	一般饮用者刚能察觉
3	明显	已能明显察觉
4	强	已有很显著的臭味
5	很强	有强烈的恶臭和异味

5. 电导法在水质分析中的应用有哪些?

答:(1) 检验水的纯度。一般用电导率大小检验蒸馏水、去离子水或超纯水的纯度。

(2) 判断水质状况。通过电导率的测定可初步判断天然水和水体被污染的状况。

(3) 估计水中溶解氧。利用某些化合物和水中溶解氧发生反应而产生能导电的离子成分,从而可以测定溶解氧。

(4) 估计水中可滤残渣的含量。还可以利用电导滴定法测定稀溶液中的离子浓度。

6. 什么是基准物质?基准物质应符合哪些条件?

答:能用于直接配制或标定标准溶液的物质称为基准物质。

基准物质纯度高;稳定性好;有较大的摩尔质量;定量参加反应,无副反应;试剂的组成与化学式完全相符;易溶解。

7. 简述标准溶液的配制方法。

答:标准溶液的配制方法有直接法和标定法两种方法。直接法是准确称取一定量的基准物质溶解后,定量地转移到已校正的容量瓶中,稀释到一定的体积,根据溶液的体积和基准物质的质量,计算出该溶液的准确浓度。标定法一般是先将这些物质配成近似所需浓度溶液,再用标准物质测定其准确浓度。

8. 配平化学方程式。

(1) $Cr_2O_7^{2-} + I^- + H^+ \Longrightarrow Cr^{3+} + H_2O + I_2$

(2) $MnO_4^- + Fe^{2+} + H^+ \Longrightarrow Mn^{2+} + H_2O + Fe^{3+}$

答:(1) $Cr_2O_7^{2-} + 6I^- + 14H^+ \Longrightarrow 2Cr^{3+} + 7H_2O + 3I_2$

(2) $MnO_4^- + 5Fe^{2+} + 8H^+ \Longrightarrow Mn^{2+} + 4H_2O + 5Fe^{3+}$

9. 怎样制备无氨水?

答:无氨水应在无氨环境中用下述方法之一制备:

(1) 将蒸馏水通过强酸型阳离子交换树脂(氢型),每升流出液中加入10g同类树脂保存。

(2) 在1000mL蒸馏水中加入0.1mL硫酸($\rho=1.84g/mL$),在全玻璃蒸馏器中重蒸馏,弃去前50mL流出液,每升流出液中加入10g强酸型阳离子交换树脂(氢型)。

(3) 用市售纯水器直接制备。

10. 使用容量瓶的注意事项有哪些?

答：(1) 在精密度要求较高的分析工作中，容量瓶不允许放在烘箱中烘干，如需使用干燥的容量瓶，可用电吹风吹干。

(2) 容量瓶长期不用时应洗净，把塞子用纸垫上，以防时间长塞子打不开。

11. 容量瓶如何试漏？

答：在瓶内装入自来水到标线处，盖上塞，用手按住塞，倒立容量瓶，观察瓶口是否有水渗出，如果不漏，把瓶直立后，转动瓶塞约180°后再倒立一次。

12. 如何向洗净的滴定管中装入溶液？

答：准备好滴定管，先关闭活塞，装入约10mL滴定溶液，然后横持滴定管，慢慢转动，使溶液与管壁全部接触，直立滴定管，缓慢打开活塞，将溶液从管尖放出，如此反复3次，即可装入滴定溶液至零刻度线上。调节初始读数时应等待1~2min。

13. 简述滴定管读数时的注意事项。

答：(1) 读数前要等1~2min。

(2) 保持滴定管垂直向下。

(3) 读数至小数点后两位。

(4) 初读、终读方式一致，以减少误差。

(5) 眼睛与滴定管中的弯月液面平行。

14. 如何取用液体试剂？

答：先将瓶塞反放在桌面上，手握有标签的一面，倾斜试剂瓶，沿干净的玻璃棒把液体注入烧杯内，再把瓶塞盖好。定量取用时，可用量筒、量杯或移液管。

15. 如何清洗测定化学需氧量的所有容器？

答：所有容器尽量用水或酸清洗，尽可能不用肥皂水洗，以免带入有机物影响化学需氧量的测定结果。如果必须用肥皂水洗，洗后应用酸泡，再用水冲洗。

16. 测定六价铬或总铬的器皿能否用重铬酸钾洗液洗涤？为什么？应使用何种洗涤剂洗涤？

答：不能用重铬酸钾洗液洗涤。因为重铬酸钾洗液中的铬呈六价，容易沾污器壁，使六价铬或总铬的测定结果偏高。应使用硝酸、硫酸混合液或合成洗涤剂洗涤，洗涤后要冲洗干净。所有玻璃器皿内壁必须光洁，以免吸附铬离子。

17. 六价铬测定过程中使用的玻璃仪器为什么不能用铬酸洗液浸泡？应如何洗涤？

答：因为铬酸洗液中的铬会吸附在玻璃壁上，会影响测量结果。可用稀硝酸浸泡，或者先用洗衣粉洗干净后再用硝酸浸泡。

18. 测定汞所用玻璃器皿应如何清洗？

答：首先用（1+1）硝酸或重铬酸钾洗液浸泡过夜，再用纯水冲洗干净。

19. 金属汞撒落在地上或桌面上应如何处理？

答：立即将硫磺粉、多硫化钙或漂白粉撒在汞上面以减少汞的蒸发量。

20. 氰化物为剧毒物质，测定后的残液应如何处理？

答：氰化物的稀溶液可加入 NaOH 调至 pH>10，再加入 $KMnO_4$（以 3%计），使氰化物氧化分解，分解后的溶液可用水稀释后排放。

21. 蒸馏时如何防止暴沸？

答：为防止暴沸，可在开始蒸馏前加入洗净干燥的助沸剂，如沸石、碎瓷片、玻璃珠等。

22. 玻璃电极使用之前为什么必须在蒸馏水中浸泡 24h 以上？

答：玻璃电极使用之前要在蒸馏水中浸泡 24h 以上，一方面，使玻璃电极的薄膜表面形成一层水和硅胶；另一方面，玻璃电极的薄膜内外表面的结构、性质常有些差别和不对称，由此引起一定的电势差称为不对称电势，浸泡使其不对称电势减少并达到稳定。

23. 简述指示电极的含义，利用指示电极测定离子浓度的原理是什么？

答：指示电极是电极的电位随溶液中待测离子的活度变化而变化的电极。它和另一对应电极或参比电极组成电池，通过测定电池的电动势或在外加电压的情况下测定流过电解池的电流，即可得知溶液中某种离子的浓度。

24. 用离子选择电极法测定水中氟化物时，加入总离子强度调节剂的作用是什么？

答：（1）保持溶液中总离子强度。

（2）络合干扰离子。

（3）使溶液保持适当的 pH 值。

25. 对滴定分析反应有四大要求，分别是什么？

答：（1）反应必须定量地完成。

（2）反应必须具有确定的化学计量关系。

（3）反应能迅速地完成。

（4）必须有方便、可靠的方法确定滴定终点。

26. "四大滴定"指的是什么？测定对象是什么？举例说明。

答："四大滴定"指酸碱滴定、配位滴定（络合滴定）、氧化还原滴定、沉淀滴定。

在水分析中酸碱滴定主要用于酸度、碱度测定；配位滴定主要用于硬度的测定；氧化还原滴定主要用于溶解氧、化学需氧量、高锰酸盐指数的测定；沉淀滴定主要用于卤离子的测定。

27. 简述容量分析法的误差来源。

答：（1）滴定终点与理论终点不完全符合所致的滴定误差。

（2）滴定条件掌握不当所致的滴定误差。

（3）滴定管误差。

（4）操作者的习惯误差。

28. 影响氧化还原反应速率的因素有哪些？

答：(1) 氧化剂和还原剂的性质。

(2) 反应物的浓度。

(3) 催化剂。

(4) 温度。

(5) 诱导反应。（因某一氧化还原反应的发生而促进另一种氧化还原反应进行的现象，称为诱导作用，反应称为诱导反应）。

29. 在酸碱滴定中选择指示剂的原则是什么？

答：指示剂的变色范围，必须全部处于或部分处于计量点附近的 pH 值突跃范围内。

30. 酸碱指示剂与氧化还原指示剂有什么不同？

答：酸碱指示剂它本身是弱酸或弱碱参与酸碱反应，利用终点前后酸式和碱式的颜色的突变指示终点。氧化还原指示剂本身参与氧化还原反应，且氧化态和还原态的颜色不同，利用终点前后氧化态和还原态颜色的突变指示终点。

31. 配位滴定中金属指示剂如何指示终点？

答：配位滴定中的金属指示剂是一种配位剂，它的配位能力比 EDTA 稍弱，终点前，金属指示剂与金属离子配位，溶液呈现金属指示剂与金属络合物的颜色，滴入的 EDTA 与金属离子配位，接近终点时，溶液中游离金属离子极少，滴入的 EDTA 与金属指示剂竞争，使金属指示剂游离出来，终点时溶液呈金属指示剂的颜色。

32. EDTA 与金属离子形成的配合物有什么特点？

答：(1) 配合物易溶。

(2) 配合物稳定性高。

(3) 配合物离子中 EDTA 与金属离子一般为 1∶1 配位。

(4) EDTA 与无色离子配位形成无色配合物，与有色离子配位一般生成颜色更深的配合物。

33. 配位滴定中怎样消除其他离子的干扰而准确滴定？

答：一般采用酸度控制、配位掩蔽、氧化还原掩蔽、沉淀掩蔽等方法消除其他离子的干扰而准确滴定。

34. 滴定分析中化学计量点与滴定终点有何区别？

答：化学计量点是根据化学方程式计算的理论终点，滴定终点是实际滴定时用指示剂变色或其他方法停止滴定的点。

35. 化学计量点的 pH 值与选择指示剂有什么关系？

答：选择指示剂的原则是指示剂的变色范围应全部或部分处于突跃范围中，即指示剂的变色点 pH 值与计量点 pH 值越接近越好。

36. 水的总硬度是指什么？怎样测定水的总硬度？

答：水的总硬度指以 $CaCO_3$（mg/L）表示水中 Ca^{2+}、Mg^{2+} 浓度的总量。测定采用配位滴定法，以 EDTA 为滴定剂，铬黑 T 为指示剂，用氨系列缓冲溶液，控制 pH = 10.0，加入指示剂进行滴定，溶液由紫红色变为蓝色即为终点。

37. 简述水的暂时硬度和水的永久硬度含义。

答：通常把溶有较多量的 Ca^{2+}、Mg^{2+} 的水称为硬水。如果水的硬度是由碳酸钙和碳酸镁引起的，这种硬度称为"暂时硬度"；如果水的硬度是由于钙和镁的硫酸盐或氯化物等引起的，这种硬度称为"永久硬度"。

38. 简要说明测定水中总硬度的原理及条件。

答：水中总硬度的测定常用配位滴定法。在 pH＝10 的 $NH_3 - NH_4^+$ 缓冲溶液中，铬黑 T 与水中 Ca^{2+}、Mg^{2+} 形成紫红色溶液，然后用 EDTA 标准溶液滴定至终点，使铬黑 T 游离出来并呈亮蓝色即为终点。最后可计算出总硬度。条件是严格控制 pH＝10。必要时加入掩蔽剂防止其他离子干扰。

39. 莫尔法为什么不能用氯离子滴定银离子？

答：莫尔法是用硝酸银做滴定剂、铬酸钾做指示剂，终点时略过量的硝酸银与铬酸钾生成砖红色指示终点。如用氯离子滴定硝酸银，加入铬酸钾就会生成铬酸银沉淀，无法指示终点。

40. 碘量法测定水中溶解氧时，如何采集和保存样品？

答：应采用溶解氧瓶进行采样，采样时要十分小心，避免曝气，注意不使水样与空气相接触。瓶内需完全充满水样，盖紧瓶塞，瓶塞下不要残留任何气泡。若从管道或水龙头采取水样，可用橡皮管或聚乙烯软管，一端紧接龙头，另一端深入瓶底，任水沿瓶壁注满溢出数分钟后加塞盖紧，不留气泡。

41. 碘量法测定溶解氧时为什么必须在取样现场固定溶解氧？怎样固定？

答：水中的溶解氧与大气压力、温度有关，也与水中有机物的生物分解有关，因此在水样的运输、保存过程中，势必要发生溶解氧的变化，所以碘量法测溶解氧时，须现场固定。

溶解氧固定方法是水样中先加入硫酸锰再加入碱性碘化钾，水中的溶解氧将 Mn^{2+} 氧化成棕色的 $MnO(OH)_2$ 沉淀。

42. 试写出碘量法测定水中溶解氧主要化学反应方程式。

答：$MnSO_4 + 2NaOH = Na_2SO_4 + Mn(OH)_2$ 白色↓

$2Mn(OH)_2 + O_2 = 2MnO(OH)_2$ 棕色↓

$MnO(OH)_2 + Mn(OH)_2 = Mn_2O_3↓ + 2H_2O$

如果水样中溶解氧很少，则生成的沉淀为浅棕色，如果没有氧存在，则沉淀仍为白色，此时无须继续滴定。

溶解氧越多，析出的碘越多，溶液颜色也越深。

$MnO(OH)_2 + 2KI + 2H_2SO_4 = MnSO_4 + K_2SO_4 + 3H_2O + I_2$

$2Na_2S_2O_3 + I_2 = Na_2S_4O_6 + 2NaI$

43. 为什么配好 $Na_2S_2O_3$ 标准溶液后还要煮沸 10min？

答：配好 $Na_2S_2O_3$ 标准溶液后煮沸约 10min。其作用主要是除去 CO_2 和杀死微生物，促进 $Na_2S_2O_3$ 标准溶液趋于稳定。

44. 高锰酸钾标准溶液为什么不能直接配制，而需标定？

答：高锰酸钾试剂中常含有少量的 MnO_2，而且蒸馏水中也常含有还原性物质，它们与 MnO_4^- 反应而析出 $MnO(OH)_2$ 沉淀，这些产生物以及热、光、酸、碱等外界条件的改变均会促进 $KMnO_4$ 的分解，故不能用 $KMnO_4$ 试剂直接配制标准溶液，只能配好溶液后标定。

45. 用草酸标定高锰酸钾溶液时，1mol 高锰酸钾相当于多少草酸？为什么？

答：1/5mol 高锰酸钾可与 1/2mol 的草酸反应，由此可知 1mol 高锰酸钾相当于 2.5mol 草酸。

46. 什么是高锰酸盐指数？如何测定高锰酸盐指数？

答：高锰酸盐指数是指在一定条件下，以高锰酸钾为氧化剂，处理水样时所消耗的量，以氧的 mg/L 表示。

高锰酸盐指数测定时，水样在酸性或碱性条件下，加入过量高锰酸钾标准溶液，在沸水浴中加热反应一定时间，然后加入过量的草酸钠标准溶液还原剩余的高锰酸钾，最后再用高锰酸钾标准溶液回滴剩余草酸钠，滴定至粉红色 1min 内不消失为终点。

47. 为什么水样中含有氯离子时，使高锰酸盐指数（酸性法）偏高？

答：水样中含有氯离子，在酸性条件下测定高锰酸盐指数时氯离子也能被高锰酸钾氧化，从而使测定结果偏高。

48. 在测定高锰酸盐指数时，加入草酸钠和滴定时的温度应控制在多少摄氏度？为什么？

答：在加入草酸钠时，温度不能高于 90℃，因为温度过高，部分草酸会分解，这样会使测定结果偏低。在滴定时，温度应控制在 70~80℃，如果温度过低，高锰酸钾和草酸钠的反应速度过慢，会使测定结果偏高。

49. 在测定高锰酸盐指数时，加热时间对测定结果有何影响？

答：在对样品进行加热时，一定要在水浴完全沸腾后再将样品放入，等水浴再次沸腾时立刻计时，并严格控制时间为 30min。若加热时间过长，样品测定值偏高，反之则偏低。

50. 在测定高锰酸盐指数时，高锰酸钾标准溶液的浓度对测定结果有何影响？

答：当高锰酸钾浓度偏高时，空白试验和样品试验所消耗高锰酸钾的体积偏低，样品测定值偏低。当高锰酸钾浓度偏低时，滴定用量增大，样品温度下降快，反应速度减慢，使样品测定值偏高。

51. 什么是化学需氧量，怎样测定？

答：化学需氧量是水体中有机物和无机还原性物质相对含量指标之一，是在强酸并加热条件下，用重铬酸钾作为氧化剂处理水样时所消耗氧化剂的量。

52. 水样在强酸性条件下，过量的重铬酸钾标准物质与有机物等还原性物质反应后，用试亚铁灵做指示剂，用亚铁离子标准溶液进行滴定，溶液呈红色为终点，做空白试验校正误差测定化学需氧量时，水样中的氯离子会对结果有何影响？

答：水样中的氯离子会和硫酸银催化剂反应，降低催化剂浓度，使有机物反应不够完全，使测定结果偏低；同时氯离子在酸性条件下会被重铬酸钾氧化反应，消耗重铬酸钾的量，使测定结果偏高。

53. 重铬酸钾法测定化学需氧量中用试亚铁灵做指示剂时，为什么常用亚铁离子滴定重铬酸钾，而不是用重铬酸钾滴定亚铁离子？

答：重铬酸钾法用试亚铁灵做指示剂的原理是：滴定过程中，重铬酸钾被滴定剂亚铁离子还原，终点时因亚铁离子过量，与试亚铁灵反应生成红色化合物指示终点。所以只能用亚铁离子滴定重铬酸钾，否则用重铬酸钾滴定亚铁离子，就不能用试亚铁灵做指示剂。

54. 重铬酸钾滴定法为什么在用试亚铁灵指示剂时，常用返滴定法，即用重铬酸钾与待测样品中还原性物质作用后，过量的重铬酸钾用亚铁离子溶液滴定？

答：重铬酸钾法就是利用重铬酸钾的氧化性质进行滴定的一种分析方法。但用重铬酸钾滴定其他还原剂时，没有较好的指示剂指示终点，所以常用返滴定法，先加过量重铬酸钾氧化其他还原性物质，过量的重铬酸钾再用亚铁离子滴定，这样就能进行准确滴定分析。

55. 测定化学需氧量时，为什么必须保证加热回流后的溶液是橙色？如已成为绿色该怎么办？

答：化学需氧量测定时，加入过量重铬酸钾与水中还原性物质反应，过量的标志是反应后的溶液仍呈重铬酸钾的橙红色，如果溶液呈绿色表明水样中加入的重铬酸钾已作用完，说明水样化学需氧量的数值很高，可以用不含还原性物质的蒸馏水进行稀释，取稀释过的水样再加热回流做实验，最后结果再乘以稀释倍数即可。

56. 如何判断测定化学需氧量（COD）的水样是否需要稀释？

答：水样在加入消化液和催化剂后，进行加热回流，若水样颜色呈绿色，则表示水样中的有机物过多，氧化剂量不够，需要将水样重新稀释后测定，若水样呈黄色，则不需要稀释。

57. 在测定化学需氧量（COD）过程中，分别用到 $HgSO_4$、$Ag_2SO_4 - H_2SO_4$ 溶液、沸石三种物质，请分别说明其在测定过程中的作用。

答：（1）$HgSO_4$：消除余氯的干扰。
（2）$Ag_2SO_4 - H_2SO_4$ 溶液：H_2SO_4 提供强酸性环境，Ag_2SO_4 催化剂。
（3）沸石：防暴沸。

58. 高锰酸盐指数和化学需氧量在测定上有何区别？两者在数值上有何关系？

答：两者测定方法上使用氧化剂不同，前者为高锰酸钾，后者为重铬酸钾，氧化性较高锰酸钾强；高锰酸盐指数的测定过程中用过量的高锰酸钾氧化水样，过量的高锰酸钾用草酸钠还原并过量，然后再用高锰酸钾回滴过量的草酸钠。

化学需氧量的测定用过量重铬酸钾氧化水样，然后用硫酸亚铁铵滴定过量的重铬酸钾。一般情况下，重铬酸钾法的氧化率可达 90%，而高锰酸钾法的氧化率为 50% 左右，故化学需氧量数值上大于高锰酸盐指数。

59. 化学需氧量（COD）、五日生化需氧量（BOD_5）的含义是什么？简述它们的测定原理？

答：化学需氧量是指一定条件下，水中能被重铬酸钾氧化的有机物质和无机还原性物质的总量；生化需氧量是指一定条件下，水中能被微生物降解的污染物质的总量。

化学需氧量是在强酸条件下，用过量重铬酸钾加热回流进行氧化，过量的重铬酸钾在试亚铁灵存在条件下，用亚铁离子滴定至红色。

水样在足量的溶解氧存在时，培养5天，在微生物作用下，有机物被微生物氧化，溶解氧减少的量即为五日生化需氧量。

60. 测定化学需氧量时，空白试验用水及稀释用水能用去离子水吗？为什么？

答：去离子水不能用于空白试验和化学需氧量的测定，因为去离子水中常含有微量树脂浸出物及不被交换的有机物，这样会导致空白值和化学需氧量值偏高。

61. 简述朗伯-比尔定律 $A=\varepsilon bC$ 的基本内容，并说明式中各符号的含义。

答：朗伯-比尔定律是比色分析的理论基础，它可综合为光的吸收定律，即当一束平行单色光垂直通过一个均匀非散射的溶液时，溶液的吸光度与吸光物质的浓度和液层厚度成正比。

式中　A——吸光度；

　　　ε——摩尔吸光系数；

　　　b——液层厚度；

　　　C——吸光物质浓度。

62. 影响显色反应的因素有哪几方面？

答：影响显色反应的因素主要有：

（1）显色剂用量。

（2）氢离子浓度的影响。

（3）显色温度。

（4）显色时间。

（5）溶剂。

（6）共存离子的干扰。

63. 简述在光度分析中共存离子的干扰主要有哪几种情况？

答：（1）共存离子本身有颜色影响测定。

（2）共存离子与显色剂生成有色化合物，同待测组分的有色化合物的颜色混合在一起。

（3）共存离子与待测组分生成络合物降低待测组分的浓度而干扰测定。

（4）强氧化剂和强还原剂存在时因破坏显色剂而影响测定。

64. 简述分光光度法的主要特点。

答：（1）灵敏度高。

(2) 准确度高。

(3) 适用范围广。

(4) 操作简便、快速。

(5) 价格低廉。

65. 简述分光光度计主要由哪五部分组成？

答：分光光度计主要由光源、单色器、吸收池、检测器、记录系统五部分组成。

66. 一台分光光度计的校正应包括哪四个部分？

答：波长校正；吸光度校正；杂散光校正；比色皿的校正。

67. 用分光光度法测定样品时，什么情况下可用溶剂作空白溶液？

答：当溶液中的有色物质仅为待测成分与显色剂反应生成，可以用溶剂作空白溶液，简称溶剂空白。

68. 在光度分析中，如何消除共存离子的干扰？

答：(1) 尽可能采用选择性高、灵敏度也高的特效试剂。

(2) 控制酸度，使干扰离子不产生显色反应。

(3) 加入掩蔽剂，使干扰离子被络合而不发生干扰，而待测离子不与掩蔽剂反应。

(4) 加入氧化剂或还原剂，改变干扰离子的价态以消除干扰。

(5) 选择适当的波长以消除干扰。

(6) 萃取法消除干扰。

(7) 其他能将被测组分与杂质分离的步骤，如离子交换、蒸馏等。

(8) 利用参比溶液消除显色剂和某些有色共存离子干扰。

(9) 利用校正系数从测定结果中扣除干扰离子影响。

69. 分光光度法中常采用最大吸收波长作为测定波长，其原因是什么？

答：采用最大吸收波长作为测定波长，主要是因为：

(1) 灵敏度高。

(2) A_{max} 处吸收曲线较平坦，测定时偏离朗伯-比尔定律的程度减小，其重现性、准确度较好。

70. 简述分光光度法测定样品时，选用比色皿应该考虑的主要因素。

答：(1) 测定波长。比色液吸收波长在 370nm 及以上时可选用玻璃或石英比色皿，在 370nm 以下时必须选用石英比色皿。

(2) 光程。比色皿有不同光程长度，通常多用 10.0mm 的比色皿，选择比色皿的光程长度应视所测溶液的吸光度而定，以使吸光度在 0.1～0.7 为宜。

71. 什么是氨氮？在水质监测中，测定氨氮有哪些常用的方法？

答：氨氮是指水中以游离氨（NH_3）和铵离子（NH_4^+）形式存在的氮。动物性有机物的含氮量一般较植物性有机物为高。同时，人畜粪便中含氮有机物很不稳定，容易分解成氨。因此，水中氨氮含量增高时指以氨或铵离子形式存在的化合氨。

常用的测定方法是：纳氏试剂分光光度法、水杨酸分光光度法、蒸馏-中和滴定法、连续流动分析法/流动注射分析法、气相分子法等。

72. 简述纳氏试剂分光光度法测定氨氮的原理。

答：在碱性条件下，水中的氨与纳氏试剂作用，生成黄棕色的胶态化合物，颜色深浅与水中氨氮的含量成正比，符合比尔定律 $A=KC$，可在一定波长处比色测定。

73. 纳氏试剂分光光度法测定水中氨氮时，常见的干扰物有哪些？当过滤后的水样色度较深或加入纳氏试剂后出现浑浊，应如何处理？

答：常见干扰物有余氯、悬浮物、色度、铁锰钙镁等金属离子、硫化物、芳香胺等有机物、在碱性条件下会絮凝的蛋白质等。当过滤后的水样色度较深或加入纳氏试剂后出现浑浊，应采用预蒸馏法消除干扰。

74. 水样中的余氯为什么会干扰氨氮测定？如何消除？

答：余氯和氨氮反应可形成氯胺干扰测定。可加入 $Na_2S_2O_3$ 消除干扰。

75. 纳氏试剂分光光度法测定氨氮时需要注意的问题主要有哪些？

答：（1）纳氏试剂中碘化汞与碘化钾的比例，对显色反应的灵敏度有较大影响。静置后生成的沉淀应除去。

（2）滤纸中常含痕量铵盐，使用时注意用无氨水洗涤。所用玻璃器皿应避免实验室空气中氨的沾污。

76. 纳氏试剂分光光度法测定水中氨氮时，要求空白值小于多少？如何尽量降低空白值？

答：纳氏试剂分光光度法测定水中氨氮时，要求空白值小于0.03（10mm比色皿）。降低空白值方法：保证无氨水质量；纳氏试剂准确配制，应将氢氧化钠溶液冷却后再加入，充分静置沉淀取上清液用于测试；酒石酸钾钠加入氢氧化钠煮沸去除氨污染；显色反应时间不宜过长。

77. 水中氨氮、亚硝酸含量较高，而硝酸检出较低时，有什么卫生意义？

答：水中氨、亚硝酸都检出较高，而硝酸含量较低时，表示水体受到较新的污染，分解正在进行中。

78. HJ 636—2012《水质　总氮的测定　碱性过硫酸钾消解紫外分光光度法》方法测定总氮时，常见的干扰物有哪些？应如何处理？

答：常见干扰物有悬浮物、碘离子、溴离子、六价铬、三价铁离子、碳酸盐和碳酸氢盐。

（1）悬浮物：消解后静置沉淀取上清液（有时效果不够好），或4000r/min离心15min后取上清液（效果较好）。

（2）碘离子和溴离子：碘离子含量相对于总氮含量的2.2倍以下时无干扰，溴离子含量相对于总氮含量的3.4倍以下时无干扰。

（3）六价铬和三价铁离子：加入5%盐酸羟胺溶液1~2mL。

（4）碳酸盐、碳酸氢盐，加入盐酸溶液。

79. 碱性过硫酸钾溶液如何配制？如何保存？保存期多长？

答： 称取 40g 过硫酸钾，15g 氢氧化钠，溶于水，稀释至 1000mL，聚乙烯瓶保存，可贮存一周。

80. HJ 636—2012《水质　总氮的测定　碱性过硫酸钾消解紫外分光光度法》测定总氮要求空白值小于多少？如何尽量降低空白值？

答： 空白值要求小于 0.03。降低空白值的方法：选用含氮量低的过硫酸钾和氢氧化钠；保证无氨水的质量；玻璃器皿用盐酸浸洗；保证消解的压力和时间。空白试验的校正吸光度应小于 0.030。超过该值时应检查实验用水、试剂（主要是氢氧化钠和过硫酸钾）纯度、器皿和高压蒸汽灭菌器的污染状况。

81. 碱性过硫酸钾消解紫外分光光度法测定水中总氮时，为什么要在两个波长测定吸光度？

答： 空白试验的校正吸光度应小于 0.030。超过该值时应检查实验用水、试剂（主要是氢氧化钠和过硫酸钾）纯度、器皿和高压蒸汽灭菌器的污染状况。

降低空白值的方法：选用含氮量低的过硫酸钾和氢氧化钠；保证无氨水的质量；玻璃器皿用盐酸浸洗；保证消解的压力和时间。

82. 水中有机氮主要包括哪些物质？

答： 水中有机氮包括蛋白质、多肽、氨基酸、尿素等含氮有机物。

83. 钼酸铵分光光度法测定水中总磷时，其分析方法是由哪两个主要步骤组成？

答： 第一步用氧化剂（过硫酸钾、硝酸-过氯酸、硝酸-硫酸、硝酸镁）或者紫外照射将水样中不同形态的磷转化为正磷酸盐。

第二步测定正磷酸盐，从而求得总磷含量。

84. 什么是阴离子表面活性剂？列出常用测定方法。

答： 阴离子表面活性剂，GB 5749—2006《生活饮用水卫生标准》、GB 5750—2006《生活饮用水卫生标准检验方法》、CJ/T 141—2018《城镇供水水质标准检验方法》等国家和行业标准也称为阴离子合成洗涤剂。使用最广泛的阴离子表面活性剂是直链烷基苯磺酸钠（LAS）。亚甲蓝分光光度法采用 LAS 作为标准物质，国内多采用的阴离子表面活性剂标准分析方法是亚甲蓝分光光度法、连续流动分析法/流动注射分析法测定。

85. 简述挥发酚的测定　蒸馏后 4-氨基安替比林分光光度法的原理。

答： 用蒸馏法使挥发性酚类化合物蒸馏出，并与干扰物质和固定剂分离。被蒸馏出的酚类化合物于 pH=10.0±0.2 的介质中，在铁氰化钾存在下，与 4-氨基安替比林反应生成橙红色的安替比林染料。用氯仿将其萃取出，在 460nm 波长测定吸光度，以含苯酚 mg/L 表示。

86. 简述异烟酸吡唑啉酮光度法测定水中氰化物的原理。

答： 在中性条件下，样品中的氰化物与氯胺 T 反应生成氯化氰，再与异烟酸作用，经水解后生成戊烯二醛，最后与吡唑啉酮缩合生成蓝色染料，其色度与氰化物的含量成正比，在 638nm 波长进行光度测定。

87. 水中铬的测定方法主要有几种（列举 3 种）？

答： 分光光度法、原子吸收法、滴定法和 ICP - AES 法。

88. 测定六价铬的水样，如水样有颜色但不太深，应进行怎样处理？

答： 色度校正：另取一份水样，在待测水样中加入各种试液进行同样操作时，以 2mL 丙酮代替显色剂，最后以此代替水作为参比来测定待测试样的吸光度。

89. 用二苯碳酰二肼分光光度法测定水中六价铬时，加入磷酸的主要作用是什么？

答： 磷酸与 Fe^{3+} 形成稳定的无色络合物，从而消除 Fe^{3+} 的干扰，同时磷酸也和其他金属离子络合，避免一些盐类析出而产生浑浊。

90. 什么是分子光谱？属于分子光谱的分析方法有哪些（举例 3 种）？

答： 分子光谱是分子中电子能级，振动和转动能级的变化产生的，表现为带光谱。属于这类分析方法的有，紫外可见分光光度法（UV - Vis），红外光谱法（IR）、分子荧光光谱法（MFS）和分子磷光光谱法（MPS）等。

91. 简述紫外分光光度法测定水中石油类的原理。

答： 在 pH≤2 的条件下，样品中的油类物质被正己烷萃取，萃取液经无水硫酸钠脱水，再经硅酸镁吸附除去动植物油类等极性物质后，于 225nm 波长处测定吸光度，石油类含量与吸光度值符合朗伯-比尔定律。

92. 紫外分光光度法测定水中石油类时，硅酸镁使用之前应如何处理？

答： 取 150～250μm（100～60 目）的硅酸镁于 550℃ 下灼烧 4h，冷却后称取适量硅酸镁于磨口玻璃瓶中，根据硅酸镁的重量，按 6%（m/m）的比例加入适量蒸馏水，密塞并充分振摇数分钟，放置 12h，备用。

93. 简述红外分光光度法测定石油类和动植物油的原理。

答： 用四氯乙烯萃取水中的油类物质，测定总萃取物，然后将萃取液用硅酸镁柱吸附，经脱除动植物油等极性物质后，测定石油类。总萃取物和石油类的含量均由波数分别为 $2930cm^{-1}$、$2960cm^{-1}$、$3030cm^{-1}$ 谱带处的吸光度进行计算。动植物油的含量按总萃取物与石油类含量之差计算。

94. 红外分光光度法与非分散红外光度法测定水中石油类在方法适用性上有何区别？

答： 红外分光光度法不受油品种的影响，能比较准确地反映水中石油类的污染程度；而非分散红外光度法当油品的比吸光系数较为接近时，测定结果的可比性比较好，但当石油类中正构烷烃、异构烷烃和芳香烃的比例与标准油相差较大时，测定误差也较大，尤其当水样中含大量芳香烃及其衍生物时误差要更大一些，此时要与红外分光光度法相比较，同时要注意消除其他非烃类有机物的干扰。

95. 简述原子吸收分光光度法的工作原理。

答： 由光源发出的特征谱线的光被待测元素的基态原子吸收，使特征谱线的能量减弱，其减弱程度与基态原子的浓度成正比，依此测定试样中待测元素含量。

96. 在火焰原子吸收光度法中进行背景校正的方法有哪些？

答：背景校正有氘灯法、塞曼法、邻近非吸收线扣除法、"空白溶液"法。

97. 原子发射光谱法包括哪三个主要的过程？

答：由光源提供能量使样品蒸发、形成气态原子，并进一步使气态原子激发而产生光辐射；将光源发出的复合光经单色器分解成按波长顺序排列的谱线，形成光谱；用检测器检测光谱中谱线的波长和强度。

98. 原子吸收分光光度法测试样品前，空心阴极灯为何需要预热？

答：通过预热达到空心阴极灯内外的热平衡，使原子蒸气层的分布与厚度均匀后，发光强度才能稳定，才能进行正常测量。

99. 火焰原子吸收光度法中常用消除化学干扰的方法有哪些？

答：加释放剂、加保护剂、加助熔剂、改变火焰种类、化学预分离等。

100. 如何校正火焰原子吸收光度法中的基体干扰？

答：消除基体干扰的方法：

(1) 化学预分离法。

(2) 加入干扰抑制剂（基体改进剂）。

(3) 标准加入法也可在一定程度上校正基体干扰。

101. 原子吸收分析中，若用火焰原子化法，是否火焰温度愈高，测定灵敏度就愈高？

答：不是。因为随着火焰温度升高，激发态原子增加，电离度增大，基态原子减少。所以温度如果太高，反而可能会导致测定灵敏度降低，尤其是对于易挥发和电离电位较低的元素，应使用低温火焰。

102. 如何消除石墨炉原子吸收光度法中的记忆效应？

答：(1) 用较高的原子化温度和用较长的原子化时间。

(2) 增加清洗程序。

(3) 测定后空烧一次。

(4) 改用涂层石墨管。

103. 石墨炉原子吸收光度法选择基体改进剂有何原则？

答：(1) 基体改进剂必须是"超纯的"。

(2) 改进剂应是在石墨炉允许温度下，易于分解挥发除尽。

(3) 改进剂不能引入对分析元素新的干扰或背景吸收干扰。

(4) 改进剂不得对石墨材料有腐蚀作用，包括高温侵蚀。

(5) 改进剂的应用效果评价应是多方面的，不能片面追求某一方面的效果。

104. 原子荧光仪器和原子吸收仪器光路设置有什么不同？为什么？

答：原子荧光仪器的光路是空心阴极灯和光电转换元件（光电倍增管）不在一条直线上，而原子吸收在一条直线上。这和两种分析方法的原理有关。原子吸收通过测量空心阴极灯辐射被吸收的程度定量，而原子荧光测量的是共振态原子返回基态时释放出的能量

（表现为光的形式）。

105. 简述原子荧光光谱法的基本原理。

答：原子荧光光谱法是基于物质基态原子吸收辐射光后，本身被激发成激发态原子，不稳定，而以荧光形式放出多余的能量，根据产生特征荧光的强度进行分析的方法。

106. 适合原子荧光光谱分析的原子化器有哪些？

答：火焰原子化器、电热原子化器、固体样品原子化器、氢化物原子化器。

107. 提高原子荧光法测定汞的灵敏度的有效措施有哪些？

答：增大测定样品用量、适当提高光电倍增管的负高压、适当增大灯电流、用氩气代替氮气作载气。

108. 原子荧光法测定水中砷时，一般要在水样中加入硫脲和抗坏血酸，其作用是什么？

答：作用是将水样中的砷还原成三价，同时也作为抗干扰的掩蔽剂。

109. 简述氢化物发生原子荧光法测定砷的方法原理。

答：样品经预处理后，各种形态的砷均转化成三价砷，加入硼氢化钾与其反应，生成气态氢化砷，用氩气将气态氢化砷载入原子化器进行原子化，以砷灯作激发光源，砷原子受光辐射激发产生荧光，检测原子荧光强度，利用荧光强度与砷含量成正比计算砷含量。

110. 测定水中痕量汞的分析方法有哪些（列举三种）？

答：冷原子吸收法、冷原子荧光法和原子荧光法。

111. 气相色谱法用微量注射器进样时，影响进样重复性的因素有哪些？

答：针头插入进样口的深度、插入速度、停留时间、拔出速度。

112. 气相色谱法分析苯系物时，色谱柱用的是极性柱，高纯氦气做载气，请问二甲苯的三种异构体的出峰顺序，为什么？

答：出峰顺序：对二甲苯，间二甲苯，邻二甲苯。因为在极性柱上，沸点相近的物质，非极性物质先出来，极性物质后出来。而二甲苯三种异构体的极性大小为：邻二甲苯＞间二甲苯＞对二甲苯。

113. 顶空气相色谱法测定水中挥发性有机物时，如何保证顶空法处理样品的重复性？

答：顶空瓶容积要一致（或标准化），密封性好；样品气-液两相的体积比要一致；样品平衡温度和平衡时间要一致；进样量要准确一致。

114. 与其他预处理方法相比，吹扫捕集法预处理水中挥发性有机物有什么优点？

答：样品用量少；检测限低（富集倍数高）；无溶剂污染（不需要溶剂）；操作快捷方便。

115. 离子色谱的定义是什么？简述离子色谱柱的分离原理。

答：定义：离子色谱是高效液相色谱的一种，是主要用于分析离子的液相色谱。

分离原理：由于各种离子对离子交换树脂亲和力不同，样品通过分离柱时被分离成不连续的谱带，依次被淋洗液洗脱。

116. 简述离子色谱的工作原理。

答：离子色谱是高效液相色谱的一种，其分离原理是通过流动相和固定相之间的相互作用，使流动相中的不同组分在两相中重新分配，使各组分在分离柱中的滞留时间有所区别，从而达到分离的目的。

117. 离子色谱的抑制器有哪三种主要作用？

答：(1) 降低淋洗液的背景电导。

(2) 增加被测离子的电导值。

(3) 消除反离子峰对弱保留离子的影响。

118. 离子色谱法中，如何进行样品的前处理？

答：离子色谱法中，要求样品必须是水溶性，固体样品、非水溶性样品必须进行前处理才能进样。对于浑浊溶液需要离心分离，取上清液分析；或通过滤膜（$0.45\mu m$）除去颗粒状杂质即可。对于含有机物的溶液，如果测定其中的阴、阳离子，应通过前处理柱、萃取或蒸馏等分离方式，除去有机物或蛋白质等大分子。对于固体样品可以通过酸解、热解、水溶超声等方式，使之成为水溶液，才能进行分析。

119. 离子色谱仪中，抑制器的主要作用是什么？

答：降低淋洗液的背景电导，增加被测离子的电导值，改善信噪比。

120. 离子色谱法测定水样时，水负峰在什么情况下会对测定结果产生干扰？如何减小这种干扰？

答：当负峰的保留时间与待测离子的保留时间接近时，就会产生干扰。减小的办法：

(1) 用淋洗液配制标准曲线，若水样需要稀释时，尽量用淋洗液稀释。

(2) 降低淋洗液的强度，延长待测离子出峰时间，使它们分离开。

(3) 在水样中加入少量淋洗液储备液，使水样中的浓度与淋洗液相当。

121. 什么是等离子体？

答：等离子体是物质在高温条件下，处于高度电离的一种状态。由原子、离子、电子和激发态原子、离子组成，总体呈电学中性和化学中性。为物质在常温下的固体、液体、气体状态之外的第四状态。

122. 简述等离子体发射光谱法的分析原理。

答：(1) 高频发生器产生的交变电磁场，使通过等离子体火炬的氩气电离、加速并与其他氩原子碰撞，形成等离子体。

(2) 过滤或消解处理过的样品经进样器中的雾化器被雾化，并由氩载气带入等离子体火炬中被原子化、电离、激发。

(3) 不同元素的原子在激发或电离时可发射出特征光谱，特征光谱的强弱与样品中原子浓度有关，与标准溶液进行比较，即可定量测定样品中各元素的含量。

123. 简述 ICP 光谱仪的组成。

答：ICP 光谱仪主要由两大部分组成，即 ICP 发生器和光谱仪。ICP 发生器包括高频电源、进样装置及等离子体炬管，光谱仪包括分光器、检测器及相关的电子数据系统，它的辅助装置是稳压电源及供气系统。

124. 什么是电感耦合等离子体光源的观测高度？

答：在感应圈上 10～20mm 处为内焰区，温度为 6000～8000K。试样在此原子化、激发，然后发射很强的原子线和离子线。这是光谱分析所利用的区域，称为测光区。测光时在感应线圈上的高度称为观测高度。

125. ICP-MS 雾化室的主要作用是什么？

答：雾化室的主要目的是去除大液滴，阻止其进入矩管，保证只有小颗粒的气溶胶进入等离子体。使用雾化室能有效地减少气溶胶中粒子粒径的尺寸，改善粒径分布，进而形成稳定、高效的等离子体。

126. 碰撞反应池消除干扰的原理？

答：反应过程（使用氢气）：大多数情况下，干扰离子比待测离子更活泼，易于和所使用的反应气发生反应，从而消除干扰。碰撞过程（使用氦气）：消除干扰的主要方式是动能歧视和碰撞诱导解离。

127. ICP-MS 的反应气为什么要用氩气？

答：氩气是惰性气体，且相对便宜；其高纯度的气体易于获得，更重要的是氩气的第一电离能高于大多数元素的第一电离能，低于大多数元素的第二电离能，由于等离子的环境由氩气的电离能限定，大多数待测元素都可以有效地电离成单电荷离子。

128. ICP-AES 法测定水中溶解态元素时，如何进行样品预处理？

答：样品采集后立即通过 $0.45\mu m$ 滤膜过滤，弃去初始的 5～10mL 溶液，收集所需体积的滤液，并用（1+1）硝酸把溶液调节至 pH<2。废水试样加入硝酸至含量达到 1%。

129. 如何用 ICP-AES 法测定水中非溶解态元素？

答：用 ICP-AES 法测定水中非溶解态元素时，可把未通过 $0.45\mu m$ 滤膜的残存物，经 HNO_3＋HCl 混酸消解后，用 ICP-AES 法进行测定，也可由元素总量减去可溶态元素含量而得。

130. 在 ICP-AES 法中，为什么必须特别重视标准溶液的配制？

答：（1）不正确的配制方法将导致系统偏差的产生。

（2）介质和酸度不合适，会产生沉淀和浑浊。

（3）元素分组不当，会引起元素间谱线干扰。

（4）试剂和溶剂纯度不够，会引起空白值增加、检测限变异和误差增大。

131. 配制 ICP-AES 法测定所用的多元素混合标准溶液时，应考虑哪些因素？

答：（1）为进行多元素同时测定，简化操作手续，可根据元素间相互干扰的情况与标准溶液的性质，用单元素中间标准溶液分组配制多元素混合标准溶液。

(2) 由于所用标准溶液的性质及仪器性能以及对样品待测项目的要求不同，元素分组情况也不尽相同。

(3) 混合标准溶液的酸度尽量保持与待测样品溶液的酸度一致。

132. 简述一般流动分析仪有哪些部分组成？

答：自动进样系统、分析模块（化学反应单元）、检测器、数据处理系统。

133. 用连续流动分析-紫外分光光度法测定总氮时，样品干扰如何消除？

答：(1) 干扰可通过稀释样品来消除，应通过多个稀释比测定结果的一致性和加标回收来确认。

(2) 通过透析单元消除样品的浊度或色度对测定结果的干扰。

(3) 样品中含有较多的固体颗粒或悬浮物时，先摇匀后取样、稀释，再通过匀质化处理后进样。

134. 简述气相分子吸收仪的工作原理。

答：在规定的分析条件下，将一定体积的试样和试剂在化学反应器混合、反应，用载气将生成的二氧化氮（NO_2）气体载入吸光管进行吸光度检测。

135. 气相分子吸收仪测定氨氮时，样品如何预处理？

答：样品的预处理采用预蒸馏法。将 50mL 硼酸溶液移入接收瓶内，确保冷凝管出口在硼酸溶液液面之下。分取 250mL 样品，移入烧瓶中，加几滴溴百里酚蓝指示剂，必要时，用氢氧化钠溶液或盐酸溶液调整 pH 值至 6.0（指示剂呈黄色）～7.4（指示剂呈蓝色），加入 0.25g 轻质氧化镁及数粒玻璃珠，立即连接氮球和冷凝管。加热蒸馏，使馏出液速率约为 10mL/min，待馏出液达 20mL 时，停止蒸馏，加水定容至 250mL。

136. 简述革兰氏染色法的染色步骤。

答：(1) 初染。

(2) 媒染。

(3) 脱色。

(4) 复染。

五、计算题

(一) 溶液配制及浓度计算

1. 欲配制 $C(Na_2CO_3)=0.5mol/L$ 溶液 500mL，如何配制？（Na_2CO_3 相对分子量为 106）

解：$m(Na_2CO_3)=C(Na_2CO_3)\times V\times M(Na_2CO_3)/1000$

$m(Na_2CO_3)=0.5\times 500\times 106/1000g=26.5(g)$

答：配法为：称取 Na_2CO_3 26.5g 溶于水中，并用水稀释至 500mL，混匀。

2. 某硫酸溶液的质量浓度为 0.00523g/mL 换算为物质的量浓度：$C(1/2H_2SO_4)$ 等于多少摩尔每升？

解：H_2SO_4 的质量浓度为 0.00523g/mL，即 5.23g/L。$C(1/2H_2SO_4)=1mol/L$ 时

每升含 H_2SO_4 49.04g，现在 H_2SO_4 为 5.23g/L，其浓度应为

$$C(1/2H_2SO_4)=(5.23\times1)/49.04=0.1066(mol/L)。$$

答：$C(1/2H_2SO_4)=0.1066mol/L$。

3. 已知 H_2SO_4 的密度为 1.84g/mL，质量分数为 96%（ω），求：（1）$C(H_2SO_4)$ 等于多少摩尔每升（mol/L）？（2）$C(1/2\ H_2SO_4)$ 等于多少摩尔每升（mol/L）？（H_2SO_4 的相对分子质量为 98.07）

解：H_2SO_4 的相对分子质量为 98.07。

已知 H_2SO_4 的质量分数为 96%（ω），1L H_2SO_4 中含纯 H_2SO_4 的量为

$$C(H_2SO_4)=\frac{\rho\times x\%\times1000}{M_{H_2SO_4}}=\frac{1.84\times96\%\times1000}{98.07}=18.01(mol/L)$$

$$C(1/2H_2SO_4)=\frac{\rho\times x\%\times1000}{M_{\frac{1}{2}H_2SO_4}}=\frac{1.84\times96\%\times1000}{49.035}=36.02(mol/L)$$

答：该 H_2SO_4 换算为物质的量浓度：

$$C(H_2SO_4)=18.01mol/L；C(1/2\ H_2SO_4)=36.02mol/L。$$

4. 今有 6mol/L（以其化学式为基本单位，下同）和 0.5mol/L HCl 溶液，利用这两种溶液配成 550mL，浓度为 2mol/L HCl 溶液，问上述两种溶液各取多少毫升？

解：利用 $C_1V_1+C_2V_2=C_3V_3$ 计算

设取 6mol/L HCl 体积为 V_1 mL，0.5mol/L HCl 的体积即为 $(550-V_1)$ mL

$6V_1+0.5\times(550-V_1)=2\times550$

$V_1=150mL$　$V_2=550-150=400(mL)$

答：6mol/L HCl 取 150mL，0.5mol/L HCl 取 400mL。

5. 欲配制（2+3）硝酸溶液 1000mL，应取试剂浓硝酸和水各多少毫升？

解：（2+3）硝酸溶液表示将 2 份体积的浓硝酸加至 3 份体积的水中，总份数为 5，体积为 1000mL，每份的体积为

$$\frac{配置总体积}{总份数}=\frac{1000}{2+3}=200(mL)$$

则硝酸的加入量为：$2\times200=400(mL)$

水的加入量为：$3\times200=600(mL)$

答：应取试剂浓硝酸 400mL，加入 600mL 水。

6. 已知某盐水溶液中含氯化钠 80g/L，问该溶液中氯化钠的物质的量浓度为多少？（氯化钠相对分子质量：58.44）

解：$C(NaCl)=80(g/L)/58.44(g/mol)=1.369mol/L$

答：该溶液中氯化钠的物质的量浓度为 1.369mol/L。

7. 欲配置 As 浓度为 0.002g/L 的标准溶液 200.0mL，需称取多少毫克的 As_2O_3？（已知 As 的原子量为 74.92，O 的原子量为 16）

解：200mL As 标准溶液中 As 的质量为 $0.002\times200/1000=0.0004(g)$

需称取 As_2O_3 质量 $=0.0004\times\dfrac{2\times74.92+3\times16}{2\times74.92}\times1000=0.5281(mg)$

答：需称取 $0.5281mg$ 的 As_2O_3。

8. 用 $0.2165g$ 纯 Na_2CO_3 为基准物，标定未知浓度的 HCl 溶液时，消耗 HCl 溶液 $20.65mL$，计算 HCl 溶液的浓度。（Na_2CO_3 的相对分子质量为 106）

解：$C(HCl)=\dfrac{0.2165\times2}{106}\times1000/20.65=0.1978(mol/L)$

答：HCl 溶液的浓度为 $0.1978mol/L$。

9. 称取 $0.06320g$ 分析纯 $H_2C_2O_4\cdot2H_2O$ 配成 $100mL$ 溶液，取 $10.00mL$ 草酸溶液，在 H_2SO_4 存在下用 $KMnO_4$ 滴定，消耗 $KMnO_4$ 溶液 $10.51mL$，求该 $KMnO_4$ 标准溶液浓度和草酸浓度。（$H_2C_2O_4\cdot2H_2O$ 的相对分子质量为 126）

解：$C(H_2C_2O_4)=\dfrac{0.06320}{126\times100}\times1000=0.005016(mol/L)$

$C(1/2H_2C_2O_4)=2\times0.005016=0.010032(mol/L)$

$C(1/5KMnO_4)=\dfrac{0.010032\times10}{10.51}=0.009545(mol/L)$

$C(KMnO_4)=C(1/5KMnO_4)/5=0.001909(mol/L)$

答：$C(H_2C_2O_4)=0.005016mol/L$，$C(KMnO_4)=0.001909mol/L$。

10. 某水样中的总硬度以 $CaCO_3$ 计为 $150mg/L$，若取水样 $50mL$ 并要在滴定中使用 EDTA 标准溶液的量为 $10.00mL$ 左右，EDTA 溶液的配制浓度应是多少为宜。（$CaCO_3$ 相对分子质量为 100.0）

解：$50mL$ 水样中含 $CaCO_3$ 为

$$150\times(50/1000)=7.5(mg)$$

$7.5mg\ CaCO_3$ 物质的量

$$(7.5/1000)/100=0.000075(mol)$$

$10mL$ EDTA 溶液中也含 $0.000075mol$，则 EDTA 的物质的量浓度应为

$$(0.000075/10)\times1000=0.0075(mol/L)$$

答：EDTA 溶液的配制以 $0.0075mol/L$ 为宜。

11. 滴定 $0.2275g$ 无水 Na_2CO_3，用 $pH=4.0$ 指示剂，消耗 $22.35mL$ 盐酸，求此盐酸的浓度。（已知 Na_2CO_3 相对分子质量为 106）

解：$C(HCl)=\dfrac{0.2275\times2}{106}\times1000/22.35=0.1921(mol/L)$

答：$C(HCl)=0.1921mol/L$。

12. 称取 $0.4206g$ 纯 $CaCO_3$，溶于盐酸后，定容 $500mL$，吸取 $50.00mL$ 在 $pH=12$ 时加钙指示剂，用 EDTA 滴定，用去 $38.84mL$，求 EDTA 物质的量浓度。（已知 $CaCO_3$ 相对分子质量为 100）

解：$C(Ca)=\dfrac{0.4206}{100\times500}\times1000=0.008412(mol/L)$

$$C(\text{EDTA})=\frac{0.008412\times 50}{38.84}=0.01083(\text{mol/L})$$

答：EDTA 浓度为 0.01083mol/L。

13. 用邻苯二甲酸氢钾作基准物，标定 0.2mol/L NaOH 溶液的准确浓度，今欲使得用去的 NaOH 体积为 25.00mL，应称取基准物的质量为多少克？（邻苯二甲酸氢钾的相对分子质量为 204.2）

解：$m=0.2\times 25.00\times 10^{-3}\times 204.2=1.021(\text{g})$

答：应称取基准物的质量为 1.021g。

14. 欲配制 $C(1/5\text{KMnO}_4)=0.1000\text{mol/L}$ 的标准溶液 500mL，应称取 KMnO_4 多少克？（KMnO_4 相对分子质量为 158.05）

解：已知 $C(1/5\text{KMnO}_4)=0.1000\text{mol/L}$，$V=500\text{mL}$，$M(1/5\text{KMnO}_4)=31.61\text{g/mol}$，则称取的 KMnO_4 质量为

$$C(1/5\text{KMnO}_4)\times M(1/5\text{KMnO}_4)\times 500/1000=1.6(\text{g})$$

答：应称取 KMnO_4 1.6g。

15. 称取草酸钠 6.700g，溶解后定容至 1L，则 $C(1/2\text{Na}_2\text{C}_2\text{O}_4)$ 为多少 mol/L？（草酸钠相对分子质量为 134）

解：已知 $m(\text{Na}_2\text{C}_2\text{O}_4)=6.700\text{g}$　$V(\text{Na}_2\text{C}_2\text{O}_4)=1\text{L}$　$M(1/2\ \text{Na}_2\text{C}_2\text{O}_4)=67.00\text{g/mol}$，则

$$C(1/2\ \text{Na}_2\text{C}_2\text{O}_4)=m/VM=0.1000(\text{mol/L})$$

答：$C(1/2\ \text{Na}_2\text{C}_2\text{O}_4)$ 为 0.1000mol/L。

16. 盐酸的密度为 1.18g/mL，HCl 的含量为 37%，欲用此盐酸配制 500mL 0.1mol/L 的 HCl 溶液，应取多少毫升？（盐酸的分子量为 36.5）

解：盐酸的物质的量的浓度为

$$C(\text{HCl})=\frac{1.18\times 37\%\times 1000}{36.5}=11.96(\text{mol/L})$$

$$V(\text{HCl})=\frac{500\times 0.1}{11.96}=4.18(\text{mL})$$

答：应取 4.18mL。

17. 有 0.0982mol/L 的 H_2SO_4 溶液 480mL，现欲使其浓度增至 0.1000mol/L。问应加入 0.5000mol/L 的 H_2SO_4 溶液多少毫升？

解：设应加入 x mL

$$0.0982\times 480+0.5000x=0.1000\times(480+x)$$

解得 $x=2.16$（mL）

答：应取 2.16mL。

18. 现需标定 0.10mol/L NaOH 溶液，如何计算称取基准物 $\text{H}_2\text{C}_2\text{O}_4\cdot 2\text{H}_2\text{O}$ 的质量范围？

解：滴定反应为

$$2NaOH + H_2C_2O_4 \cdot 2H_2O = Na_2C_2O_4 + 4H_2O$$
$$N(H_2C_2O_4 \cdot 2H_2O) : N(NaOH) = 1 : 2$$

故 $$m(H_2C_2O_4 \cdot 2H_2O) = \frac{1}{2}(CV)_{NaOH} \cdot M_{H_2C_2O_4 \cdot 2H_2O}$$

滴定所消耗的 NaOH 溶液体积应控制为 20~25mL

当 $V=20$mL 时，$m(H_2C_2O_4 \cdot 2H_2O) = \frac{1}{2} \times 0.10 \times 0.020 \times 126.7 = 0.13$(g)

当 $V=25$mL 时，$m(H_2C_2O_4 \cdot 2H_2O) = \frac{1}{2} \times 0.18 \times 0.025 \times 126.7 = 0.15$(g)

答：称取基准物 $H_2C_2O_4 \cdot 2H_2O$ 的质量范围为 0.13~0.15g。

19. 用无水碳酸钠（Na_2CO_3）为基准物标定 HCl 溶液的浓度，称取 Na_2CO_3 0.5300g，以甲基橙为指示剂，滴定至终点时需消耗 HCl 溶液 20.00mL，求该 HCl 溶液的浓度。（Na_2CO_3 的分子量为 105.99）。

解：$Na_2CO_3 + 2HCl = 2NaCl + H_2O + CO_2\uparrow$

Na_2CO_3 与 HCl 之间反应的化学计量比为 1:2

$$C(HCl) = \frac{0.5300 \times 1000 \times 2}{106.0 \times 20.00} = 0.5000(mol/L)$$

答：HCl 溶液的浓度为 0.5000mol/L。

20. 欲配制 0.1mol/L HCl 溶液 500mL，应取 6mol/L HCl 溶液多少毫升？

解：设应取盐酸 x mL，则
$$6x = 0.1 \times 500$$
$$x = 8.3(mL)$$

答：应取盐酸 8.3mL。

21. 已知浓硝酸的相对密度 1.42g/mL，质量分数约为 70%，求其浓度。（硝酸的相对分子质量为 63.01）

解：$C(HNO_3) = 1.42 \times 70\% \times 1000 / 63.01 = 15.78$(mol/L)

答：浓度为 15.78mol/L。

22. 已知浓硫酸的相对密度为 1.84g/mL，质量分数为 96%（ω）。欲配制 1000mL 浓度为 0.20mol/L 的 H_2SO_4 溶液，应取这种浓硫酸多少毫升？（H_2SO_4 的相对分子质量为 98.07）

解：$C(H_2SO_4) = 1.84 \times 96\% \times 1000 / 98.07 = 18.01$(mol/L)

设应取浓硫酸 x mL，则
$$18.01x = 0.20 \times 1000$$
$$x = 11.10(mL)$$

答：应取这种浓硫酸 11.10mL。

23. 今有 0.2120mol/L 的 HCl 溶液 1000mL，欲配制 0.2500mol/L HCl 溶液，应加

入 1.121mol/L 的 HCl 溶液多少毫升？

解：设取 HCl 体积为 x mL，0.2500mol/L HCl 的体积即为（1000+x）mL
$$0.2120 \times 1000 + 1.121x = 0.2500 \times (1000+x)$$

解得：x=43.63mL

答：应加入 1.121mol/L 的 HCl 溶液 43.63mL。

24. 欲配制 0.01410mol/L 的 NaCl 溶液 1000mL，需称取 NaCl 多少克？（NaCl 相对分子质量：58.44）

解：$C(NaCl)=0.01410mol/L$ $M(NaCl)=58.44g/mol$
$$m(Na_2C_2O_4)=C(NaCl) \times 1000 \times 58.44/1000=0.8240(g)$$

答：需称取 NaCl 0.8240g。

25. 欲配制 0.1000mol/L 的 1/6KIO$_3$ 溶液 1000mL，需称取 KIO$_3$ 多少克？（KIO$_3$ 相对分子质量：214.00）

解：$C(1/6\ KIO_3)=0.1000mol/L$ $M(1/6\ KIO_3)=1/6M(KIO_3)$
$$m(KIO_3)=C(1/6\ KIO_3) \times M(1/6\ KIO_3)=3.5667(g)$$

答：需称取 KIO$_3$ 3.5667g。

26. 欲配制 1000mg/L 的氰化物标准溶液 100.00mL，需称取氰化钾多少克？（KCN 相对分子质量：65.12，K 相对分子质量：39.10）

解：$M(KCN)=65.12$ $M(K)=39.10$ $M(CN)=26.02$
$$C(CN)=\rho(CN)/M(CN)$$
$$m(KCN)=C(KCN) \times V(KCN) \times M(KCN)=250mg=0.250(g)$$

答：需称取氰化钾 0.250g。

27. 欲配制 10.00mg/L 的挥发酚标准溶液 250mL，需量取 0.01063mol/L 的挥发酚标准溶液多少毫升？（苯酚相对分子质量：94.11）

解：利用 $C_1V_1=C_2V_2$ 计算
$\rho_1(C_6H_5OH)=10.00mg/L$ $V_1=250mL$ $C_2(C_6H_5OH)=0.01063(mol/L)$
$$C_1(C_6H_5OH)=\rho_1(C_6H_5OH)/M(C_6H_5OH)$$
$$V_2(C_6H_5OH)=C_1(C_6H_5OH) \times V_1/C_2(C_6H_5OH)=2.50(mL)$$

答：需量取 2.50mL。

28. 欲配制 250.0mg/L 的亚硝酸盐氮标准溶液 1000mL，需称取亚硝酸钠多少克？（亚硝酸钠相对分子质量：69.00，氮相对分子质量：14.01）

解：$M(NaNO_2)=69.00$ $M(NO_2-N)=14.01$ $\rho(NO_2-N)=250.0mg/L$
$$C(NO_2-N)=\rho(NO_2-N)/M(NO_2-N)$$
$$m(NaNO_2)=C(NO_2-N) \times V(NO_2-N) \times M(NaNO_2)=1.231(g)$$

答：需称取亚硝酸钠 1.231g。

29. 欲配制 1000mg/L 的六价铬标准贮备溶液 1000mL，需称取 $K_2Cr_2O_7$ 多少克？（$K_2Cr_2O_7$ 相对分子质量：294.19，Cr 相对分子质量：52.00）

解：$M(K_2Cr_2O_7)=294.19$ $M(Cr)=52.00$ $\rho(Cr)=1000\text{mg/L}$
$$C(Cr)=\rho(Cr)/M(Cr)$$
$$m(K_2Cr_2O_7)=C(Cr)\times V(Cr)\times M(K_2Cr_2O_7)=5.658(\text{g})$$

答： 需称取 $K_2Cr_2O_7$ 5.658g。

30. 取一天然水样品 100mL，以酚酞作指示剂，用 0.0200mol 的盐酸标准溶液滴定至终点，用去标液 $V_1=13.10$mL，再加甲基橙作指示剂继续滴定至终点，又耗去标液 $V_2=16.81$mL，问水样中主要含有哪些物质？以 CaO 计的总碱度是多少？（1/2CaO 的摩尔质量为 28.04）

解：因为 $V_1<V_2$，则样品中主要含碳酸盐和重碳酸盐，

$$\text{总碱度（以 CaO 计）}=\frac{C(V_1+V_2)\times 28.04}{V}\times 1000=\frac{0.0200\times(13.10+16.81)\times 28.04}{100.0}\times 1000$$
$$=167.7(\text{mg/L})$$

答： 水样中主要含有碳酸盐和重碳酸盐。以 CaO 计的总碱度是 167.7mg/L。

31. 准确称取经干燥的基准试剂邻苯二甲酸氢钾 0.4857g，置于 250mL 锥形瓶中，加实验用水 100mL 使之溶解，用该溶液标定氢氧化钠标准溶液，即用氢氧化钠标准溶液滴定该溶液，滴定至终点时用去氢氧化钠标准溶液 18.95mL，空白滴定用去 0.17mL，问氢氧化钠标准溶液的摩尔浓度是多少？（邻苯二甲酸氢钾的摩尔质量为 204.23）

解：
$$\text{NaOH 浓度}=\frac{m\times 1000}{(V_1-V_0)\times 204.23}=\frac{0.4857\times 1000}{(18.95-0.17)\times 204.23}=0.1266(\text{mol/L})$$

答： 氢氧化钠标准溶液的摩尔浓度是 0.1266mol/L。

32. 测定水中高锰酸盐指数时，欲配制 0.1000mol/L 草酸钠标准溶液 100mL，应称取优级纯草酸钠多少克？（草酸钠分子量：134.10）

解：草酸钠的质量 $=0.1000\times(134.10\times 1/2)\times 100/1000=0.6705(\text{g})$

答： 应称取优级纯草酸钠 0.6705g。

33. 称取 7.44g EDTA 二钠溶于 1000mL 蒸馏水中，配制成 EDTA 滴定液，经标定后的浓度为 19.88mmol/L，用该溶液滴定 50.0mL 某水样共耗去 5.00mL 的 EDTA，问：
(1) EDTA 标准溶液的配制值是多少？（以 mmol/L 表示）
(2) 水样的总硬度是多少？（以 $CaCO_3$ 表示）

解：
(1) EDTA 的配制值 $=\dfrac{7.44\times 1000}{372\times 1.0}=20.0(\text{mmol/L})$

(2) 总硬度（以 $CaCO_3$ 表示）$=19.88\times 5.00\times 100/50.0=198.8(\text{mg/L})$

答： EDTA 标准溶液的配置值是 20.0mmol/L，水样的总硬度（以 $CaCO_3$ 表示）是 198.8mg/L。

34. 称取经 180℃干燥 2h 的优级纯碳酸钠 0.5082g，配制成 500mL 碳酸钠标准溶液用于标定硫酸溶液，滴定 20.0mL 碳酸钠标液时用去硫酸标液 18.95mL，试求硫酸溶液的浓度。（碳酸钠的摩尔质量为 52.995）

解：硫酸溶液浓度$(1/2H_2SO_4) = \dfrac{W \times 1000}{V \times 52.995} \times \dfrac{20.0}{500.0} = \dfrac{0.5082 \times 1000}{18.95 \times 52.995} \times \dfrac{20.0}{500.0}$

$= 0.0202 (\text{mol/L})$

答：硫酸溶液的浓度为 0.0202mol/L。

35. 欲配制 As 浓度为 1.00mg/mL 的溶液 100.0mL，需称取多少克的 As_2O_3？（已知 As 的原子量为 74.92）

解：$m = \dfrac{197.84 \times 100.0 \times 1.00}{149.84 \times 1000} = 0.1320 (\text{g})$

答：需称取 As_2O_3 0.1320g。

36. 已知草酸钠分子量为 133.9985，欲配制 1000mL $C(1/2Na_2C_2O_4) = 0.1000$ mol/L 草酸钠基准溶液，用万分电子天平，需称取多少？

解：$0.1000 \times 133.9985 \div 2 = 6.6999 (\text{g})$

答：需称取 6.6999g 草酸钠。

（二）滴定分析计算

1. 准确称取 0.5877g 基准试剂 Na_2CO_3，在 100mL 容量瓶中配制成溶液，其摩尔浓度为多少？吸取该标准溶液 20.00mL 标定某 HCl 溶液，滴定中用去 HCl 溶液 21.96mL，计算该 HCl 溶液的摩尔浓度。（Na_2CO_3 的相对分子质量为 105.99）（标定反应：$Na_2CO_3 + 2HCl == 2NaCl + CO_2 + H_2O$）

解：$C(Na_2CO_3) = \dfrac{m}{M \times V} = \dfrac{0.5877}{105.99 \times 0.1000} = 0.05544 (\text{mol/L})$

$Na_2CO_3 + 2HCl == 2NaCl + CO_2 + H_2O$ 反应中

$C(HCl) \times V(HCl) = 2C(Na_2CO_3) \times V(Na_2CO_3)$

$C(HCl) \times 21.96 = 0.05544 \times 20.00 \times 2$

$C(HCl) = 0.1010 (\text{mol/L})$

答：HCl 溶液的摩尔浓度为 0.1010mol/L。

2. 取水样 50.00mL，用浓度为 14.01mmol/L 的硝酸银标准溶液滴定水样中氯离子，消耗硝酸银标准溶液 3.40mL，取同样量的纯水，消耗硝酸银标准溶液 0.15mL，计算水中氯离子含量。（氯离子的原子量为 35.45）

解：反应的硝酸银的物质的量为

$0.01401 \times (3.40 - 0.15)/1000 = 0.00004553 (\text{mol})$

折算成水的氯离子含量为：$(0.00004553 \times 35.45/50) \times 1000 \times 1000 = 32.3 (\text{mg/L})$

答：水样的氯离子含量为 32.3mg/L。

3. 用硝酸银滴定法测定水中氯化物的含量，用 0.0141mol/L 氯化钠标准溶液 25.0mL，加入 25.0mL 蒸馏水后，对新配制的硝酸银标准溶液进行标定，用去硝酸银溶液 24.78mL，已知空白消耗硝酸银溶液 0.25mL，问硝酸银溶液浓度是多少？假如用其测定水样，50.0mL 水样消耗了硝酸银标液 5.65mL，则此水样中氯化物含量是多少？（氯离

子的摩尔质量为 35.45)

解：硝酸银标准溶液浓度 $=\dfrac{C\times 25.0}{V-V_0}=\dfrac{0.0141\times 25.0}{24.78-0.25}=0.0144(\text{mol/L})$

$$C(\text{Cl}^-)=\dfrac{(V_2-V_1)M\times 35.45\times 1000}{V}=\dfrac{(5.65-0.25)\times 0.0144\times 35.45\times 1000}{50.0}$$
$$=55.1(\text{mg/L})$$

答：此水样中氯化物的含量是 55.1mg/L。

4. 取 100mL 水样、加入 5.00mL（1+3）H_2SO_4，加 10.00mL $C(1/5KMnO_4)=0.01005$mol/L 高锰酸钾溶液，水浴 30min 后，加 10.00mL $C(1/2Na_2C_2O_4)=0.01040$mol/L 草酸钠溶液，用上述高锰酸钾溶液滴定至终点，消耗量为 4.80mL。已知校正系数 $K=10/10.35$，求水样中高锰酸盐指数（COD_{Mn}）含量。

解：本题已经给出高锰酸钾溶液和草酸钠溶液的准确浓度，因此，只需计算出水样消耗的高锰酸钾的物质的量，然后换算耗氧量就可以了。

$$COD_{Mn}=(V_1C_1-V_2C_2)\times 8000/V$$
$$=[(10.00+4.8)\times 0.01005-10.00\times 0.01040]\times 8000/100=3.58(\text{mg/L})$$

答：水样中高锰酸盐指数含量为 3.58mg/L（如果用标准公式计算，也可以得到相同的结果）。

5. 测定水的总硬度时，吸取水样 100mL，以铬黑 T 为指示剂，在 pH=10 时用 0.01000mol/L EDTA 标准溶液进行滴定，用去 12.00mL，计算水的硬度。（以 $CaCO_3$ mg/L 表示，$CaCO_3$ 相对分子质量为 100）

解：反应的 EDTA 的物质的量为

$$0.01000\times 12.00/1000=0.00012(\text{mol})$$

折算成水的硬度为

$$(0.00012\times 100/100)\times 1000\times 1000=120(\text{mg/L})$$

答：水样的硬度为 120mg/L。

6. 取水样 100mL，加酚酞指示剂，用 0.1000mol/L HCl 标准溶液滴定用去了 1.80mL，再用甲基橙做指示剂，又用去了 HCl 标准溶液 3.60mL，试求水样的总碱度。（以 $CaCO_3$ mg/L 表示，$CaCO_3$ 相对分子质量为 100）

解：两次共用 HCl 标准溶液的体积为

$$1.80+3.60=5.40(\text{mL})$$

反应式为

$$2HCl+CaCO_3=\!=\!=CaCl_2+CO_2\uparrow +H_2O$$

HCl 的物质的量为

$$(0.1000\times 5.40)/1000=0.00054(\text{mol})$$

相当于水样中 $CaCO_3$ 的物质的量为

$$0.00054/2=0.00027(\text{mol})$$

总碱度 $=(0.00027\times 100/100)\times 1000\times 1000=270(\text{mg/L})$

答：水样的总碱度为270mg/L。

7. 测定钙时，吸取水样50.0mL，以钙指示剂，加入浓度为2mol/L氢氧化钠2mL，用0.0100mol/L标准EDTA溶液滴定，用去3.00mL。计算水样的钙浓度。

解：$$\rho(Ca)=\frac{10.00\times3.00}{50.0}\times40.08=24.05(mg/L)$$

答：钙浓度为24.05mg/L。

8. 取水样100mL，加酚酞指示剂，用0.1000mol/L HCl标准溶液滴定用去了1.80mL，再用甲基橙做指示剂，又用去了HCl标准溶液3.60mL，试求水样的碳酸盐碱度和重碳酸盐碱度。（以$CaCO_3$ mg/L表示，$CaCO_3$相对分子质量为100）

解：$$\rho(CO_3)=\frac{0.100\times1.80\times50}{100}\times1000=90(mg/L)$$

$$\rho(HCO_3)=\frac{0.100\times(3.60-1.80)\times50}{100}\times1000=90(mg/L)$$

答：碳酸盐碱度90mg/L，重碳酸盐碱度90mg/L。

9. 从一含甲醇废水取出50mL水样，在H_2SO_4存在下，与0.04000mol/L $K_2Cr_2O_7$溶液25.00mL，作用完全后，以试亚铁灵为指示剂，用0.2500mol/L $FeSO_4$滴定剩余$K_2Cr_2O_7$用去11.85mL，假设空白试验与理论值相当，求化学需氧量（COD）值。

解：空白试验值=6×0.04000×25.00/0.2500=24.00(mL)

$$COD=\frac{0.2500\times(24.00-11.85)\times8000}{50}=486(mg/L)$$

答：化学需氧量为486mg/L。

10. 取100mL某水样，酸化后用10.00mL 0.001986mol/L高锰酸钾煮沸10min，冷却后加入10.00mL 0.004856mol/L草酸，最后用4.40mL高锰酸钾溶液滴定过量草酸恰至终点，求高锰酸盐指数。

解：$$I(Mn)=\frac{[(10+4.40)\times0.001986\times5-10.00\times0.004856\times2]\times8000}{100}=3.67(mg/L)$$

答：高锰酸盐指数为3.67mg/L。

11. 取25.00mL某水样用蒸馏水稀释至50.00mL，在H_2SO_4存在下，用0.04000mol/L $K_2Cr_2O_7$溶液25.00mL，回流后以试亚铁灵为指示剂，用0.2500mol/L $FeSO_4$滴定剩余$K_2Cr_2O_7$用去11.85mL，假设空白试验与理论值相当，求水样的化学需氧量（COD）。

解：空白试验值=6×0.04000×25.00/0.2500=24.00(mL)

$$COD=\frac{0.2500\times(24.00-11.85)\times8000}{25}=972(mg/L)$$

答：化学需氧量为972mg/L。

12. 测定水中钙、镁含量时，取 100mL 水样，调节 pH＝10，用铬黑 T 作指示剂，用去 0.100mol/L EDTA 25.00mL，另取一份 100mL 水样，调节 pH＝12，用钙指示剂，耗去 EDTA 14.25mL，每升水样中含 CaO、MgO 各为多少毫克？

解：
$$\rho(CaO)=\frac{14.25\times 0.100}{100}\times 1000\times 56=798(mg/L)$$

$$m(CaO)=79.8(mg)$$

$$\rho(MgO)=\frac{(25.00-14.25)\times 0.100}{100}\times 1000\times 40.3=433(mg/L)$$

$$m(MgO)=43.3(mg)$$

答：CaO 79.8mg，MgO 43.3mg。

13. 吸取水样 50.00mL，于酸性条件下准确加入浓度为 0.05000mol/L 的（1/6K$_2$Cr$_2$O$_7$）溶液 25.00mL，在一定条件下，水样中的还原性物质被氧化，然后将剩余的 Cr$_2$O$_7^{2-}$ 以 0.04820mol/L 的（NH$_4$）$_2$Fe（SO$_4$）$_2$ 滴定，消耗体积为 15.00mL，求水的化学需氧量（COD）值。

解：COD＝$(0.05000\times 25.00\times 10^{-3}-0.04820\times 15.00\times 10^{-3})\times 8000/50.00\times 10^{-3}$
＝84.32(mg/L)

答：水的化学需氧量值为 84.32mg/L。

14. 取某水样 20.00mL，加入 0.0250mol/L 重铬酸钾溶液 10.00mL，回流 2h 后，用水稀释至 140mL，用 0.1025mol/L 硫酸亚铁铵标准溶液滴定，消耗 22.80mL，同时做全程序空白，消耗硫酸亚铁铵标准溶液 24.35mL，试计算水样中化学需氧量（COD）的含量。

解：COD＝$\frac{(V_0-V_1)C\times 8\times 1000}{V}=\frac{(24.35-22.80)\times 0.1025\times 8\times 1000}{20.00}=64(mg/L)$

答：水样中化学需氧量为 64mg/L。

15. 测定某一清洁水体五日生化需氧量（BOD$_5$），培养前用浓度为 10.20mmol/L 的硫代硫酸钠标准溶液滴定 100mL 水样，消耗标准溶液 10.40mL，5 天后采用相同方式消耗消耗硫代硫酸钠标准溶液 5.65mL，计算水体的 BOD$_5$ 含量。

解：培养前溶解氧含量：$\rho(DO)=\frac{8\times 10.40\times 10.20}{100}=8.49(mg/L)$

培养后溶解氧含量：$\rho(DO)=\frac{8\times 5.65\times 10.20}{100}=4.61(mg/L)$

则水体 BOD$_5$ 含量为 8.49－4.61＝3.88(mg/L)。

答：水体的 BOD$_5$ 含量为 3.88mg/L。

16. 测定某一水体五日生化需氧量（BOD$_5$），将水样稀释 1 倍，培养前测定溶解氧

7.92mg/L，经 5 天培养后，测定溶解氧 4.49mg/L；稀释水培养前测定溶解氧 8.57mg/L，经 5 天培养后，测定溶解氧 7.14mg/L，计算水体的 BOD_5 含量。

解：$\rho(BOD_5) = \left[(7.92-4.49) - \dfrac{1-0.5}{1} \times (8.57-7.14)\right] \times \dfrac{1}{0.5} = 5.4 (mg/L)$

答：水体的 BOD_5 含量为 5.4mg/L。

17. 取水样 50.00mL，用浓度为 13.67mmol/L 的硝酸银标准溶液滴定水样中氯离子，消耗硝酸银标准溶液 2.90mL，取同样量的纯水，消耗硝酸银标准溶液 0.10mL，计算水中氯离子含量。(Cl：35.45)

解：$\rho(Cl) = \dfrac{2.90-0.10}{50} \times 13.67 \times 35.45 = 27.1 (mg/L)$

答：水中氯离子含量为 27.1mg/L。

18. 取已固定溶解氧的水样 100.00mL，用浓度为 10.20mmol/L 的硫代硫酸钠标准溶液滴定，消耗标准溶液 7.95mL，计算水样中的溶解氧含量。

解：$\rho(DO) = \dfrac{8 \times 7.95 \times 10.20}{100} = 6.49 (mg/L)$

答：水样中的溶解氧含量 6.49mg/L。

19. 酸性高锰酸钾法测定水中高锰酸盐指数，标定高锰酸钾溶液（$1/5KMnO_4$）时，10.00mL 高锰酸钾溶液消耗了 10.80mL 0.0100mol/L 草酸钠溶液（$1/2Na_2C_2O_4$），为了将该高锰酸钾溶液（大约剩余 950mL）调节至 0.0100mol/L 左右，应该加入纯水还是高锰酸钾标准储备液（$1/5KMnO_4$，约为 0.100mol/L）？大约加入多少毫升？

解：高锰酸钾溶液浓度为

$$\dfrac{10.80mL \times 0.0100mol/L}{10.00mL} = 0.0108 (mol/L)$$

该浓度高于 0.0100mol/L，应加入纯水。设纯水加入量为 V，则

$$950mL \times 0.0108mol/L = (V+950mL) \times 0.0100mol/L$$

$$V = 76 (mL)$$

答：应加入纯水，大约加入 76mL。

20. 今有 0.10mol/L 甲酸与等浓度的氯化铵的混合液。计算：(1) 用 0.1000mol/L NaOH 溶液滴定混合液中甲酸至化学计量点时溶液的 pH 值。(2) 选择哪种指示剂？（HCOOH 的 $K_a = 1.8 \times 10^{-4}$，NH_3 的 $K_b = 1.8 \times 10^{-5}$）

解：(1) ∵ HCOOH 的 $K_a = 1.8 \times 10^{-4}$，NH_4^+ 的 $K_a = 5.6 \times 10^{-10}$

∴ NaOH 溶液只能滴定混合液中的甲酸，滴定产物为 $HCOO^-$，和溶液中的 NH_4^+，形成了弱酸弱碱溶液，属两性物质溶液。

∵ $C_{NH_4^+} \cdot K_{a,NH_4^+} = 0.05 \cdot 10^{-9.26} \geqslant 20K_w$

$$C_{HCOO^-} \geqslant 20 K_{a,HCOOH}$$
$$\therefore H^+ = \sqrt{K_{a,NH_4^+} \cdot K_{a,HCOOH}} = \sqrt{10^{-9.26} \times 10^{-3.74}} = 10^{-6.50} = 3.2 \times 10^{-7} (mol/L)$$
pH=6.50

(2) 用甲基红指示剂。

答：用 0.1000mol/L NaOH 溶液滴定混合液中甲酸至化学计量点时溶液的 pH 值为 6.50，选择甲基红做指示剂。

21. 用 0.1000mol/L 的 NaOH 滴定 20.00mL 的 0.1000mol/L 的盐酸溶液时，计算化学计量点时的 pH 值；化学计量点附近的滴定突跃为多少？

解：化学计量点时该体系的产物为 NaCl，所以化学计量点时的 pH=7.00。

滴定突跃的计算：

滴定不足 0.1%，NaOH 溶液滴入体积为 19.98mL，剩余的 HCl 溶液 0.02mL，

$$[H^+] = C_{HCl} = \frac{0.02 \times 0.10}{20.00 + 19.98} = 5.0 \times 10^{-5} (mol/L)$$

pH=4.30

滴定过量 0.1%，NaOH 溶液滴入体积为 20.02mL，剩余的 NaOH 溶液 0.02mL，

$$[OH^-] = C_{NaOH} = \frac{0.02 \times 0.10}{20.00 + 20.02} = 5.0 \times 10^{-5} (mol/L)$$

pH=9.70

滴定突跃为 5.40pH 单位

答：化学计量点时的 pH 值为 7.00，化学计量点附近的滴定突跃为 5.40pH 单位。

（三）仪器分析计算

1. 用光度法测定 $KMnO_4$ 溶液时，已知其浓度约等于 5.0×10^{-3} g/L，摩尔消光系数 ε 等于 4740L/(mol·cm)，欲使吸光度为 0.30，应选用多厚的比色皿？（$KMnO_4$ 的相对分子质量为 158）

解：根据朗伯-比尔定律 $A = \varepsilon bc$

$A = 0.30$；$\varepsilon = 4740$ L/(mol·cm)；$C = 5.0 \times 10^{-3}/158 = 3.16 \times 10^{-5}$ (mol/L)

则 $b = A/(\varepsilon c) = 2$ (cm)

答：选用 2cm 的比色皿。

2. 在 1cm 比色皿和 525nm 时，1.00×10^{-4} mol/L $KMnO_4$ 溶液的吸光度为 0.585。现有 0.500g 锰合金试样，溶于酸后，用高碘酸盐将锰全部氧化成 MnO_4^-，然后转移至 500mL 容量瓶中。在 1cm 比色皿和 525nm 时，测得吸光度为 0.400。求试样中锰的百分含量。（Mn 原子量 54.94）

解：根据 $A = \varepsilon bc$，有

$$A_s = \varepsilon b c_s, \quad A_x = \varepsilon b c_x, \quad \frac{A_s}{A_x} = \frac{c_s}{c_x}, \quad \frac{0.585}{0.400} = \frac{1.0 \times 10^{-4}}{c_x}, \quad c_x = 6.8 \times 10^{-5} (mol/L)$$

$$Mn\% = \frac{c_x \times V \times \frac{54.94}{1000}}{m_s} \times 100\% = \frac{6.8 \times 10^{-5} \times 500 \times 0.05494}{0.500} \times 100\% \approx 0.37\%$$

答：锰的含量约为0.37%。

3. 已知某有色络合物在一定波长下用2cm吸收池测定时其透光度$T=0.60$。若在相同条件下改用1cm吸收池测定，吸光度A为多少？用3cm吸收池测量，T为多少？

解：$A=-\lg T=-\lg 0.60=0.222$

根据朗伯-比尔定律$A=\varepsilon bc$，当b由2cm改为1cm时

$$A_1=(1/2)A=0.111$$

当用3cm的吸收池时，$A_2=3A_1=0.333$，则

$$0.333=-\lg T_2$$

$$T_2=0.465$$

答：1cm吸收池测定时，吸光度A为0.111；用3cm吸收池测量，T为0.465。

4. 测定某一有色溶液的吸光度时，用厚度为1.0cm的比色皿，测得其吸光度为0.130。若其浓度保持不变，改用2.0cm的比色皿在相同条件下进行测定，则其吸光度为多少？

解：根据朗伯-比尔定律$A=\varepsilon bc$，当$b_1=2b$时

$$A_1=2A=0.130\times 2=0.260$$

答：吸光度为0.260。

5. 测定某水体六价铬含量，标准曲线如下：

浓度X/(mg/L)	0	0.01	0.02	0.04	0.08	0.12
吸光度Y	0	0.024	0.048	0.090	0.196	0.287

（1）用最小二乘法建立一个回归方程，并计算相关系数。

（2）测定样品吸光度值0.263，底色吸光度值0.207，试剂空白吸光度值0.007，计算水样中六价铬的含量。

答：回归方程$Y=-8.98\times 10^{-4}+2.41X$　相关系数$r=0.9996$；水样六价铬含量为0.021mg/L。

6. 用紫外分光光度法测定某水体总氮含量，标准曲线如下：

浓度X/(mg/L)	0	0.20	0.40	1.20	2.00	2.80	4.00
吸光度Y	0	0.053	0.107	0.296	0.477	0.685	0.962

（1）用最小二乘法建立一个回归方程，并计算相关系数。

（2）测定样品220nm处吸光度值0.350，275nm处吸光度值0.015，试剂空白吸光度值0.019，计算水样中总氮的含量。

答：回归方程$Y=5.27\times 10^{-3}+2.40\times 10^{-1}X$　相关系数$r=0.9999$；水样总氮含量为1.25mg/L。

7. 测定某一水体悬浮物含量。经 104℃ 烘干的滤膜二次称重分别为 25.4047g 和 25.4049g，经对 500mL 水样抽滤烘干后，二次称重分别为 25.4110g 和 25.4109g，计算水样中的悬浮物含量。

解：悬浮物含量 = 1000×[(25.4110+25.4109)/2－(25.4047+25.4049)/2]×10.5 = 12.4(mg/L)

答：悬浮物含量 12.4mg/L。

8. 用光度法测定某水样中亚硝酸盐含量，取 4.00mL 水样于 50mL 比色管中，用水稀释至标线，加 1.0mL 显色剂，测得 $NO_2^- - N$ 含量为 0.012mg，求原水样中 $NO_2^- - N$ 和 NO_2^- 含量。

解：
$$C_{NO_2^- - N} = \frac{M}{V} = \frac{0.012 \times 1000}{4.0} = 3.00(mg/L)$$

$$C_{NO_2^-} = 3.00 \times \frac{14 + 16 \times 2}{14} = 9.86(mg/L)$$

答：原水样中 $NO_2^- - N$ 的含量为 3.00mg/L，NO_2^- 的含量为 9.86mg/L。

9. 用原子荧光法测定地表水中的砷，取水样 20.0mL，加入浓盐酸 3.0mL，10% 硫脲溶液 2.0mL，混匀放置 20min 后进行测定，从校准曲线上查得测定溶液中砷的浓度为 10.0μg/L，求该地表水样中砷的浓度。

解：
$$C_{As} = \frac{25.0}{20.0} \times 10.0 = 12.5(\mu g/L)$$

答：该地表水样中砷的浓度为 12.5μg/L。

（四）其他

1. 将 pH=13 的强碱溶液与 pH=1 的强酸溶液等体积混合，计算混合后溶液的 pH 值。

解：pH=13 的碱溶液：pOH=14－13=1；[OH^-]=10^{-1}(mol/L)

pH=1 的强酸溶液：[H^+]=10^{-1}(mol/L)

由于 [H^+] 和 [OH^-] 相等，混合后正好中和生成 H_2O，故混合后溶液的 pH 值应为 7。

答：混合后溶液的 pH 值为 7。

2. 取出在 10℃ 时饱和的硝酸钠溶液 50g，把它蒸干，得到硝酸钠晶体 22.3g，问 10℃ 时 $NaNO_3$ 在水中的溶解度。

解：设 50g 溶液中含 H_2O 为 Xg，则
$$X + 22.3 = 50$$
$$X = 50 - 22.3 = 27.7$$

设溶解度为 Y，则

$$27.7 : 22.3 = 100 : Y$$
$$Y = 100 \times 22.3/27.7 = 80.5(g)$$

答：溶解度为 80.5g。

3. 溶解 0.5000g 不纯的 NaCl，加入基准 $AgNO_3$ 1.724g，过量的 $AgNO_3$ 用 0.1400mol/L 的 NH_4SCN 标液滴定，用去 25.50mL，计算试样中 NaCl 的百分含量。（$AgNO_3$ 式量为 169.8，NaCl 式量为 58.44）

解：$[(1.724/169.8 - 0.1400 \times 25.5 \times 10^{-3}) \times 58.44/0.5] \times 100\% = 76.9\%$

答：NaCl 的百分含量为 76.9%。

4. 称取钢样 0.500g，将其中的 Mn 氧化为 MnO_4^- 定容于 100mL，测得其吸光度为 0.310，已知比色皿厚度为 1cm，摩尔吸光系数 ε 为 2230L/(mol·cm)，求钢样中锰的百分含量。（Mn 原子量为 55.0）

解：Mn% = $(1.39 \times 10^{-4} \times 55 \times 0.1/0.5) \times 100\% = 0.15\%$

答：锰的百分含量为 0.15%。

5. 取 H_2O_2 样品溶液一份在酸性介质中，用 0.5110mol/L $KMnO_4$ 溶液 33.12mL 滴定至终点，试计算该样品中 H_2O_2 的质量。（H_2O_2 分子量为 34.02）

解：$m = (5 \times 0.5110 \times 33.12 \times 10^{-3} \times 34.02/2) = 1.439(g)$

答：样品中 H_2O_2 的质量为 1.439g。

6. 称取铁矿试样 0.302g，使之溶解并还原为 Fe^{2+} 后，用 0.01643mol/L 的 $K_2Cr_2O_7$ 溶液滴定，耗去 35.14mL，计算试样中铁的百分含量。（Fe 的原子量 55.85）

解：Fe% = $0.01643 \times 6 \times 35.14 \times 10^{-3} \times 55.85/0.302 \times 100\% = 64.06\%$

答：试样中铁的百分含量为 64.06%。

7. 用移液管吸取 NaCl 溶液 25.00mL，加入 K_2CrO_4 指示剂，用 0.07448mol/L 的 $AgNO_3$ 标准溶液滴定，用去 37.42mL，计算每升溶液中含有 NaCl 多少克？（NaCl 分子量为 58.5）

解：$\rho(NaCl) = \dfrac{0.07448 \times 37.42}{25.00} \times 58.5 = 6.52(g/L)$

答：每升溶液中含有 NaCl 6.52g。

8. 称取 KBr 样品 0.6156g，溶解后移入 100mL 容量瓶中，加水稀释至刻度。吸取 25.00mL 试液于锥形瓶中加入 0.1045mol/L $AgNO_3$ 标准溶液 25.00mL，用 0.1102mol/L 的 NH_4SCN 标准溶液滴定至终点，用去 12.01mL，计算 KBr 百分含量。（KBr 分子量为 119）

解：KBr% = $\dfrac{(0.1045 \times 25.00 - 0.1102 \times 12.01) \times 119 \times 4}{0.6156 \times 1000} \times 100\% = 99.7\%$

答：KBr 百分含量为 99.7%。

9. 一草酸样品，欲测其纯度，已知称样重为 0.3678g，用 0.1021mol/L 的 NaOH 溶液滴定，消耗 NaOH 的体积为 27.65mL，试计算 $H_2C_2O_4 \cdot 2H_2O$ 的纯度（百分含量）。

($H_2C_2O_4 \cdot 2H_2O$ 的分子量为126)

解：$H_2C_2O_4 \cdot 2H_2O\% = \dfrac{0.1021 \times 27.65 \times 126}{0.3678 \times 1000} \times 100\% = 96.7\%$

答：$H_2C_2O_4 \cdot 2H_2O$ 的纯度为96.7%。

10. 测定工业用纯碱中 Na_2CO_3 的含量时，称取0.2648g试样，用0.1970mol/L的HCl标准溶液滴定，以甲基橙指示终点，终点时用去HCl标准溶液24.45mL，求纯碱中 Na_2CO_3 的百分含量。

解：$Na_2CO_3\% = \dfrac{0.1970 \times 24.45 \times 53.00}{0.2648 \times 1000} \times 100\% = 96.41\%$

答：纯碱中 Na_2CO_3 的百分含量为96.41%。

11. 测定 Na_2CO_3 样品的含量时，称取样品0.2009g，滴定至终点时消耗 $C(1/2 H_2SO_4) = 0.2020$mol/L的硫酸溶液18.32mL，求样品中 Na_2CO_3 的百分含量。（Na_2CO_3 的分子量为106）

解：$Na_2CO_3\% = \dfrac{0.2020 \times 18.32 \times 53.00}{0.2009 \times 1000} \times 100\% = 97.63\%$

答：样品中 Na_2CO_3 的百分含量为97.63%。

12. 测定4.250g土壤中铁的含量时，用去0.0200mol/L $K_2Cr_2O_7$ 38.30mL，试计算土壤中铁的百分含量。（Fe原子量55.8，$K_2Cr_2O_7$ 式量294.2）

解：$Fe\% = 0.0200 \times 38.30 \times 6 \times 55.8 \times 100\%/4.250 = 6.03\%$

答：土壤中铁的百分含量为6.03%。

13. 称取1.0500g草酸样品，用适量的水溶解后转移至250mL的容量瓶中并稀释至刻度，吸取25.00mL，以酚酞做指示剂，用0.1023mol/L的NaOH标准溶液滴定至终点时共消耗15.25mL，计算该草酸样品中 $H_2C_2O_4 \cdot 2H_2O$ 的含量。（$H_2C_2O_4 \cdot 2H_2O$ 的分子量为126.07，反应方程式为 $H_2C_2O_4 + 2NaOH =\!\!=\!\!= Na_2C_2O_4 + 2H_2O$）

解：$H_2C_2O_4$ 与2NaOH的计量比为1:2，则

$$\omega(H_2C_2O_4 \cdot 2H_2O) = \dfrac{0.1023 \times 15.25 \times 126.07}{2 \times 1.0500 \times 1000 \times \dfrac{25}{250}} = 0.9366 = 93.66\%$$

答：草酸样品中 $H_2C_2O_4 \cdot 2H_2O$ 的含量93.66%。

14. 0.1500g铁矿石试样中的铁经处理，使其完全还原为 Fe^{2+} 后，需用0.02000mol/L的 $KMnO_4$ 溶液15.03mL滴定至终点，求该铁矿石中以FeO表示的质量分数。（FeO的相对分子质量71.85，Fe^{2+} 与 $KMnO_4$ 间的化学反应为：$5Fe^{2+} + MnO_4^- + 8H^+ =\!\!=\!\!= 5Fe^{3+} + Mn^{2+} + 4H_2O$）

解：在该测定中，FeO与 MnO_4^- 之间反应的化学计量比为5:1，则

$$\omega(FeO) = \dfrac{0.02000 \times 15.03 \times 5 \times 71.85}{0.1500 \times 1000} = 0.7199 = 71.99\%$$

答：铁矿石中以FeO表示的质量分数为71.99%。

15. 今有 6.0833g 盐酸样品，在容量瓶中稀释成 250mL。取出 25.00mL，以酚酞为指示剂，用 0.2500mol/L NaOH 溶液滴定至终点，共消耗 20.00mL。试计算该盐酸样品中 HCl 的含量。(HCl 的相对分子质量 36.45)

解：在该测定中 NaOH 与 HCl 之间反应的化学计量比为 1∶1

$$\omega(HCl) = \frac{0.2500 \times 20.00 \times 36.45}{6.0833 \times 1000 \times \frac{1}{10}} = 0.2996 = 29.96\%$$

答：盐酸样品中 HCl 的含量为 29.96%。

16. 为检验某一 10mL 单标线吸量管的容量是否合格，在 18℃时，由该吸量管放出 10.00mL 纯水，其质量为 9.9701g，问该吸量管容量是否满足 10mL A 级单标线吸量管的要求？已知：标准温度 20℃时，10mL A 级单标线吸量管容量允差为 ±0.020mL；$V_{20} = mK(t)$；18℃时 $K(t)$ 值为 1.00251cm³/g。

解：　　　　10.00mL + 0.020mL = 10.02(mL)

　　　　　　10.00mL − 0.020mL = 9.98(mL)

10mL A 级单标线吸量管允许的范围为 9.98～10.02mL

$V_{20} = mK(t) = 9.9701 \times 1.00251 = 9.9951$(mL)

答：该吸量管 20℃时的实际容量为 9.995mL，在允许的范围内，满足 10mL A 级单标线吸量管的要求。

17. 红外分光光度法测定水中动植物油时，取水样 520mL，萃取后萃取液定容至 50.0mL，取 20mL 测得萃取液中总萃取物浓度为 33.7mg/L，另 30mL 经硅酸镁吸附后测得萃取液中石油类浓度为 12.0mg/L。分别计算该水样中石油类和动植物油的浓度。(结果保留 3 位有效数字)

解：石油类浓度为

$$12.0\text{mg/L} \times 50.0\text{mL} / 520\text{mL} = 1.15(\text{mg/L})$$

动植物油浓度为 $\dfrac{(33.7\text{mg/L} - 12.0\text{mg/L}) \times 50.0\text{mL}}{520\text{mL}} = 2.09(\text{mg/L})$

答：该水样中石油类浓度为 1.15mg/L，动植物油的浓度为 2.09mg/L。

18. 原子荧光法测定土壤中砷时，取 0.203g 经处理的土样，消解后定容至 25.0mL，摇匀后静置澄清。然后取 5.00mL 上清液至 A 级 50mL 容量瓶中，加入还原剂和酸后定容至标线，反应 1h 后上机测得砷浓度为 66.3μg/L，计算该土壤中砷的含量。(结果以 mg/kg 表示，保留 3 位有效数字)

解：计算公式如下

$$\frac{66.3\mu\text{g/L} \times 50.0\text{mL} \times (25.0/5.00)}{0.203\text{g}} = 81.7(\text{mg/kg})$$

答：该土壤中砷含量为 81.7mg/kg。

19. (1) 等体积的 0.200mol/L 的 NaAc 和 1.0×10^{-2}mol/L 的 HCl 溶液混合，计算 pH 值。(HAc 的 $Ka = 1.8 \times 10^{-5}$)

(2) 0.25mol/L HCOONa 溶液，计算 pH 值。（HCOOH 的 $Ka=1.8\times10^{-4}$）

解：(1) 该溶液反应后是缓冲体系，其中

$$c(\text{NaAc})=\frac{0.200-1.0\times10^{-2}}{2}=9.5\times10^{-2}(\text{mol/L})$$

$$c(\text{HAc})=\frac{1.0\times10^{-2}}{2}=5.0\times10^{-3}(\text{mol/L})$$

$$\text{pH}=pKa+\lg\frac{c_b}{c_a}=4.74+\lg\frac{9.5\times10^{-2}}{5.0\times10^{-3}}=6.02$$

(2) $cK_b>20K_W$ 且 $\frac{c}{K_b}>500$

$$\therefore [\text{OH}^-]=\sqrt{cK_b}=\sqrt{0.25\times5.6\times10^{-11}}=3.7\times10^{-6}\,\text{mol/L} \quad \text{pH}=8.57$$

答：(1) pH 值为 6.02；(2) pH 值为 8.57。

第二章 样品采集试题

一、填空题

1. 采样断面是指在河流采样时，实施水样采集的整个剖面。分为（背景断面）、（对照断面）、（控制断面）和（削减断面）等。

2. 水系的背景断面须能反映水系未受污染时的背景值，原则上应设在（水系源头处）或（未受人类活动影响的上游河段）。

3. 根据河流采样断面布设要求，城市或工业区河段，应布设对照断面、（控制断面）和（消减断面）。

4. 河流水质监测断面位置应避开（死水区）、（回水区）和（排污口）处，尽量选择（顺直河段）、河床稳定、（水流平稳）、水面宽阔、无急流、无浅滩处。

5. 根据河流采样断面布设要求，未设防潮闸的潮汐河流，在潮流界以上布设对照断面；在靠近入海口处布设（消减断面）。

6. 根据湖泊/水库采样断面布设要求，在湖泊/水库主要出入口、（中心区）、（滞流区）、（饮用水源地）、（鱼类产卵区）和游览区等应设置断面。

7. 湖泊、水库水质无明显差异，采样点位可用（网格）法均匀布设。

8. 河流采样断面垂线布设的要求是：河宽≤50m的河流，可在（中泓）设（一）条垂线；河宽>100m的河流，在（左、中、右）设（三）条垂线；河宽50～100m的河流，可在（近左、右岸有明显水流处）设（二）条垂线。

9. 湖泊、水库采样断面垂线的布设：可在湖（库）区的不同水域如（主要进水区）、（主要出水区）、（深水区）、（浅水区）、湖库心区、近坝区等设置监测垂线。

10. 采集水样断面在同一条垂线上，水深5～10m时，设2个采样点，即水面下（0.5）m处和河底上（0.5）m处；若水深≤5m时，采样点在水面下（0.5）m处。

11. 根据河流、湖泊/水库采样点布设要求，湖库采样垂线上出现温度分层现象时，应分别在（表温层）、（斜温层）和亚温层布设采样点。

12. 重点水质站应每月采样（1）次，全年不少于（12）次，遇特大水旱灾害期应增加采样频次。

13. 在水功能区监测中，重要饮用水源区应按旬采样，每月（3）次，一般饮用水源区每月采样（2）次。

14. 对于流速和待测物浓度都有变化的流动水体，采集（流量比例）样品，可反映水体的整体质量。

15. 采集水质样品时,在(同一)采样点上以流量、时间、体积或是以流量为基础,按照已知(比例)混合在一起的样品,称为混合水样。

16. 为了某种目的,把从(不同采样点)同时采得的(瞬时水样)混合为一个样品,这种混合样品称为综合水样。

17. 水样按类型可分为(瞬时)水样、(混合)水样和(综合)水样。

18. 比例采样器是一种专用的自动水质采样器,采集的水样量随(时间)与(流量)成一定比例,使其在任一时段所采集的混合水样的污染物浓度反映该时段的平均浓度。

19. 同一监测点需要采集水样和底泥时,应先采(水样),原因是(如果先采集底泥会搅浑水体)。采样前用(采样点水样)洗涤采样器,并洗涤常规水样贮样容器。

20. 采样时遇到偶然的污染物应(避免),船上采样时,采样船应位于(下游)方向,应在船的(船头或前侧)部位,(逆流)采样,避免搅动底部沉积物造成水样污染。

21. 采集样品时,应在现场测定的项目有(水温)、(pH 值)、(电导率)、(溶解氧)、(浊度)、氧化-还原电位(Eh)和水的感官性状等。

22. 测量气温时,气温计合适的位置是(在阴凉处,避免阳光直接照射);测量透明度时,最好在(避免阳光直接照射)的水面测量。

23. 风力风向仪的指针指向 E 代表(90)度;S 代表(180)度;N 代表(360)度;W 代表(270)度。

24. 在测定水体溶解氧时,溶氧仪探头位于(中泓水下 0.5m)位置,如果溶氧仪本身不带有搅拌装置,需要牵动探头电缆保证探头在水下处于(运动)状态,待读数稳定后记录。在溶氧仪探头电缆长度不够时,可在(采样器)内测定,此时仍应牵动探头电缆。水样装入水样桶内不可再用来测溶解氧。

25. 膜电极溶氧仪是否正常可用,应检查以下几个方面:
(1)仪器是否在(检定)周期内,允许用于监测。
(2)开机后屏幕显示是否正常,(溶解氧)和(水温)的数值和单位均正确显示,其中 DO 的数值应该为小数点后(2)位。
(3)探头是否正常,正常可用的探头应该是(无气泡)、(无油污)、(探头膜无破损);
(4)探头在仪器侧面的校准室内,经校准后应显示 DO 含量为(100%)。

26. 选择盛装水样的容器,其内壁材质不应吸收或吸附待测组分、(容器不能引起新的沾污)、(容器不得与待测组分发生反应)和选用深色玻璃降低光敏作用。

27. 根据采样器和贮样容器的选择与使用要求,采样器应有足够强度,且使用灵活、方便可靠,与水样接触部分应采用(惰性)材料。采样器在使用前,应先用洗涤剂洗去油污,用自来水冲净,再用(10%盐酸)洗刷,自来水冲净后备用。

28. 根据采样器和贮样容器的选择与使用要求，对光敏性组分，贮样容器应具有（遮光）作用。

29. 每批水样，应选择部分项目加采现场（空白样），与样品一起送达实验室检验。

30. 在采样单上必须记录采样器、透明度盘、溶氧仪、风速风向仪、气温计等外业测量仪器的编号，没有编号的仪器不得使用，目的是便于（追溯）。

31. 外业采样组的（组长）负责检查记录的正确、完整，（采样人）、（记录员）各自签名，不得代替他人签名。

32. 送样时，（送样人）与样品管理员应仔细核对样品数量、样品状态，办理交接手续，送样单上的送样人姓名应由（实际送样人）填写。

33. 采样记录修改方式是（在错误的数值上划上横线，在边上填写正确的数值，并签上修改人的姓名）。

34. 保存水样时，经常采用（加入保存剂）、（调节 pH 值）和（冷藏或冷冻）的方法，抑制化学反应和生化作用，可固定水样中某些待测组分。

35. 现场作业应注意确保人员安全、（设备仪器）安全、（资料）安全。

36. 为保证采样人员的安全，在较大水面采集样品时，必须考虑采样期间的（气象条件），采取安全措施，所用船只要坚固，须使用（救生圈和救生衣）等安全装备。

37. 采集水样时，除细菌总数、大肠菌群、油类、五日生化需氧量、溶解氧、有机物、余氯等有特殊要求的项目外，要先用采样水荡洗（采样器）与（贮样容器）2~3次，然后再将水样采入容器中，按要求立即加入相应的（固定剂），并贴好不干胶标签。

38. 用于测定化学需氧量的水样，在保存时需加入（H_2SO_4），使 pH（<2）。

39. 测定生化需氧量和（有机污染物）等项目的水样必须注满容器，上部不留空隙，并用水封口。

40. 测定水中硫化物、溶解氧、余氯、（油类）、（五日生化需氧量）、（粪大肠菌群）、悬浮物、放射性等项目要单独采样。

41. 测定油类的水样应在水面下（300mm）单独采集，（全部）用于测定，不得用采集的水冲洗（采样器/容器）。

42. 测定溴化物及含溴化合物的水样需（2~5）℃冷藏，并（避光）保存。

43. 测定氰化物的水样，采集后，必须立即加（氢氧化钠）固定，一般每升水样需加 0.5g，使样品的 pH（>12），并将样品贮于（聚乙烯瓶）中。在采样后（24）h 以内进行测定。

44. 测定石油类的水样采集后，加入（盐酸）酸化至（pH<2）。如样品不能在24h内测定，应在（0~4）℃冷藏保存，（3）天内测定。

45. 测定苯胺的样品应采集于（玻璃）瓶内，并在（24）小时内测定。

46. 对测定菌类样品容器的基本要求是（能够经受高温灭菌）。样品在运回实验室到检验前，应保持（密封）。

47. 入河排污口（沟渠）水深小于 1m，应在（1/2）水深处采样；水深大于 1m，应在（1/4）水深处采样。

48. 各级地方水文监测机构和流域水文监测机构在发现或获悉附近河湖、地下水发生水污染事件或水生态破坏事件，按（就近）原则，（及时）开展调查。

49. 在入河排污口采样时应认真填写污水样品送检单，样品送验单内容应有入河排污口名称、（样品编号）、监测目的、（采样点位）、采样时间、（污水性质）、污水流量、采样人姓名及其他有关事项等。

50. 检验检测人员应掌握有关污水的分析方法，当样品浓度超过检测上限，需要对样品进行稀释时，取样量不得少于（10.00）mL，且稀释倍数不得大于（100）倍；对于高浓度的样品，应采用逐级稀释的方法稀释样品。

51. 应急监测现场应采集平行双样，一份供现场快速测定，一份送实验室测定。现场平行测定率应不得低于（20）％。实验室同时还应进行（有证标准物质）质控样的测定。

52. 地下水监测井应设明显标牌，井、孔口应高出地面（0.5~1.0）m，井（孔）口安装盖（或保护帽），孔口地面应采取（防渗）措施，井周围应有防护栏。

53. 地下水质量应定期监测，潜水监测频率应不少于每年 2 次，（丰水期）和（枯水期）各 1 次；承压水监测频率可以根据质量变化情况确定，宜每年（1）次。

54. 地下水水质监测井布设密度，宜控制在同一地下水类型区内水位基本监测井布设密度的（10%）左右。地下水成分较复杂的区域或地下水受污染的区域应适当加密。

55. 地下水监测井建设深度应满足监测目标要求，监测目的层与其他含水层之间止水，承压水监测井应（分层）止水，浅水监测井不得穿透（浅水含水层下的隔水层）的底板。

56. 在监测井建设完成后必须进行（洗井）。所有的污染物或钻井产生的岩层破坏以及来自天然岩层的细小颗粒都必须去除，以保证出流的地下水中没有颗粒。洗井后应使监测井至少稳定（24）h 之后才能采集水样。

57. 监测地下水的监测井，需测量监测井井深，当监测井内淤积物淤没滤水管或井内水深低于（1）m 时，应及时清淤或换井。

58. 监测地下水的监测井，需进行（透水）灵敏度试验，当向井内注入灌水段（1）m 井管容积的水量，水位复原时间超过 15min 时，应进行（洗井）。

59. 利用水位测量井采集地下水水样时，应先（量测地下水水位），然后再采集水样。

60. 采集地下水分层水样时，应按（含水层分布）状况采集；或在地下水水面（0.5）m

以下、中层和底部（0.5）m 以上采集，并同时记录采样深度。

61. 用机井泵采集地下水样品时，应待（抽水管道中停滞的水排净），新水更替后再采样。自流地下水应在（水流流出处或水流汇集）处采样。

62. 对于地下水无机检测指标，当（采样容器）、（采样体积）、（保存方法）和保存时间一致时，可采集一份样品供检测用。

63. 大气降水采样应注意，暴雨时，应采取有效措施防止（降水溢出储水器）；冬季结冰期，应防止（储水器和雨量杯）等冻结破裂。

64. 利用现有水文雨量观测站设施采集降水样品时，应避免（干沉降物）对降水水质的影响。

65. 沉积物采样点位通常为水质采样垂线的（正下方），沉积物采样点应避开（河床冲刷）、沉积物沉积不稳定及水草茂盛、表层沉积物易受（扰动）之处。

66. 采集水体沉积物柱状样品可按样柱上部 30cm 内间隔（5）cm，下部按（10）cm 间隔（超过1m时酌定）用（塑料刀）切成小段，分段取样。

67. 沉积物样品采集后，于（−40～−20）℃冷冻保存，并在样品保存期内测试完毕，悬浮物采用（0.45μm 滤膜过滤或离心）等方法将水分离后（冷冻）保存。

68. 沉降物样品制备应注意测定热不稳定组分、有机物的样品应采用（自然风干法）干燥；或同时制备两份湿样样品，一份用于污染物测定，一份用于（含水量）测定。

69. 湖泊水生态调查与监测时，大型水生植物和底栖生物取样区为（可涉水水深水域），宽度为（10）m。

70. 用天然基质法和人工基质法采集着生生物样品时，应准确测量（采样基质）的面积；采集的着生生物样品，除进行活体观测外，宜按水样体积加（1%）的鲁哥氏溶液固定，（静置沉淀）后，倾去上层清水，将样品装入样品瓶中。

71. 底栖动物采集定性样品时，可用（三角拖网）在水底拖拉一段距离，或用（手抄网）在岸边与浅水处采集，以（40）目分样筛，挑出底栖动物样品。

72. 在进行鱼类样品生物体残毒分析样品时，鱼类样品用蒸馏水洗净沥干后，先进行（个体种类鉴定）和测量（长度与重量），然后从鱼体中部侧线上方部位取出5～8片鱼鳞用于（鱼龄）鉴定；用刀具从背脊切开鱼体，仔细取出内脏，避免沾污鱼肉，检查性腺鉴定性别；去除鱼皮、鱼骨，取出肌肉软组织，再次称量个体鲜重，并放入容器内，贴上标签，低温保存。

73. 用作生物残毒分析的生物样品，干燥后可用于部分无机痕量元素分析，但应用（玛瑙研钵）碎样，至全部样品通过（80～100）目筛。

74. 根据浮游生物、微生物采样点布设要求，当水深小于（3）m、水体混合均匀、透光可达到水底层时，在水面下（0.5）m 布设一个采样点。

第二章 样品采集试题

75. 根据浮游生物样品采集要求,浮游生物样品采集后,除进行活体观测外,一般按水样体积加(1%的鲁哥氏液)固定,静置沉淀后,倾去上层清水,将样品装入样品瓶中。

76. 根据微生物样品采集要求,采样用玻璃样品瓶在(160~170)℃或(121)℃高压蒸汽锅中灭菌(20)min;塑料样品瓶用0.5%的(过氧乙酸)灭菌备用。

77. 环境空气质量监测点采样口周围水平面应保证有(270°)以上的捕集空间,不能有阻碍空气流动的高大建筑、树木或其他障碍物;采样口距地面高度在(1.5~15)m范围内,距支撑物表面(1)m以上,有特殊监测要求时,应根据监测目的进行调整。

78. 获取环境空气污染物小时平均浓度时,如果污染物浓度过高,或者使用直接采样法采集瞬时样品,应在(1)h内等时间间隔采集(3~4)个样品。

79. 溶液吸收采样法适用于(二氧化硫)、(二氧化氮)、(氮氧化物)、臭氧等气态污染物的样品采集,其采样系统主要由(采样管路)、(采样器)、(吸收装置)等部分组成。

80. (滤膜)采样法适用于总悬浮颗粒物、可吸入颗粒物、细颗粒物等大气颗粒物的质量浓度监测及成分分析。

81. 溶液吸收采样法采集的环境空气样品时,应检查(采样管路)是否洁净,如不洁净应进行清洗或更换。

82. 溶液吸收采样法采集的环境空气样品前、后用经检定合格的标准流量计校验采样系统的流量,流量误差应小于(5)%。

83. 溶液吸收采样法采集的环境空气样品前,应进行气密性检查:将吸收管/瓶及必要的前处理装置正确连接到气体采样管路,打开仪器,调节(流量)至规定值,封闭吸收管/瓶进气口,吸收管/瓶内不应(冒气泡),采样仪器的流量计不应(有流量显示)。

84. 进行环境空气质量监测时,溶液吸收采样法采样过程中,采样人员应观察(采样流量)的波动和(吸收液)的变化,出现异常时要及时停止采样,查找原因。

85. 溶液吸收采样法采样过程中应及时记录(采样起止时间)、(流量),以及气温、气压等参数,记录内容应完整、规范。

86. 环境空气质量监测时,采用吸附管采样法进行采样前,应对吸附管按比例抽取一定数量进行(空白)和(吸附/解吸)效率测试,结果应符合各项目监测方法标准要求;新购和采集高浓度样品后的热脱附管在使用前需进行(老化)。

87. 滤膜法采样系统由(颗粒物切割器)、滤膜夹、流量测量及控制部件、采样泵、温湿度传感器、压力传感器和微处理器等组成。

88. 滤膜法采样前,需清洗(颗粒物切割器),采用软性材料进行擦拭。采样期间如遇特殊天气,如(扬沙)、(沙尘暴天气)或(重度及以上污染过程)时应及时清洗。采样时长超过(7)天时,也需定期清洗。

89. 滤膜法采样前,需使用经检定合格的温度计对采样器的温度测量示值进行检查,当误差超过±（2）℃时，应对采样器进行温度校准。

90. 用气袋采集空气样品的采样方式可分（真空负压）法和（正压注入）法。

91. 气袋采集空气样品的真空负压法采样系统由（进气管）、（气袋）、（真空箱）、阀门和（抽气泵）等部分组成；正压注入法用（双联球）、（注射器）、正压泵等器具通过连接管将样品气体直接注入气袋中。

92. 用气袋采集空气样品前，气袋应清洗干净，确保无残留气体干扰，应检查气袋是否（密封良好），是否有破裂损坏等情况，并进行（气密性）检查，确保采样系统不漏气。

93. 用气袋采集空气样品时，需用现场空气清洗气袋（3～5）次后再正式采样，采样后迅速将进气口密封，做好标识，并记录采样时间、地点、气温、气压等参数。

94. 采样后气袋应迅速放入运输箱内，防止阳光直射，并采取措施避免气袋破损；当环境温差较大时，应采取（保温措施）。

二、判断题

1. 根据河流采样断面布设要求，本河段内有较大支流汇入时，应在汇合点干流上游处，及充分混合后的干流下游处布设断面。（×）

2. 根据河流采样断面布设要求，城市主要供水水源地上游2000m处应布设断面。（×）

3. 当河流水面宽度为200m时，应布设左、中、右3条采样垂线，若岸边有污染带，应在岸边再增加两条采样垂线。（√）

4. 根据湖泊（水库）水质站布设原则，面积大于100km^{2}的湖泊应布设水质站。（√）

5. 湖泊（水库）的采样断面应与断面附近水流方向平行。（×）

6. 采集河流和溪流的水样时，在潮汐河段，涨潮和落潮时采样点的布设应该相同。（×）

7. 为评价某一完整水系的污染程度，未受人类生活和生产活动影响、能够提供水环境背景值的断面，称为对照断面。（×）

8. 河流干流网络的采样点应包括潮区界以内的各采样点、较大的支流的汇入口和主要污水或者工业废水的排放口。（√）

9. 只有固定采样点位才能对不同时间所采集的样品进行对比。（√）

10. 控制断面用来反映某排污区（口）排放的污水对水质的影响。应设置在入河排污区（口）的下游，污水与河水基本混匀处。（√）

11. 在河湖水质监测中通常采集瞬时水样。（√）

12. 对于水面宽为56m的河道，可以设置5条采样垂线。（×）

13. 对潮汐河流，应在入海口布设对照断面。（×）

14. 设置控制断面，目的是及时掌握污染水体的现状和变化形态。（√）

15. 采集的样品在时间和空间上具有足够的代表性,能反映水质自然变化和受人类活动影响的变化规律。(√)

16. 对同一河流、湖泊(水库)应力求水质采样、水文测验同步进行,在河流、湖泊(水库)最枯水位和封冻期,应适当增加采样频次。(√)

17. 湖泊、水库的监测断面布设与附近水流方向垂直,流速较小或无法判断水流方向时,以常年主导流向布设监测断面。(×)

18. 采集湖泊和水库的水样时,采样点位的布设,应在较小范围内进行详尽的预调查,在获得足够信息的基础上,应用统计技术合理地确定。(×)

19. 遇到对河湖水质采样影响较大的雨雪天气、风速大于 8m/s 的天气条件时,不宜进行手工采样作业。(√)

20. 水系的背景断面每年在丰水期、平水期、枯水期各采样 1 次。(×)

21. 水质监测的某些参数,如水位、水温、pH 值、电导率、透明度、色、嗅和味应尽可能在现场测定以便取得准确的结果。(√)

22. 河湖采样所用的敞开式采样器为开口容器,用于采集表层水和靠近表层的水。当有漂浮物质时,不可能采集到有代表性的样品。(√)

23. 在应急监测中,对河流的采样应在事故地点及其下游布点采样,同时要在事故发生地点上游采对照样。(√)

24. 大、中型湖泊、水库如水深大于等于 10m 时则一般只取一个混合样。(×)

25. 把从不同采样点同时采集的瞬时水样混合为一个样品称作混合水样。(×)

26. 为测定水污染物的平均浓度,一定要采集混合水样。(×)

27. 采集湖泊和水库的水样时,由于分层现象,导致非均匀水体,采样时要把采样点深度间的距离尽可能加长。(×)

28. 水温、pH 值、溶解氧、电导率、透明度、感官性状等监测项目应在采样现场采用相应方法观测或检验。(√)

29. 现场空白样应在采样现场以纯水,按样品采集步骤装瓶,与水样同样处理,以掌握采样过程中环境与操作条件对监测结果的影响。(√)

30. 测定溶解氧与生化需氧量的水样采集时,水样应曝气后充满容器。(×)

31. 测定氟化物的水样应贮于玻璃瓶或塑料瓶中。(×)

32. 采集测定微生物的水样时,采样设备与容器不能用水样冲洗。(√)

33. 测定总氰化物的水样应在现场加 NaOH 调节至 pH>12,并于 48h 内分析。(×)

34. 测定氨氮的水样应在现场加硝酸调节至 pH<2,并在 2~5℃冷藏。(×)

35. 采集测定硝酸盐氮的水样，每升水样应加入 0.8mL 盐酸，4℃保存，24h 内测定。（×）

36. 采集测定六价铬的水样时，容器应具磨口塞的玻璃瓶，以保证其密封。（×）

37. 水样在贮存期内发生变化的程度完全取决于水的类型及水样的化学性质和生物学性质。（×）

38. 测定水中重金属的采样容器通常用铬酸-硫酸洗液洗净，并浸泡 1～2d，然后用蒸馏水或去离子水冲洗。（×）

39. 玻璃容器用于测定金属和其他无机物的监测项目。（×）

40. 样品中加碱作为固定剂的作用是与挥发化合物形成盐类。（√）

41. 保存水样时，采用加化学试剂法是为了阻止水样中微生物的作用。（×）

42. 冷藏法的作用是能抑制微生物的活动，减缓物理作用和化学作用的速度。（√）

43. 引起水样水质变化的原因有生物、化学、物理作用。（√）

44. 采水样容器的材质在化学和生物性质方面应具有惰性，使样口组分与容器之间的反应减到最低程度。光照可能影响水样中的生物体，选材时要予以考虑。（√）

45. 地下水监测点网布设密度的原则为：主要供水区密、一般地区稀，城区密、农村稀。（√）

46. 地下水监测点网可根据需要随时变动。（×）

47. 为了解地下水体未受人为影响条件下的水质状况，需在研究区域的污染地段设置地下水背景值监测井（对照井）。（×）

48. 地下水监测井井管内径不宜小于 0.5m。（×）

49. 地下水监测井采样前不需先洗井。（×）

50. 地下水监测时，凡能在现场测定的项目，均应在现场测定。（√）

51. 测定水中微生物的样品瓶在灭菌前可向容器中加入亚硫酸钠，以除去余氯对细菌的抑制使用。（×）

52. 着生生物采样天然基质法是利用一定的采样工具，采集生长在水中的天然石块、木桩等天然基质上的着生生物；人工基质法是将玻片、硅藻计和 PFU 等人工基质放置于一定水层中，时间不得少于 14d，然后取出人工基质，采集基质上的着生生物。（√）

53. 做生物残毒分析的生物体样品采用 105℃烘干恒重或冷冻干燥 24h 恒重，计算鲜重样品含水率；生物体样品脂肪含量高时，应采用冷冻干燥方法恒重。（√）

54. 以溶液吸收采样法采集的环境空气样品，在运输及保存中应避免阳光直射。需要低温保存的样品，在运输过程中应采取相应的冷藏措施，防止样品变质。（√）

55. 吸附管采样法适用于环境空气中汞、挥发性有机物等气态污染物的样品采集。（√）

56. 滤膜法进行环境空气采样前，应使用经检定合格的气压计对采样器压力传感器进行检查，当误差超过±0.5kPa时，应对采样器进行压力校准。（×）

57. 使用经检定合格的标准流量计对大气采样器流量进行检查，当流量示值误差超过采样流量2%时，应对采样器进行流量校准。（√）

58. 滤膜法进行环境空气采样前，应检查滤膜边缘是否平滑，薄厚是否均匀，且无毛刺、无污染、无碎屑、无针孔、无折痕、无损坏。（√）

59. 滤膜法进行环境空气采样前、后用经检定合格的标准流量计校验采样系统的流量，流量误差应小于2%。（×）

60. 用真空罐（瓶）瞬时采样时需在罐进气口处加过滤器，恒流采样时需在罐进气口安装限流阀和过滤器。（√）

61. 用注射器采样前，所用注射器要通过气密性和空白检查，并保证内部无残留气体。（√）

62. 用注射器采样时，移去注射器的密封头，抽吸现场空气3～5次，然后抽取一定体积的气样，密封后将注射器进口朝下、垂直放置，使注射器的内压略大于大气压。（√）

63. 用注射器采样后，注射器应迅速放入运输箱内，并保持水平状态运送。（×）

三、选择题

1. 在流经城市或工业聚集区河段的上、下游处，分别布设对照断面和消减断面；污染严重的河段，根据入河排污口分布及排污状况，布设若干控制断面，控制排污量不得小于本河段入河排污量总量的（C）。
A. 50%   B. 70%   C. 80%

2. 湖泊、水库水质监测站网规划应在以下确定的范围进行：面积大于100km²的湖泊，梯级水库群和库容大于（C）的水库。
A. 100万 m³   B. 1000万 m³   C. 1亿 m³   D. 10亿 m³

3. 河流水面宽度大于1000m，且岸边有污染带的监测断面应布设（D）采样垂线。
A. 3条   B. 5条   C. 7条   D. 不少于7条

4. 湖泊（水库）的采样断面应与附近的水流方向（A）；流速较小或无法判断水流方向时，以常年（D）布设监测断面。
A. 垂直   B. 平行   C. 相交   D. 主导流向

5. 设置监测断面后，应根据水面的（C）确定断面上的采样垂线。
A. 长度   B. 宽度   C. 宽度＋污染带

6. 当河流水深8m时，应（C）处布设采样点。
A. 水下 0.5m

B. 水面下 0.5m，1/2 水深及河底上 0.5m

C. 水面下 0.5m，河底上 0.5m

D. 1/2 水深处

7. 水深大于 10m 时，在采样垂线上应设采样点（C）。

A. 1 个 B. 2 个 C. 3 个 D. 4 个

8. 等比例混合水样为（A）。

A. 在某一时段内，在同一采样点所采水样量随时间或流量成比例的混合水样

B. 在某一时段内，在同一采样点按等时间间隔采集等体积水样的混合水样

C. 从水中不连续地随机（如时间、流量和地点）采集的样品

9. 河流、湖泊、水库采样频次应符合以下规定：重点水质站每月采样（　）次，全年不少于（　）次，遇特大水旱灾害期间应增加采样频次。（B）

A. 1/2，6 B. 1，12 C. 2，24

10. 用样品容器直接采样时，必须用水样冲洗 3 次后再采样，但（B）等项目测定水样不需冲洗。

A. 溶解氧、化学需氧量 B. 细菌、油

C. 砷、汞 D. 有机磷农药

11. 测定水中总磷时，采集的样品应储存于（C）。

A. 聚乙烯瓶 B. 玻璃瓶 C. 硼硅玻璃瓶

12. 测定水样的高锰酸盐指数，水样加入硫酸，调节 pH 1～2，低温避光保存，保存期为（A）。

A. 2d B. 1d C. 12h D. 3d

13. 碘量法测定溶解氧的水样应在现场加入（D）作保存剂。

A. 硫酸 B. 硝酸 C. 氯化汞 D. 硫酸锰和碱性碘化钾

14. 测定汞的水样常加入（A）或三氯甲烷阻止生物作用。

A. 苯 B. 四氯化碳 C. 氯化汞 D. 盐酸

15. 测定粪大肠菌群的水样应以（C），并尽快分析。

A. 玻璃瓶贮存并于 －20℃ 冷冻 B. 灭菌玻璃瓶贮存并于 －20℃ 冷冻

C. 灭菌玻璃瓶贮存并于 2～5℃ 冷藏 D. 聚乙烯瓶贮存并于 －20℃ 冷冻

16. 用于测定农药或除草剂等项的水样，一般使用（A）作盛装水样的容器。

A. 棕色玻璃瓶 B. 聚乙烯瓶 C. 无色玻璃瓶

17. 测定农药或除草剂等项目的样品瓶按一般规则清洗后，在烘箱内（B）℃ 下烘干 4h。冷却后再用纯化过的己烷或石油醚冲洗数次。

A. 150 B. 180 C. 200

18. 测定水中余氯时，最好在现场分析，如果做不到现场分析，需在现场用过量

NaOH 固定，且保存时间不应超过（A）h。
A. 6　　　　　　B. 24　　　　　　C. 48

19. 在河湖水质监测中，不属于常规监测项目的是（C）。
A. pH 值　　　　B. 化学需氧量　　　C. 细菌总数　　　D. 总氮

20. 采样时测量水温，普通温度计在水体中需感温（A）min。
A. 5　　　　　　B. 10　　　　　　C. 15　　　　　　D. 20

21.（A）适用于河湖的采样，但不容易固定采样点，往往使数据可比性较差。
A. 船只采样　　　B. 桥梁采样　　　C. 涉水采样

22. 河流水体沉降物监测断面的布设应符合以下原则（ABCD）。（多项选择）
A. 与现有水文测站水质监测断面和垂线相结合
B. 与水体水力学特征、泥沙运动特征等相结合
C. 与水土流失状况和侵蚀强度相结合
D. 与沉降物的物理和化学组分以及在纵、横和垂向的分布特点、分布状况相结合

23. 浮游生物和微生物监测采样点的布设应符合以下要求（ABC）。（多项选择）
A. 水深小于 2m，可在采样垂线上水面下 0.5m 设置一个采样点；透明度很小，可在下层增设一个采样点，并可与水面下 0.5m 样混合制成混合样
B. 水深在 2～5m，在水面下 0.5m、1m、2m、3m、4m 处分别设置采样点，或混合制成混合样
C. 水深大于 5m，在水面下 0.5m、透明度 0.5 倍处、1 倍处、1.5 倍处、2.5 倍处、3 倍处分别设置采样点，或混合制成混合样
D. 水深大于 10m，在水面下 1m、透明度 0.5 倍处、1 倍处、1.5 倍处、2.5 倍处、3 倍处分别设置采样点，或混合制成混合样

24. 水深大于 10m 的湖泊（水库）采集浮游生物样品时，在透光层或温跃层以上的水层，需在（D）处布设采样点，另在水底上 0.5m 处布设一个采样点。
A. 水面下 0.5m　　　B. 1/2 水深处
C. 最大透光处　　　　D. 水面下 0.5m 及最大透光深度处

25. 对表层水徒手采集微生物样品时，应用手握住样品瓶底部，将瓶迅速浸入水面以下（　）cm 处，然后将瓶口转向水流方向，待水样充满至体积的（　　）时，在水中加上瓶盖，取出水面。（A）
A. 10～15，2/3　　B. 10～15，1/2　　C. 20，2/3　　D. 50，1/2

26. 重点水质站水生物监测采样频次与时间应符合以下规定（ABCD）。（多项选择）
A. 浮游生物每季采样 1 次，全年 4 次；着生生物春秋季各采样 1 次，全年 2 次；底栖动物春秋季各采样 1 次，全年 2 次；鱼类样品在秋季采集，全年 1 次，也可按丰、平、枯水期或一年四季采集
B. 水体初级生产力监测每年不得少于两次，春秋季各 1 次；生物体污染物残留量监

测每年 1 次，在秋或冬季采集样品

C. 主要入河排污口污水毒性生物测试可不定期进行；宜在排污口排放的有毒污染物浓度最高时采集样品

D. 同一类群的生物样品采集时间（季节、月份）应尽量保持一致。浮游生物样品的采集时间以上午 8:00—10:00 时为宜

27. 浮游生物采样应符合以下要求（ABD）。（多项选择）

A. 定性样品采集（浮游植物、原生动物和轮虫等）采用 25 号浮游生网（网孔 0.064mm），枝角类和桡足类等浮游动物采用 13 号浮游生物网（网孔 0.112mm），在表层中拖滤 1～3min

B. 定量样品采集，在静水和缓慢流动水体中采用玻璃采样器采集；在流速较大的河流中，采用横式采样器，并与铅鱼配合使用，采水量为 1～2L，若浮游生物量很低时，应酌情增加采水量

C. 定量样品采集，在静水和缓慢流动水体中采用玻璃采样器采集；在流速较大的河流中，采用横式采样器，并与铅鱼配合使用，采水量为 5～10L，若浮游生物量很低时，应酌情增加采水量

D. 浮游生物样品采集后，除进行活体观测外，一般按水样体积加 1‰ 的鲁哥氏溶液固定，静置沉淀后，倾去上层清水，将样品装入样品瓶中

28. 水生维管束植物样品采样应符合（ACD）。（多项选择）

A. 定量样品用面积为 $0.25m^2$、网孔 3.3cm×3.3cm 的水草定量夹采集

B. 定量样品用面积为 $0.55m^2$、网孔 2.3cm×2.3cm 的水草定量夹采集

C. 定性样品用水草采集夹、采样网和耙子采集

D. 采集样品后，去掉泥土、粘附的水生动物等，按类别晾干、存放

29. 大气降水监测站点选择与采样器安装应符合（ABC）。（多项选择）

A. 监测站点选择在开阔、平坦、多草、周围 100m 内没有树木的地方

B. 采样器安放在楼顶上时，周围 2m 范围内不得有障碍物

C. 降水采样器安装在距地面相对高度 1.2m 以上，以避免样品沾污

D. 降水采样器安装在距地面相对高度 1.5m 以上，以避免样品沾污

30. 使用气袋进行环境空气采样时应注意（ABCD）。（多项选择）

A. 进气管、接头或阀门等辅助装置需选用惰性材质，气袋体积应满足监测方法标准对采样量的要求

B. 使用前需对气袋进行吸附或渗透检查，稳定性差的不宜使用

C. 每批气袋使用前需进行空白试验和检漏试验

D. 用气袋采集空气样品时，需用现场空气清洗气袋 3～5 次后再正式采样

31. 用真空罐（瓶）采集空气样品可分为哪两种采样方式（AC）。（多项选择）

A. 瞬时采样　　B. 混合采样　　C. 恒流采样　　D. 间断采样

32. 使用注射器进行环境空气采样时应注意（ABCD）。（多项选择）

A. 注射器气密性检查：注射器内芯与外筒间应滑动自如，先吸入空气至最大刻度，用配套密封头封好进气口，垂直放置24h，剩余空气应不少于60%

B. 注射器及配套密封头的材质不能污染、吸附样品，不可与样品发生化学反应

C. 新的或使用过的注射器，需及时清洗、烘干，以排除可能的干扰。清洗后的注射器应排尽内部气体，密封保存在洁净环境中

D. 用注射器采样后，注射器应迅速放入运输箱内，并保持垂直状态运送

33. 环境空气质量监测时，被动采样法适用于哪些污染物样品的采集（ABC）。（多项选择）

A. 硫酸盐化速率　　B. 氟化物（长期）　　C. 降尘　　D. 氮氧化物

34. 使用吸附管采样法进行环境空气采样时应注意（ABCD）。（多项选择）

A. 若现场空气中含有较多颗粒物，可在采样管前连接过滤装置。为防止吸附剂颗粒进入采样器内部，采样器的进气口需有合适的过滤装置

B. 空气中水蒸气或水雾太大会影响采样效率，采样时空气相对湿度应小90%

C. 采样时流量应稳定，采样前后的流量相对偏差应不大于10%

D. 吸附管采样法的实际采样体积应小于安全采样体积，必要时应在采样前按照监测方法标准要求进行穿透试验，以保证吸收效率，避免样品损失

四、简答题

1. 简述河流监测断面的布设原则。

答：（1）能客观、真实反映自然变化趋势与人类活动对水环境质量的影响状况。

（2）具有较好的代表性、完整性、可比性和长期观测的连续性，并兼顾实际采样时的可行性和方便性。

（3）充分考虑河段内取水口和排污口分布，支流汇入及水利工程等影响河流水文情势变化的因素。

（4）避开死水区、回水区、排污口，选择河段较为顺直、河床稳定、水流平稳、水面宽阔、无浅滩位置。

（5）与现有水文观测断面相结合。

2. 湖泊和水库采样点位的布设应考虑哪些因素？

答：（1）湖泊水体的水动力条件。

（2）湖库面积、湖盆形态。

（3）补给条件、出水及取水。

（4）排污设施的位置和规模。

（5）污染物在水体中的循环及迁移转化。

3. 水质监测采集人员，需具备什么条件？

答：经采样技术培训合格，持证上岗；具备野外工作能力和现场作业安全知识；能够按照采样任务书的指示，准确到达采样地点；能熟练操作仪器设备进行现场测定；有良好的沟通能力，以便寻找和租用采样船只。

4. 采样前现场勘查的作用？

答：首次采样前的现场勘查是为正确选择采样点、采样时机、采样行程路线、可用的采样方法和条件、需要准备的器材物质等，以便正式采样时能顺利进行。

5. 采样的基本要求？

答：(1) 采样点的准确定位（地图、GPS 定位、现场拍照存档等）。

(2) 按采样技术规范或待测项目的分析方法标准规定的要求进行采样。

(3) 在采样的同时应做好质量保证措施，如样品的空白对照试验、平行样等。

(4) 采样时应避免有害物质直接飞溅和阻隔；采样人员须注意安全防护。

(5) 在样品的采集、运输和保存的过程中，应注意防止样品破损和污染。

6. 采样计划应包括哪些内容？

答：确定采样垂线和采样点位、待测项目和样品数量，采样质量保证措施，采样时间和路线、采样人员和分工、采样器材和交通工具、进行的现场测定所需的仪器设备和安全保障措施等。

7. 什么是背景断面？

答：背景断面是为评价河流或水系上游接近河流源头，或未受人类活动明显影响的上游河段，能够客观、真实反映水质背景值的断面。

8. 什么是对照断面？

答：对照断面是河流流经城市或工业聚集区前，在所有污染源上游河段，能够提供该区域（河段）水质本底值的断面。

9. 什么是控制断面？

答：控制断面是在河流流经城市或工业聚集区后，根据入河排污口分布及排污状况布设的一条或若干条断面，能控制不小于本河段入河排污总量的 80% 以上的排污量。

10. 什么是消减断面？

答：消减断面是指河流流经城市或工业聚集区后，入河污染物经一定距离达到最大程度混合、稀释、降解，其主要污染物浓度有明显降低的断面。

11. 河湖常规水质监测频次与时间的确定应遵循哪些原则？

答：(1) 符合水生态水资源安全保障和河湖管理的要求。

(2) 充分考虑水工程调度与运行、入河污染物随水文情势变化在时空上对水体的影响。

(3) 采集的样品在时间和空间上有足够的代表性，能反映水质自然变化和受人类活动影响的变化规律。

(4) 宜以最低的采样频次，取得最具有时间代表性的样品；既要满足及时反映水质状况的需要，又要切实可行。

12. 什么是瞬时水样？

答：瞬时水样是指在某一时间和地点从水体中随机采集的水样。

13. 什么是连续水样？

答：连续水样是指在固定时间间隔下采集的定时样品及在固定流速间隔下采集的定时

样品。

14. 什么是混合水样？

答：混合水样是指在同一采样点不同时间所采集的若干份瞬时水样的混合。

15. 什么是综合水样？

答：综合水样是指把不同采样点同一时间所采集的各个瞬时水样混合为一个样品而得到的水样。

16. 什么是湖泊和水库样品的深度综合样？

答：从水体的特定地点，在同一垂直线上，从表层到沉积层之间，或其他规定深度之间，连续或不连续地采集两个或更多的样品，经混合后所得的样品即为湖泊和水库样品的深度综合样。

17. 实施采集水质、土壤样品之前，应做哪些准备？请分类表述。

答：有明确的采样地点和要求，安排交通工具，携带定位仪器、安全防护装备、摄像器材等。

水质采样还需携带水质采样器、样品容器、保存剂、实验用水、冷藏设备等。

土壤采样还需准备采样器及配套工具（锹、圆状/螺旋取土钻、量尺等）、样品容器等。

18. 现场一般测定哪些项目，分别用到哪些仪器？

答：（1）流速流向——流速仪。（2）风速风向——风速风向仪。（3）水温——水温计。（4）溶解氧——溶氧仪。（5）透明度——透明度盘。

19. 现场流量测验时，报响器长响不停，存在哪些可能情况？

答：报响器外接线路有短路现象；流速仪内部的元件有问题；流速仪在水下被水草缠绕住了；测流时河流没有流量；报响器线头和测流钢丝绳碰头。

20. 现场发现哪些情况需要记录在采样单上？哪些情况需要立即报告？

答：应记录水体颜色、气味、有无蓝藻水华、有无排污口、有无污水团、有无死鱼、有无船只过往等。

发现大量蓝藻水华、死鱼、污水团、水体严重污染等情况都需要立即报告。

21. 采样之后，在现场还应做哪些收尾工作？

答：按照规定要求保存样品，防止在运送过程样品包装破损，导致样品流失；做好现场记录；妥善放置保存剂，不随意丢弃空容器及保存剂，整理采样器具。

22. 简述水体的哪些物理化学性质与水的温度有关。

答：水中溶解性气体的溶解度，水中生物和微生物活动，非离子氨，盐度、pH 值以及碳酸钙饱和度等都受水温变化的影响。

23. 在水样中加入什么试剂来防止金属成分水解？

答：硝酸或盐酸等酸类。

24. 采集测定挥发酚有机物水样时，采样容器应如何洗涤？

答：先用洗涤剂洗，再用自来水冲洗干净，最后用蒸馏水冲洗。

25. 采集测定铬水样的容器，能用什么洗液？

答：硝酸、硫酸混合溶液或洗涤剂，不能用含铬洗液。

26. 测定六价铬的水样，需加入什么试剂调节 pH 值至多少？

答：应加入氢氧化钠调节 pH 值至 8。

27. 测定铜、铅、锌、镉等金属污染物的水样，应加入什么试剂酸化至多少？

答：加入硝酸或盐酸使 pH<2。

28. 保存水样防止变质的措施有哪些？

答：(1) 选择适当材质的容器。
(2) 控制水样的酸碱度。
(3) 加入化学试剂抑制氧化还原反应和生化作用。
(4) 冷藏或冷冻降低细菌活性和化学反应速度。

29. 样品采集后要在每个样品容器上贴上标签，标签应标明哪些内容？

答：采样断面（点位）、编号、采样日期和时间、待测项目和保存方法等。

30. 大部分金属在采集水样时，都应选择什么样的采样瓶，现场应怎样进行保存？

答：选择聚乙烯瓶，将水样用硝酸或盐酸调节至 pH<2。

31. 如何保存测定汞的水样？

答：为防止汞的挥发损失，加入浓度约为 1% 的盐酸或硝酸，并加入重铬酸钾溶液作为氧化剂。

32. 测定水中的石油类，样品如不能在 24h 内测定，采样后应如何处理？

答：加盐酸酸化至 pH<2，并于 2～5℃下冷藏保存。

33. 测定水中石油类物质时，只测定水中乳化状态和溶解性油类物质时，如何采样？

答：避开漂浮在水体表面的油膜层，在水面下 20～50cm 处取样。

34. 简述采集溶解性气体的水质样品的技术关键。

答：需用立式采水器，确保在采集样品的过程中样品没有充气；灌注样品时，捏紧水管先插至样品瓶底部，方可放水灌注，注意不得有气泡产生；待水样注满后溢流几秒钟，缓缓抽出水管；塞好瓶塞；注意检查水管有否破损，防止漏气。

35. 试述采集挥发性有机物水样的要点。

答：用水样荡洗样品瓶三次，将水样沿瓶壁缓缓注入采样瓶，滴加盐酸使水样 pH<2，水样应灌满不留顶上空间和气泡，然后用聚四氟乙烯瓶盖密封，注意聚四氟乙烯面朝下。

36. 如何采集和保存测定 VOC 的水样？

答：用玻璃采集器采样后，放入加有抗坏血酸或 Na_2SO_3 的洗净并干燥的玻璃瓶中，并充满不留顶上空间。

37. 采集细菌类水质样品时，应注意什么？如何保存，保存时间有多长？

答：样品瓶必须洁净无菌，经过灭菌处理并妥善包装；采样器不需要用现场的水样冲洗，灌注样品时，水管不得插入样品瓶中；水样不可灌注太满，应留有 20% 的空间；样品瓶应封好，防止被污染或破损。样品采集后 4℃ 以下冷藏保存，6h 内检测。

38. 怎样区分蓝藻水华发生程度？风浪大蓝藻混匀在水中时如何观察？水面有明显蓝藻时如何采样？

答：根据蓝藻水华发生程度有颗粒状、带状和油漆状这几个程度。

蓝藻被风浪搅匀时，蓝藻水华发生程度的观察，要结合水面和采样器内的蓝藻情况。要用采样器荡开搅匀后，采集水下 0.5m 处水样。

39. 开展地下水监测点网，哪些地区应布设监测点（井）？

答：（1）以地下水为主要供水水源的地区。

（2）饮水型地方病（如高氯病）高发地区。

（3）对区域地下水构成影响较大的地区，如污水灌溉区、垃圾填埋处理场地区、地下水回灌区、大型矿山排水地区及大型水利工程或工业建设项目区等。

（4）超采区、次生盐渍和污染严重地区。

（5）不同水文地质单元区。

（6）地下水功能区。

40. 确定地下水采样频次和采样时间的原则是什么？

答：（1）依据不同的水文地质条件和地下水监测井使用功能，结合当地污染源、污染物排放实际情况，力求以最低的采样频次，取得最有时间代表性的样品，达到全面反映区域地下水质状况、污染原因和规律的目的。

（2）为反映地表水与地下水的联系，地下水采样频次与时间尽可能与地表水相一致。

41. 入河排污口流量监测一般选择哪几种方法，应该注意什么？

答：流速仪法、浮标法、三角形薄壁堰、矩形薄壁堰、容积法等。在选定方法时，应注意各自的测量范围和所需条件。

42. 入河排污口为管道输送污水的，可选什么方法测流？

答：根据不同情况，分别采用超声波流量计和电磁流量计测流。

43. 简述入河排污口采样断面（点位）布设要求。

答：采样断面（点位）可选择在入河排污口（沟渠）平直、水流稳定、水质均匀的部位，但应避免纳污河道水流的影响。

44. 如何从管道中采集水样？

答：用适当大小的管子从管道中抽取样品，液体在管子中的线速度要大，保证液体呈湍流的特征，避免液体在管子内水平方向流动。

45. 入河排污口水质监测，哪些项目不宜采集混合样，必须现场测定或单独采集、定容用于该项目测定?

答:测定 pH 值、悬浮物、溶解氧(DO)、化学需氧量(COD)、五日生化需氧量(BOD_5)、硫化物、油类、有机物、余氯、粪大肠菌群、放射性等项目的样品。

46. 入河排污口排污量应如何计算?

答:按各测次分别计算,取加权平均值。可根据调查的入河排污口周期性或季节性变化的排放规律,确定排污天数,计算年排放量。

47. 入河排污口污水量测量结果应如何校核?

答:应采用水量平衡等方法进行校核。对有地表或地下径流影响的入河排污口,在计算排污量时,应予以合理扣除。

48. 环境空气质量监测采样时,直接采样法适用项目及常用采样装置?

答:直接采样法适用于一氧化碳、挥发性有机物、总烃等污染物的样品采集,常用于空气中被测组分浓度较高或所用分析方法灵敏度较高的情况。根据气态污染物的理化特性及分析方法的检出限,选择相应的采样装置,一般采用真空罐(瓶)、气袋、注射器等。

49. 环境空气质量监测采样时,直接采样法采样需做哪些准备?

答:直接法采样前,真空罐(瓶)应先清洗或加热清洗 3~5 次,再抽真空,真空度应符合相关监测方法标准的要求。每批次真空罐(瓶)应进行空白测定。采样所用的辅助物品也应经过清洗,密封带到现场,或者事先在洁净的环境中安装好,封好进气口带到现场。

五、简述题

1. 简述河流采样垂线布设要求。

答:河流采样垂线布设应符合下列表中的要求。

水面宽/m	采样垂线布设	岸边有污染带	相 对 范 围
<50	1条(中泓处)	如一边有污染带增设1条垂线	
50~100	左、中、右3条	3条	左、右设在距湿岸5~10m处
100~1000	左、中、右3条	5条(增加岸边两条)	岸边垂线距湿岸边5~10m处
>1000	3~5条	7条	

2. 简述河流、湖泊(水库)的采样点布设要求。

答:湖泊(水库)采样垂线上采样点的布设要求与河流相同,但出现温度分层现象时,应分别在表温层、斜温层和亚温层布设采样点。

水体封冻时,采样点应布设在冰下水深 0.5m 处。水深小于 0.5m 时,在 1/2 水深处采样。

采样点布设应符合下列表中的要求:

水深/m	采样点数	位置	说 明
<5	1	水面下 0.5m	1. 水深不足 1.0m 时,取 1/2 水深处。
5~10	2	水面下 0.5m,水底上 0.5m	2. 冰封期在冰下 0.5m 处采样,有效水深不足 1.0m 时在 1/2 水深处采样。
>10	3	水面下 0.5m,1/2 水深处,水底上 0.5m	3. 潮汐河流应设置分层采样点

3. 简述水质监测对采样器有哪些要求？

答：(1) 具有良好的密封性和足够强度，关闭系统可靠，到达采样深度时，应与周围水体充分交换，迅速充满，然后完全关闭。

(2) 材质具有化学稳定性，不玷污也不吸附水样组分。

(3) 结构简单、轻便灵活、易于操作，样品转移方便，不残留样品。

(4) 能够抵抗恶劣气候影响，适应在各种环境条件下操作。

4. 简述什么是空白样？采集现场空白样的方法。

答：(1) 空白样主要包括容器、现场、运输、仪器、方法空白样等，通过测定空白样以判断实验用水、试剂纯度、器皿洁净度、运输过程、仪器性能及环境条件等的质量状况是否受控。

(2) 现场空白样是将实验室用纯水作为样品，按照测定项目的采样方法和要求，与样品相同条件下，在现场装瓶，加入保存剂并运输送达实验室。通过现场空白与实验室空白测定结果相对照，掌握采样过程中操作步骤和环境条件对样品质量影响状况。

现场空白所用纯水需用洁净的专用容器，由采样人员带到现场，运输过程中应注意防止沾污。

5. 简述什么是平行样？现场平行样的作用和注意事项。

答：(1) 平行样主要包括现场平行样、实验室平行样和密码平行样。通过平行样的测定判断检验检测精密度状况或是否受控。

(2) 现场平行样是指在同等条件下采集平行双标密码样送实验室分析，测定结果可反映采样与实验室测定的精密度。当实验室精密度受控时，主要反映采样过程中的精密度变化情况。采集现场平行样应注意操作和条件的一致性，保持样品的均匀。

6. 水样采集后至送达实验室前应如何管理？

答：水样采集后，按待测项目技术要求，在现场加入保存剂，做好采样记录，粘贴标签并密封水样容器，妥善运输（防震，避阳光直射，低温，防沾污和错乱，破损），及时送交实验室验收签字，完成交接手续。

7. 简述样品采集后的运输与交接。

答：(1) 水样采集后应立即送达实验室。采样位置距实验室较远的，应选用最快捷的运输方式，缩短采样与检验的间隔时间。根据采样点的地理位置和每个项目分析前最长保存时间，选用适当的运输方式，在现场工作开始之前，就要安排好水样的运输工作，以防延误。

(2) 塑料样品容器要盖好内塞，拧紧外盖；玻璃样品瓶要塞紧磨口塞，贴好密封带；

按要求需要冷藏的样品，应配备专门的隔热容器，并放入制冷剂；冬季应采取保温措施，防止样品瓶冻裂。

（3）水样装运前，应逐一与样品登记表、样品标签和采样记录进行核对；核对无误后，按样品容器的规格和保存要求分类装箱，并有显著标识。每个水样瓶均需贴上标签，内容有断面点位编号，采样日期和时间、测定项目、保存方法，并写明用何种保存剂。

（4）采取有效防护措施，防止样品在运输过程中因震动、碰撞等而导致破损。

（5）样品送达实验室时，交接双方应认真核对，并在样品交接单上注明交接日期和时间，双方签字确认。实验室相关人员应制备室内质量控制样品，并对样品进行编码和标识。

8. 简述船上采集河水溶解氧样品的技术方法。

答：船首逆向水流，采样在船舷前部逆流进行，以避免船体污染水样；容器在装入水样前，先用该采样点的水样冲洗3次；水样采集时应避免曝气，且水样应充满容器，避免接触空气；若以碘量法测定溶解氧，装入水样后应加入1mL 1mol/L硫酸锰和2mL 1mol/L碱性碘化钾，摇匀固定后置暗处存放。

9. 简述碘量法测定溶解氧的水样如何采集？

答：水样尽量直接采集到碘量瓶中。要注意不使水样曝气，采样瓶中不留气泡。当样品不是用溶解氧瓶直接采集，而需要从采样器分装时，溶解氧样品必须最先采集，而且应在采样器从水中提出后立即进行。注入水样时，先慢速注至小半瓶，然后迅速充满，至溢流出瓶的水样达溶解氧瓶 $1/3 \sim 1/2$ 容积时，在保持溢流状态下，缓慢地撤出管子。

10. 简述检验细菌学指标的水样如何采集？

答：在采集表层水样时，应用手握着瓶底，将瓶颈伸进水面下 $25 \sim 40 \mathrm{cm}$ 处。灌水时将瓶颈轻转向上倾，瓶口直接对着水流。在不流动的水面采样，应握住瓶水平向前推，直至充满水为止，迅速盖上瓶盖裹好包装纸。在采集深层水样时，应充分清洗采样器，首先灌装，灌装时不能将采样器输水管与瓶口接触。采样前不可用样品冲洗，采样后保持一定的顶空体积。

11. 简述水样冷藏保存方法和注意事项。

答：水样在4℃冷藏或将水样迅速冷冻可以抑制生物活动和化学反应速度。冷藏是短期内保存样品较好方法，但应注意不能超过规定的保存期，温度也应在4℃左右。

12. 简述水样加入化学保存剂的方法和注意事项。

答：（1）控制水样pH值。测定金属离子常用硝酸酸化pH<2，既可防止重金属的水解沉淀，又防止重金属在容器表面的吸附。测氰化物则加氢氧化钠调节pH值为12等。

（2）加入抑制剂。为了抑制生物作用，如在测氨氮、硝酸盐和化学需氧量的水样中加入氯化汞或三氯甲烷、甲苯作为防护剂抑制生物对亚硝酸盐、硝酸盐和铵盐的氧化还原作用。

（3）加入氧化剂。水样中痕量汞易被还原，引起汞挥发性损失，加入硝酸-重铬酸钾溶液可使汞维持高氧化状态，提高汞的稳定性。

(4) 加入还原剂。测定硫化物的水样，加入抗坏血酸对保存有利。水样加入适量的硫代硫酸钠予以还原，消除余氯的干扰。

(5) 样品保存剂如酸碱或其他试剂在采样前应进行空白试验，其纯度和等级必须达到分析要求。

13. 简述地下水监测井的布设原则。

答：(1) 以地下水类型区划分和开采强度分区为基础，并根据监测目的和精度要求合理布设各类监测井。

(2) 以平原区和浅层地下水为重点，平面上点、线、面相结合，垂向上层次分明布设各类监测井。

(3) 以特殊类型区地下水监测为重点，兼顾基本类型区地下水监测。

(4) 与地下水功能区管理相结合，重点监测地下水开采层或供水层。

(5) 与地下水水文监测井相结合，并优先选用符合监测条件的民井或生产井。

(6) 监测井密度在主要供水区密，一般地区稀；污染严重区密，非污染区稀。

14. 简述浮游生物、微生物采样点布设要求。

答：当水深小于3m、水体混合均匀、透光可达到水底层时，在水面下0.5m布设一个采样点；

当水深在3～10m，水体混合较为均匀、透光不能达到水底时，分别在水面下和水底上0.5m处各布设一个采样点；

当水深大于10m，在透光层或温跃层以上的水底层时，分别在水面下0.5m和最大透光深度处各布设一个采样点，另在水底上0.5m处布设一个采样点；

为了解和掌握水体中浮游生物、微生物垂向分布，可每隔1.0m水深布设一个采样点。

15. 简述着生生物采样天然基质法和人工基质法。

答：着生生物采样天然基质法是利用一定的采样工具，采集生长在水中的天然石块、木桩等天然基质上的着生生物；人工基质法是将玻片、硅藻计和PFU等人工基质放置于一定水层中，时间不得少于14d，然后取出人工基质，采集基质上的着生生物。

16. 简述开展水污染事件和水生态破坏事件应调查的内容。

答：发生的时间、水域、污染物类型和数量或藻类暴发、各类损失等情况，重大水污染事件或水生态破坏事件还应调查发生的原因、过程、采取的应急措施、处理结果、直接、潜在或间接的危害、社会影响、遗留问题和防范措施等。

17. 简述应急监测采样的安全措施。

答：采样人员应按规定配备必需防护服、防毒面具等防护设备，并有二人以上同行，经事故现场指挥、警戒人员的许可，在确认安全的情况下进行采样。对送实验室进行分析的有毒有害、易燃易爆或性状不明样品，特别是污染源样品应用特别的标识（如图案、文字）加以注明，以便送样、接样和检验人员采取合适的处置措施，确保人身安全。

18. 水质监测现场采样记录包括哪些内容？至少列出8项。

答：编号、水体名称、地理位置、采样点名称，采样方法；水位或流量、气象条件（气温、水温）；样品的表观（悬浮物质、沉降物质、颜色及有无臭气等）、待测项目及预处理方法；采样日期、时间，采样人姓名等。

19. 如何建立水质站监测断面档案？

答：水质站监测断面均应经现场核实和确认，并建立水质站监测断面档案，主要包括以下内容与要求：

（1）在地图上标明，并准确定位（经纬度精确到秒）。

（2）在岸边设置固定标志或固定参照物。

（3）文字说明断面周围环境的详细情况，并配以照片存档。

（4）定期更新断面周围环境变化的详细情况。

20. 简述环境空气质量监测时，采样点气象参数观测时仪器测量时的精度要求。

答：在采样过程中，应观测采样点环境温度和气压，有条件时可观测相对湿度、风向和风速等气象参数。

温度观测，所用温度计温度测量范围一般为$-40 \sim 55℃$，精度为$\pm 0.5℃$。

压力观测，所用气压计测量范围一般为$50 \sim 107 kPa$，精度为$\pm 0.1 kPa$。

相对湿度观测，所用湿度计测量范围一般为$10\% \sim 100\%$，精度为$\pm 5\%$。

风向观测，所用风向仪测量范围一般为$0° \sim 360°$，精度为$\pm 5°$。

风速观测，所用风速仪测量范围一般为$1 \sim 30 m/s$，精度为$\pm 0.5 m/s$。

21. 简述环境空气质量监测时，气袋采样方式及其采样系统组成。

答：气袋采样方式可分真空负压法和正压注入法。真空负压法采样系统由进气管、气袋、真空箱、阀门和抽气泵等部分组成；正压注入法用双联球、注射器、正压泵等器具通过连接管将样品气体直接注入气袋中。

22. 简述滤膜法进行环境空气采样时滤膜的使用方法及要求。

答：正确连接好采样系统，核查滤膜编号，用镊子将采样滤膜平放在滤膜支撑网上并压紧，滤膜毛面或编号标识面朝进气方向，将滤膜夹正确放入采样器中；设置采样开始时间、结束时间等参数，启动采样器进行采样。采样结束后，取下滤膜夹，用镊子轻轻夹住滤膜边缘，取下样品滤膜（如条件允许应尽量在室内完成装膜、取膜操作），并检查滤膜是否有破裂或滤膜上尘积面的边缘轮廓是否清晰、完整，否则该样品作废，需重新采样。整膜分析时样品滤膜可平放或向里均匀对折，放入已编号的滤膜盒（袋）中密封；非整膜分析时样品滤膜不可对折，需平放在滤膜盒中。

23. 简述环境空气PM_{10}和$PM_{2.5}$监测中，标准滤膜的使用要求。

答：取清洁滤膜若干张，在恒温恒湿箱（室），按平衡条件平衡24h，称重。

每张滤膜非连续称量10次以上，求每张滤膜的平均值为该张滤膜的原始质量。以上述滤膜作为"标准滤膜"。每次称滤膜的同时，称量两张"标准滤膜"。若标准滤膜称出的重量在原始质量$\pm 5mg$（大流量），$\pm 0.5mg$（中流量和小流量）范围内，则认为该批样品滤膜称量合格，数据可用。否则应检查称量条件是否符合要求并重新称量该批样品滤膜。

第三章 有机分析测试试题

一、填空题

1. 有机物按挥发性质可分为（挥发性有机物）、（半挥发性有机物）和难挥发有机物。

2. POPs 的主要特性有（持久性）、（半挥发性）、（生物富集性）和（高毒性）。

3. 按流动相的物态，色谱法可分为（气相色谱法）和（液相色谱法）。

4. 气相色谱仪主要由（气路系统）、（进样系统）、（分离系统）、（检测器）和（数据系统）等五个部分组成。

5. 常用的气相色谱检测器有（FID）、（ECD）、（NPD）、（FPD）等。

6. FID 是气相色谱检测器（氢火焰离子检测器）的缩写，ECD 是气相色谱检测器（电子捕获检测器）的缩写，NPD 是气相色谱检测器（氮磷检测器）的缩写，FPD 是气相色谱检测器（火焰光度检测器）的缩写。

7. 电子捕获检测器常用的放射源是（63Ni）和（3H）。

8. 气相色谱分析中，把纯载气通过检测器时，给出信号的不稳定程度称为（噪声）。

9. 检测器稳定性的主要表现为（噪声）和（漂移）。

10. 采集分析有机物的水样时，应采集（空白样），以证明样品未被污染。

11. 采集挥发性有机物样品时，将样品导入样品瓶中的速度应（缓慢），尽量减少由于搅动引起的挥发性化合物的（损失），水样灌满瓶，是避免将（空气）引入采样瓶。

12. 进行痕量有机物分析时，实验用水应符合要求，其中待测物质的浓度应低于（所用方法的检出限）。

13. 毛细管色谱柱在使用前都需经过老化处理，以除去制备柱子时可能产生的挥发性成分和残留在固定相中的不稳定物质。老化温度一般应（小于）固定相的最高使用温度，（大于）实际分析中使用的工作温度。老化时，色谱柱要与（检测器）断开。

14. 气相色谱法中，评价毛细管柱性能三项重要指标是（柱效）、（表面惰性）和（热稳定性）。

15. 毛细管色谱分流/不分流进样口有四种操作模式：（分流）、（不分流）、（脉冲）不分流、（脉冲）分流。

16. 气相色谱法分离过程中，一般来说，沸点差别越小、极性越相近的组分其保留值的差别就（越小），而保留值差别最小的一对组分就是（难分离）物质对。

17. 气相色谱分离过程中，非极性分子相互作用力是（色散力）。

18. 在气相色谱图中，待测物保留时间长度取决于待测物在固定相、流动性两相间的（分配系数）。

19. 分析水样中的挥发性有机物通常采用的前处理方法有：（吹脱捕集）法和（顶空）法。

20. 用吹扫捕集气相色谱法测定水中挥发性有机物时，水样应加（盐酸）调节 pH 值（小于 2），（4）℃低温保存。

21. 色谱或质谱分析中的内标法定量，首先要选择一个已知质量且不含有杂质的纯物质作为（内标物），并要与其他组分（完全分离）。

22. 内标法定量用于校准和消除出于操作条件的（波动）而对分析结果产生的影响，如进样量、温度漂移等。内标物的性质在分析测试系统中与目标待测化合物（相似），但又是样品中（不会存在）的。

23. 气相色谱分析用内标法定量时，内标物必须能与样品中各组分（充分分离），内标峰与（被测峰）保留时间尽量靠近，内标物的量要（接近）被测峰的含量。

24. 有机氯农药的净化方法有：（浓硫酸净化）和（硅胶净化）。

25. 顶空气体分析法是依据（相平衡）原理，通过分析气体样来测定（平衡液相）中组分的方法。

26. 顶空分析法中，组分在两相间的分配比是指在一定温度和压力下，组分在（气相）和（液相）间达到平衡时，分配在两相的量之比值。

27. 在顶空分析中，常利用盐析作用即在水溶液中加入无机盐来改变挥发性组分的分配系数。盐析作用对极性组分的影响远（大于）对非极性组分的影响。

28. 气相色谱法分析中，不同的色谱柱温会对柱效、（保留值）、（保留时间）、（峰高）和（峰面积）产生影响。在气相色谱中，保留值实际上反映的是（组分）和（固定相）分子间的相互作用力。

29. 固相萃取过程包括以下四个主要过程（清洗萃取柱）、（活化吸附剂）、（上样吸附）、（洗脱和收集）。

30. 分析半挥发或难挥发性有机物时，常用的浓缩方法有：（旋转蒸发）、（K-D浓缩）、（氮吹）等。

31. 分析水中的多环芳烃、多氯联苯等有机物，常用的富集方法有（液-液萃取）、（固相萃取）等。

32. 常用（无水硫酸钠）干燥萃取液，目的是去除萃取液中的（水分）。

33. 影响液-固萃取的主要因素有（物料的性质）、（萃取温度）、（萃取时间）、（溶剂性质与用量）以及（样品中溶剂的保留量）。

34. 液-液萃取是利用（物质在二个互不相溶的液相中分配特性不同）而达到分离、纯化物质的一种操作。

35. 液-液萃取包括如下 3 个重要操作步骤：（加入溶剂后混合振荡）、（静置分层）、（分液）。

36. 气相色谱法分析非极性组分时应首先选用（非极性）色谱柱，组分基本按（沸点）高低顺序出峰，如为烃和非烃混合物，同沸点的组分中极性（大）的组分先流出色谱柱。

37. 衍生化分为柱前衍生化和柱后衍生化，是为了改变（待测目标）理化性状，达到使用色谱检测的目的。

38. 在色谱分析中，调整保留时间是减去（死时间）的保留时间。

39. 浓缩是为了（增大）样液中被测组分的浓度，提高检测的准确度。

40. 表征 MSD 的性能主要技术指标有（质量范围）、（扫描速度）、（灵敏度）、（分辨率）和（线性范围）。

41. 检测卤代烃等含电负性强的化合物一般选用的检测器为（电子捕获检测器）。

42. 气化室温度的选择，一般要求在该温度下样品能瞬时气化而不分解，通常选在样品（沸点）或（高于柱温 50℃）左右即可。

43. 气相色谱仪对气化室的总体要求是（热容量较大）、（死体积较小）、（无催化效应）。

44. 气相色谱要求所分析的样品是（气体的或者是可气化的液体或固体），一般气相色谱可以分析沸点在（350℃以下）的样品。

45. 根据氯原子取代数目和取代位置不同，PCBs 共有（209）种同系物；PCBs 混合体系通常按照其混合物中含氯百分数来命名，如 Aroclor1221 表示 PCBs 混合体系中约含有（21%）的氯元素。

46. 气相色谱仪利用（保留时间）定性，利用（峰面积或峰高）定量。

47. 痕量分析方法中，相对标准偏差可以反映测试结果的（精密度），加标回收率可以反映测试结果的（准确度）。

48. 标准曲线的校准是对标准曲线的（中间）浓度点进行再校核，其目的是确认（标准曲线）的适用性。

49. 分析酞酸酯类有机物时，应避免使用含有酞酸酯的（塑料），以防止对测定结果产生干扰。

50. 在气相色谱分析中，高浓度、低浓度样品穿插分析时，可能造成沾污，因此当高浓度样品分析结束后，需分析（试剂空白），证明没有（干扰）后，方可分析下一个样品，以确保样品分析的（准确性）。

51. 高效液相色谱仪一般可分为（梯度淋洗系统）、（高压输液泵）、（进样系统）、（分离柱）、（检测器）和（工作站）等部分。

52. 常用的液相色谱检测器有紫外吸收检测器、（荧光检测器）、（电导检测器）、（折光指数检测器）等，其中紫外吸收检测器又可以分为（固定波长）、（可变波长）和（二极管阵列）等 3 种类型。

53. 高效液相色谱紫外检测器属于（选择）型检测器，只适用于检测（能够吸收紫外光）的物质。

54. 高效液相色谱法分析水中酚类化合物时，常用的检测器为（紫外检测器）。

55. 液相色谱进样时，待测液溶剂组成最好与（起始流动相）一致。

56. 高效液相色谱分析中，常采用（梯度）淋洗分离保留时间接近的化合物。

57. 进行高效液相色谱分析时，常用的洗脱方式为（等度洗脱）和（梯度洗脱）。

58. 液相色谱法检测草甘膦通常需要通过（衍生化）方法提高待测物的响应值。

59. 高效液相色谱分析中，反相色谱流动相常用的有机相为（甲醇）或（乙腈）。

60. 我国制定的优先控制污染物黑名单中污染物共（14 类 68 种），其中有机物（12 类 58 种）；美国 EPA 制定的优先控制污染物黑名单中污染物共（129 种），其中有机物（114 种）。

61. 环境分析中常用的有机质谱仪有（磁质谱）、（四极杆质谱）和（离子阱质谱）。

62. 有机质谱仪的主要性能指标有（质量范围）、（分辨率）和（灵敏度）。

63. GC-MS 系统一般用（氦气）作为载气，色谱柱很少用填充柱，常用的色谱柱为（毛细管柱）。

64. 质谱仪中，氧对（灯丝）寿命有影响，空气或氧的本底气压高时，将会（缩短）其寿命。

65. 质谱图中主要类型的离子峰有（分子离子峰）、同位素离子峰、碎片离子峰、亚稳离子峰、重排离子峰、多电荷离子峰。

66. 在 GC/MS 分析中，选定某化合物的一个或几个特征离子，连续加以监测，并记录离子流强度随时间的变化，称为（选择离子监测）。

二、判断题

1. 气相色谱法具有快速、高效能、高灵敏度等特点，但要求试样应具有易挥发和热稳定性高的性质。（√）

2. 在用气相色谱仪恒流模式分析样品时载气的流速应恒定。（×）

3. 某试样的色谱图上出现三个色谱峰，该试样中最多有三个组分。（×）

4. 气相色谱外标定量法的准确性较高，但前提是仪器的稳定性高且操作重复性好。（√）

5. 在气相色谱分析中，氢火焰离子检测器对所有化合物均有响应，属于通用型检测器。（×）

6. 程序升温的初始温度应设置在样品中最易挥发组分的沸点附近。（√）

7. 气相色谱对试样组分的分离是物理分离。（√）

8. 气相色谱定性分析中，在适宜色谱条件下标准物与未知物保留时间一致，则可以肯定两者为同一物质。（×）

9. 电子捕获检测器ECD一般用于亲电性的有机物，如有机氯农药等。（√）

10. 检测器池体温度不能低于样品的沸点，以免样品在检测器内冷凝。（√）

11. 气相色谱分析结束后，先关闭高压气瓶和载气稳压阀，再关闭总电源。（×）

12. 在气相色谱分析中通过保留时间完全可以准确地给被测物定性。（×）

13. 在气相色谱分析中，检测器温度可以低于柱温度。（√）

14. 分析水中的多环芳烃、多氯联苯等有机物时，若用固相萃取法对水样进行富集，所用的固相萃取柱是可净化回收重复使用的。（×）

15. 分析水中的多环芳烃、多氯联苯等有机物时，若用固相萃取法富集水中有机物，所用的固相萃取柱一次性使用。（√）

16. 采用液液萃取法富集水样中的有机物，应选择疏水性溶剂做萃取剂。（√）

17. 测定水中邻苯二甲酸酯类，采样瓶用塑料瓶。（×）

18. 采集苯系物样品，样品瓶上部可稍留一点空间。（×）

19. 采集挥发性有机物样品时，每20mL样品中加入盐酸（1+1）使pH<4。（×）

20. 分析水中微量挥发性有机物的实验室最好不要存放挥发性有机物。（√）

21. 用吹扫捕集气相色谱-质谱法测定水中挥发性有机物，主要的污染源是吹脱气及捕集管路中的杂质。每天在操作条件下分析纯水空白，检查系统中是否有污染物质，然后从样品检测结果中扣除空白值。（×）

22. 净化是为了消除基体干扰，去除杂质，提高仪器定性的准确度，保护仪器和色谱柱。（√）

23. 浓缩是在不损失待测组分的前提下，通过减少溶液的体积达到增大待测组分浓度的过程。（√）

24. 二氯甲烷对挥发性有机物的分析过程没有干扰。（×）

25. 在冷藏室里保存的所有样品都要达到室温时才能分析。（√）

26. 气相色谱所能直接分离的样品应是可挥发，且热稳定的。（√）

27. 毛细管色谱进样方式主要就是不分流进样。（×）

28. 毛细管柱的样品容量与柱内径有关，与柱长无关。（×）

29. 毛细管气相色谱分离复杂样品时，通常采用程序升温的方法来改善分离效果。（√）

30. 电子捕获检测器对含有 S、P 元素的化合物具有很高的灵敏度。（×）

31. 电子捕获检测器可广泛应用于多氯联苯和有机氯化合物的痕量检测。（√）

32. 液-液萃取常用于水样或其他液体样品中半挥发性有机物的提取。（√）

33. 液-液萃取分离法中分配比是指溶质在有机相中的总浓度和溶质在水相中的总浓度之比。（√）

34. 液-液萃取常用的非极性有机溶剂有正己烷、乙酸乙酯、石油醚。（√）

35. 在顶空分析中，样品的平衡温度越高越好。（×）

36. 顶空法可以分析液体和固体中的挥发性有机物，检出限低，特别适于分析强极性化合物。（×）

37. 气相色谱分析中，混合物能否分离，完全取决于色谱柱，分离后的组分能否准确检测出来，完全取决于检测器。（×）

38. 色谱分析中，噪声和漂移产生的原因主要有检测器不稳定、检测器的电噪声、载气不纯或压力控制不稳、色谱柱的污染等。（√）

39. 吹扫捕集可以用于水中挥发性有机物的分析，但不适用于极性强的化合物。（√）

40. 只要是试样中不存在的物质，均可选作内标法中的内标物。（×）

41. 气相色谱法测定中，随着进样量的增加，理论塔板数上升。（×）

42. 气相色谱法中，分离度是色谱柱总分离效能的指标。（√）

43. 气相色谱法测定水中苯系物时，二次蒸馏水在使用前用高纯氮气吹 10min，验证无苯系物干扰后方可使用。（√）

44. 用气相色谱法分析非极性组分时，一般选择极性固定液，各组分按沸点由低到高的顺序流出。（×）

45. 气相色谱柱的分离效果主要取决于固定相、柱长度、柱内径等因素，故这几个因素都相同的柱子，其分离效果是完全一样的。（×）

46. FID 的突出优点是几乎对所有的有机物均有响应，特别是对烃类灵敏度高且响应值与碳原子数呈正比。（×）

47. 水中有机物的预处理时，液-液萃取法可选择亲水性溶剂做萃取剂。（×）

48. 采用固相萃取法处理水样时，固相萃取小柱可以反复使用。（×）

49. 分配比一定时，毛细管柱的柱效随着内径的减小而增加。（√）

50. 分析高沸点的组分应尽量使用膜厚小于 $0.25\mu m$ 的色谱柱，分析易挥发性组分则要选择厚液膜的柱子。（√）

51. 气相色谱分析时，载气在最佳线速下，柱效高，分离速度较慢。（√）

52. 载气流速对不同类型气相色谱检测器响应值的影响不同。（√）

53. 对于新配制后的流动相抽滤后进行超声脱气 $10\sim20min$，使用过一段时间后的流动相也要及时进行过滤脱气。对于纯水一般两天后最好过滤或更换，同时也要脱气。（√）

54. 气相色谱固定液不能与载体、组分发生不可逆化学反应。（√）

55. 在正相键合液相色谱法中，流动相极性变小，色谱保留时间变长。（√）

56. 用液体作为流动相的色谱法称为液相色谱法，用气体作为流动相的色谱法称为气相色谱法。（√）

57. 气相色谱法和液相色谱法测的有机物种类不同，所能检测的有机物没有交集。（×）

58. 气相色谱法条件中色谱柱温度影响比液相色谱法条件中色谱柱温度影响小。（×）

59. 高效液相色谱仪的色谱柱可以不用恒温箱，一般可在室温下操作。（√）

60. 在液相色谱中，试样只要目视无颗粒即不必过滤和脱气。（×）

61. 液相色谱法能测的有机物范围比气相色谱法小一些。（×）

62. 使用液相色谱较为重要的一环是绝对不能进有悬浮物的样品，否则极有可能造成色谱柱堵塞或柱效下降；并且一旦发生，难以恢复。（√）

63. 高效液相色谱分析中，可通过使用更长的色谱柱，提高柱温来提高色谱柱的分离效果。（√）

64. 高效液相色谱分析中，可选用弱酸/弱酸盐或弱酸来调节流动相的pH值在某一特定值，常用磷酸/磷酸盐或醋酸/醋酸盐等缓冲体系。（√）

65. 高效液相色谱采用荧光检测器能够分析水中的阿特拉津、苯并[a]芘、蒽和荧蒽。（×）

66. 质谱图中，X 轴表示离子的质荷比（m/e）数值，也就是离子的质量数值。（×）

67. GC-MS法用质谱可以有效地进行未知物的鉴定，在峰重叠和不完全分离的情况下也可以进行定性和定量分析。（√）

68. 在GC-MS分析中，用选择离子检测法，所有化合物的灵敏度比GC分析都高。（×）

69. 能够用气相色谱法分离而不发生分解的化合物，都可以用GC-MS法分析。（√）

三、选择题

1. 下列组分，在氢火焰离子化检测器中有响应的是（CD）。（多项选择）
A. 氦气　　　　　B. 氮气　　　　　C. 甲烷　　　　　D. 甲醇

2. 下列哪些情况发生后，应对色谱柱进行老化？（ABE）。（多项选择）
A. 每次安装了新的色谱柱后
B. 色谱柱使用一段时间后
C. 分析完一个样品后，准备分析其他样品之前
D. 更换了载气或燃气
E. 柱效降低时

3. 吹扫捕集-气相色谱法测定水中挥发性有机物时，吹扫水样用的气体是（　　）或（　　）。（C）
A. 氮气、空气　　　　　　　　　B. 氮气、氩气
C. 高纯度氮气、高纯度氦气　　　D. 氩气、空气

4. 采集测定挥发性有机物的水样时，水样中若有余氯会对测定产生干扰，用（B）除去余氯。
A. 氯化钠　　　B. 抗坏血酸　　　C. 碳酸钠　　　D. 硼酸钠

5. 用于测定农药或除草剂等项的水样，一般使用（A）作为盛装水样的容器。
A. 棕色玻璃瓶　　　B. 聚乙烯瓶　　　C. 无色玻璃瓶

6. 不能评价气相色谱检测器性能好坏的指标有（D）。
A. 基线噪声与漂移　　　　　B. 灵敏度与检测限
C. 检测器的线性范围　　　　D. 检测器体积的大小

7. 气相色谱定量分析时，（B）要求进样量特别准确。
A. 内标法　　　B. 外标法　　　C. 面积归一法

8. 用高效液相色谱分析水中的多环芳烃时，应选用下述哪些检测器？（AD）。（多项选择）
A. 荧光检测器　　　　B. 示差折光检测器
C. 电导检测器　　　　D. 紫外吸收检测器

9. 在气相色谱的谱图中，与被测组分含量成正比的是（CD）。（多项选择）
A. 保留时间　　　B. 相对保留值　　　C. 峰高　　　D. 峰面积

10. 气相色谱法分析低浓度有机氯农药时，宜选用何种检测器？（C）。
A. TCD　　　　　B. FID　　　　　C. ECD　　　　　D. FPD

11. 在高效液相色谱流程中，试样混合物在（C）中被分离。
A. 检测器　　　B. 记录器　　　C. 色谱柱　　　D. 进样器

12. 在液相色谱中，为了改变色谱柱的选择性，可以进行如下哪些操作？（C）。

A. 改变流动相的种类或柱子　　　　B. 改变固定相的种类或柱长
C. 改变流动相的组成　　　　　　　D. 改变填料的粒度和柱长

13. 不是高效液相色谱仪中的检测器是（BD）。（多项选择）
A. 紫外吸收检测器　　　　　　　　B. 红外检测器
C. 示差折光检测器　　　　　　　　D. 电导检测器

14. 高效液相色谱仪与气相色谱仪比较增加了（D）。
A. 恒温箱　　　B. 进样装置　　　C. 程序升温　　　D. 梯度淋洗装置

15. 气相色谱-质谱联用仪的（D）对真空要求最高。
A. 进样口　　　B. 离子源　　　　C. 检测器　　　　D. 质量分析器

16. 气相色谱法测定水中的半挥发性有机物时，为去除半挥发性有机物提取液中的水分，常用的干燥剂是（A）。
A. 无水硫酸钠　　B. 无水氯化钠　　C. 无水氢氧化钠　　D. 无水碳酸钠

17. 下列不是气相色谱检测器的是（A）。
A. 紫外吸收检测器　　　　　　　　B. FID
C. ECD　　　　　　　　　　　　　D. 四级杆质谱

18. GC-MS 关机前先关闭（B）。
A. 载气　　　B. 各加热模块　　　C. 泵　　　　D. GC-MS 电源

19. 萃取样品溶液中的有机物，使用固相萃取法，常用的固相萃取剂有（BCDE）。（多项选择）
A. 氧化铝　　　B. C18　　　　C. 高分子多孔微球
D. 微球形硅胶　　E. 硅镁吸附剂

20. 固相萃取法萃取有机物，利用的机理有（CDE）。（多项选择）
A. 沉淀　　　　B. 吸收　　　　C. 吸附
D. 分配　　　　E. 离子交换

21. 色谱法分离混合物的可能性决定于试样混合物在固定相中（D）的差别。
A. 沸点差　　B. 温度差　　C. 吸光度　　D. 分配系数

22. 进行色谱分析时，进样时间过长会使流出曲线色谱峰（B）。
A. 没有变化　　B. 变宽或拖尾　　C. 变窄　　D. 不成线性

23. 含卤素的有机化合物采用气相色谱法进行分析时，最合适的检测器是（D）。
A. 火焰光度检测器　　　　　　　　B. 热导池检测器
C. 氢火焰离子化检测器　　　　　　D. 电子捕获检测器

24. 在气液色谱中，色谱柱的使用上限温度取决于（D）。
A. 样品中沸点最高组分的沸点　　　B. 样品中各组分沸点的平均值
C. 固定液的沸点　　　　　　　　　D. 固定液的最高使用温度

25. 分配系数与下列哪些因素有关（D）。
A. 与温度有关
B. 与柱压有关
C. 与气、液相体积有关
D. 与组分、固定液的热力学性质有关

26. 适合沉积物中多环芳烃的富集方法有（CD）。（多项选择）
A. 静态顶空   B. 吹扫捕集   C. 索氏提取   D. 快速溶剂萃取

27. 适合水中多氯联苯的富集方法有（AD）。（多项选择）
A. 液液萃取   B. 吹扫捕集   C. 索氏提取   D. 固相萃取

28. 下列物质中，（B）属于挥发性有机物。
A. 多氯联苯   B. 卤代烃   C. 苯胺   D. 有机氯杀虫剂

29. 下列物质中，（D）属于有机氯农药。
A. 敌敌畏   B. 乐果   C. 敌百虫   D. 狄氏剂

30. 土壤中的六六六等有机氯农药经过适当的萃取净化后，可以采用下列哪种仪器分析方法进行测定（A）。
A. 气相色谱法   B. 液相色谱法   C. 离子色谱法   D. 分光光度法

31. 有关气体钢瓶的正确使用和操作，以下哪种说法不正确？（B）。
A. 不可把气瓶内气体用光，以防重新充气时发生危险
B. 各种压力表可通用
C. 可燃性气瓶（如 H_2、C_2H_2）应与氧气瓶分开存放
D. 检查减压阀是否关紧，方法是逆时针旋转调压手柄至螺杆松动为止

32. 液-液萃取中，为了选择性的萃取被测组分，以使用（C）接近于被测组分的溶剂为好。
A. 沸点   B. 熔点   C. 极性   D. 密度

33. 下列哪种试剂最适合萃取水中脂肪族化合物等非极性物质（A）。
A. 己烷   B. 二氯甲烷   C. 乙酸乙酯   D. 甲醇

34. 水样中挥发性有机物的提取方法主要有（ABCD）。（多项选择）
A. 吹脱捕集法   B. 顶空法   C. 液液萃取法
D. 固相微萃取   E. 离子交换法

35. 从环境水样中富集半挥发性物质的方法主要有（DE）。（多项选择）
A. 吹脱捕集法   B. 顶空法   C. 快速溶剂萃取
D. 固相萃取   E. 固相微萃取

36. 气相色谱分析条件的选择包括（ABCD）。（多项选择）
A. 气化温度   B. 色谱柱及柱温   C. 检测器   D. 载气种类和流量

37. 气相色谱分析样品时，下列哪些原因可能引起色谱峰出现拖尾峰现象（BC）。（多项选择）

A. 柱温过高 B. 柱温过低
C. 进样口受到污染 D. 载气流速过高

38. 选择固定液时，一般根据（C）原则。
A. 沸点高低 B. 熔点高低 C. 相似相溶 D. 化学稳定性

39. 提高载气流速则：(BC)。（多项选择）
A. 保留时间增加 B. 组分间分离变差
C. 峰宽变小 D. 柱容量下降

40. 气相色谱法不适合于下面哪一类有机物检测（D）。
A. 氯代烃 B. 六六六 C. 多环芳烃 D. 微囊藻毒素

41. 消除液液萃取出现的乳化现象常用技术不包括（D）。
A. 加盐 B. 玻璃棉过滤 C. 离心 D. 氮吹

42. 气相色谱法测定有机氯农药，对于水样所用的萃取剂是（C）。
A. 丙酮 B. 乙醇 C. 石油醚 D. 蒸馏水

43. 吹扫捕集气相色谱-质谱法测定水中挥发性有机物中，采用（C）溶液校正质谱的质量和丰度。
A. 1,2-二氯苯 B. 氟代苯 C. 4-溴氟苯 D. DFTPP

44. 气相色谱-质谱法测定水中半挥发性有机物中，采用（D）溶液校正质谱的质量和丰度。
A. 1,2-二氯苯 B. 氟代苯 C. 4-溴氟苯 D. DFTPP

45. GC-MS 方法中常用的衍生化方法有（ABC）。（多项选择）
A. 硅烷化 B. 酰化 C. 烷基化

46. 适用于氢火焰检测器检测的组分是（BCD）。（多项选择）
A. 四氯化碳 B. 烯烃 C. 烷烃 D. 醇系物

47. 在气相色谱分析中，采用程序升温技术的目的是（D）。
A. 改善峰形 B. 增加峰面积 C. 缩短柱长 D. 改善分离度

48. 气相色谱分析中，柱温的选择主要考虑的因素有（ACDE）。（多项选择）
A. 被测组分的沸点 B. 被测组分的分子量
C. 固定液的最高使用温度 D. 检测器灵敏度
E. 柱效

49. 在气相色谱分析中，色谱峰柱的柱效率可以用（D）表示。
A. 分配比 B. 保留体积 C. 保留值
D. 有效塔板高度 E. 载气流速

50. 下列常用检测器中，属质量型检测器有（AB）。（多项选择）
A. NPD B. FID C. TCD D. ECD

51. 气相色谱柱越长保留时间就越长，分离度与柱长的（C）成正比。
A. 立方根　　　B. 平方　　　C. 平方根　　　D. 立方

52. 一个理想的色谱峰应该是呈（C）的峰形，峰的面积与组分的质量成正比。
A. 二项分布　　B. 泊松分布　　C. 正态分布　　D. t 分布

53. 常用的衍生化试剂有（ABCDE）。（多项选择）
A. MSTFA　　B. BSA　　C. BSTFA　　D. TFA　　E. 醋酸酐

54. 一个 $M=116$ 的酯类，其对应质谱图上在 $m/z=57$（100%）、$m/z=29$（57%）及 $m/z=43$（27%）处有离子峰。请问该化合物为下列的哪一个（B）。
A. $(CH_3)_2CHCOOC_2H_5$　　　B. $CH_3CH_2COOCH_2CH_2CH_3$
C. $CH_3CH_2CH_2CH_2COOCH_3$

55. 表示色谱柱的柱效率，可以用（D）。
A. 分配比　　B. 分配系数　　C. 保留值　　D. 有效塔板高度

56. 气相色谱法分析中，色谱柱温不会对以下哪个产生影响？（A）。
A. 待测物组分　　B. 保留时间　　C. 峰高　　D. 峰面积

57. 在液相色谱中，梯度洗脱适用于分离的是（D）。
A. 异构体　　　　　　　　　　B. 沸点相近，官能团相同的化合物
C. 沸点相差大的试样　　　　　D. 极性变化范围宽的试样

58. 液相色谱适宜的分析对象是（B）。
A. 低沸点小分子有机化合物　　B. 高沸点大分子有机化合物
C. 所有有机化合物　　　　　　D. 所有化合物

59. 液相色谱法不适合于下面哪一类有机物检测？（A）。
A. 氯代烃　　B. 甲萘威　　C. 多环芳烃　　D. 微囊藻毒素

60. 反相键合液相色谱法适用于分离（ABC）有机化合物。（多项选择）
A. 非极性　　B. 极性　　C. 离子型　　D. 挥发性

61. 高效液相色谱法分析酚类化合物中，按照保留时间排序，正确的是（A）。
A. 二氯酚＜三氯酚＜五氯酚　　B. 二氯酚＜五氯酚＜三氯酚
C. 三氯酚＜五氯酚＜二氯酚　　D. 五氯酚＜三氯酚＜二氯酚

62. 高效液相色谱分析采用荧光检测器时，流动相若不脱气，会引起（AB）现象。（多项选择）
A. 基线不稳，噪声增大　　B. 淬灭现象
C. 响应值降低　　　　　　D. 峰形变宽

63. 高效液相色谱法分析（A）时，既可以使用紫外检测器也可以使用荧光检测器。
A. 萘　　　　　　　　B. 阿特拉津
C. 微囊藻毒素-LR　　D. 甲萘威

四、色谱分析名词解释

1. 色谱峰：指待测组分经过色谱柱分离后进入检测器时，检测器响应信号随时间变化的曲线。

2. 色谱基线：在操作条件下只有纯载气通过检测器时，检测器响应信号随时间变化的曲线。

3. 色谱保留时间：待测组分从进样起到出现峰最大值所需的时间。

4. 色谱半峰宽：指色谱峰高一半处的峰宽度。

5. 分配系数：平衡状态时，组分在固定相与流动相中的浓度比。

6. 色谱柱老化：气相色谱柱在高于使用柱温下通载气进行处理的过程，老化的温度不可超过固定液分解的温度。

7. 色谱峰面积：组分的流出曲线与基线所包围的面积。

8. 色谱峰高：色谱峰最高点至峰底的垂直距离。

9. 色谱峰底：从色谱峰的起点与终点之间连接的直线。

10. 色谱峰宽：沿色谱峰两侧拐点处所作的切线与峰底相交两点之间的距离。

11. 色谱柱：内有固定相用以分离混合组分的柱管。

12. 色谱检测器：能将色谱柱后样品组分的含量转换成物理量（电信号）的组件。

13. 仪器噪音：无样品通过时，由仪器本身和工作条件等偶然因素引起基线的起伏。

14. 内标定量法：将一定量的纯物质作为内标物加入准确称量的试样中，根据试样和内标物的质量以及被测组分和内标物的峰面积求出被测组分的含量。

15. 氢火焰离子化检测器：有机物在氢火焰中燃烧时生成离子，在电场（极化电压）作用下产生电信号的器件。

16. 电子捕获检测器：是一种离子化检测器，主要用于具有电负性组分的检测，如含卤素、硫、磷、氮的物质。物质的电负性越强，检测器的灵敏度越高。

17. 程序升温：程序升温就是使色谱柱的温度在分离的过程中按照预定的程序逐步增加。其目的是使样品中每个组分都在最佳的温度条件下流出色谱柱，以保持较好的峰形。

18. 内标（IS）：以已知量加入样品、标准溶液中的纯物质。用于测量待测物和回收率指示物的相对响应值。内标物一定不能是样品中的组分。

19. 回收率指示物（SUR）：以已知量加入样品中的纯物质。在样品萃取前加入，并按照分析样品其他组分的程序进行分析，用于监测每个样品分析步骤的执行情况。

20. 固相萃取：是一种液相色谱分离。利用固体吸附剂将液体样品中的目标化合物与干扰化合物分离，达到分离和富集目标化合物的目的。

五、简答题

1. 试述采集挥发性有机物水样的要点。

答：用水样荡洗样品 3 次，将水样沿瓶壁缓缓注入采样瓶中，滴加盐酸使水样 pH＜2，水样应灌满不留顶上空间和气泡，然后用具聚四氟乙烯瓶盖密封，注意聚四氟乙烯面朝下。

2. 消除液-液萃取出现的乳化现象常用的技术有哪些？

答：（1）用玻璃棒机械搅拌，破坏乳化层。

（2）加盐（氯化钠或硫酸钠），利用盐析作用加大两相间的密度差异。

（3）于 3500r/min 离心后放置。

（4）加少量不同的有机溶剂乙醇、异丙醇、丁醇或辛醇。

（5）让乳化液和有机相通过玻璃棉（应注意玻璃棉污染的消除）。

3. 用内标法进行定量，内标物的选择应符合什么要求？

答：（1）它是试样中不含有的组分。

（2）内标物应为稳定的纯品，能与试样互溶，但不发生化学反应。

（3）内标物与试样组分的色谱峰能分开，并尽量靠近。

（4）内标物的量应接近被测组分的含量。

4. 试说出气相色谱法的局限性。

答：只能分析在操作条件下能气化而且热稳定性良好的样品。

5. 气相色谱柱老化目的是什么？

答：色谱柱老化的目的有两个：一是彻底除去固定相中残存的溶剂和某些易挥发性杂质；二是促使固定液更均匀，更牢固地涂布在载体表面上。

6. 什么是正相色谱法和反相色谱法？

答：正相色谱法是指采用极性固定相、非极性流动相的液相色谱分离方法。反相色谱法是以非极性表面的载体为固定相，以为固定相极性强的溶剂为流动相的液相色谱分离方法。

7. 分析水中的痕量有机物时，为什么要进行前处理？

答：（1）考虑灵敏度或基质干扰，水样无法直接仪器分析。

（2）检测设备灵敏度达不到要求，必须进行富集。

（3）样品需要进行净化、脱水等处理。

8. 气相色谱法定性的依据是什么，主要有哪些定性方法？

答：气相色谱法定性的依据：保留值。

主要定性方法有：纯物对照法；加入纯物增加峰高法；保留指数定性法；相对保留值法。

9. 简述液液萃取溶剂的选择原则。

答：（1）溶剂和样品基质不能混溶。

（2）待测物和溶剂之间应有最大的分配比。

（3）溶剂必须不含有干扰分析的污染物。

（4）对检测器的响应值应尽可能小。

（5）保留时间和待测物应不相同。

（6）溶剂本身应毒性低且易于纯化。

10. 简述液液萃取的几个重要步骤。

答：（1）混合：溶液和萃取液分别倒入分液漏斗。

（2）振荡：把分液漏斗倒转过来用力振荡。

（3）静置：将分液漏斗放在铁架台上静置。

（4）分液：待液体分层后，将漏斗上端玻璃塞打开，从下端放出下层液体，上端倒出上层液体。

11. 用顶空法分析水样中的挥发性有机物时，简述顶空进样的几个重要影响因素。

答：（1）顶空瓶的气液体积比。顶空瓶上方要有足够的空间。

（2）利用盐析作用向水样中加入适量的盐，降低待测组分在水中的溶解度。

（3）平衡温度。分配系数 K 是温度的函数。温度越高，组分的蒸汽分压越高，但温度太高，气相中的水蒸气增多，而且顶空瓶内压力增高，会造成橡胶塞漏气或爆裂。

（4）平衡时间。待测组分在气液两相之间达到平衡，需要一定时间。平衡时间的长短取决于平衡温度。

12. 简述水样固相萃取的步骤及其作用。

答：（1）固相萃取柱的清洗。除去吸附剂中可能存在的杂质，减少污染。

（2）固相萃取柱的活化。使吸附剂溶剂化，从而使样品溶液与吸附剂表面紧密接触，以获得高的穿透效率和大的穿透体积。

（3）样品的吸附萃取。使待测物质吸附到吸附剂上。

（4）萃取柱的洗脱。用合适的有机溶剂将吸附在萃取柱上的待测物洗脱下来加以收集。

（5）洗脱液脱水。除去洗脱液中的水分。

（6）洗脱液浓缩。增加样品中待测组分的浓度，提高检测的准确度。

13. 简述固相萃取技术的基本原理。

答：固相萃取是一个包括液相和固相的物理萃取过程。在固相萃取中，固相对待测组分的吸附力比溶解待测组分的溶剂更大。当样品溶液通过吸附剂床时，待测组分浓缩在其表面，其他样品成分通过吸附剂床；通过只吸附待测组分而不吸附其他样品成分的吸附剂，得到高纯度和浓缩的待测组分。

14. 简述色谱法的分离原理。

答：利用被测物质各组分在不同两相间分配系数（溶解度）的微小差异，当两相作相对运动时，这些物质在两相间进行反复多次的分配，使原来只有微小的性质差异产生很大的效果，而使不同组分得到分离。

15. 比较气相色谱法与高效液相色谱法应用范围的不同点。

答：(1) 气相色谱法具有分离能力好，灵敏度高，分析速度快，操作方便等优点，但是受技术条件的限制，沸点太高的物质或热稳定性差的物质都难于应用气相色谱法进行分析，一般对500℃以下不易挥发或受热易分解的物质部分可采用衍生化或裂解法分析。

(2) 高效液相色谱法只要求试样能制成溶液，而不需要气化，此不受试样挥发性的限制。对于高沸点、热稳定性差、相对分子量大（大于400以上）的有机物（这些物质几乎占有机物总数的75%～80%）原则上都可应用高效液相色谱法来进行分离、分析。据统计，在已知化合物中，能用气相色谱分析的约占20%，而能用液相色谱分析的占70%～80%。

16. 简述氢火焰离子化检测器的工作原理。

答：氢气在空气中燃烧产生火焰作为离子源，当经色谱柱分离的组分在载气带动下进入离子室后发生电离，所产生的带电离子在极化电场作用下产生电流，该电流信号经放大后由记录仪记录形成色谱峰。

17. 什么是内标法和外标法？

答：(1) 内标法。当测定样品中的某一组分或几个组分的含量，可以把一定量的某一种纯物质，加入样品中作为内标物，然后进行色谱定量计算，通过测出内标物的峰面积和欲测定的组分峰面积后，计算该组分的含量，称为内标法。

(2) 外标法。配制已知浓度的标准样进行色谱分析，测得各组分的峰高或峰面积对应浓度的标准曲线，然后在与标准实验时同样的操作条件下分析试样并与标准样进行比较，根据实验结果从对应标准曲线计算出试样的浓度，称为外标法。

18. 什么是持久性有机污染物？

答：指通过各种环境介质（大气、水、生物体等）能够长距离迁移并长期存在于环境，具有长期残留性、生物蓄积性、半挥发性和高毒性，对人类健康和环境具有严重危害的天然或人工合成的有机污染物质。

19. 吹扫捕集GC/MS测定水中挥发性有机物的方法原理是什么？

答：用注射器取一定体积的水样，注入吹扫-捕集装置中，在室温下用高纯惰性气体将挥发性有机物吹扫出来，输送到捕集阱中，利用吸附管中填料捕集浓缩挥发性有机物，待吹扫和捕集过程完成之后，快速加热吸附管将其中的挥发性有机物解吸出来，用高纯氦气输送到毛细管柱气相色谱（GC）仪中，挥发性有机物经程序升温色谱分离后，用质谱仪（MS）进行检测。

20. 气相色谱质谱测定中定性的依据是什么？

答：用样品质谱与标准物质质谱相比较来鉴定一个待测物时必须满足两个标准：

(1) 样品组分和标准组分具有相同的GC相对保留时间（RRT）。

(2) 样品组分和标准组分的质谱相一致。

21. 请说明气相色谱柱老化的方法。

答：将色谱柱接入色谱仪气路中，将色谱柱的出气口直接通大气，不要接检测器。开启载气，在稍高于操作柱温下（老化温度可选择为实际操作温度以上 30℃），以较低流速连续通入载气一段时间（老化时间因载体和固定液的种类及质量而异，2～72h）。然后将色谱柱出口端接至检测器上，开启记录仪，继续老化。待基线平直、稳定、无干扰峰时，说明柱的老化工作已完成，可以进样分析。

22. 气相色谱法有哪些常用的定性分析方法和定量分析方法？

答：常用的定性分析方法：绝对保留值法、相对保留值法、加入已知物峰高增加法、保留指数定性。常用的定量分析方法：归一化法、内标法、外标法。

23. 简要介绍静态顶空法。

答：静态顶空常用于测定挥发性有机物水样的预处理。先在密闭的容器中装入水样，容器上部留存一定空间，必要时加入适量盐，再将容器置于恒温水浴中，经一定时间，容器内的气液两相达到平衡，取上层气体进行分析。

24. 为什么作为高效液相色谱仪的流动相在使用前必须过滤、脱气？

答：高效液相色谱仪所用溶剂在放入贮液罐之前必须经过 $0.45\mu m$ 滤膜过滤，除去溶剂中的机械杂质，以防输液管道或进样阀产生阻塞现象。

所有溶剂在上机使用前必须脱气。因为色谱柱是带压力操作的，检测器是在常压下工作。若流动相中所含有的空气不除去，则流动相通过柱子时其中的气泡受到压力而压缩，流出柱子进入检测器时因常压而将气泡释放出来，造成检测器噪声增大，使基线不稳，仪器不能正常工作，这在梯度洗脱时尤其突出。如果使用荧光监测器时，溶解在流动相中的氧气，会造成荧光猝灭。

25. 在高效液相色谱中，对流动相有哪些基本要求？

答：(1) 与色谱柱不发生不可逆的化学作用。
(2) 能溶解被测组分。
(3) 黏度尽可能小。
(4) 与采用的检测器性能相匹配。
(5) 毒性小，易纯化且廉价。

26. 在液相色谱中，提高柱效的途径有哪些？其中最有效的途径是什么？

答：(1) 提高柱内填料装填的均匀性。
(2) 改进固定相减小粒度。
(3) 选择薄壳形担体。
(4) 选用低黏度的流动相。
(5) 适当提高柱温。

其中，减小粒度是最有效的途径。

27. 高效液相色谱进样技术与气相色谱进样技术有和不同之处？

答： 在液相色谱中为了承受高压，常常采用停流进样与高压定量进样阀进样的方式。

28. 吸附剂选择的原则。

答：（1）具有较大的比表面积，即具有较大的安全采样体积。

（2）具有较好的疏水性能，对水的吸附能力低。

（3）容易脱附，分析的物质在吸附剂上不发生化学反应。

29.《斯德哥尔摩公约》规定需采取国际行动的首批 12 种（类）POPs 为哪些？

答：（1）有机氯农药类：艾氏剂、氯丹、滴滴涕、狄氏剂、七氯、灭蚁灵、毒杀酚、六氯苯（既是农药，又是工业化学品）。

（2）工业化学品类：六氯苯、多氯联苯。

（3）非故意生产的副产物：多氯代二苯并-对-二噁英、多氯代二苯并呋喃。

30. 柱前衍生化反应应满足什么条件？

答：（1）反应能迅速、定量进行，反应重复性好，反应条件温和，容易操作。

（2）反应选择性高，最好只于目标化合物反应。

（3）衍生化产物只有一种，反应的副产物和过量的衍生化试剂应不干扰目标化合物的分离和检测。

（4）衍生化试剂通用性好，价廉易得。

31. 简述气相色谱中化学衍生的主要作用。

答：（1）将一些不适合某种色谱技术分析的化合物转化为可以用该种色谱技术分析的衍生物。

（2）改变化合物的色谱性能，改善分离度。

（3）帮助化合物的鉴定。

（4）提高化合物的检测灵敏度。

32. 简述气相色谱柱温选择的一般原则。

答： 柱温是影响分离的最重要因素，在一定条件下往往为控制因素。柱温选择的一般原则：对沸点为 300～400℃ 的组分，可选择柱温为 200～250℃；对沸点为 200～300℃ 的组分，可选择柱温为 150～200℃；对沸点为 100～200℃ 的组分，可选择柱温为 100～150℃。

33. 简述气相色谱分析过程中，如果采用分流进样，对分流器的要求。

答： 分流后样品混合物中各峰的相对大小应与未分流严格一致；分流不同浓度混合物时，峰面积与浓度必须成正比；当色谱条件改变时，各组分色谱峰的相对大小要保持不变；温度和载气流速的改变不会影响分流比。

34. 用吹扫捕集气相色谱法测定挥发性有机物，高低浓度水平的样品分析时会产生残留性污染，应如何处理？

答： 在测定样品之间用纯水将吹扫管和进样器冲洗两次。在分析特别高浓度的样品后要分析一个实验室纯水空白。

35. 简述液相色谱峰拖尾的原因。

答：液相色谱峰拖尾的可能原因有：

(1) 色谱柱筛板堵塞或填料塌陷。

(2) 柱头有污染。

(3) 样品超载。

(4) 样品溶剂不合适。

(5) 柱外效应。

(6) 缓冲容量不足或不合适。

(7) 重金属污染。

36. 简述高效液相色谱法的特点。

答：高效液相色谱法具有选择性高、检测灵敏度高、分离效果好及分析速度等特点。

37. 简述高效液相色谱法主要用于分析哪些有机化合物？（请列举五种）

答：主要用于分析热稳定性差、挥发性差、分子量大、水溶性的有机物，包括多环芳烃、多氯联苯、邻苯二甲酸酯类、酚类、有机农药（阿特拉津、甲萘威）、苯胺等物质。

六、计算题

1. 已知 A、B 二组分在某一根柱子上的保留时间分别为 13.5min 和 13.8min，理论塔板数对二组分均为 4100，试问：(1) A、B 两组分能分离到何种程度？(2) 假设 A、B 两组分保留时间不变，分离度要达到 1 以上时（按峰宽度计算），理论塔板数为多少？(3) 什么样的色谱柱才适合？

解：(1) 由塔板理论公式 $n = 16 \times (tR/Y)^2$

计算出 A、B 物质的峰底宽分别为 $Y_a = 0.844$，$Y_b = 0.862$

由分离度计算公式 $= 2(t_a - t_b)/(Y_a + Y_b)$

计算分离度 $R = 0.35$

(2) 假定分离度为 1，由分离度计算公式 $R = 2(t_b - t_a)/(Y_a + Y_b)$

计算 $(Y_a + Y_b) = 0.6$

假定对 A、B 两组分的塔板数相当，则 $Y_a/Y_b = 13.5/13.8$

可计算出 $Y_a = 0.297$，$Y_b = 0.303$

可计算理论塔板数为：$n = 33057$

(3) 毛细管柱

答：A、B 两组分分离度为 $R = 0.35$；理论塔板数为 33057；使用毛细管柱合适。

2. 分析某废水中有机组分，取水样 500mL 以有机溶剂分次萃取，最后定容至 25.00mL 供色谱分析用。今进样 5μL 测得峰高为 75.0mm，标准液峰高 69.0mm，标准液浓度 20mg/L，试求水样中被测组分的含量 mg/L。

解：已知试样峰高 h_i 为 75.0mm，标准液峰高 h_s 为 69.0mm，标准液浓度 C_s 为 20mg/L，水样富集倍数为 500/25 = 20，则

$$C = 75.0\text{mm}/69.0\text{mm} \times 20\text{mg/L} \div 20 = 1.09(\text{mg/L})$$

答：水样中被测组分含量为 1.09mg/L。

3. 气相色谱质谱联用法测定水中苯系物时，采用内标法，用氟苯做内标，单点校正，5.00mg/L 苯标准溶液（含氟苯 5.00mg/L）测得的信号值（峰面积）为：苯，68309；氟苯，79062；待测溶液（含氟苯 5.00mg/L）测得的信号值（峰面积）为：苯（33695）；氟苯（82667）。计算待测溶液苯的含量。

解：苯的相对校正因子：

$$f' = \frac{A_{苯} C_{内标}}{A_{内标} C_{苯}} = \frac{68309 \times 5.00}{79062 \times 5.00} = 0.864$$

待测溶液苯浓度：$C_{苯} = \dfrac{A_{苯} C_{内标}}{f' A_{内标}} = \dfrac{33695 \times 5.00}{0.864 \times 82667} = 2.36(\text{mg/L})$

答：待测溶液苯的含量为 2.36mg/L。

4. 分析某地表水中林丹样品，取水样 100mL 萃取，经净化、脱水后定容至 5.0mL。进样体积为 5μL，样品色谱峰面积为 4500。已知 0.15mg/L 林丹标准样品在相同进样体积测得的色谱峰面积为 6200。求该水样中林丹的浓度。

解：

$$f = \frac{0.15 \times 4500 \times 5}{6200 \times 100} = 0.0054(\text{mg/L})$$

答：地表水样品中林丹含量为 0.0054mg/L。

5. 对某水源地微囊藻毒素（MC－LR）样品进行加标，取水样 1000mL，添加 100μL 浓度为 500μg/L 标准样品，经固相萃取，浓缩定容至 1.0mL，浓缩后样品经高效液相色谱法测定浓度为 54.2μg/L。水样中 MC－LR 测定浓度为 0.01μg/L。求 MC－LR 高效液相色谱法测定回收率。

解：

$$R = \frac{54.2 - 0.01 \times 1000}{500} \times 10 \times 100\% = 88.4\%$$

答：MC－LR 高效液相色谱法测定回收率为 88.4%。

6. 液相色谱法测定地表水中阿特拉津，六次测定值分别为 5.1μg/L、5.1μg/L、5.3μg/L、5.3μg/L、5.4μg/L、5.6μg/L，计算六次测定的相对标准偏差。

解：

$$\bar{x} = \frac{5.1 + 5.1 + 5.3 + 5.3 + 5.4 + 5.6}{6} = 5.3(\mu\text{g/L})$$

$$s = \sqrt{\frac{1}{n-1} \sum_{1}^{n} (x_i - \bar{x})^2} = 0.19(\mu\text{g/L})$$

$$RSD = \frac{s}{\bar{x}} \times 100\% = 3.6\%$$

答：阿特拉津测定的相对标准偏差 3.6%。

第四章 质量控制与质量管理试题

一、填空题

1. 质量保证的目的是保证监测数据具有（代表性）、（完整性）、（精密性）、（准确性）和（可比性）。

2. 原始记录的"三性"是（真实）性、（原始）性和（科学）性。

3. 监测分析数据的误差有（系统）误差、（随机）误差和（过失）误差。

4. 系统误差常由（分析方法的特性）、（标准溶液的准确性）、（试剂的质量）、（仪器的特性和质量）、（习惯操作）等恒定因素造成。

5. 灵敏度是指（分析信号）随（测定组分含量）的变化而改变的能力，它与检出限密切相关，灵敏度越（高），检出限越（低）。

6. 误差可用（绝对）误差和（相对）误差表示。

7. 偏差可用（绝对）偏差、（相对）偏差、（平均）偏差等表示。

8. 准确度反映测定结果与（真实值）的接近程度，精密度反映测定结果（互相接近的程度）。

9. 准确度由（系统误差）和（随机误差/偶然误差）决定。

10. 平行测定是指（取几份同一试样，在相同的操作条件下对它们进行的测定）。

11. 同一水样，多做几次取平均值，可减少（随机误差）。

12. 在实验室内质量控制技术中，平行分析只能反映数据的（精密度），不能表示数据的（准确度），加标回收率指示数据的（准确度）。

13. 进行水样分析时，每批样品小于10个时，平行样不得少于（1）个；每批样品不小于10个，每10~20个样品制备一个（1）个平行样。

14. 加标回收率分析时，加标量一般为待测物含量的（0.5~2）倍。加标后的测定值不应超出方法的（上限浓度值）。

15. 空白试验是指用（纯水）代替样品，其他所加试剂和操作步骤与样品测定（完全相同）。

16. （方法检出限）是指某特定分析方法在给定的置信度内可从样品中检出待测物质的最低浓度或最小值。

17. 校准曲线包括（标准曲线）和（工作曲线），前者用标准溶液系列直接测量，没有经过水样的（预处理）过程；而后者所使用的标准溶液经过了与水样相同的消解、净化、测量等全过程。

18. 偶然误差符合正态分布规律，其特点是（同一个大小的正负偶然误差几乎有相等的出现机会）、（大误差出现的机会少）和（小误差出现的机会大）。根据上述规律，为减少偶然误差，应（重复多做几次平行试验），然后取其平均值。

19. 真实值落在平均值的一个指定的范围内，这个范围就称为（置信界限）。

20. 数据在置信界限内的可靠程度称为置信水平，又称（置信度）。

21. 可疑值的检验方法常用的有（4d）检验法、（Q）检验法、（格鲁布斯（Grubbs））检验法、狄克逊（Dixon））检验法。

22. 显著性检验最常用的有（t）检验法和（F）检验法。

23. t检验法是检验（平均值）与（标准值）或（两组平均值）是否有显著性差异。

24. F检验法是通过比较两组数据的（方差（S^2））以确定它们的（精密度）是否有显著性差异。

25. 休哈特（Shewhart）质量控制图是以（数理统计）检验为理论依据的图上作业法，他将（正态分布）图形变换为（质量控制图）的图形，以便于检验（测定数据）的质量。

26. 在质量控制图上，中心线表示（预期值）；上、下警告线之间的区域为（目标值）；上、下控制限之间的区域为实测值的（可接受范围）；在中心线两侧与上、下警告限之间各一半处有（上、下辅助线）。

27. 常用的休哈特质量控制图有（单值质控图）、（均值-极差质控图）、（回收率质控图）和（空白值质控图）等。

28. 评价分析方法的质量指标有（检出限）、（精密度）和（准确度）。

29. 由测量值的正态分布曲线可以看出，小误差出现的（概率大），大误差出现的（概率小）。

30. 置信度越高，置信区间就（越大），即所估计的区间包括真值的可能性也就（越大），在分析化学中，一般将置信度定在（95%）或（90%）。

31. 在化学分析中的标准曲线（或称工作曲线），一般以标准溶液浓度（或被测物的质量）作为（自变）量，被测量的物理量作为（因变）量，它们的关系基本都是（线性）关系，并且只有（一）个变量，因此属于（一元线性）回归。

32. 随机误差是测定值受各种因素的随机变动而引起的误差，它出现的概率通常遵循（正态分布）规律。

33. 每次用吸管转移溶液后的残留量稍有不同，这样引起的误差为（偶然误差）。

34. 质量控制图中如果有连续（7）点位于中心线的同一侧，则表示所得数据失控。

35. 在校准曲线的回归方程 $y=a+bx$ 中，如果 a 不等于零，经统计检验 a 值与零无显著差异，即可判断 a 值是由（随机误差）引起的。

36. 在滴定分析中所用试剂中含有干扰离子可导致（系统误差）。

37. 应用分光光度法进行试样测定，由于不同浓度下的测定误差不同，因此选择最适宜的测定浓度可减少（测定误差），一般来说，透光度在 20%～65% 或吸光值在 0.2～0.7 之间时，测定误差相对（较小）。

38. 相对标准偏差又称（变异系数），是样本的（标准偏差）与其均值的比值。

39. 由使用未经校准的仪器所引起的误差属于（系统误差）。

40. 有界性是指测得值误差的绝对值（不会超过一定的界限），也即不会出现绝对值较大的误差。

41. 由于污染物在水体中的分布不是完全均匀的，所以采集水样过程需要考虑采集样品的（代表性）。

42. 分析方法的准确度可用（标准样品）或（样品加标回收率）的测定来进行分析评价。

43. 样品保存剂在采样前应进行（空白试验），确保其纯度不会干扰样品分析。

44. 使用特定的分析程序，在受控条件下重复分析测定均一样品所获得的测定值之间的一致性程度，反映分析方法的（精密度）。

45.（平行性）是指在同一实验室中，当检验人员、仪器设备和分析时间都相同时，用同一分析方法对同一样品进行双份或多份平行样测定结果之间的一致性程度。

46.（重复性）是指在同一实验室，同一检验人员用相同的分析方法和仪器设备在相同的测试条件下，对同一样品进行双份或多份平行样测定结果之间的一致性程度。

47.（再现性）是指在不同实验室，不同的检验人员用相同分析方法和仪器设备，在相同的测试条件下，对同一被测对象测定结果之间的一致性程度。

48.（测定下限）是指在限定误差能满足预定要求的前提下，用特定方法能够准确定量测定待测物质的最低定量浓度。

49.（测定上限）是指在限定误差能满足预定要求的前提下，用特定方法能够准确定量测定待测物质的最高定量浓度。

50.（测定范围）是指测定下限和测定上限之间的范围。

51.（空白试验）可以消除由于试剂不纯或试剂干扰等所造成的系统误差。

52. 校准曲线即使线性较好时也可能存在较大（系统误差），可以用已知样品的测定进行检验。

53. 质量控制图是由（中心）线、上下（辅助）线、上下警告线、上下限制线组成。

54. （质量控制）是质量管理的一部分，致力于满足质量要求。

55. 质量控制包括（实验室内部控制）和（实验室外部控制）。

56. 衡量分析结果的主要质控指标是（精密度）和（准确度）。

57. 分光光度法测定水样中某一参数，在无须前处理的情况下，也可以扣除空白值后的与（0.01）吸光度相对应的浓度值作为检出限。

二、判断题

1. 由于检验人员的粗心大意或不按操作规程操作所产生的差错也叫作偶然误差。（×）

2. 每次用吸管转移溶液后的残留量稍有不同，这样引起的误差为偶然误差。（√）

3. 增加平行测定次数可消除偶然误差。（√）

4. 精密度是由分析的随机误差决定，分析的随机误差越小，则分析的精密度越高。（√）

5. 随机误差是由一些偶然因素造成的误差，其正误差和负误差出现的概率相等。（√）

6. 随机误差是测定值受各种因素的随机变动而引起的误差，它出现的概率通常遵循正态分布规律。（√）

7. 由测量者感觉器官的差异、反应的灵敏程度和固有习惯所引起的操作误差属于随机误差。（×）

8. 采样随机误差是在采样过程中由一些无法控制的偶然因素引起的误差。（√）

9. 空白的扣除主要用于消除实验过程中的随机误差。（×）

10. 测量结果大于真值时，绝对误差为正；反之为负。（√）

11. 系统误差和随机误差是可以相互转化的。（×）

12. 增加平行试验次数可以消除系统误差。（×）

13. 由使用未经校准的仪器所引起的误差属于系统误差。（√）

14. 在滴定分析中所用试剂中含有干扰离子可导致系统误差。（√）

15. 测试次数越多，在无系统误差的情况下，准确度越好。（√）

16. 测试次数越多，系统误差越小。（×）

17. 认真进行空白试验，可修正系统误差。（√）

18. 全程空白比实验室空白更能准确反映整个过程中外界条件干扰造成的系统误差大小。（√）

19. 对滴定终点颜色的判断，有人偏深，有人偏浅，所造成的误差为系统误差。（√）

20. 滴定分析的相对误差一般要求为 0.1%，故滴定时耗用标准滴定溶液的体积应控制在 10～15mL。（×）

21. 用算术平均偏差表示精密度比用标准偏差更可靠。（×）

22. 相对标准偏差又称变异系数，是样本的标准偏差与其均值的比值。（√）

23. 用标准偏差衡量分析数据的分散程度比平均偏差更为恰当。（√）

24. 准确度用标准偏差或相对标准偏差（又称变异系数）表示，通常与被测物的含量水平有关。（×）

25. 绝对误差是测量值与其平均值之差；相对偏差是测量值与真值之差对真值之比的比值。（×）

26. 实验室内相对标准偏差可以用来反映方法的再现性。（×）

27. 实验室内相对标准偏差可以用来反映方法的重复性。（√）

28. 实验室间相对标准偏差可以用来反映方法的再现性。（√）

29. 做的平行次数越多，结果的相对误差越小。（×）

30. 误差是指测定值与真实值之间的差值，误差相等时说明测定结果的准确度相等。（×）

31. 准确度是测定值与真值之间相符合的程度，可用误差表示，误差越小，准确度越高。（√）

32. 在不同实验室（人员、设备及时间都不相同），用同样方法对同一样品进行多次重复测定的结果之间的符合程度为重复性。（×）

33. 测定同一组试样，如果精密度高，其准确度一定也会高。（×）

34. 测定次数越多，求得的置信区间越宽，即测定平均值与总体平均值越接近。（×）

35. 同一总体的两组数据，绘制不同的正态分布曲线，分布曲线形状瘦高的精密度高。（√）

36. 质量控制图中如果有连续 7 点位于中心线的同一侧，则表示所得数据失控。（√）

37. 质量控制图是用以连续的反映分析工作质量的。因而，积累的数据应尽可能多地覆盖不同条件下的数据变化情况。（√）

38. 水质监测质量保证是对实验室的质量保证。（×）

39. 实验室内质量控制是水质监测质量保证全过程中的一个重要组成部分。（√）

40. 实验室内的质量控制措施，只是为了使监测数据达到精密度的要求。（×）

41. 原始记录应严格执行复核制度，如复核后仍出现错误，应由复核者负责。（√）

42. 为建立质量控制累计数据，必须在一定的间隔时间内完成，不得以一次测定多个数据的方式完成。（√）

43. 加标后的测定值最好落在校准曲线最低点与最高点范围之间，不应超过方法测量上限的 90%。（√）

44. 校准曲线的相关系数是反映自变量和因变量间的相互关系的。（√）

45. 校准曲线散点图中的点阵稍差无关要紧，只要将这组数据进行回归，得出的回归线的线性就会好的。（×）

46. 进行校准曲线回归时，如果以 $y_i = A_i - A_0$ 进行回归计算，则回归方程 $y = A + bx$ 中的 A 值一定是零。（×）

47. 在校准曲线的回归方程 $y = A + bx$ 中，如果 A 不等于零，经统计检验 A 值与零无显著差异，即可判断 A 值是由随机误差引起的。（√）

48. 天平的分度值越小，灵敏度越高。（√）

49. 天平的稳定性越好，灵敏度越高。（×）

50. 同一台仪器检测同一个项目的灵敏度是不变的。（×）

51. 新购置的玻璃量器，在使用前要进行密合性、容量允许差、流出时间等指标的检定，合格后方可使用。（√）

52. 测定下限的浓度值一般比检出限低。（×）

53. 确定滴定法检出限时，一般根据所用的滴定管产生的最小液体的体积来计算检出限。（√）

54. 每个方法的检出限和灵敏度都是表示该方法对待测物测定的最小浓度。（×）

55. 空白试验法适合用于色谱法检出限的确定。（×）

56. 空白试验值的大小只反映实验室用纯水质量的优劣。（×）

57. 在分析测试中，空白试验值的大小无关紧要，只需以样品测试值扣除空白试验值就可以抵消各种因素造成的干扰和影响。（×）

58. 空白试验（空白测定）指除用水代替样品外，其他所加试剂和操作步骤均与样品测定完全相同的操作过程。空白试验可以与样品测定不同时进行。（×）

59. 石油类因测定方法不同，结果可能不具备可比性。因为测定方法不同，每种方法测定的石油类成分可能不同。（√）

60. 记录测量数据时只能保留一位可疑数字。（√）

61. 数字"0"在数值中并不是有效数字。（×）

62. pH＝3.05 的有效数字是三位。（×）

三、选择题

1. 偏差与精密度的关系是（B）。

A. 偏差越大，精密度越高 B. 偏差越小，精密度越高
C. 偏差越小，精密度越低 D. 两者之间没有关系

2. 在定量分析中，精密度与准确度之间的关系是（C）。
A. 精密度高，准确度必然高 B. 准确度高，精密度也就高
C. 精密度是保证准确度的前提 D. 准确度是保证精密度的前提

3. 下列方法中哪一个可以减小分析中的偶然误差？（E）。
A. 进行对照试验 B. 进行空白试验
C. 仪器进行校正 D. 进行分析结果校正
E. 增加平行试验次数

4. 对一试样进行多次平行测定，获得其中某物质的含量的平均值为 3.25%，则其中任一测定值（如 3.15%）与平均值之差为该次测定的（A）。
A. 绝对偏差 B. 相对误差 C. 相对偏差
D. 标准偏差 E. 滴定误差

5. 在加标回收实验中，回收率结果由下列（BCD）计算可得。（多项选择）
A. 加入标准物质的浓度 B. 加标水样测定值
C. 水样测定值 D. 加入的标准量

6. 参加实验室间质控试验的实验室，必须是（G），实验室间质量控制试验多用统一分析（K）的方式进行，以确定各实验室报出（C），并判断各实验室是否存在（E），提高实验室间数据的（F）。
A. 优化实验室 B. 密码样 C. 结果的可接受程度
D. 误差性质 E. 系统误差 F. 可比性
G. 切实执行实验室内质量控制的实验室
H. 加标样 I. 精密度 J. 准确度
K. 密码标准物质 L. 相对误差

7. 定量分析工作要求测定结果的误差（E）。
A. 越小越好 B. 等于 0 C. 没有要求
D. 略大于允许误差 E. 在允许误差范围内

8. 总体标准偏差 σ 的大小说明（A）。
A. 数据的分散程度 B. 数据与平均值的偏离程度
C. 数据的大小 D. 工序能力的大小

9. 有两组分析数据，要比较它们的精密度有无显著性差异，应当用（A）。
A. F 检验法 B. 4δ 检验法 C. T 检验法
D. 格鲁布斯检验法 E. Q 检验法

10. 对试样中氯含量进行 4 次测定，结果如下：47.64%、47.69%、47.52%、47.55%，计算置信度 95%时，平均值的置信区间（已知 $N-1=3$，$1-\alpha=95\%$，$T=$

3.18）正确的是（C）。

    A. (47.60±0.08)%   B. (47.60±0.28)%

    C. (47.60±0.13)%   D. (47.60±0.15)%

11. 下列有关偶然误差的叙述哪一个是不正确的？（E）。

    A. 偶然误差具有随机性

    B. 偶然误差的数值大小、正负出现的机会是均等的

    C. 偶然误差在分析中是不可避免的

    D. 偶然误差是由一些不确定的偶然因素造成的

    E. 以上叙述都是不正确的

12. 减少系统误差的办法包括（ABCD）。（多项选择）

    A. 定期进行仪器校准   B. 空白试验

    C. 对照试验   D. 测定加标回收率

13. 服从正态分布的随机误差具有哪些特性（ABCD）。（多项选择）

    A. 有界性   B. 单峰性   C. 对称性   D. 抵偿性

14. 某溶液标定 4 次结果分别为 0.1012mg/L、0.1014mg/L、0.1016mg/L、0.1019mg/L，标准偏差为（C）。

    A. 0.002   B. 0.0006   C. 0.000299   D. 0.0003

15. 原子吸收分光光度法测定镉标准样品得到如下数据 0.228、0.230、0.228、0.232、0.230、0.230，已知其真值为 0.228，绝对误差为（A）。

    A. 0.002   B. −0.002   C. 0.2%   D. −0.2%

16. 用万分之一天平称量，从两次重量之差得到样品重量，如要求样品的称量误差小于 1%，样品的重量至少应为（C）。

    A. 8000mg   B. 10000mg   C. 800mg   D. 80mg

17. 对同一样品分析，采取一种相同的分析方法，每次测得的结果依次为 31.27%、31.26%、31.28%，其第一次测定结果的相对偏差是（B）。

    A. 0.03%   B. 0.00%   C. 0.06%   D. −0.06%

18. 测定过程中出现下列情况，导致偶然误差的是（C）。

    A. 砝码未经校正   B. 试样在称量时吸湿

    C. 几次读取滴定管的读数不能取得一致   D. 读取滴定管读数时总是略偏高

19. 滴定分析的相对误差一般要求达到 0.1%，使用常量滴定管耗用标准溶液的体积应控制在（C）。

    A. 5～10mL   B. 10～15mL   C. 20～40mL   D. 15～20mL

20. 下列叙述错误的是（C）。

    A. 误差是以真值为标准的，偏差是以平均值为标准的

    B. 对某项测定来说，它的系统误差大小是可以测定的

C. 在正态分布条件下，σ值越小，峰形越矮胖

21. 用下列何种方法可减免分析测定中的系统误差（A）。
A. 进行仪器校正　　　　　　　　　B. 增加测定次数
C. 认真细心操作　　　　　　　　　D. 测定时保证环境的湿度一致

22. 对某试样进行平行三次测定，得出某组分的平均含量为30.6%，而真实含量为30.3%，则30.6%－30.3%＝0.3%为（B）。
A. 相对误差　　B. 绝对误差　　C. 相对偏差　　D. 标准偏差

23. 在分析中制作校准曲线时，包括零浓度点在内一般应有（D）个浓度点，各浓度点应较均匀地分布在该方法的线性范围内。
A. 3　　　　　B. 4　　　　　C. 5　　　　　D. 6

24. 加标回收率分析反映分析结果的（B）。
A. 精密度　　　B. 准确度　　　C. 灵敏度

25. 加标量的说法有误的是（C）。
A. 一般加标量与样品中待测物质含量相近
B. 加标量不得大于待测物含量的三倍
C. 加标量对样品体积影响不需要考虑
D. 当样品中待测含量接近方法检出限时，加标量浓度应控制在校准曲线的低浓度范围

26. 在分析中做空白试验的目的是（BC）。（多项选择）
A. 提高精密度　　B. 提高准确度　　C. 消除系统误差　　D. 消除偶然误差

27. 以下论述正确的是（B）。
A. 精密度高，准确度一定高　　　　B. 准确度高，一定要求精密度高
C. 精密度高，系统误差一定小　　　D. 准确度高，系统误差可能大

28. 判断离群值的检验方法为（ABCD）。（多项选择）
A. Grubbs检验法　　　　　　　B. Dixon检验法
C. 偏度-峰度检验法　　　　　　D. Cochran检验法

29. 下面专用术语中不是反映精密度的是（B）。
A. 平行性　　　B. 代表性　　　C. 重复性　　　D. 再现性

30. 再现性分析需要不同的条件有（ABD）。（多项选择）
A. 不同分析人员　　B. 不同实验室　　C. 分析方法　　D. 不同设备

31. 下面说法有误的是（C）。
A. 空白试验的响应值越低越好
B. 空白试验的响应值与实验室纯水好坏有关
C. 空白试验与试剂好坏无关
D. 空白试验能反映量器和容器是否沾污

32. 对于数字 0.00850 下列说法哪一个是正确的？（C）。
   A. 两位有效数字，两位小数   B. 两位有效数字，四位小数
   C. 三位有效数字，五位小数   D. 四位有效数字，五位小数
   E. 六位有效数字，五位小数

33. 15.9499 保留到三位有效数字是（B）。
   A. 16.0   B. 15.9   C. 15.950   D. 15.949

34. 下列四个数据中修改为四位有效数字后为 0.5624 的是（AC）。（多项选择）
   A. 0.56235   B. 0.562349   C. 0.56245   D. 0.562451

35. 下列数字中，有三位有效数字的是（B）。
   A. pH 值为 4.30   B. 滴定管内溶液消耗体积为 5.40mL
   C. 分析天平称量 5.3200g   D. 台秤称量 0.50g

36. 用 25mL 吸管移出溶液的准确体积应记录为（C）。
   A. 25mL   B. 25.0mL   C. 25.00mL
   D. 25.000mL   E. 25.0000mL

37. 分析结果中，有效数字的保留是由（C）。
   A. 计算方法决定的   B. 组分含量多少决定的
   C. 方法和仪器的灵敏度决定的   D. 分析人员自己决定的

38. 测定某试样，5 次结果的平均值为 32.30%，$S=0.13\%$，置信度为 95% 时（$t=2.78$），置信区间报告如下，其中合理的是（A）。
   A. 32.30%±0.16%   B. 32.30%±0.162%
   C. 32.30%±0.1616%   D. 32.30%±0.2%

39. 下列有关置信区间的定义中，正确的是（B）。
   A. 以真值为中心的某一区间包括测定结果的平均值的几率
   B. 在一定置信度时，以测量值的平均值为中心的，包括真值在内的可靠范围
   C. 总体平均值与测定结果的平均值相等的几率
   D. 在一定置信度时，以真值为中心的可靠范围

40. 质控图中，UCL 表示（A）。
   A. 上控制限   B. 下控制限   C. 上警告限   D. 中心线

41. 质控图中，UWL 表示（B）。
   A. 下控制限   B. 上警告限   C. 中心线   D. 上控制限

42. 质控图中，CL 表示（C）。
   A. 下控制限   B. 上警告限   C. 中心线   D. 上控制限

43. 质控图中，LCL 表示（B）。
   A. 上控制限   B. 下控制限   C. 上警告限   D. 下警告限

44. 质控图中，LWL 表示（B）。
A. 下控制限　　　B. 下警告限　　　C. 中心线　　　D. 上控制限

45. 质控图中，UAL 表示（A）。
A. 上辅助线　　　B. 上警告限　　　C. 上控制限　　　D. 中心线

46. 质控图中，LAL 表示（A）。
A. 下辅助线　　　B. 下控制限　　　C. 下警告限　　　D. 上警告限

四、简答题

1. 对分析数据进行统计检验有单侧检验和双侧检验之分，在实际工作中，如何确定这两种检验类型？

答：当需推断总体均值 μ 值和真值 μ_0 是否相等而无须评估两者中谁大（或谁小）的情况下，应做双侧检验。如果需要推断总体值 μ 是否显著性大于（或小于）真值 μ_0 时，则应做单侧检验。

2. 甲、乙两人同时测定某一水样的同一指标，分别得到 5 个平行数据，则用什么来反映某一个数据的精密度？用什么来反映甲、乙各组平行数据的精密度？

答：某个数据的精密度用绝对偏差或相对偏差来表示，某组平行数据的精密度用平均偏差（相对平均偏差）、相对标准偏差、极差来表示。

3. 某人发现自己测定的 5 个平行数据中某个数据与其他数据偏离较远，暂未找到其原因，用什么方法来决定其取舍呢？

答：偏离其他几个测量值极远的数据为极端值。极端值的取舍，一般参照格布鲁斯法或 Q 检验法。

4. 准确度和精密度分别表示什么？各用什么来表示？

答：准确度反映测量值与真实值的接近程度，用误差表示；精密度反映测量值与平均值的接近程度（或测量值互相靠近的程度），用偏差表示。

5. 实施水质监测质量保证的目的何在？对监测结果的质量有什么要求？

答：实施水质监测质量保证的目的在于取得正确可靠的监测结果。监测结果的质量应达到五性的要求。

准确性——测定值与真实值的一致性；

精密性——测定值具有良好的重现性；

代表性——在时空总体中的代表性；

完整性——能得到预期或计划要求的有效数据定额的程度；

可比性——在监测方法、环境条件、数据表达等可比条件下所获数据的一致程度。

6. 实验室内分析中常用的质量控制方法都有哪些？使用最广泛的是哪种方法？它能反映数据的哪些质量问题？

答：实验室内分析中常用的质量控制方法有：平行样分析、加标回收率分析、方法比较分析、用标准样品进行室内自检及室间外检等。其中使用的最广泛的是空白样、平行样分析、加标回收率分析、标准样品分析。平行样分析反映的是数据的精密度，加标回收率分析及标准样品分析反映的是数据的准确度。

7. 检验检测中，标准物质有哪些用途？

答：（1）校准分析仪器。

（2）评价分析方法的准确度。

（3）监视和校正连续测定中的数据漂移。

（4）提高协作实验结果的质量。

（5）在分析工作的质量保证计划中用以了解和监督工作质量。

（6）用作技术仲裁的依据。

（7）用作量值传递与溯源的标准。

8. 简述检验检测工作的整个过程中需要对哪几个方面进行全面的质量管理？

答：（1）样品的时空代表性与真实性。

（2）样品的采集、保管与运输。

（3）样品的检验检测与数据处理。

（4）检验检测工作的质量保证。

（5）检验检测结果的审核与发出。

9. 在常量分析中，为什么一般要求控制滴定剂的体积在 20～40mL，不能过多，也不能过少？

答：根据公式滴定分析的准确度＝读数误差(mL)/滴定剂体积(mL)×100%。因为一般滴定管的读数误差为±0.02mL，一般滴定分析的准确度要求为 0.1%。所以滴定剂的体积 V＝读数误差(mL)/滴定分析的准确度×100%＝0.02/0.1%×100%＝20mL，滴定管读数误差最大为 0.04mL，故滴定体积控制在 20～40mL 为宜。过多则延长滴定时间，造成溶液浪费；过少则增大滴定误差。

10. 如何判断所绘制的质量控制图中点阵的分布是否正确？

答：（1）点阵应随机排列在中心线两侧。在上、下辅助线内的点数不得低于 50%。

（2）落在上、下控制线上和线外的点表示为失控数据。

（3）连续 7 点排列在中心线同一侧表示分析工作失控，出现系统误差。

（4）连续 7 点的分布呈递升或递降状态时，表示分析工作的失控趋势。

（5）连续三点中有两点屡屡接近控制线，表示分析工作的失控。

11. 如何评价分析方法（或测量系统）的准确度？

答：（1）可用测定标准物质的方法进行评价。将测定结果与标准物质的保证值进行比较，当测定结果的准确度和精密度符合要求时，即可判断所用分析方法（或测量系统）的准确度达标。

（2）与公认的标准分析方法（如国家标准分析方法）比较，以判断所用的分析方法（或测量系统）的准确度。将同一样品用待评价的分析方法与标准分析方法同时进行分析。将两种方法所得结果的准确度和精密度进行比较，以判断待评价分析方法（或测量系统）

的准确度。

12. 标准偏差和随机误差有什么不同？为什么要引用标准偏差的概念？

答：随机误差是在一定条件下多次测量某量时，由测量过程中各种随机因素的共同作用造成的，误差的绝对值和符号的变化，时大时小，时正时负，以不可测定的方式变化。但是它遵从正态分布规律，而且具有单峰性、对称性和抵偿性的特点。标准偏差是众多随机误差的统计平均值，是随机误差的最佳表征统计量，引入标准偏差的概念，就便于评估在一定条件下随机误差的大小。

13. 简单描述准确度、精密度、精确度的关系。

答：测量的准确度是指测量数据的平均值偏离真实值的程度，它是系统误差的反映。测量的精密度是指多次测量数据彼此接近的程度，它是偶然误差的反映。测量的精确度是指测量数据集中在真实值附近的程度。测量的准确度高，说明测量的平均值与真实值偏离较小。但由于偶然误差情况不确定，即数据不一定都集中于真实值附近，可能是分散的。测量精密度高，说明各测量数据比较接近和集中。但由于系统误差情况不确定，故测量精密度高不一定测量准确度就高。测量的精确度高，说明测量的平均值接近真实值，且各次测量数据又比较集中，即测量的系统误差和偶然误差都比较小。因此，测量的精确度才是对测量结果的综合评价。

14. 考察分析方法的精密度时应注意哪些问题？

答：(1) 分析结果的精密度与样品中待测物质的浓度水平有关，必要时应取几个浓度水平的样品进行分析方法精密度的检查。

(2) 通常以分析标准溶液的办法来考察分析方法精密度，这与分析实际样品的精密度可能存在一定差异。

(3) 精密度随实验环境改变而发生变化，通常一整批同一时间分析结果得到的精密度比分散在一段时间里的分析结果得到的精密度要好。

(4) 精密度受测量次数的影响，只有达到一定测量次数，才能真正反映分析方法的精密度。

15. 简述数值修约时的舍入规则。

答：(1) 当保留 n 位有效数字，若第 $n+1$ 位数字≤4 就舍掉。

(2) 当保留 n 位有效数字，若第 $n+1$ 位数字≥6 时，则第 n 位数字进 1。

(3) 当保留 n 位有效数字，若第 $n+1$ 位数字＝5 且后面数字没有不为 0 的数字时，则第 n 位数字若为偶数时就舍掉后面的数字，若第 n 位数字为奇数时加 1；若第 $n+1$ 位数字＝5 且后面还有不为 0 的任何数字时，无论第 n 位数字是奇或是偶都加 1。

16. 在分光光度法和滴定法操作时，提高平行试样精密度的方法有哪些？

答：称量时要注意两个称量量要接近，不能相差太多；溶解时注意粘到瓶壁上的样品是否都溶解完全；沉淀转移时注意一点不能丢失；静止时间、滴定速度、读数方法和读数时间都应尽量一致。

比色分析中注意显色剂的加入量、显色时间、显色酸度、显色温度等都要保持一样，尽量保持步骤前后的一致性才能保证结果的平行。

如果两个平行样结果相差很大就要从以上几个方面找原因。

17. 简述量值传递的含义。

答：量值传递是通过对计量检定或校准，将国家基准所复现的计量单位量值通过各等级计量标准传递到工作计量器具，以保证对被测对象量值的准确和一致。这一过程称为量值传递。

18. 简述量值溯源的含义。

答：量值溯源是测量结果通过具有适当准确度的中间比较环节逐级往上追溯至国家计量基准或国家计量标准的过程，量值溯源是量值传递的逆过程，他使被测对象的量值能与国家计量基准或国际计量基准相联系，从而保证量值的准确一致。

19. 简述进行加标回收率测定时，加标的原则。

答：（1）加标物质形态应和待测物的形态一致。

（2）加标浓度合理：①加标样的浓度与样品中待测物浓度为等精度。②样品中待测物浓度高于校准曲线的中间浓度时，加标量应控制在待测物浓度的半量（0.5倍），但总浓度不得高于方法测定上限的90%。③一般情况下不得超过样品中待测物浓度的3倍。

（3）加标后样品体积应无显著变化，否则应在计算回收率时应考虑体积变化因素。

20. 简述实验室内相对标准偏差和实验室间相对标准偏差的区别。

答：（1）实验室内相对标准偏差表达的是重复性，是指在同一实验室，使用同一方法由同一操作者对同一被测对象使用相同类型的设备，在相同的测试条件下，相互独立的测试结果之间的一致程度。

（2）实验室间相对标准偏差表达的是再现性，是指在不同实验室，使用同一方法，由不同的操作者对同一被测对象使用相同的仪器和设备，在相同的测试条件下，测试结果间的一致程度。

21. 实验室初次使用标准方法前，应进行方法验证，并根据标准方法的适用范围选取实际样品进行测定。其中，对方法性能指标的验证包括哪些主要内容？

答：包括校准曲线、方法检出限、测定下限、精密度和准确度等。

22. 实验室化学分析方法验证和确认，目前可遵循的国家技术标准有哪些？

答：GB/T 27417—2017《合格评定 化学分析方法确认和验证指南》和 GB/T 32465—2015《化学分析方法验证确认和内部质量控制要求》。

23. 简述方法检出限的含义。

答：方法的检出限是指一个给定的分析方法在特定条件下能以合理的置信水平检出被测物的最小浓度或最小质量。

24. 简述空白试验法确定方法检出限的前提条件。

答案：（1）空白试验中检测出目标物质。

（2）任意测定值之间可允许的差异范围为"空白试验测定值的均值±估计检出限的

1/2 以内"。

25. 如何确定离子选择电极法的检出限？

答：当校准曲线的直线部分外延的延长线与通过空白电位且平行于浓度轴的直线相交时，其交点所对应的浓度值即为该离子选择电极法的检出限。

五、计算题

1. 用丁二酮肟重量法测定钢铁中 Ni 的质量分数，得到下列结果：10.48%、10.37%、10.47%、10.43%、10.40%；计算单次分析结果的平均偏差，相对平均偏差，标准偏差和相对标准偏差。

解：平均值：

$$\overline{X} = \frac{10.48\% + 10.37 + 10.47\% + 10.43\% + 10.40\%}{5} = 10.43\%$$

平均偏差：

$$\overline{d} = \frac{\sum |d_i|}{n} = \frac{0.18\%}{5} = 0.036\%$$

相对平均偏差：

$$\frac{\overline{d}}{\overline{X}} \times 100\% = \frac{0.036\%}{10.43\%} \times 100\% = 0.35\%$$

标准偏差：

$$S = \sqrt{\frac{\sum d_i^2}{n-1}} = 4.6 \times 10^{-4} = 0.046\%$$

相对标准偏差：

$$\frac{S}{\overline{X}} \times 100\% = \frac{0.046\%}{10.43\%} \times 100\% = 0.44\%$$

2. 分析某样品中铁含量，所得结果为 43.67%、43.90%、43.94%、43.98%、44.08%、44.11%，用 Q 检验法和 T 检验法（格鲁布斯法）检验 43.67% 是否应舍去？（$T_{0.95(6)} = 1.89$、$Q_{0.95(6)} = 0.76$）

解：(1) 用 Q 检验法检验：

将所有数据从小到大排列：X_1、X_2、…、X_N

$$Q = (X_2 - X_1)/(X_N - X_1)$$

$X_1 = 43.67\%$，$X_2 = 43.90\%$，$X_N = 44.11\%$，则

$$Q = (43.90 - 43.67)/(44.11 - 43.67) = 0.23/0.44 = 0.52$$

已知 $Q_{0.95(6)} = 0.76$，而 $Q = 0.52 < 0.76$，故 43.67% 不应舍去。

(2) 用 T 检验法检验：

$$T = |X - \overline{X}|/S$$

计算出 $\overline{X} = 43.95\%$，$S = 0.158$，则

$$T = |43.67 - 43.95|/0.158 = 0.28/0.158 = 1.77$$

已知 $T_{0.95(6)}=1.89$，而 $T=1.77<1.89$，故 43.67% 也不应舍去。

3. 标定某溶液的浓度，共做了 4 次，结果为 0.1012mol/L、0.1014mol/L、0.1016mol/L、0.1019mol/L，用 T 检验法检验 0.1019 是否应舍去，应如何报出结果？（$T_{0.95(4)}=1.46$）

解：可疑值 $X_N=0.1019$mol/L

$$\overline{X}=\frac{1}{4}(0.1012+0.1014+0.1016+0.1019)=0.1015$$

$$S=0.0003$$

$$T=(X_N-\overline{X})/S=(0.1019-0.1015)/0.0003=1.33$$

已知 $T_{0.95(4)}=1.46$，$T=1.33<1.46$，故 0.1019 不应舍去，应该用 4 个数的平均值 0.1015mol/L 报出结果。

4. 分析人员希望称取 20mg 的样品，若使称量相对误差在 0.1% 以内，那么每称量一次天平的读数误差为多少？

解：根据公式：称量准确度(%)=称量误差(mg)/称量质量(mg)×100%

则 0.1%=称量误差(mg)/20mg×100%

称量误差(mg)=20mg×0.1%=0.02mg

由于是两次读数，则每次的读数误差为：0.02mg/2=0.01mg

5. 有一组测量值，4 次测量结果的平均值为 26.74%，标准偏差为 0.09%，问置信度为 90%、95%、99% 时真值所在范围。（$T_{0.90(3)}=2.35$、$T_{0.95(3)}=3.18$、$T_{0.99(3)}=5.84$）

解：真值所在的范围即置信区间，或叫"置信界限"

$$置信界限=\overline{X}\pm\frac{ts}{\sqrt{n}}$$

式中 $\overline{X}$——实验平均值；

s——标准偏差；

n——测定次数；

t——置信因子，可由 t 值表处查。

当置信度 $1-\alpha=90\%$，$f(4-1)=3$ 时，$T=2.35$，则置信区间为

$$\left(26.74\pm2.35\times\frac{0.09}{\sqrt{4}}\right)\%=(26.74\pm0.11)\%$$

计算表明：置信度为 90% 时，真值在 26.63%～26.85%。

当置信度 $1-\alpha=95\%$，$f(4-1)=3$ 时，$T=3.18$，则置信区间为

$$\left(26.74\pm3.18\times\frac{0.09}{\sqrt{4}}\right)\%=(26.74\pm0.14)\%$$

计算表明：置信度为 95% 时，真值在 26.60%～26.88%。

当置信度 $1-\alpha=99\%$，$f(4-1)=3$ 时，$T=5.84$，则置信区间为

$$\left(26.74\pm5.84\times\frac{0.09}{\sqrt{4}}\right)\%=(26.74\pm0.26)\%$$

计算表明：置信度为 99% 时，真值在 26.48%～27.00%。

6. 有两组测量值，其中一组 6 次测量值的标准偏差 $S_1=0.05$，另一组 4 次测量值的标准偏差 $S_2=0.02$，问此两组测量结果有无显著性差异？（$F_表=9.12$）

解：欲对两组标准偏差 S_1 和 S_2 进行比较，做出判断，可用 F 检验法。

$$F=S_1^2/S_2^2$$

式中　S_1——较大的标准偏差；

　　　S_2——较小的标准偏差。

$$F=(0.05)^2/(0.02)^2=0.0025/0.0004=6.25$$

已知 $F_表=9.12$，而 $F=6.25<9.12$，所以这两组测量结果无显著性差异。

7. 测定水样中的 Fe 含量，得到下列数据：0.1011mg/L、0.1010mg/L、0.1012mg/L、0.1016mg/L，用格鲁布斯法（T 检验法）判断 4 个数据中有无可疑值应舍去，并计算置信度为 95% 时平均值的置信区间。（$T_{0.95(5)}=1.15$、$T_{0.95(4)}=1.46$、$T_{0.95(3)}=3.18$、$T_{0.95(2)}=4.30$）

解：格鲁布斯检验法的计算公式为

$$T=|X-\overline{X}|/S$$

式中　X——被检验数据；

　　　$\overline{X}$——平均值；

　　　S——标准偏差。

首先检验最大值 0.1016 是否应舍去：

计算得 $\overline{X}=0.1012$，$S=0.000263$，则

$$T_{最大}=\frac{|0.1016-0.1012|}{0.000263}=1.52$$

由于 $T_{最大}>T_{0.95(4)}=1.46$，故 0.1016 应舍去。

检验最小值 0.1010 是否应舍去：

$$T_{最小}=\frac{|0.1010-0.1012|}{0.000263}=0.76$$

由于 $T_{最小}<T_{0.95(3)}=3.18$，故 0.1010 不应舍去。

将 0.1016 舍去后计算置信区间：

$$置信区间=\overline{X}\pm\frac{ts}{\sqrt{n}}$$

已知，$T_{0.95(2)}=4.30$，又有

$$\overline{X}=\frac{0.1011+0.1010+0.1012}{3}=0.1011$$

$$S=0.0001$$

则置信区间 $=\overline{X}\pm\frac{ts}{\sqrt{n}}=0.1011\pm\frac{4.30\times0.0001}{\sqrt{3}}=0.1011\pm0.0002$

8. 采用某种新方法测定基准明矾中铝的质量分数，得到下列 9 个分析结果：10.74%、10.77%、10.77%、10.77%、10.81%、10.82%、10.73%、10.86%、10.81%。已知明矾中铝含量的标准值（以理论值代）为 10.77%。试问采用该新方法后，是否引起系统误

差?(置信度95%,$T_{0.95(8)}=2.31$)

解:$N=9$,$f=N-1=8$,$\mu=10.77\%$

计算得 $\overline{X}=10.79\%$,$S=0.042\%$,则

$$T=\frac{|\overline{X}-\mu|}{S}\sqrt{n}=\frac{|10.79\%-10.77\%|}{0.042\%}\sqrt{9}=1.43$$

已知 $T_{0.95(8)}=2.31$,$T<T_{0.95(8)}=2.31$,故 $\overline{X}$ 与 μ 之间不存在显著性差异,即采用新方法后,没有引起明显的系统误差。

9. 按有效数字计算规则进行计算:

(1) $508.4-438.68+13.046-6.0548$

(2) $0.0676\times70.19\times6.50237$

解:(1) $508.4-438.68+13.046-6.0548\approx508.4-438.68+13.05-6.05=76.72$

最后计算结果只保留一位小数,为 76.7。

(2) $0.0676\times70.19\times6.50237\approx0.0676\times70.19\times6.502=30.8509\approx30.9$

最后计算结果保留三位有效数字,为 30.9。

10. 按有效数字计算规则进行计算:

(1) $0.213+31.24+3.06162$

(2) $7.9936\div0.9967-5.02$

解:(1) $0.213+31.24+3.06162\approx0.21+31.24+3.06=34.51$

(2) $7.9936\div0.9967-5.02\approx7.994\div0.9967-5.02=8.020-5.02=8.02-5.02=3.00$

11. 用沉淀滴定法测定纯 NaCl 中 Cl 的百分含量,得到下列数据 59.82%,60.06%,60.46%,59.86%,60.24%。求平均值及平均值的绝对误差和相对误差(真实值 60.66%)。

解:平均值 $\overline{X}=\dfrac{59.82+60.06+60.46+59.86+60.24}{5}=60.09\%$

绝对误差=60.09%-60.66%=-0.57%

相对误差=(绝对误差/平均值)×100%=-0.94%

12. 滴定管的读数误差为±0.01mL,如果滴定时用去标准溶液 2.50mL 和 25.00mL,相对误差各是多少?要保证 0.2% 的准确度,至少应用多少毫升标准溶液?

解:±0.01/2.50=±0.4%

±0.01/25.00=±0.04%

0.01/0.2%=5mL

答:相对误差分别为±0.4%和±0.04%,至少需要 5mL 标准溶液。

13. 对一般滴定分析的准确度,要求相对误差≤0.1%,用减量法称取试样时,至少应称取多少克才能满足要求。

解:实验室用的万分之一天平可称准至 0.0001g,用减量法称取试样时,两次称量的误差≤0.0002g,则称取量应大于 $\dfrac{0.0002}{0.1\%}=0.2(g)$。

答:至少应称取 0.2g 才能满足要求。

14. 滴定管的读数常有 ±0.01mL 的误差。常量滴定分析的相对误差一般要求应 ≤0.1%，为此，滴定时消耗标准溶液的体积必须控制在多少毫升以上。

解：在一次滴定中两次读数的绝对误差可能为 ±0.02mL，则滴定量应 $>\dfrac{0.02}{0.1\%}=20(\text{mL})$。

15. 用氧化还原法测得 $FeSO_4 \cdot 7H_2O$ 中铁的百分含量为 20.02%、20.03%、20.03%、20.05%，已知其真实值为 20.09%，计算平均值的绝对误差和相对误差。

解：平均值 $=\dfrac{20.02\%+20.03\%+20.03\%+20.05\%}{4}=20.03\%$

绝对误差＝平均值－真实值＝－0.06%

相对误差＝(绝对误差/平均值)×100%＝－0.30%

16. 原子荧光法测定水样中硒，6 次测定值分别为 $5.1\mu g/L$、$5.1\mu g/L$、$5.3\mu g/L$、$5.3\mu g/L$、$5.4\mu g/L$、$5.6\mu g/L$，计算 6 次测定的相对标准偏差。

解：平均值：$\bar{x}=\dfrac{5.1+5.1+5.3+5.3+5.4+5.6}{6}=5.3(\mu g/L)$

标准偏差：$s=\sqrt{\dfrac{1}{n-1}\sum_{1}^{n}(x_i-\bar{x})^2}=0.19(\mu g/L)$

相对标准偏差：$RSD=\dfrac{s}{\bar{x}}\times 100\%=3.6\%$

17. 某标准物质 A 组分的浓度为 4.47mg/L。现以某种方法测定 A 组分，其 5 次测定值分别为 4.28mg/L、4.40mg/L、4.42mg/L、4.37mg/L、4.35mg/L。试问测定中是否存在系统误差？($a=0.05$，$T_{0.05(4)}=2.78$)

解：假设无系统误差，即：$\bar{x}=\mu$，则

$$\bar{x}=\dfrac{4.28+4.40+4.42+4.37+4.35}{5}=4.36$$

$$S=\sqrt{\dfrac{0.08^2+0.04^2+0.06^2+0.01^2+0.01^2}{5-1}}=0.054$$

$$t=\dfrac{\bar{x}-\mu}{S/\sqrt{n}}=\dfrac{4.36-4.47}{0.054/\sqrt{5}}=-4.55$$

已知 $a=0.05$，$T_{0.05(4)}=2.78$，则 $T>T_{0.05(4)}$，故假设不成立，存在系统误差。

18. 测定某标准物质中的铁含量，其 10 次测定平均值为 1.054%，标准偏差为 0.009%。已知铁的保证值为 1.06%。检验测定结果与保证值有无显著性差异。($T_{0.05(9)}=2.26$)

解：假设无显著性差异，即 $\bar{x}=\mu$，则

$$t=\dfrac{\bar{x}-\mu}{S/\sqrt{n}}=\dfrac{1.054\%-1.06\%}{0.009\%/\sqrt{10}}=-2.11$$

已知 $A=0.05$，$f=9$，查表 $T_{0.05(9)}=2.26>2.11$，故假设成立，即测定结果与保证值无显著性差异。

19. 用某方法 9 次回收率实验测定的平均值为 89.7%，标准偏差为 11.8%，试问该

回收率是否达到100%。

解：假设$P \geqslant 100\%$，则

$$t = \frac{\overline{x} - \mu}{S/\sqrt{n}} = \frac{89.7\% - 100\%}{11.8\%/\sqrt{9}} = -2.62$$

查表$T_{0.10(8)} = 1.86 < 2.62$，故假设不成立，该方法回收率达不到100%。

20. 用原子吸收分光光度法测定某水样中铅的含量，测定结果为0.306mg/L，为检验准确度，在测定水样的同时，平行测定含量为0.250mg/L的铅标准溶液10次所获数据为：0.254、0.256、0.254、0.252、0.247、0.251、0.248、0.254、0.246、0.248。评价水样测定结果。

解：假设，$\overline{x} = \mu$

$$t = \frac{\overline{x} - \mu}{S/\sqrt{n}} = \frac{0.251 - 0.250}{0.004/\sqrt{10}} = 0.79$$

查表$T_{0.05(9)} = 2.26 > 0.79$，故假设成立，测定值与预期值无显著性差异，水样的测定结果是准确的。

21. 某监测机构给一个实验室氟化物样品，经过大量分析数据（可以认为$n \to \infty$），此时$\overline{x} \to \mu$，含量为18.9μg，总体标准偏差$\sigma = 0.9$μg。现有另一个氟化物样品，想知道是否就是上述样品。对其进行5次测定，得到平均值为20.0μg。问有无统计根据来说明它们不是同一种样品。

解：设两样品是一致的，属于同一总体

$$t = \frac{\overline{x} - \mu}{S/\sqrt{n}} = \frac{20.0 - 18.9}{0.9/\sqrt{5}} = 2.73$$

$T_{0.05(4)} = 2.78 > 2.73$，故假设成立，即两样品是同一个样品。

22. 用两种不同方法测定某样品A物质含量数据如下。求两种方法测定结果有无显著性差异。

方法	测定次数	平均值	方差
1	5	42.34%	$(0.10\%)^2$
2	4	42.44%	$(0.12\%)^2$

解：设两方法标准偏差无显著性差异

计算标准偏差：

$$S_T = \sqrt{\frac{(n_A - 1)S_A^2 + (n_B - 1)S_B^2}{n_A + n_B - 2}} = 0.11\%$$

计算统计值：

$$t = \frac{\overline{x_A} - \overline{x_B}}{S_T}\sqrt{\frac{n_A \times n_B}{n_A + n_B}} = -1.36$$

查$T_{0.05(7)} = 2.37 > 1.36$，故假设成立，两种测定方法之结果无显著性差异。

23. 测定铁矿石中铁的质量分数,得到如下数据:37.45%、37.20%、37.50%、37.30%、37.25%,计算测定结果的平均值、平均偏差、相对平均偏差、标准偏差、相对标准偏差。

解:平均值:
$$\overline{X} = \frac{37.45+37.20+37.50+37.30+37.25}{5} \times 100\% = 37.34\%$$

平均偏差:
$$\overline{d} = \frac{|37.45-37.34|+|37.20-37.34|+|37.50-37.34|+|37.30-37.34|+|37.25-37.34|}{5} \times 100\% = 0.11\%$$

相对平均偏差:
$$d\overline{r} = \frac{\overline{d}}{\overline{x}} = \frac{0.11\%}{37.34\%} = 0.29\%$$

标准偏差:
$$S = \sqrt{\frac{\sum d_i^2}{n-1}} = \sqrt{\frac{(0.11\%)^2+(0.14\%)^2+(0.16\%)^2+(0.04\%)^2+(0.09\%)^2}{5-1}} = 0.13\%$$

相对标准偏差:
$$Sr = \frac{S}{\overline{X}} = \frac{0.13\%}{37.34\%} = 0.35\%$$

24. 测定水样中总硬度,取样 25.00mL,用浓度为 10.00mmol/L 的 EDTA 滴定至终点消耗 7.75mL;在同样体积的水样中加入浓度为 10.00mmol/L 的 $CaCO_3$ 溶液 2.00mL,滴定至终点消耗 EDTA 标准溶液 9.77mL,计算加标回收率。(空白为 0.10mL)

解:水样中总硬度含量 $= \frac{10.00 \times (7.75-0.10)}{25.00} \times 100.09 = 306(mg/L)$

加标后水样总硬度含量 $= \frac{10.00 \times (9.77-0.10)}{27.00} \times 100.09 = 358(mg/L)$

加标回收率 $P = \frac{358 \times (25.00+2.00) - 306 \times 25.00}{10.00 \times 2.00 \times 100} \times 100\% = 101\%$

25. 利用火焰原子吸收分光光度法测定水样铁的含量为 0.09mg/L,取浓度为 4.00mg/L 铁标准溶液 3.00mL,用上述水样定容至 50.00mL,测得铁的含量为 0.33mg/L,计算加回收率。

解:加标回收率 $P = \frac{0.33 \times 50.00 - 0.09 \times (50.00-3.00)}{3.00 \times 4.00} \times 100\% = 102\%$

26. 用钼酸铵分光光度法测定水样中总磷,对空白进行每天一次,每次平行测定($n=2$),共测 6 天($m=6$),根据测定的空白值,计算该方法的检测下限。($m=6$,$n=2$ 时,$t_f=1.943$)

批数	1	2	3	4	5	6
x_1/(mg/L)	0.010	0.005	0.015	0.016	0.005	0.019
x_2/(mg/L)	0.012	0.002	0.015	0.013	0.005	0.013

解：空白批内标准差 $S_{wb} = \sqrt{\dfrac{\sum x^2 - 1/n \sum X^2}{m(n-1)}} = 0.0022$

检测下限 $= 2 \times t_f \times \sqrt{2} \times S_{Wb} = 0.012 \text{(mg/L)}$

27. 用原子荧光法测定水样中总汞，对空白进行每天一次，每次平行测定（$n=2$），共测 10 天（$m=10$），根据测定的空白值，计算该方法的检测下限。（$m=10$，$n=2$ 时，$t_f = 2.228$）

批数	1	2	3	4	5	6	7	8	9	10
$x_1/(\mu g/L)$	0.02	0.01	0.00	0.00	0.02	0.00	0.02	0.00	0.02	0.02
$x_2/(\mu g/L)$	0.01	0.01	0.01	0.01	0.01	0.02	0.03	0.02	0.01	0.02

解：空白批内标准差 $S_{wb} = \sqrt{\dfrac{\sum x^2 - 1/n \sum X^2}{m(n-1)}} = 0.0084$

检测下限 $= 2 \times t_f \times \sqrt{2} \times S_{Wb} = 0.05 \text{(\mu g/L)}$

28. 利用原子吸收分光光度法对 0.500mg/L 的标准溶液连续测定 20 天，得到以下数据。绘制精密度质量控制图。

N	1	2	3	4	5	6	7	8	9	10
$x/(\text{mg/L})$	0.508	0.502	0.502	0.496	0.505	0.500	0.500	0.495	0.508	0.502
N	11	12	13	14	15	16	17	18	19	20
$x/(\text{mg/L})$	0.502	0.497	0.502	0.497	0.497	0.497	0.505	0.511	0.500	0.494

解：测定结果总平均值

$$\overline{x} = \frac{1}{n}\sum_{i=1}^{n} x_i = 0.501 \text{(mg/L)}$$

标准差：

$$S = \sqrt{\frac{1}{n-1}\sum_{i=1}^{n}(x_i - \overline{x})^2} = 0.00466 \text{(mg/L)}$$

质控图的上下控制限设在平均值两边的 $\pm 3S$ 处，上下警告限设在 $\pm 2S$ 处，上下辅助线设在 $\pm S$ 处。

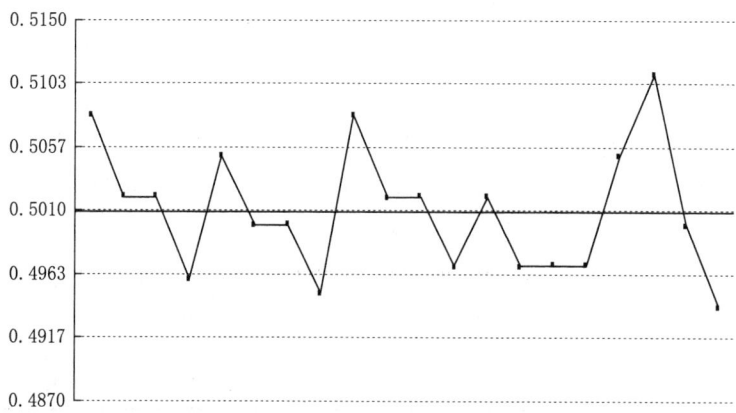

29. 离子色谱法测定水样中氟化物浓度,测定值为 0.70mg/L。在 10mL 该水样中加入 2mL 浓度为 5.00mg/L 的氟化物标准样品,加标后样品氟化物浓度测定值为 1.43mg/L,计算加标回收率。

解：
$$P=(C_2-C_1)/C_3\times 100\%$$

式中　P——加标回收率；

　　　C_1——样品浓度；

　　　C_2——加标样品浓度；

　　　C_3——加标量浓度。

$$C_1=0.70\times 10/(10+2)=0.58(\text{mg/L})$$

$$C_2=1.43\text{mg/L}$$

$$C_3=5.00\times 2/(10+2)=0.83(\text{mg/L})$$

因此有

$$P=(1.43-0.58)/0.83\times 100\%=102.4\%$$

30. 测定水样中化学需氧量浓度得到下列数据：$n=4$，$\overline{X}=25.30\text{mg/L}$，$s=0.40$，求置信度分别为 90% 和 95% 时的置信区间。($T_{0.90(3)}=2.35$；$T_{0.95(3)}=3.18$)

解：90% 时的置信区间：

$$\mu=\overline{X}\pm t\frac{s}{\sqrt{n}}=25.30\pm 2.35\times\frac{0.4}{\sqrt{4}}=25.30\pm 0.47(\text{mg/L})$$

95% 时的置信区间：

$$\mu=\overline{X}\pm t\frac{s}{\sqrt{n}}=25.30\pm 3.18\times\frac{0.4}{\sqrt{4}}=25.30\pm 0.64(\text{mg/L})$$

31. 采用液相色谱法测定水样中的微囊藻毒素（LR），5 次平行测定结果依次为：0.81μg/L，0.84μg/L，0.85μg/L，0.87μg/L，0.88μg/L。分别计算其平均值、标准偏差、相对标准偏差。

解：
$$\overline{X}=\frac{\sum_{i=1}^{n}x_i}{n}=\frac{0.81+0.84+0.85+0.86+0.87}{5}=0.85(\mu\text{g/L})$$

$$S=\sqrt{\frac{\sum_{i=1}^{n}(x_i-\overline{X})^2}{n-1}}$$

$$=\sqrt{\frac{(0.81-0.85)^2+(0.84-0.85)^2+(0.85-0.85)^2+(0.87-0.85)^2+(0.88-0.85)^2}{5-1}}$$

$$=0.027(\mu\text{g/L})$$

$$RSD = \frac{S}{\overline{X}} = \frac{0.027}{0.85} \times 100\% = 3.2\%$$

32. 某铁矿石中铁的质量分数为 39.19%，若甲的测定结果为 39.12%、39.15%、39.18%；乙的测定结果为：39.19%、39.24%、39.28%。试比较甲乙两人测定结果的准确度和精密度（精密度以标准偏差和相对标准偏差表示）。

解：甲：

$$\overline{x}_1 = \sum \frac{x}{n} = \frac{39.12\% + 39.15\% + 39.18\%}{3} = 39.15\%$$

$$E_{a1} = \overline{x} - T = 39.15\% - 39.19\% = -0.04\%$$

$$S_1 = \sqrt{\frac{\sum d_i^2}{n-1}} = \sqrt{\frac{(0.03\%)^2 + (0.03\%)^2}{3-1}} = 0.03\%$$

乙：

$$\overline{x}_2 = \frac{39.19\% + 39.24\% + 39.28\%}{3} = 39.24\%$$

$$E_{a2} = \overline{x} - T = 39.24\% - 39.19\% = 0.05\%$$

$$S_2 = \sqrt{\frac{\sum d_i^2}{n-1}} = \sqrt{\frac{(0.05\%)^2 + (0.04\%)^2}{3-1}} = 0.05\%$$

$$|E_{a1}| < |E_{a2}|, S_1 < S_2$$

答：甲比乙的准确度和精密度都高。

33. 有粗盐试样，经测定其氯的质量分数为 76.19、75.23、77.91、75.66、75.68、75.58、75.80，计算：

(1) 用 Q 检验法检验是否有舍弃的数据（置信度为 90%，$n=7$ 时，$Q_{0.90}=0.51$）；
(2) 结果的平均值和标准差；
(3) 求出该组的精密度（标准差 S、相对标准差 c_v 和极差）；
(4) 若该样品的真值含氯量为 75.50，求出该组的准确度（平均绝对误差和平均相对误差）。

解：(1) 将测定值按大小排列：75.23 < 75.58 < 75.66 < 75.68 < 75.80 < 76.19 < 77.91

$$\text{检验最大值 } Q_{\max} = \frac{77.91 - 76.19}{77.91 - 75.23} = \frac{1.72}{2.68} = 0.64 > Q_{0.90} = 0.51$$

$$\text{检验最小值 } Q_{\min} = \frac{75.58 - 75.23}{77.91 - 75.23} = \frac{0.35}{2.68} = 0.13 < 0.51$$

答：最大值 77.91 应舍去，最小值 75.23 可保留。

(2) 利用计算器的 SD 系统或数学公式求出平均值 $\overline{x}$ 和标准差 S

$$\overline{x} = \frac{75.23 + 75.58 + 75.66 + 75.68 + 75.80 + 76.19}{6} = 75.69$$

$$S = \sqrt{\frac{\sum_{i=1}^{n}(x_i - \overline{x})}{n-1}} = 0.312 \approx 0.31$$

答：结果的平均值为 75.69，标准差为 0.31。

（3）标准差 $S = 0.31$

相对标准差 $c_v = S/\overline{x} \times 100\% = 0.41\%$

极差 $R = X_{max} - X_{min} = 76.19 - 75.23 = 0.96$

答：该组数据的精密度以标准差 S 表示为 0.31，以相对标准差 c_v 表示为 0.41%，以极差 R 表示为 0.96%。

（4）平均绝对误差 $= \overline{x} -$ 真值 $= 75.69 - 75.50 = 0.19$

平均相对误差 $= \dfrac{0.19}{75.50} \times 100\% = 0.25\%$

答：所以该组数据的准确度以平均绝对误差表示为 0.19，平均相对误差表示为 0.25%。

第五章 水生生物监测试题

一、填空题

1. 采集浮游生物定性标本，小型浮游生物用（25）号浮游生物网，大型浮游生物用（13）号浮游生物网。

2. 藻类、原生动物和轮虫水样，每升水中应至少加入（15）mL左右的鲁哥氏液固定保存。

3. 水生植物分为（挺水植物）、（浮水植物）和（沉水植物）。

4. 藻类和原生动物要在（40）倍物镜下计数；甲壳动物要在（10）倍或（20）倍物镜下计数。

5. 在叶绿素的样品中加入碳酸镁悬浊液的目的是（防止酸化引起色素降解）。

6. 萃取叶绿素时使用（90%）浓度的丙酮溶液。

7. 浮游植物主要有（蓝藻）门、（隐藻）门、（金藻）门、（甲藻）门、（黄藻）门、（裸藻）门、（硅藻）门和（绿藻）门。

8. 测定地表水和废污水中粪大肠菌群，又称（耐热大肠菌群）是在恒温培养箱中（44.5±0.5）℃下培养（24±2）h。

9. 测定地表水和废污水中总大肠菌群和大肠埃希氏菌俗称大肠杆菌是在恒温培养箱中（37±1）℃下培养24h。

10. 用平皿计数法测定地表水和废污水中细菌总数是在恒温培养箱中（36±1）℃，培养（48±2）h。

11. 高压蒸汽灭菌一般是（120）℃，维持（20）min。

12. 测定水中细菌总数时，稀释度要选择适宜，以期在平皿上的菌落总数介于（30～300）之间。

13. 水中粪大肠菌群的测定方法有（多管发酵法）、（滤膜法）、（延迟培养法）和（酶底物法）。

14. 测定水中细菌总数采用（营养琼脂）培养基。

15. 测定水中粪大肠菌群采用（M-FC）培养基。

16. 过滤水中细菌时所用的滤膜的孔径是（0.45μm）。

17. 浮游生物可划分为（浮游植物）和（浮游动物）两大类。

18. 浮游动物主要由（原生动物）、（轮虫）、（枝角类）和（桡足类）组成。

19. 常用于浮游生物计数的采水量：对藻类、原生动物和轮虫以（1）L 为宜；对甲壳动物则要（10～50）L，并通过（25 号）网过滤浓缩。若生物密度过低，采水量应（酌情增加）。

20. 浮游植物常用（Shannon 多样性）指数和（Margalef 丰富度）进行评价。

21. 大型底栖无脊椎动物一般体长超过（2）mm，不能通过（40）目分样筛。

22. 底栖大型无脊椎动物主要包括（水生昆虫）、（大型甲壳类）、（软体动物）、（环节动物）、（圆形动物）、（扁形动物）。

23. 河流大型底栖动物常用的定量采样工具有（索伯网）、定性采样工具有（踢网）和（D 型网）；大型河流、湖泊和水库常用的采样工具有（三角拖网）、（彼得逊采泥器）和（人工基质篮式采样器）。

24. 直链藻属于（硅藻）门。

25. 硅藻门分为（中心）纲和（羽纹）纲。

26. 小球藻属于（绿藻）门。

27. 栅藻属于（绿藻）门。

28. 微囊藻属于（蓝藻）门。

29. 在江河中采集浮游生物样品时，采集水面以下（0.5）m 左右亚表层样即可。这是因为（水不断流动，上下层混合较快）。

30. 采集藻类、原生动物和轮虫的定性标本，应使用（25）号浮游生物网，其网孔直径为（0.064mm）。

31. 采集枝角类和桡足类的定性标本，应使用（13）号浮游生物网，其网孔直径为（0.112mm）。

32. 在进行藻类的个体计数时，若计数种属的组成，必须分类计数（200）个藻体以上。

33. 现场采集到的枝角类和桡足类水样，每 100mL 加入（4～5mL 福尔马林固定液）保存。

34. 浮游甲壳类动物样品作长期保存，应用（5%甲醛溶液）固定。

35. 原生动物主要分为（鞭毛）纲、（肉足）纲、（纤毛）纲。

36. 桡足类主要分为（哲水蚤）目、（猛水蚤）目、（剑水蚤）目。

37. 利用轮虫来反映污染状况，常使用（Margalef 多样性）指数和（QB/T）值。

38. 进行浮游动物计数的主要仪器是显微镜和计数框，计数轮虫用（1）mL 计数框；计数甲壳动物用（5）mL 计数框。

39. 在叶绿素 a 的测定中，经离心后的样品上清液，在 750nm 处测定吸光度，用于校正提取液的（浊度），当测定用 1cm 比色皿，吸光度超过（0.005）时，提取液应（重新离心）。

40. 初级生产力常用的两种测定方法为（叶绿素 a 的测定）和（黑白瓶测氧法）。

41. 绿藻门的主要特征：藻体细胞色素以（叶绿体）为主，并含有叶黄素和胡萝卜素，故显绿色，色素体一般具有（一个或多）个蛋白核，大多具有（1）个细胞核；运动细胞具有等长的鞭毛，常为（2）条，少数为 4 条，（顶）生。

42. 微囊藻属分类地位为（蓝藻）门、（蓝藻）纲、（色球藻）目、（色球藻）科，白天上浮，晚上下沉，高营养化的池塘易发生微囊藻大量繁殖，形成（水华）。常见种类为（铜绿微囊藻）、（水华微囊藻）。

43. 高温蒸汽灭菌法中最后步骤，无菌检查，是将已灭菌培养基在（37）℃培养（24）h，无杂菌生长，方可使用。

44. 粪大肠菌群菌落在 M-FC 培养基上呈（蓝色）或（蓝绿色），其他非粪大肠菌群菌落呈灰色、淡黄色或无色。

45. 高温灭菌的原理是高温能使微生物的蛋白质和核酸等重要生物大分子发生（变性）。高温灭菌分为（干热）灭菌与（湿热）灭菌，此外还有（过滤）、（紫外线）、（化学药物）等也是微生物实验室常用的灭菌和消毒方法。

46. 生物显微镜是由（光学放大系统）和（机械装置）两部分组成。

47. 显微镜观察样品时，先以（低）倍镜找到观察对象，对准焦距，移动观察对象至中心位置，再转为（高）倍镜观察。

48. 裸藻门细胞裸露，无细胞壁，细胞质外层特化为表质，表质较柔软的种类，细胞能够（变形），表质较硬的种类，细胞保持一定的形状。大多数裸藻具有（一）条鞭毛，藻体大多呈（绿）色，少数种类为（红）色，色素体多，一般为（盘）状。有色素的种类细胞前端有一个红色的（眼点）。

49. 测定水中细菌学指标的采样瓶口用牛皮纸等防潮纸包扎后，置于干燥箱中，于（160～170）℃干热灭菌 2h，或用高压蒸汽灭菌器于（121）℃灭菌 15min；不能用加热方法灭菌的塑料瓶，可用 0.5% 过氧乙酸浸泡 10min 或用环氧乙烷气体进行低温灭菌；聚丙烯耐热塑料瓶，可用高压蒸汽灭菌器于（121）℃灭菌 15min。

二、判断题

1. 在叶绿素 a 测定中，水样采集后应放在日光下或有光线的条件下保存。（×）

2. 在叶绿素 a 测定中，应用超纯水作空白吸光度测定，对样品吸光度进行校正。（×）

3. 在用长条计数法对藻类进行计数时,与下沿刻度相交的个体,应计数在内。(√)

4. 在用长条计数法对藻类进行计数时,与上沿刻度相交的个体,应计数在内。(×)

5. 在用长条计数法对藻类进行计数时,与上、下沿刻度都相交的个体,应计数在内。(×)

6. 藻类各种群在群落中所占比例常作为污染的指标,如果绿藻和蓝藻数量多,甲藻、黄藻和金藻量少,往往是水质好的象征。(×)

7. 在藻类计数中,硅藻细胞破壳的也应计算在内。(×)

8. 平皿菌落数的计算可用肉眼观察,必要时用放大镜检查,防止遗漏;若同一稀释度中一个平皿有较大片状菌落生长时,则不宜采用,而应以无片状菌落生长的平皿计数该稀释度的平均菌落数。若片状菌落少于平皿一半时,而另一半中菌落分布又均匀,则可将其菌落数的两倍作为全皿的数目。(√)

9. 过滤水样中的叶绿素 a 时,应用孔径 $0.1\mu m$ 乙酸纤维滤膜。(×)

10. 在透明度较大、水较深的水体中采集浮游植物定量样品仅需在水面下 0.5m 左右采样。(×)

11. 如果采集的水样中,甲藻、黄藻或金藻数量占优势,往往是污染的象征。(×)

12. 采集细菌学检测的水样时,应用水润洗已灭菌的采样瓶。(×)

13. 检测水中的细菌学指标时,每次试验要以无菌水为样品,对培养基、滤膜、稀释水、玻璃器皿和冲洗用水做无菌性检验。(√)

14. 用于测定细菌学指标的培养基,配制好以后不宜保存过久,已灭菌的培养基可在 4~10℃保存 3 个月。(×)

15. 作平皿菌落计数时,若片状菌落不到平皿的一半,而其余一半中菌落分布又很均匀,则可将半皿计数后乘 2 以代表全皿菌落数。(√)

16. 作平皿菌落计数时,若所有稀释度的平板上都菌落密布,应以"多不可计"报告。(×)

17. 在进行水中两虫采样时,因水样中的卵囊数量很少,因此需要浓缩较大体积的水样,采样的体积取决于水样的类型:一般是原水 100L,处理水 20L。(×)

18. 在进行水中两虫镜检时,贾第鞭毛虫的孢囊是椭圆形的,隐孢子虫的卵囊为稍微椭圆的圆形。(√)

19. 在进行产漂流性鱼类早期资源调查的定性采集时,通常昼夜连续进行,持续 24h,下网时间间隔 2~4h,每次采集 15~30min,如遇上雨后杂质较多时,可根据实际情况,适当缩短采样时间。(√)

20. 底栖动物是体长超过 2mm、不能通过 100 目分样筛的水生生物。(×)

三、选择题

1. 下列属于硅藻门的有（ABCD）。（多项选择）
   A. 等片藻属　　　　B. 异极藻属　　　　C. 菱形藻属　　　　D. 辐节藻属

2. 下列属于蓝藻门的有（ABC）。（多项选择）
   A. 微囊藻属　　　　B. 平裂藻属　　　　C. 鱼腥藻属　　　　D. 卵形藻属

3. 下列属于污染水体的指示生物有（BC）。（多项选择）
   A. 角甲藻　　　　　B. 微囊藻　　　　　C. 颤藻　　　　　　D. 美丽星杆藻

4. 测定饮用水里的总大肠菌群，应过滤水样的体积为（A）。
   A. 100mL　　　　　B. 10mL　　　　　　C. 1mL　　　　　　D. 0.1mL

5. 滤膜法测定一般的江水中的粪大肠菌群，接种用水量为（BCD）。（多项选择）
   A. 100mL　　　　　B. 50mL　　　　　　C. 10mL　　　　　　D. 1mL

6. （CD）数量多往往是水体污染的象征。（多项选择）
   A. 甲藻　　　　　　B. 硅藻　　　　　　C. 绿藻　　　　　　D. 蓝藻

7. 多管发酵法测定水中总大肠菌群要用到（ABC）。（多项选择）
   A. 乳糖蛋白胨培养基　　　　　　　　B. 品红亚硫酸钠培养基
   C. 伊红美蓝培养基　　　　　　　　　D. 叠氮化钠葡萄糖肉汤

8. 轻污染水体中大型底栖动物的香农多样性指数为（C）。
   A. 4～5　　　　　　B. 3～4　　　　　　C. 2～3
   D. 1～2　　　　　　E. 0～1

9. 以下哪一属性属于哲水蚤目桡足类的特征？（A）。
   A. 第一触角较长，可达尾刚毛末端
   B. 前体部远宽于后体部
   C. 前体部略宽于后体部，第一触角短，不超过头节

10. 以下哪一属性属于剑水蚤目桡足类的特征？（B）。
   A. 第一触角较长，可达尾刚毛末端
   B. 前体部远宽于后体部
   C. 前体部略宽于后体部，第一触角短，不超过头节

11. 以下哪一属性属于猛水蚤目桡足类的特征？（C）。
   A. 第一触角较长，可达尾刚毛末端
   B. 前体部远宽于后体部
   C. 前体部略宽于后体部，第一触角短，不超过头节

12. 在我国，绿色裸藻一般作为（A）带指示种类。
   A. 多污　　　　　　B. 中污　　　　　　C. 寡污

13. 叶绿素 a 测定中，在抽滤水样时，负压不能大于（A）。

A. 50kPa   B. 80kPa   C. 100kPa   D. 120kPa

14. 在叶绿素 a 测定中，应测定哪四个波长？（C）。

A. 780nm、690nm、640nm、630nm   B. 800nm、730nm、670nm、630nm
C. 750nm、663nm、645nm、630nm   D. 700nm、660nm、620nm、600nm

15. 下列属于绿藻门的有（ABD）。

A. 十字藻属   B. 栅藻属   C. 针杆藻属   D. 新月藻属

16. 微囊藻为常见的水华藻，它属于（B）。

A. 绿藻门   B. 蓝藻门   C. 硅藻门   D. 裸藻门

17. 微藻密度测定减少误差的镜检方法：（ABCD）。（多项选择）

A. 统一计数的放大倍数   B. 充分摇动样品瓶，使细胞分布均匀
C. 迅速吸取摇匀的藻液注入计数框   D. 显微镜下均匀选取计数样方

18. 高温蒸汽灭菌法适用于（ABC）。（多项选择）

A. 培养基   B. 无菌水   C. 工作服   D. 移液管

19. 固定浮游植物定性、定量标本一般采用（A）。

A. 鲁哥氏液   B. 70％酒精
C. 5％福尔马林与70％的酒精混合液   D. 冷藏

20. 在同一采样点，同时进行细菌学监测项目与理化监测项目采样时，应（A）。

A. 先采集细菌学检验样品   B. 后采集细菌学检验样品
C. 同时采集细菌学检验样品

21. 活性氯具有氧化性，能破坏微生物细胞内的酶活性，导致细胞死亡，可在样品采集时加入（D）溶液消除干扰。

A. 乙二胺四乙酸二钠   B. 碳酸镁
C. 次氯酸钠   D. 硫代硫酸钠

22. 用于测定细菌学指标的培养基，配制好以后不宜保存过久，已灭菌的培养基可在4～10℃保存（B）。

A. 10 天   B. 1 个月   C. 3 个月

23. 在鱼类观测中，根据观测目标，一般应从具有不同生态需求和生活史的类群中选择观测对象。在考虑物种多样性观测的同时，还应重点考虑以下类群的观测（ABCD）。（多项选择）

A. 受威胁物种、保护物种和特有种
B. 具有重要社会、经济价值的物种
C. 对维持生态系统结构和过程具有重要作用的物种
D. 对环境或气候变化反应敏感的指标性物种

四、简答题

1. 在湖库中采集水生物样品，采样点的设置应注意哪些事项？

答：若水体是圆形或接近圆形的，则应从此岸到彼岸至少设两个互相垂直的采样断面。若是比较狭长的水域，则至少应设 3 个互相平行，间隔均匀的断面。第一个断面设在排污口附近，另一个断面在中间，再一个断面在靠近湖库的出口处。此外，采样点的设置尽可能与水质监测的采样点相一致，以便于所得结果相互比较。如若有浮游生物历史资料的，拟设的点位应包括过去的采样点，便于与过去的资料做比较。

2. 列出绿藻门的 10 个以上常见种类的属名。

答：衣藻、小球藻、弓形藻、多芒藻、四角藻、纤维藻、卵囊藻、小桩藻、十字藻、盘星藻、栅藻、空星藻、集星藻、蹄形藻、月牙藻、丝藻、角星鼓藻、鼓藻、新月藻等。

3. 列出蓝藻门的 5 个以上常见种类的属名。

答：色球藻、微囊藻、平裂藻、蓝纤维藻、颤藻、席藻、螺旋藻、尖头藻、鞘丝藻、腔球藻等。

4. 列出硅藻门的 10 个以上常见种类的属名。

答：直链藻、小环藻、圆筛藻、等片藻、脆杆藻、针杆藻、羽纹藻、舟形藻、菱形藻、卵形藻、曲壳藻、异极藻、桥弯藻、布纹藻、双菱藻等。

5. 列出原生动物的 5 个以上常见种类的属名。

答：草履虫、急游虫、焰毛虫、刺胞虫、砂壳虫、圆壳虫、钟虫、侠盗虫、喇叭虫、变形虫、游仆虫、表壳虫、拟铃壳虫、筒壳虫等。

6. 列出轮虫的 5 个以上常见种类的属名。

答：轮虫、旋轮虫、臂尾轮虫、异尾轮虫、同尾轮虫、水轮虫、皱甲轮虫、单趾轮虫、龟甲轮虫、多肢轮虫、三肢轮虫、晶囊轮虫、无柄轮虫、巨腕轮虫等。

7. 回答高温蒸汽灭菌法步骤中降压的操作过程。

答：关闭热源，让压力下降到零后，打开排气阀，放尽余下蒸汽，开锅盖，取出灭菌物品，倒掉锅内剩余水；注意：必须让压力下降到零后，才能打开锅盖取出灭菌物品。

8. 简述水中总大肠菌群常用的测定方法及其优缺点。

答：多管发酵法和滤膜法。

多管发酵法可适用于各种水样（包括底泥），但操作较繁，需要时间较长。

滤膜法主要适用于杂质较少的水样，操作简单快捷，不过在检验浑浊度高、非大肠杆菌类细菌密度大的水样时，有其局限性。滤膜法的结果较多管发酵法更为精密。

9. 测定水中细菌总数时，如何将水样稀释成 1：100 稀释度？

答：(1) 将水样用力振荡 20～25 次，使可能存在的细菌凝团成分散装。

(2) 以无菌操作的方法吸取 10mL 充分混合的水样，注入盛有 90mL 灭菌水的三角烧瓶中混匀成 1：10 的稀释液。

（3）吸取 1∶10 的稀释液 1mL 注入盛有 9mL 灭菌水的试管中，混匀成 1∶100 稀释液。

10. 某河段采集了 1000mL 浮游植物水样，镜检前如何进行浓缩？

答：采集的 1000mL 水样直接加入不少于 15mL 左右的鲁哥氏液固定，迅速送达实验室静置沉淀 24h 后，用虹吸管小心抽掉上清液，余下 20~25mL 沉淀物转入 30mL 定量瓶中。为减少标本损失，再用上清液少许冲洗容器几次，冲洗液加到 30mL 定量瓶中。

11. 试写出 SL 88—2012《水质　叶绿素的测定　分光光度法》测定叶绿素 a 的计算公式，并指出各符号的意义。

答：$\rho_{Chl\text{-}a} = \dfrac{[11.85 \times (A_{664} - A_{750}) - 1.54 \times (A_{647} - A_{750}) - 0.88 \times (A_{630} - A_{750})] \times V_1}{V_2 \times L}$

式中　$\rho_{Chl\text{-}a}$——水样中叶绿素 a 的质量浓度，μg/L；

A_{750}——提取液在波长 750nm 处的吸光度值；

A_{664}——提取液在波长 664nm 处的吸光度值；

A_{647}——提取液在波长 647nm 处的吸光度值；

A_{630}——提取液在波长 630nm 处的吸光度值；

V_1——提取液体积，mL；

V_2——水样体积，L；

L——比色皿光程，cm。

12. 在叶绿素 a 测定中，如果样品过滤后不能马上测定，应该怎么做？

答：若过滤后的样品不能及时提取，应将有样品的面对折，用滤纸吸干水分放入培养皿中，外面包裹一层铝箔，置于 -20℃ 以下的冰箱中保存。

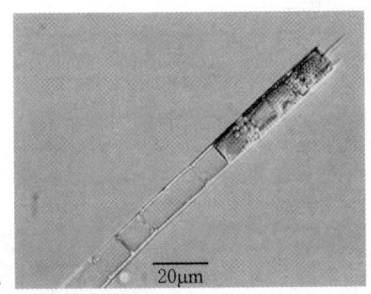

13. 写出该藻的种名。

答：颗粒直链藻。

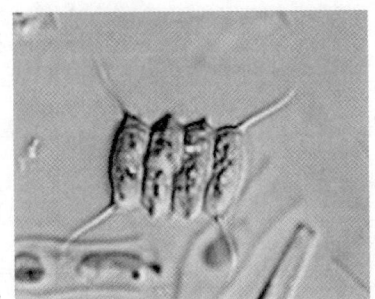

14. 写出该藻的种名。

答：四尾栅藻。

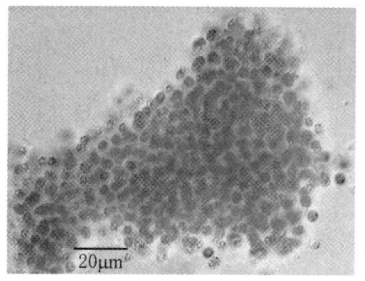

15. 写出该藻的属名。

答：微囊藻。

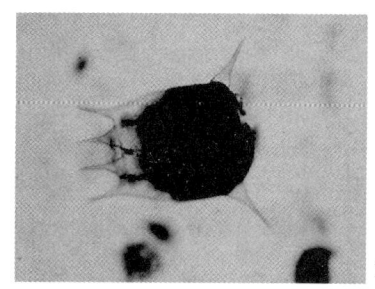

16. 写出该浮游动物种名。

答：萼花臂尾轮虫。

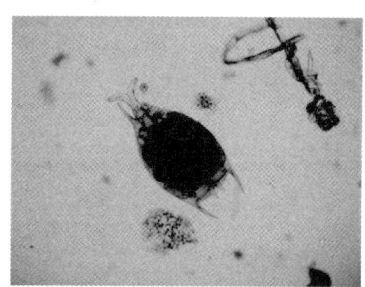

17. 写出该浮游动物种名。

答：裂足臂尾轮虫。

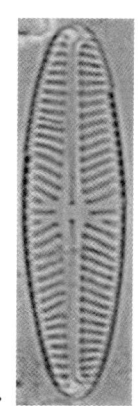

18. 写出该藻属名及拉丁文。

答：舟形藻属（*Navicula*）。

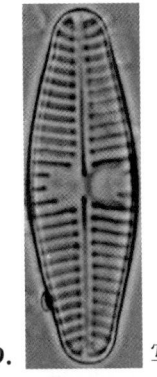

19. 写出该藻属名。

答：曲壳藻属。

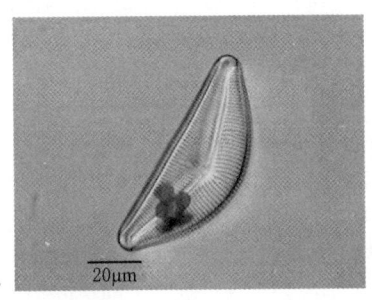

20. 写出该藻属名。

答：桥弯藻属。

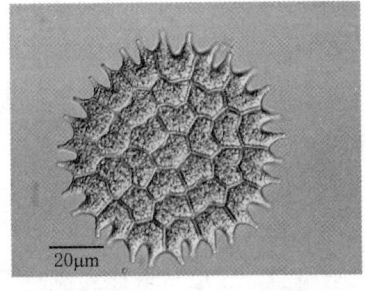

21. 写出该藻属名。

答：盘星藻属。

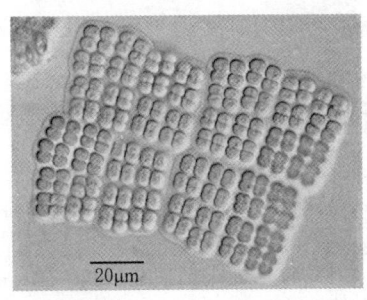

22. 写出该藻属名。

答：平裂藻属。

23. 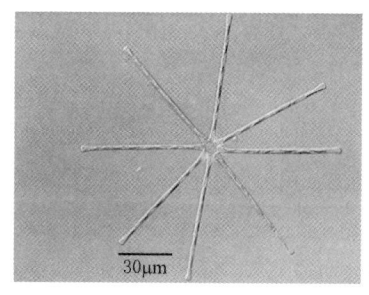 写出该藻属名。

答：星杆藻属。

24. 简述浮游生物的采样方法。

答：浮游植物定量样品用采水器采集，视实际情况采集 1L 水样或者更多；定性样品用 25 号浮游生物网在表层呈"∞"形缓慢拖拽采集；样品用鲁哥氏液固定，用量为水样体积的 1%～1.5%。

浮游动物定性样品可与浮游植物定性样品一并采集，也可单独用 13 号浮游生物网在表层呈"∞"形缓慢拖拽采集；枝角类、桡足类定量样品用 25 号浮游生物网过滤 10～50L 水样采集浓缩样品，样品应用 40% 甲醛溶液固定，用量为水样体积的 4%；原生动物、轮虫和无节幼体可用浮游植物定量样品。

25. 简述浮游植物的浓缩步骤及注意事项。

答：将采集的定量水样导入沉淀器中静置沉淀 48h，用虹吸管（直径宜约 2mm，插入水样一端用 25 号筛绢封盖）小心缓慢抽调上清液，虹吸管流速不得超过 150mL/min，吸至澄清液 1/3 时，应进一步降低流速到 10～20mL/min。整个虹吸过程不可扰动下层沉淀物，一旦扰动，应重新静置沉淀。虹吸后余 20～25mL 沉淀物转入试剂瓶中，用少许上清液冲洗沉淀器几次，冲洗液也转入试剂瓶中。

注意事项，控制流速、底层沉淀物不被干扰、用上清液冲洗沉淀器。

26. 测定细菌学指标的水样应如何保存？

答：采好的水样，应迅速运往实验室，进行细菌学检验。一般从取样到检验不宜超过 2h，否则应使用 10℃ 以下的冷藏设备保存样品，但不得超过 6h。实验室接样后，应将水样立即放入冰箱，并在 2h 内着手检验。如因路途遥远，送检时间超过 6h 者，则应考虑现场检验或用延迟培养法。

27. 简述如何进行培养基的质量控制。

答：培养基的质量控制主要包括：

（1）每批培养基在使用前，须经无菌检验。可将培养基在 37℃ 温箱内培养 24h，证明无菌，同时再用已知菌种检查在此培养基上的生长情况，符合后方可使用。

（2）对每批培养基要做阳性和阴性对照培养检查试验。

（3）配制每批培养基都要做好记录，包括配制日期和批次，培养基名称、成分、pH 值，灭菌条件，配制方法，配制人员等；配好的培养基不宜久放，以少量勤配为宜。

28. 简述鲁哥氏液的配置方法。

答：称取 60g 碘化钾溶于 100mL 蒸馏水中，待完全溶解后，加入 40g 碘，摇动至碘完全溶解，加蒸馏水定容到 1000mL，储存于磨口棕色试剂瓶中。

29. 用滤膜法测定水中粪大肠菌群的原理。

答：样品通过孔径为 $0.45\mu m$ 的滤膜过滤，细菌被截留在滤膜上，然后将滤膜置于 MFC 选择性培养基上，在特定的温度（44.5℃）下培养 24h，胆盐三号可抑制革兰氏阳性菌的生长，粪大肠菌群能生长并发酵乳糖产酸使指示剂变色，通过颜色判断是否产酸，并通过呈蓝色或蓝绿色菌落计数，测定样品中粪大肠菌群浓度。

30. 简述内陆水域鱼类物种多样性调查的常用方法。

答：（1）渔获物统计，统计所观测水体内各类渔具、渔法所捕捞的渔获物中的所有种类。

（2）走访调查，渔民、码头、水产市场、参观等有当地鱼类交易消费的地方，或者开展休闲垂钓的场所，购买鱼类标本，进行补充采样。

（3）自行采集，在调查区域使用抄网、撒网、地笼、饵钓等方式自行采样，收集鱼类标本。

（4）专家咨询。

五、计算题

1. 野外采集 1L 浮游生物水样经 48h 静置沉淀后，最终浓缩体积为 50.5mL。取浓缩样品 3mL 到直径为 3.5cm 的圆形计数框中。使用倒置显微镜在物镜 40×，目镜 10× 下镜检了 96 个视野，每视野直径约为 0.500mm。共计数细胞数 547 个。问该水样浮游植物密度为多少（按细胞数计）？

解：计数框中样品高度 $H=\dfrac{3}{\pi\times\left(\dfrac{3.5}{2}\right)^2}$

96 个视野共计数样品体积 $V=\pi\times\left(\dfrac{0.500}{2}\right)^2\times h\times 96\approx 0.06(mL)$

所以，浮游植物密度 $=\dfrac{547\times\dfrac{50.5}{0.06}}{1}\approx 4.60\times 10^5(cells/L)$

2. 野外采集浮游甲壳类样品，共采集水样 10L，使用 25 号浮游动物网进行过滤，最终样品转移到定量瓶中，定容至 50mL。取浓缩样品 3mL 到直径为 3.5cm 的圆形计数框中。使用倒置显微镜在物镜 10×，目镜 10× 下进行全片镜检，共计数细胞数 54 个。问该水样浮游甲壳类密度为多少（按个体计）？

解：浮游甲壳类个体数 $=\dfrac{n}{V_3}\times\dfrac{V_2}{V_1}=\dfrac{54}{10}\times\dfrac{50}{3}=90$（个/L）

式中　n——计数所得个体数，$n=54$；

　　　V_1——浓缩样体积，$V_1=50mL$；

V_2——计数体积，$V_2=3\text{mL}$；

V_3——采样量，$V_3=10\text{L}$。

3. 某断面采集 400mL 水样，萃取后定容得到 10mL 叶绿素提取液，在 750nm、664nm、647nm、630nm 波长的吸光度分别为 0.001、0.021、0.016、0.017，求该水样叶绿素 a 含量（单位：μg/L）。（比色皿光程 1cm）

解：叶绿素 a 含量为

$$\rho_{\text{Chl-a}}=\frac{[11.85\times(A_{664}-A_{750})-1.54\times(A_{647}-A_{750})-0.08\times(A_{630}-A_{750})]\times V_2}{V_1\times L}$$

$$=\frac{(11.85\times0.020-1.54\times0.015-0.08\times0.016)\times10}{0.4\times1}=5.3(\mu\text{g/L})$$

4. 多管发酵法测定总大肠菌群，接种量分别为 1mL、0.1mL、0.01mL，阳性份数分别为 1、1、0，请根据下表计算总大肠菌群数（MPN/L）。

出现阳性份数			每 100mL 水样中细菌数的最可能数	95% 置信区间	
10mL 管	1mL 管	0.1mL 管		下限	上限
0	0	0	<2		
0	0	1	2	<0.5	7
0	1	0	2	<0.5	7
0	2	0	4	<0.5	11
1	0	0	2	<0.5	7
1	0	1	4	<0.5	11
1	1	0	4	<0.5	11
1	1	1	6	<0.5	15
1	2	0	6	<0.5	15
2	0	0	5	<0.5	13

解：查表得实验结果 MPN 指数为 4，再换算成每 100mL 的 MPN 值，即 4×10mL/1mL=40 MPN/100mL；

换算为 MPN/L 即为 400 MPN/L。

5. 滤膜法测定粪大肠菌群，接种量为 50mL、10mL、1mL，各接种量的阳性菌落数分别为大于 200 个、223 个、18 个，请计算该样品的粪大肠菌群数（CFU/L）。

解：根据 HJ 347.1—2018，滤膜法测定粪大肠菌群的理想样品接种量是滤膜上生长的粪大肠菌群菌落数为 20~60 个，总菌落数不得超过 200 个。

故该样品的粪大肠菌群数 = 18×1000mL/1mL = 1.8×10^4 CFU/L。

6. 酶底物法测定粪大肠菌群，样品接种量为 10mL，97 孔定量盘中阳性小孔数量为 27，阳性大孔数量为 29，请计算该样品的粪大肠菌群浓度（MPN/L）。

解：查表得到 MPN 值为 87.9，则该样品的粪大肠菌群浓度为
87.9×1000mL/10mL＝8.8×10³ MPN/L

大孔阳性格数	小 孔 阳 性 格 数											
	24	25	26	27	28	29	30	31	32	33	34	35
25	70.0	71.7	73.3	75.0	76.6	78.3	80.0	81.7	83.3	85.1	86.8	88.5
26	72.9	74.6	76.3	78.0	79.7	81.4	83.1	84.8	85.6	88.4	90.1	91.9
27	75.9	77.6	79.4	81.1	82.9	84.6	86.4	88.2	90.0	91.9	93.7	95.5
28	79.0	80.8	82.6	84.4	86.3	88.1	89.9	91.8	93.7	95.6	97.5	99.4
29	82.4	84.2	86.1	87.9	89.8	91.7	93.7	95.6	97.5	99.5	101.5	103.5
30	85.9	87.8	89.7	91.7	93.6	95.6	97.6	99.6	101.6	103.7	105.7	107.8

7. 黑白瓶法计算初级生产力，其中初始瓶溶解氧为 7.3mg/L，白瓶溶解氧为 5.6mg/L，黑瓶溶解氧为 3.4mg/L，请计算总生产力、净生产力。

解：总生产力＝白瓶溶解氧－黑瓶溶解氧＝5.6－3.4＝2.2mg(O_2)/(m^2·d)
净生产力＝白瓶溶解氧－初始瓶溶解氧＝5.6－7.3＝－1.7mg(O_2)/(m^2·d)

8. 计算以下样品的香农-维纳多样性指数。

物种	A	B	C	D	E
密度	3	5	7	2	1

解：根据公式 $H=-\sum(P_i)(\ln P_i)$，其中 P_i 为 i 种的密度比例

物种	A	B	C	D	E	总计
密度	3	5	7	2	1	18
比例 P_i	0.17	0.28	0.39	0.11	0.06	/
$\ln P_i$	－1.79	－1.28	－0.94	－2.20	－2.88	/
$(P_i)(\ln P_i)$	－0.30	－0.36	－0.37	－0.24	－0.16	1.43

该样品的多样性指数为 1.43。

9. 某河段设置 1 个样方采集某种水生植物 325.3g（鲜重），取其中 56.2g 烘干至恒重 12.3g，请计算该样方中该种水生物植物的生物量干重。

解：该种水生植物的生物量干重＝12.3×325.3/56.2＝71.2(g)

10. 在某河段使用流刺网开展渔业资源调查，共布置 2 网，采样时间 3h，共捕获青鱼 3.2kg，赤眼鳟 1.6kg，鲢 2.3kg，请计算该次采样的单位捕捞努力量渔获量[CPUE，kg/(net·h)]。

解：该次采样总渔获量为 3.2＋1.6＋2.3＝7.1(kg)。
CPUE＝7.1kg/(2net×3h)＝1.18kg/(net·h)。

第六章 沉积物监测与土壤监测试题

一、填空题

1. 水体沉降物可分为（悬浮物）和（沉积物）。

2. 沉积物金属形态包括（水溶态）、（交换态）、（吸附态）、（有机结合态）等多种形态。

3. 全分解方法用于沉积物矿质全量分析中沉降物样品的分解（消解）预处理，主要包括（普通酸分解法）、（高压密闭分解法）、（微波炉加热分解法）和（碱融法）。

4. 沉积物测定金属等物质时，是称取经烘干的沉积物样品于（聚四氟乙烯）坩埚中，用少许（水）润湿样品，加入（硝酸），置于电热板上由低温升至（180~200）℃，蒸至近干，加入（硝酸）+（高氯酸），蒸干，用少许水仔细地淋洗坩埚壁并蒸至白烟冒尽，取下稍冷，加（盐酸），微热浸提，将溶液及残渣全量转入 25mL 具塞比色管中，用水稀释至标线，混匀，澄清，上清液待测（同时做分析空白）。

5. 沉积物中有机物提取方法有（有机溶剂提取）、（顶空/吹扫捕集）、（超临界流体抽提）和（微波辅助提取）等方法。

6. 沉积物测定有机物质时，常称取风干的沉积物样品于 100mL 烧杯中，加入（无水硫酸钠），混匀。装入预先用（正己烷）处理过的圆形滤纸筒内，放入索氏提取器中，加（正己烷-丙酮溶剂），于 60℃水浴中回流提取 8h，冷至室温。加入（铜粉）不定时地摇动半小时，静置后，提取液通过装有（硫酸钠）的层析玻璃柱（400mm×10mm 内径），收集于 K-D 浓缩器中，置于约 60℃水浴中，通入氮气，浓缩至 1.0mL，待净化。

7. 有机物前处理常用到佛罗里土，其吸附容量是根据它在（正己烷）溶液中对（月桂酸）的吸附值来计算的。吸附值为（117×10^{-3}）的 5g 佛罗里土，可处理（20）g 沉积物干样。

8. 在正己烷的脱芳处理过程中，通常取约 900mL 正己烷于小口试剂瓶中，加 10mL（硫酸），在康氏振荡器上振荡 1h，弃去（硫酸）相。后加 7g（层析活性炭），在康氏振荡器上振荡 4h，澄清后把正己烷倾出，贮存于小口试剂瓶中。

9. 沉积物测定有机碳时，溶液由（紫色）突变到（绿色）即为终点。

10. 沉积物中氧化还原电位（E）的数值越大，说明其氧化剂所占的比例越（大），氧化能力越（强）。

11. 土壤采样的布点方法分为（简单随机法）、（分块随机法）和（系统随机法）。

12. HJ/T 166—2004《土壤环境监测技术规范》有关农田土壤混合样的采集方法主

要有四种，分别是（对角线法）、（棋盘法）、（梅花点法）和（蛇形法）。

13. 土壤容重越小，说明土壤结构、透气透水性能（越好）。

14. 刚耕翻过的农田表层土壤容重（小于）建筑工地夯实的土壤容重。

15. 土壤试样的"全分解"就是把土壤的（矿物晶格）彻底破坏，使土壤中的全部（化学元素）进入试样溶液中。

16. 土壤中的有机质主要来源于（动植物）和（微生物）的残体，经生物分解形成各种（有机化合物）。

17. NY/T 85—1988《土壤有机质测定法》和 NY/T 1121.6—2006《土壤检测 第6部分：土壤有机质的测定》中规定，重铬酸钾容量法测定土壤有机质含量时，称样量根据样品中的有机质含量而定，若含量为7%～15%时，称样范围（0.05～0.1）g；若含量为2%～7%时，称样范围为（0.2～0.3）g；若含量小于2%时，称样范围（0.4～0.5）g。

18. 在农田耕作层采集若干点的等量耕作层土壤并经混合均匀后的土壤样品，组成混合样的分点数为（5～20）个。

19. 土壤环境背景值监测采样单元的划分一般以（土类）为主，省（自治区、直辖市）级的土壤环境背景值监测以（土类和成土母质母岩类型）为主，省级以下或条件许可或特别工作需要的土壤环境背景值监测可划分到（亚类或土属）。

20. 土壤剖面采样次序应（自下而上），先采剖面的（底层）样品，再采（中层）样品，最后采（上层）样品。

21. 土壤金属不同形态，其生理活性和毒性均有差异，其中以有效态和交换态的活性、毒性最（大），残留态的活性、毒性最（小），而其他结合态的活性、毒性（居中）。

22. 采集用于分析挥发性和半挥发性有机污染物的土壤样品，应储存在（棕色玻璃瓶），且要（装满）样品瓶。

23. 火焰原子吸收法测定土壤中的铅和镉时，直接火焰法适用于测定（较高）浓度的土壤样品。

24. 石墨炉原子吸收法测定土壤中的铅时，选用（磷酸氢二铵）基体改进剂消除氯离子等的干扰。

二、选择题

1. 测定沉积物中氧化还原电位、硫化物等参数，采集的样品应保持（A）。
A. 新鲜湿样　　B. 风干样品　　C. 球磨粉碎样品

2. 在样品消化中，加高氯酸于电热板上加热冒白烟时如果蒸干，测试结果会（B）。
A. 偏高　　B. 偏低　　C. 不变化

3. 沉积物测定有机碳时，消解液为绿色，说明氧化过程（B）。

A. 完全　　　　　B. 不完全　　　　C. 没影响

4. 沉积物中测定有机物标准时，同一标准在实验开始和终了时峰高变化的相对值应（A）。
A. 不超过 5%　　B. 不超过 10%　　C. 不超过 15%

5. 二苯碳酰二肼光度法测定沉积物中铬时测定时间应限制在（A）。
A. 0.5～2h　　　B. 0.5～8h　　　C. 无限制

6. 沉积物中有机物样品前处理在净化时使用（C）。
A. 盐酸　　　　B. 硝酸　　　　C. 硫酸

7. 测定有机污染的土壤或沉积物样品，应使用（　　）材质的器具采样，采集到的样品置于（　　）中，不要污染瓶口，以保证磨口塞能塞紧。（C）。
A. 金属　透明塑料瓶　　　　B. 木质　透明磨口玻璃瓶
C. 金属　棕色磨口玻璃瓶　　D. 木质　棕色塑料瓶

8. 城市土壤环境监测分为两层采样监测，上层（　　）cm，受回填土和人为影响大的部分，下层（　　）cm，受人为影响相对较小部分。（A）。
A. 0～30，30～60　　　　　B. 0～50，50～100
C. 0～100，100～120　　　D. 0～120，120～150

9. 土壤背景采样点离铁路、公路至少（C）m 以上。
A. 50　　　　B. 100　　　　C. 300　　　　D. 500

10. 土壤容重的单位是（A）。
A. g/cm^3　　B. g/cm^2　　C. g/cm　　D. mg/kg

11. 土壤中的有机质是指土壤中（A）的总称。
A. 含碳化合物　B. 动物残体　C. 动植物残体　D. 微生物

12. 火焰原子吸收分光光度法测定土壤中的镍时，微波消解需采用（ACD）。（多项选择）
A. 硝酸　　　　B. 硫酸　　　　C. 氢氟酸　　　D. 高氯酸

13. 土壤监测一般（B）年开展1次。
A. 1 年　　　　B. 3 年　　　　C. 10 年

14. 土壤环境质量评价中单项污染指数小，则污染（A）。
A. 轻　　　　　B. 中等　　　　C. 重

15. 土壤预留样品保存时间一般为（B）年。
A. 1　　　　　B. 2　　　　　C. 5

16. 分析土壤中水溶性和酸溶性硫酸盐时，样品中的硫化物对测定产生（B）。
A. 负干扰　　　B. 正干扰　　　C. 无干扰

17. 分析土壤中有机质时，样品中还原性物质的存在使测定结果（A）。
A. 偏高　　　　B. 偏低　　　　C. 无影响

18. 分析土壤中氰化物时，溶液的pH值应严格控制在（C）。
A. 5.0~6.0   B. 6.0~7.0   C. 6.8~7.5

19. 分析土壤中金属元素时，试样制备赶酸阶段温度失控致消解液蒸干，会导致测定结果（B）。
A. 偏高   B. 偏低   C. 无影响

20. 土壤中用于分析挥发性有机物的样品，低温保存期限天数不超过（B）。
A. 3天   B. 7天   C. 15天

三、名词解释

1. 沉积物： 为任何可以由流体流动所移动的微粒，并最终成为在水或其他液体底下的一层固体微粒。

2. 本底值： 区域环境相对未受污染情况下沉积物的基本化学组成。

3. 沉积物样品的前处理： 样品分析中，从称样至测定前的处理过程。

4. 沉积物全量转入： 将容器中的物质全部转移到另一容器中去的过程。

5. 超临界流体萃取： 指用超临界流体为溶剂，从固体或液体中萃取可溶组分的传质分离操作。

6. 物质迁移： 物质在沉积物环境介质中的转移过程。

7. 均一性： 指物质的性质和组分均匀的程度。

8. 分层样品： 从总体的某一层次中采集的几个样品所组成的样本。

9. 随机样品： 从总体中任意采集的样品。

10. 新鲜样品： 野外采集的保持原湿度和形态的样品。

11. 沉积物样品前处理： 为使沉积物样品达到检验、分析或长期储存所要求的状态而进行的各种处理过程，包括混合、分离干燥、研磨和稳定化等。

12. 干燥： 从沉积物样品中去除水分的过程。通常用风干、烘干、化学干燥、冷冻干燥等方法。

13. 溶剂萃取： 使用非水相液体乳有机溶剂、超临界气体，将污染物从沉积物中分离、提取出来。

14. 沉积物污染： 人类活动或自然过程产生的有害物质进入沉积物，致使有害物质的含量明显高于其原有含量，而引起环境质量恶化的现象。

15. 污染物累积： 由于物质的输入量大于输出量，造成沉积物中某种物质浓度的增加。

16. 芯样： 从钻孔和钻井中取出的圆柱状的沉积物样。

17. 样品储存：在样品采集与处理的时段内，严格按事先规定的条件保存沉积物样品的过程。

18. 标本库：采集代表性原装沉积物样品，按采样时的形态收集及长期储存。

19. 土壤：指连续覆被于地球陆地表面具有肥力的疏松物质，是随着气候、生物、母质、地形和时间因素变化而变化的历史自然体。

20. 土壤背景：指区域内很少受人类活动影响和不受或未明显受现代工业污染与破坏的情况下，土壤原来固有的化学组成和元素含量水平。

21. 土壤容重：土壤容重又称干容重，指单位容积内土壤中（包括孔隙）固体颗粒的重量，单位为克每立方厘米（g/cm^3）。

22. 土壤剖面样：按土壤特征，将表土竖直向下的土壤平面划分成的不同层面的取样区域，在各层中部位多点取样，等量混匀。或根据研究的目的采取不同层的土壤样品。

四、简答题

1. 简述柱状沉积物样品的采集。

答：样柱上部 30cm 内按 5cm 间隔，下部按 10cm 间隔（超过 1m 时酌定）用塑料刀切成小段，小心地将样柱表面刮去，沿纵向剖开 3 份（3 份比例为 1∶1∶2）。两份量少的分别盛入 50mL 烧杯（离子选择电极法测定硫化物，如用比色法或碘量法测定硫化物时，则盛于 125mL 磨口广口瓶中，充氮气后，密封保存）和聚乙烯袋中，另一份装入 125mL 磨口广口瓶中。

2. 简述沉积物测定无机项目样品的制备方法。

答：将聚乙烯袋中的湿样转到洗净并编号的瓷蒸发皿中，置于 80～100℃ 烘箱内，排气烘干（用玻璃棒经常翻动样品并把大块压碎，以加速干燥）。将烘干的样品摊放在干净的聚乙烯板上，用聚乙烯棒将样品压碎，剔除砾石和颗粒较大的动植物残骸。将样品装入玛瑙钵中（每 500mL 玛瑙钵中装入约 100g 干样）。放入玛瑙球，在球磨机上粉碎至全部通过 160 目（事先经试验确定大小玛瑙球的个数及粉碎时间等条件，粉碎后不再过筛）。也可用玛瑙研钵手工粉碎，用 160 目尼龙筛，盖上塑料盖过筛，严防样品逸出。将加工后的样品充分混匀。

四分法缩分分取 10～20g 制备好的样品，放入样品袋，填写样品的编号，送各实验室进行分析测定。其余的样品盛入 250mL 磨口广口瓶（或有密封内盖的 200mL 广口塑料瓶中），盖紧瓶盖，留作副样保存。

3. 简述沉积物中测定石油类，有机碳，有机氯农药及多氯联苯等样品的制备方法。

答：将已测定过含水率，粒度及总汞后的样品摊放在已洗净并编号的搪瓷盘内，置于室内阴凉的通风处，不时地翻动样品并把大块压碎，以加速干燥，制成风干样品。

将已风干的样品摊放在聚乙烯板上，用聚乙烯棒将样品压碎，剔除砾石和颗粒较大的动植物残骸。

在球磨机上粉碎至全部通过 80 目（事先经条件试验，粉碎后不再过筛），也可用瓷研钵手工粉碎，用 80 目金属筛盖上金属盖过筛。严防样品逸出。将加工后的样品充分混匀。

四分法缩分分取 40～50g 制备好的样品，放入样品袋（已填写样品的站号、层次等），送各实验室进行分析测定。

4. 简述沉积物中有机物前处理净化柱制备方法。

答：在柱底部放置少量玻璃棉，关闭活塞，加入 20mL 正己烷后，依次加入 10mm 高的硫酸钠和 5.0g 佛罗里土，轻轻敲击柱子使之填充均匀并无气泡。于佛罗里土上部再加 10mm 高的硫酸钠层。排出过量正己烷至刚淹没硫酸钠层，并关闭活塞。

5. 简述沉积物中有机物前处理层析分离柱制备方法。

答：先于柱的底部放置少量玻璃棉，关闭活塞。加入 20mL 丙酮，随后边轻敲柱子边依次装入 10mm 高的硫酸钠层和 1.0g 活性炭。为了使填充均匀、紧密及无气泡，可在柱顶空气导管处接上双联橡皮球并压入空气，同时打开活塞排出丙酮。观察柱内填充物中有无气泡（可在柱顶空气导管处接入双联橡皮环并压入空气，同时打开活塞排出丙酮。观察柱内填充物中有无气泡，如仍有气泡，可加入 10～20mL 丙酮，压入空气，同时打开活塞，将丙酮连同气泡排出）。最后在活性炭上部加入 10mm 高的硫酸钠层，排出过量丙酮至刚淹没硫酸钠层，关闭活塞。

6. 简述河流沉积物采样断面的布设要求。

答：（1）流域水系背景采样断面（点）应设置在河段上游受人类活动影响相对较小或水系上游的第一个水文站，该点同时可作为对照采样断面（点）。

（2）根据多年平均输沙量的沿程变化，在现有水文泥沙观测站中选取采样断面（点）。

（3）在城市河段、支流入口处、大型或重要灌区的出口处、不同水质类别（污染和非污染）水域，应选择在水流平缓、冲刷作用较弱、泥沙沉积较为稳定处布设采样断面（点）。

（4）根据沉降物中物理和化学组成的不同分布，在纵、横和垂向可分别布设采样断面（点）。

（5）采样断面上的采样点按左、右两岸近岸与中泓布设；近岸采样点位置选在距离湿岸线 2～10m 处。如因砾石等采集不到样品，可略做移动，但应做好记录。

（6）水土流失严重区、河口区域和泥沙运动变化较大的水域，应适当增加采样断面（点）。

（7）布设排污口区采样断面（点）时，在上游 50m 处设对照采点，并应避开污水回流的影响；在排污口下 50～1000m 处布设若干采样断面或采样点，亦可按放射式布设。

7. 简述索式提取的原理。

答：利用溶剂回流和虹吸原理，使固体物质每一次都能为纯的溶剂所萃取，所以萃取效率较高。萃取前应先将固体物质研磨细，以增加液体浸溶的面积。然后将固体物质放在滤纸套内，放置于萃取室中。当溶剂加热沸腾后，蒸汽通过导气管上升，被冷凝为液体滴入提取器中。当液面超过虹吸管最高处时，即发生虹吸现象，溶液回流入烧瓶，因此可萃取出溶于溶剂的部分物质。就这样利用溶剂回流和虹吸作用，使固体中的可溶物富集到烧瓶内。

8. 土壤环境监测的主要类型。

答：根据监测目的，土壤环境监测有 4 种主要类型：区域土壤环境背景监测、农田土壤环境质量监测、建设项目土壤环境评价监测和土壤污染事故监测。

9. 土壤监测所需的样品数的下限数值计算方式。

答：一个区域范围内土壤监测所需的样品数的下限数值可由均方差和绝对偏差、变异系数和相对偏差两种方式计算得出。

（1）由均方差和绝对偏差计算得出的样品数：
$$N = t^2 s^2 / D^2$$
式中　N——样品数；

　　　t——选定置信水平（土壤环境监测一般选定为 95%）一定自由度下的 t 值；

　　　s^2——均方差，可从先前的其他研究或者从极差 $R[s^2=(R/4)^2]$ 估计；

　　　D——可接受的绝对偏差。

（2）由变异系数和相对偏差计算得出的样品数：
$$N = t^2 s^2 / D^2 \text{ 可变为：} N = t^2 C_V^2 / m^2$$
式中　N——样品数；

　　　t——选定置信水平（土壤环境监测一般选定为 95%）一定自由度下的 t 值；

　　　C_V——变异系数，可从先前的其他研究资料中估计，%；

　　　m——可接受的相对偏差，土壤环境监测一般限定为 20%~30%，%。

没有历史资料的地区、土壤变异程度不太大的地区，一般 C_V 可用 10%~30% 粗略估计，有效磷和有效钾变异系数 C_V 可取 50%。

10. 土壤湿度一般分为几级，如何判断？

答：土壤湿度的野外估测，一般可分为五级。干：土块放在手中，无潮润感觉；潮：土块放在手中，有潮润感觉；湿：手捏土块，在土团上塑有手印；重潮：手捏土块时，在手指上留有湿印；极潮：手捏土块时，有水流出。

11. 农田土壤环境监测单元按土壤主要接纳污染物途径可划分为几类？

答：土壤环境监测单元按土壤主要接纳污染物途径可划分为以下 6 类：

（1）大气污染型土壤监测单元。

（2）灌溉水污染监测单元。

（3）固体废物堆污染型土壤监测单元。

（4）农用固体废物污染型土壤监测单元。

（5）农用化学物质污染型土壤监测单元。

（6）综合污染型土壤监测单元（污染物主要来自上述两种以上途径）。

12. 消解土壤样品时，一般情况下若消解液为精细白色沉淀、石灰渣样乳白液、絮状沉淀时，其分别属于什么物质，该如何处理？

答：精细白色沉淀为硅酸盐，应增加氢氟酸的用量。石灰渣样乳白液，说明消解液中含盐量高，可以适当增加盐酸或硝酸。絮状沉淀为不溶性氟化物，建议用饱和硼酸溶液络合，并添加少量氢氟酸。

五、计算题

1. 沉积物干样中有机农药定量计算公式。

解：
$$W_i = \frac{khV_1}{V_2 M(1-W_{H_2O})} \times 1000$$

其中
$$k = \frac{\text{标准使用溶液中农药异构体的量(ng)}}{\text{产生的峰高(mm)或峰面积(mm}^2)}$$

式中 W_i——沉积物干样中农药各异构体的残留量，质量比，10^{-9}；

k——农药各异构体的仪器响应系数，ng/mm 或 ng/mm^2；

h——注入待测样品中农药异构体的峰高或峰面积，mm 或 mm^2；

V_1——净化浓缩液或分离浓缩液的体积，mL；

V_2——注入色谱柱的待测液的体积，μL；

M——样品的称取量，g；

W_{H_2O}——风干样的含水率，%。

2. 准确称取 0.1g 风干的土壤样品于微波消解罐中，经王水-氢氟微波消解，稀硝酸加热赶酸后定容于 50mL 的容量瓶，石墨炉原子吸收法测定，溶液中镉的浓度为 0.35μg/L，计算该土壤样品中镉的含量。

解：镉的含量为
$$\frac{0.35 \times 50}{0.1} = 0.175(\mu g/g) = 0.175(mg/kg)$$

3. 为测定沉积物中金属铜含量，称取沉积物 m 为 0.2050g，沉积物含水率 f 为 2.8%，沉积物消解后定容到 V 为 100mL，测得铜的浓度 c_1 为 0.16mg/L，空白溶液中铜的浓度 c_0 为 0.01mg/L，试求该沉积物中铜的含量。

解：$W = \dfrac{(c_1-c_0) \times V}{m \times (1-f)} = \dfrac{(0.16-0.01) \times 100/1000}{0.2050 \times (1-2.8\%)/1000} = 75.3(mg/kg)$

4. 对沉积物中有机物进行分析测试，称取 m 2.180g 样品，加入 V_1 10mL 甲醇进行提取，取 V_2 100μL 提取液进行测试分析，通过校准曲线查得该有机物的含量 h 为 5.8μg，样品含水率 f 为 20%，求此沉积物中该有机物的含量。

解：$W = \dfrac{h(V_1+mf_0)/V_2}{m(1-f)} \times 1000 \times \dfrac{5.8 \times (10+2.180 \times 20\%)/100}{2.180 \times (1-20\%)} \times 1000 = 347.1(mg/kg)$

5. 称取 m 1.810g 沉积物干样品测定其中某种有机污染物含量，加入 V_1 20mL 正己烷进行提取，取 V_2 100μL 提取液进行分析测试，测得目标化合物峰高 h_1 25mm；同步用响应值较为接近的标准溶液进行测试，取标准溶液浓度 c 为 15μg/L、体积 V_3 50μL 进行测试，测得目标化合物峰高 h_2 23mm。求沉积物中目标化合物的含量。

解：$W = \dfrac{h_1 c V_3 V_1}{h_2 m V_2} = \dfrac{25 \times 15 \times 50 \times 20}{23 \times 1.810 \times 100} = 90.1(mg/kg)$

6. 称取沉积物 m 10.0g 测定其中氨氮含量，沉积物含水率 f 为 12%，沉积物用 V_1

50mL 10%酸化的氯化钠溶液振荡浸取，取浸取液 V_2 10mL 进行比色测定，通过标准曲线查得测得氨氮的含量 c 为 $0.21\mu g$，试求该沉积物中氨氮的含量。

解：$W = \dfrac{cV_1}{V_2[m(1-f)]} = \dfrac{0.21\times 50}{10\times [10\times (1-12\%)]} = 0.11 (\text{mg/kg})$

7. 称取沉积物 m 10.0g 测定其中硫化物含量，沉积物含水率 f 为 15%，沉积物加酸消解并用乙酸锌吸收，吸收液加碘和浓盐酸后静置 5min，用 c 0.01N 硫代硫酸钠标准溶液滴定，消耗体积 V_1 15mL，直接取吸收液加碘和浓盐酸后静置 5min，用 0.01N 硫代硫酸钠标准溶液滴定，消耗体积 V_2 20mL，试求该沉积物中硫化物的含量。

解：$W = \dfrac{(V_2-V_1)c\times 32/2\times 1000}{m(1-f)} = \dfrac{(20-15)\times 0.01\times 32/2\times 1000}{10.0\times (1-15\%)} = 94.1 (\text{mg/kg})$

8. 采用 HPLC 法测定土壤中的萘，对低浓度萘样品测定得到以下结果，求该方法测定萘的检出限 MDL。（已知 $t_{(7-1,0.99)}$ 为 3.143）

序号	1	2	3	4	5	6	7
测定值/(μg/kg)	24.8	27.9	24.2	26.0	22.5	17.2	22.6

解：浓度均值为 $\overline{C} = \dfrac{24.8+27.9+24.2+26.0+22.5+17.2+22.6}{7} = 23.6 (\mu\text{g/kg})$

标准偏差：

$$S = \sqrt{\dfrac{1}{n-1}\sum_{i=7}^{n}(C_i-\overline{C})^2}$$

$$= \sqrt{\dfrac{1}{6}[(24.8-23.6)^2+(27.9-23.6)^2+(24.2-23.6)^2+(26.0-23.6)^2+(22.5-23.6)^2+(17.2-23.6)^2+(22.6-23.6)^2]}$$

$$= 3.4$$

检出限 $\text{MDL} = t_{(7-1,0.99)}S = 3.143\times 3.4 = 10.7 (\mu\text{g/kg})$

9. 对土壤中有机物进行加标回收率分析，称取 m 为 2.0g 土壤样品，加入 V_1 为 120mL 甲醇进行提取浓缩至 V_2 1mL，取 V_3 20.0μL 提取液分析，通过标准曲线计算出该艾氏剂的含量 h 为 $1.7\mu g$，对加标样品分析计算艾氏剂的含量 h $3\mu g$，样品含水率 f_0 为 20%，已知加标量 W 50.0mg/kg，求样品的加标回收率。

解：$W_0 = \dfrac{h(V_2+mf_0)/V_3}{m(1-f)}\times 1000 = \dfrac{1.7\times (1+2.0\times 20\%)/20}{2.0\times (1-20\%)}\times 1000$

$= 74.4 (\text{mg/kg})$

$W_1 = \dfrac{h(V_2+mf_0)/V_3}{m(1-f)}\times 1000 = \dfrac{3\times (1+2.0\times 20\%)/20}{2.0\times (1-20\%)}\times 1000$

$= 131.2 (\text{mg/kg})$

加标回收率 $= \dfrac{W_1-W_0}{W}\times 100\% = \dfrac{131.2-74.4}{50}\times 100\% = 133.6\%$

10. 采用 HPLC 法对土壤中的蒽进行测定，称取 m 为 20.0g 土壤样品，前处理采用二氯甲烷和丙酮进行萃取和浓缩,用乙腈转溶剂后定容至 V_1 1mL,样品中蒽的峰面积为 y_1 3696.22（mAU×min）求此土壤样品中蒽的含量。已知样品含水率 f 为 10%,外标法绘制蒽的标准曲线回归方程为 $y=4073.99x+0.30$ [回归方程中 x 为浓度值（μg/mL）, y 为峰面积（mAU×min）]

$$x=\frac{y-0.30}{4073.99}=\frac{3696.22-0.30}{4073.99}=0.9072(\mu g/mL)$$

$$W=\frac{xV_1}{m(1-f)}\times 1000=\frac{0.9072\times 1}{20.0\times(1-10\%)}\times 1000$$
$$=50.4(\mu g/kg)$$

第七章 其他实用技术试题

一、填空题

1. 天平使用前应检查并调整至（水平）位置。

2. 天平使用前事先检查电源电压是否匹配，按仪器要求通电（预热）至所需时间。

3. 天平预热足够时间后打开天平开关，天平则自动进行（灵敏度及零点）调节。待稳定标志显示后，可进行正式称量。

4. 天平称量时将（洁净称量瓶）或（称量纸）置于秤盘上，关上侧门，轻按一下（去皮键），天平将自动校对零点，然后逐渐加入（待称物质），直到所需重量为止。

5. 称量结束应及时除去（称量瓶（纸）），关上侧门，切断电源，并做好（使用情况）登记。

6. 天平应放置在牢固平稳的称量台上，室内空调和抽湿机在称量时应（关闭）。

7. 检验人员应事先了解所用试剂的毒性及（防护措施）。

8. 实验室如有人触电，应迅速（切断电源），然后进行抢救。

9. 气体钢瓶停止使用时，先关闭（总阀门），待减压阀中余气（逸尽后），再关闭减压阀。

10. 钢瓶应存放在阴凉、干燥、远离（热源）的地方。可燃性气瓶应与氧气瓶（分开）存放。

11. 钢瓶内气体不能全部用尽，要留下一些气体，以防止外界空气进入气体钢瓶，一般应保持（0.5MPa）表压以上的残留压力。

二、判断题

1. 化学需氧量（COD）是反映水质受耗氧性物质污染的重要指标之一。（√）

2. 测定COD的水样应使用聚乙烯瓶采样。（×）

3. 测定COD的水样应使用玻璃瓶采样。（√）

4. 测定COD的水样要加入硝酸保存。（×）

5. 测定COD时，应使用电导率合格的超纯去离子作为实验用水。（×）

6. 测定COD的水样用聚乙烯瓶（×）保存，并加入$K_2Cr_2O_7$（×）保存。

7. 测定生化需氧量（BOD）的水样必须冷冻保存，并尽快分析。（×）

8. 测定油的水样应使用玻璃瓶（√）、聚乙烯瓶（×）采集和保存，用所采水样洗 3 次（×）、1 次（×）、2 次（×）。

9. 测定 VOC 的水样用玻璃瓶（√）聚乙烯瓶（×）保存。

10. 一个水样 COD 值高、BOD 值肯定也高。（×）

11. 同一水样 BOD 值肯定会稍小于 COD 值。（√）

12. 同一水样 BOD 值高，COD 值肯定也高。（√）

13. 一个水样 COD 值高，DO 值也会高。（×）

14. 一个水样 BOD 值高，DO 值会较低。（√）

15. 如果一个水样 COD 超标，BOD 肯定也一定超标。（×）

16. 如果一个水样 COD 很高，BOD 肯定也一定很高。（×）

17. 如果水样溶解氧值小于 3.0mg/L，水样肯定污染严重。（×）

18. 某河流水质上午测定溶解氧 4mg/L，中午测定 12mg/L，下午测定 2mg/L，该水质溶解氧日均值为 6mg/L，污染不严重。（×）

19. 用液相色谱法测定 VOC 比气相色谱法效果更好。（×）

20. 测定苯并[a]芘可使用气相色谱法（×）和液相色谱法。（√）

21. 测定水中 SVOC，用溶剂萃取后进样比顶空进样效果好。（√）

22. 汞、砷、铅、镉都是我国水质标准中规定的一类污染物（√），都属于重金属类。（×）

23. 目前氰化物被列为一类污染物。（×）

24. 目前 PCB 被列为一类污染物。（×）

25. HJ 168—2010《环境监测分析方法标准制修订技术导则》规定，以检出限的 2 倍（×）3 倍（×）4 倍（√）5 倍（×）作为测定下限。

26. 比色皿光学面有残液时先用滤纸吸收，再用镜头纸或软棉织物擦拭。（√）

27. 比色皿使用后应立即用水冲洗干净，必要时用铬酸洗液浸泡后用水冲洗干净。（×）

28. 称量结束应及时除去（称量瓶（纸）），关上侧门，切断电源，并做好（使用情况）登记。（√）

29. 天平应放置在牢固平稳的水泥台或木台上，室内要求清洁、干燥及较恒定的温度，同时应避免光线直接照射到天平上。（√）

30. 称量时应从侧门取放物质，读数时应关闭箱门以免空气流动引起天平摆动。前门仅在检修或清除残留物质时使用。（√）

31. 天平称量时环境湿度应控制在 20%～50%。（×）

32. 电子分析天平若长时间不使用，则应定时通电预热，每周一次，每次预热2h，以确保仪器始终处于良好使用状态。（√）

33. 天平箱体内应放置吸潮剂（如硅胶），当吸潮剂吸水变色，应及时更换，以确保吸湿性能。（√）

34. 挥发性、腐蚀性、强酸强碱类物质应盛于带盖称量瓶内称量，防止腐蚀天平。（√）

35. 所有化学试剂都应具备物品安全数据清单。（√）

36. 对于在储存过程中不稳定或易形成过氧化物的化学试剂需加注特别标记。（√）

37. 通风橱内不得储存化学试剂。（√）

38. 装有腐蚀性液体容器的储存位置应当尽可能低，并加垫收集盘，以防倾洒引起安全事故。（√）

39. 将不稳定的化学品分开储存，标签上标明购买日期。将有可能发生化学反应的试剂分开储存，以防相互作用产生有毒烟雾、火灾，甚至爆炸。（√）

40. 挥发性和毒性物品需要特殊储存条件，未经允许不得在实验室储存剧毒试剂。（√）

41. 在实验室内不得储存大量易燃溶剂，用多少领多少。未使用的整瓶试剂须放置在远离光照、热源的地方。（√）

42. 接触危险化学品时必须穿工作服，戴防护镜，穿不露脚趾的满口鞋，长发必须束起。（√）

43. 不得将腐蚀性化学品、毒性化学品、有机过氧化物、易自燃品和放射性物质保存在一起，特别是漂白剂、硝酸、高氯酸和过氧化氢。（√）

44. 氰化物、高汞盐[$HgCl_2$、$Hg(NO_3)_2$]等、可溶性钡盐（$BaCl_2$）、重金属盐（如镉、铅盐）、三氧化二砷等剧毒品，应妥善保管，使用时要特别小心。（√）

45. 有些试剂（如苯、有机溶剂、汞等）能透过皮肤进入人体，应避免与皮肤接触。（√）

46. 实验室区域禁止吸烟，不要在实验室内饮水就餐，以防毒物污染。结束操作离开实验室前应洗净双手。（√）

47. 操作有毒气体 H_2S、Cl_2、NO_2、浓 HCl 和 HF 应在通风橱内进行。（√）

48. 苯、四氯化碳、乙醚和硝基苯等的蒸气会引起中毒。它们虽有特殊气味，但久嗅会使人嗅觉减弱，所以应在通风良好的情况下使用。（√）

三、实验室基本操作

1. 水质监测有几种原理的滴定方法？对操作有什么不同要求？

答：共有3种：①络合滴定，用于总硬度测定，可快速摇动锥形瓶，加快络合反应；②氧化还原滴定，用于测定COD，摇锥形瓶时不能出现水花，否则会受空气中 O_2 影响；

③中和滴定，用于酸碱度测定，也不能出现水花，否则会受空气中 CO_2 影响。

2. 如何打开安瓿瓶？

答：先用纯水冲洗安瓿瓶的表面，之后用滤纸擦干，再划出刻痕，用水冲去玻璃屑，滤纸擦干后打开。

3. 用 20mL 移液管移取 2.0mL、3.0mL、4.0mL、5.0mL 标准溶液时，是否每次必须从 0mL 刻度放出标液？可连续放出吗？

答：不必每次从 0mL 放出。可连续放出标液，但放流速度要慢，防止内壁滞留标液对放出体积的影响。

4. 在没有标定的情况下，能配制出 3.00mol/L 盐酸吗？

答：不能，因为盐酸会挥发，即使移取盐酸体积十分准确，也不会配成 3.00mol/L 盐酸溶液，只能是约为 3mol/L 盐酸。

5. 有实验室标签注明 1.00mol/L 盐酸，2.00mol/L 硝酸。试分析这种注明方式的合理性，并阐述原因。如不合理，应如何写标签？

答：不合理。由于盐酸、硝酸易挥发，不可能配制如此准确。应注明为 1mol/L，2mol/L 硝酸。

6. 有实验室试剂瓶标签注明 1+1 硫酸有效期是 3 个月。试分析上述做法的合理性，并陈述理由。

答：不合理。因为 1+1 硫酸用量筒配制，不可能十分准确，即使硫酸有挥发也不影响使用。

7. 如何配制 700mL 1+1 硫酸？

答：用量筒先量取纯水 350mL 置于薄壁的 1000mL 烧杯中，再量取 350mL 浓硫酸，沿玻璃棒缓缓倒入水中，用玻璃棒搅均匀，待冷却后移至 1000mL 磨口瓶中。

8. 有人配制 100mL 5% 盐酸溶液时，在试验台上很准确的移取 5.0mL 盐酸置于 100mL 容量瓶中，小心用纯水定容，发现定容时超过了刻度线，又重新配制。试分析此场景存在的问题。

答：(1) 因盐酸挥发，应在通风橱中取用。
(2) 因盐酸挥发，不可能配制十分准确，取 5mL 即可，不一定准确至 5.0mL。
(3) 用水定容时，刚刚超过刻度线，此溶液可以使用，没必要重新配制。

四、化学需氧量、溶解氧、生化需氧量的监测

1. 测定一个水样的化学需氧量（COD）为 55.02mg/L，五日生化需氧量（BOD_5）为 59.26mg/L，试分析上述结果的合理性，并陈述理由。

答：不合理。第一，任何一个水样的 BOD 值不可能大于 COD 值，COD 是用重铬酸钾作为氧化剂，其氧化能力很强。而 BOD 是用接种的微生物降解可生化的污染物，其降解能力有限。第二，测定值小数点后位数太多，没考虑分析方法的检出限。

2. 有没有化学需氧量测定值大于 200mg/L，而五日生化需氧量小于 2mg/L 的水样？如有请举例说明。

答：有，例如江河运煤码头处的水样，因对 COD 有贡献的污染物主要是煤颗粒物，其可生化性很差。再如含碳素的水样等。

3. 有没有 COD 值接近 BOD 值的水样？如有请举例说明。

答：有，啤酒、烧酒、食醋等酿造行业，因其生产过程以生化为主，排水中污染物可生化性较强。此外，食品行业排水也可能出现这种情况。

4. 冬季现场测定溶解氧结果是：上午 8:00，3.5mg/L；中午 12:00，10.5mg/L；下午 16:00，4.7mg/L；下午 20:00，2.5mg/L。该数据日均值大于 5，所以水质较好。试分析上述结论的合理性，并解释数据变化如此大的原因。

答：溶解氧不能以日均值评价。数据变化如此大，是因为该水样富营养化明显。上午光照弱时，溶解氧很低，中午光照时，溶解氧升高，这是因为藻类的光合作用释放出的 O_2 尚未与空气交换。随后，随着光照的减弱，水中溶解氧值明显下降。

5. 化学需氧量是反映水中有机污染物程度的指标。评价这种说法的正确性，并陈述理由。

答：这种说法不正确。除部分有机污染物能被重铬酸钾氧化，对 COD 值有贡献外，Fe^{2+}、NO_2^-、SO_3^{2-}、Cl^- 等也对 COD 值有贡献，而这些都不是有机污染物。

6. 珠江口曾经发生大量海水倒灌进入珠江，影响饮用水源，使供水变咸。如用常规方法测定这类水的化学需氧量的结果准确吗？如不准确，是偏高还是偏低，如何准确测定这种咸水的化学需氧量值？

答：结果偏高。最好用氯气修正法，或者测出水中 Cl^- 大概含量，由纯水配置含相应 Cl^- 的试样，测定其 COD 值。然后用常规方法测定出水样的 COD 值，减去纯水配置试样的 COD 值。

7. 如第 6 题中所述水样，在测定高锰酸盐指数时，会得出准确结果吗？为什么？

答：如果用碱性高锰酸钾法测定，会得到准确结果。该方法不受 Cl^- 的干扰。若用酸性高锰酸钾法测定，因受到 Cl^- 的干扰，也得不出准确结果。

8. 同一个水样测定的化学需氧量（COD_{Cr}）值肯定比高锰酸盐指数（COD_{Mn}）值低。评价这种说法的正确性，并陈述理由。

答：不对，因重铬酸钾的氧化能力比高锰酸钾强，COD_{Cr} 值肯定比 COD_{Mn} 值高。

9. 某中小河流以受纳未经处理的市政生活污水为主，测定河水的化学需氧量大于 150mg/L，而五日生化需氧量小于 2mg/L。评价监测数据的合理性，并分析生化需氧量未检出的原因，提出解决方案。

答：不合理。可能是未经处理的生活污水或市政医院污水含活性氯消毒剂，接种的微生物被杀灭，所以生化需氧量未检出，应把接种菌经驯化后再进行接种。

五、氨氮、硝酸盐氮、亚硝酸盐氮的监测

1. 紫外分光光度法测定总氮，试剂空白的吸光度值为何偏高。试分析如何处理才能

准确扣除空白?

答:因消解水样用的过硫酸钾不可避免有含氮化合物(可看试剂瓶标签)。解决方法(1)多带几个空白,若无过失误差取均值扣除。

(2)一般加入碱性过硫酸钾消解液时,不要求十分准确,但是,为了准确扣除空白,在水样消解时全程序空白和水样必须准确(如加入 10.00mL)加入消解液。

2. 富营养化湖水样品测定,氨氮、硝态氮和亚硝态氮的结果并不高,而总氮却明显超标。试分析原因。

答:因为总氮是三氮与有机氮之和,富营养化水样含藻类较多,藻类会使总氮超标。

3. 测定受生活污水河流的水质时,得到了氨氮大于总氮的数据。试分析数据的合理性,并阐述原因。

答:不合理。总氮是氨氮、硝态氮、亚硝态氮和有机氮之和,因此不可能出现氨氮大于总氮的数据。

4. 目前有的水质自动监测站在测氨氮时使用强碱液把 NH_3 逐出,然后用气敏电极法测量。这样监测的数据结果常比纳氏试剂法手工测定偏高,试分析原因。

答:若用强碱液逐出,芳香胺、脂肪胺等有机胺也会释放出 NH_3,而氨氮是指无机态的,不含有机胺,所以测定结果偏高。

5. 测定存放于烧杯中的同一个水样的亚硝态氮时,上午、中午、下午 3 次测定结果差别较大,试分析原因,并指出哪次数据最高。

答:因为亚硝态氮不易保存,会被空气中的 O_2 氧化成硝态氮,从而使测定结果越来越低。上午测定结果最高。

六、简答题

1. pH=9.01,pH=5.99,试分析这两个 pH 值是否达标,并阐述理由。

答:不应判断为超标。pH 计能准确至 0.1pH 值,0.01 是估计的,不可能测出准确至 0.01pH 值的数据,按四舍六入五单双的原则应为 pH=9 和 pH=6。

GB 3838—2002《地表水环境质量标准》规定的 pH 值是 6~9,并不是 6.0~9.0。

2. 某水样测定的 S^{2-} 浓度为 2.1mg/L。试分析这种表达的正确性,并阐述理由。

答:不对。硫化物在水中以 HS^-、S^{2-} 和能被酸分解的金属硫化物存在,并不是以单一 S^{2-} 形式存在。测定方法是经过酸化吹气,H_2S 被吸收液吸收后比色测定。

3. 某单位水质监测数据报表中有 CN^-、Cr^{6+} 等项目。试分析其合理性,并陈述理由。

答:不合理。在一般水样中很少存在 CN^-,而大部分以金属络合氰存在,水样经酸化蒸馏后以 HCN 释放出,被吸收液吸收后测定。

水样中不会存在 Cr^{6+},而是以 $Cr_2O_7^{2-}$、CrO_4^{2-} 存在,相关国家标准是六价铬,也没指出是以铬酸根还是以重铬酸根存在的六价铬,因此不能以 Cr^{6+} 表示。

4. 不经前处理的水样能用离子选择电极法能把氟化物测准确吗？为什么？

答：不能。因为离子选择电极只能对 F^- 有响应，而水中的氟化物不一定都以 F^- 存在，例如 AlF_3 等。必须经酸化前处理后才能测定准确。

5. 用 GC-MS 法分析水样中的 SVOC 时，用顶空进样和吹脱捕集进样的分析结果会有差别吗？哪种进样方法可能会结果偏低？为什么？

答：会有明显差别，顶空进样会结果偏低。因为 SVOC 沸点都大于 260℃，不容易进入顶空瓶的顶上空间，如果加热，水也会以蒸汽形式进入顶上空间，稀释了 SVOC 在气相中的浓度。吹脱捕集就不存在这些问题，结果会比较准确。

6. 如果标准曲线的相关系数 $r=0.92$，你如何处理分析数据？

答：不能用回归方程处理数据，必须用比例法（类似于气相色谱中的内插法）处理数据。

7. 如果在分析时，质控样的结果十分准确，能判断该水样分析结果也准确吗？

答：不能。因为水的质控样都是以纯试剂和纯水加保存剂制备的，不含基体干扰。而实际水样基体都会存在，当有基体干扰时就不能起到质控作用。

8. 一个水样平行双样偏差仅为 0.2%，能判断结果正确吗？

答：不能，如果有正、负干扰会使结果系统偏高或偏低，不会对结果的再现性产生影响。

9. 水质监测实验室常用的质控措施有哪几种？

答：空白样、平行样、质控样和加标样最为常用。

10. 用气相色谱法测定约含 0.5mg/L 四氯化碳的水样时，选用哪种检测器？为什么？若四氯化碳浓度为 0.01mg/L 呢？

答：应选用 FID 检测器，FID 对四氯化碳有响应，但灵敏度不高，若使用 ECD 因其灵敏度太高，曲线也容易弯曲，稀释后分析会引入稀释误差。测 0.01mg/L 的四氯化碳可选用 ECD，使用 FID 灵敏度不够。

11. 磷酸盐和总磷的概念有什么区别？

答：总磷是无机磷和有机磷化合物的总称。而磷酸盐的概念并不十分准确，无机磷酸盐有正磷酸盐，偏磷酸盐和聚磷酸盐等。

12. 原子吸收和原子荧光仪器的光路有何不同？为什么？

答：原子吸收的光源和光电倍增管在同一直线上，原子荧光不在一条直线上，而有约 90°的角度，这与两种方法的测定原理有关。

13. 原子吸收测铅时，217.0nm 线比 283.3nm 线灵敏度高得多，为什么我国标准分析方法中都规定使用 283.3nm 线测定。

答：因波长越短越容易受光散射的影响，因此一般不使用 217.0nm 线分析 P 铅。

14. 测定五日生化需氧量的水样保存时间有何规定？

答：GB 5750—2006《生活饮用水卫生标准检验方法》要求测定五日生化需氧量的水

样在低温条件下保存时间为 12h。

HJ/T 91—2002《地表水和污水监测技术规范》要求测定五日生化需氧量的样品在低温条件下保存时间为 12h。

HJ 505—2009《水质　五日生化需氧量（BOD_5）的测定　稀释与接种法》要求采集的地表水、废污水样品应充满并密封于棕色玻璃瓶中，样品量不小于 1000mL，在 0~4℃ 的暗处运输和保存，并于 24h 内尽快分析。24h 内不能分析，可冷冻保存（冷冻保存时避免样品瓶破裂），冷冻样品分析前需解冻、均质化和接种。

SL 219—2013《水环境监测规范》要求测定地表水和入河排污口五日生化需氧量的水样保存时间为 6h。

CJ/T 51—2018《城镇污水水质标准检验方法》"12 五日生化需氧量的测定　稀释与接种法"要求采集样品应装满并密封于瓶中，放在 2~4℃ 下保存，宜在采样后 6h 内进行测定，保存时间不应大于 24h。

15. 用连续流动分析法测定水中氰化物时，出现负峰（如下图），试分析原因。

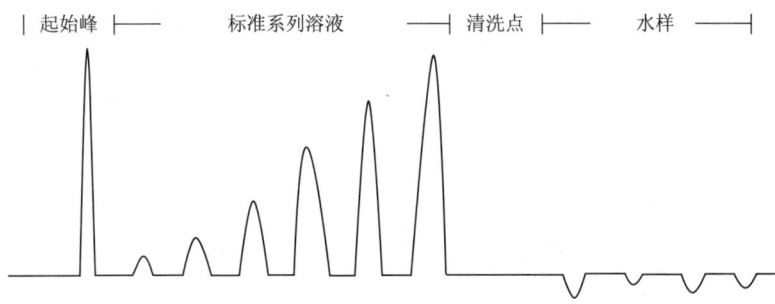

答：（1）从图谱来看，起始点和标准系列溶液能正常出峰，说明测试过程没有问题，仪器没有问题。

（2）水样出负峰，而清洗点没有出负峰，说明清洗点溶液中氰化物浓度与载流液一致且高于水样。清洗点和载流一般用实验用水来代替，由此可初步判断是实验用水受到污染导致出现了负峰。

16. 生态环境部制定的《"十四五"国家地表水环境质量监测网断面设置方案》中，在全国共布设 3646 个国控断面，有效实现生态环境部门水环境质量监测网和水利部门水功能区监测网的"两网合一"。该方案提出的按"9＋X"进行监测，按"5＋X"进行评价，分别是指什么？

答："9＋X"是指"十四五"国家地表水监测模式，"5＋X"是指"十四五"国家地表水评价模式。

"9"为水温、pH、浊度、电导率、溶解氧、氨氮、高锰酸盐指数、总磷、总氮等 9 项基本监测指标。

"X"为 GB 3838—2002《地表水环境质量标准》表 1 基本项目中，除 9 项基本指标外，上一年及当年出现过的超过Ⅲ类标准限值的指标；若断面考核目标为Ⅰ类或Ⅱ类，则为超过Ⅰ类或Ⅱ类标准限值的指标。特征指标结合水污染防治工作需求动态调整。9项基本指标中,水温、电导率和浊度因无相应标准限值,作为参考指标,不参与水质评价,总氮参与湖库营养状况评价。水质评价方式为"5+X",即:pH、溶解氧、氨氮、高锰酸盐指数、总磷和"X"特征指标。

17. 建立生态环境分区管控体系的"三线一单"指的是什么?

答: "三线一单"是指生态保护红线、环境质量底线、资源利用上线和生态环境准入清单。

第二篇

环境监测中的技术问题解答

一、生化需氧量、溶解氧、化学需氧量监测问题

(一) 五日生化需氧量测定问题

1. 为什么有时 BOD_5＞COD（化学需氧量）？

答：一般地表水测定不会出现 BOD_5＞COD 的数据，只有受到严重污染的水样或污水试样，有时会出现 BOD_5＞COD 的情况。故这组数据肯定是错误的，可能由以下原因造成：

（1）水中悬浮物影响，即水样不均匀引起的误差。

（2）由于水样污染严重，所以要经过稀释才能测定 BOD，稀释比越大，BOD 测定的正误差越大。

2. BOD_5 水样可以冷冻保存吗？冷冻保存时间有限制吗？

答：BOD_5 水样不能冷冻，只能在 0～4℃ 的冰箱冷藏保存，最多不超过 6h。

3. BOD_5 测试中有时空白双样的偏差可达 50%，如何解决？

答：BOD_5 测定结果因水样中污染物浓度及接种微生物的种类不同而异，因此使用的稀释水进行空白试验加以校正是十分困难的，一般要求稀释用水五日耗氧量小于 0.2mg/L，并最好控制在小于 0.1mg/L。空白水必须通入净化的空气，并不能含有有机物等，因此空白控制实属不易。加之空白五日生化需氧量本身很小，也难以准确测量，因此平行双样偏差往往很大。

为了解决这一问题，需采取以下措施：

（1）保证稀释水的质量。蒸馏水中含有有机物，去离子水含有从树脂溶出的有机物。通常用市售纯净水效果较好，或者将蒸馏水加入高锰酸钾后进行重蒸馏，或者将自来水煮沸 1h，使有机物挥发后，再用石英蒸馏器在洁净室蒸馏，并用磨口玻璃瓶承接。

（2）用经净化的空气通入稀释水中，使 DO 接近饱和，或通入纯氧后置于 20℃ 的培养皿中使溶解氧达到平衡。

4. 当水中的 DO＞4mg/L 时，可不稀释水样测 BOD_5，可在溶解氧瓶中加试剂和接种液进行搅拌，这时可否用磁力搅拌器搅拌？

答：可用电磁搅拌器搅拌，但要注意搅拌子的清洗和放置的位置，以达到搅拌均匀。

5. HJ/T 91—2002《地表水和污水监测技术规范》第 8 页注意事项（8）中测 DO、BOD_5 和有机污染物等时，水样必须注满容器，不留顶上空间。这里有机污染物指哪些项目？

答：这里有机污染物主要指挥发性和半挥发性有机污染物，如：三氯甲烷、四氯化

碳、三溴甲烷、苯乙烯、苯、甲苯、二甲苯等。如果水样未充满，这些有机物受热或受振动容易集存在试样瓶的顶上空间，造成测定结果偏低。

6. HJ/T 91—2002《地表水和污水监测技术规范》第10.5.2条中的标志L是位于检出限值前或是后？

答：标志L在检测限的数字之后。如COD测定中，当使用蒸馏水（而不是去离水）时，检测限应为2mg/L，以"2L"表示。

7. 测BOD时若遇到高浓度废水，稀释0.5倍后溶解氧消耗殆尽，如何测定？

答：污染严重的水样可稀释1倍或2倍以上，但这样误差会较大。

8. GB 18918—2002《城镇污水处理厂污染物排放标准》中规定24h等比采样，对24h采样有什么技术要求，pH值、BOD、油类等项目有什么特殊要求？

答：使用连续自动采样器、防止管路被悬浮物堵塞、及时清障、定期校对流量、利用反冲系统清洗管路等都是关键的技术要求。该标准规定24h等比采样，每2h采一次样。测混合样是不合理的。

pH值不能测混合样，BOD会失效，油样应单独采集。

9. 分析BOD_5时，稀释水的空白值一般都在0.3~1.0mg/L，如果加入了接种液，其空白值会更高，没有办法做到0.3mg/L以下，如何解决这一问题？

答：为了减少BOD稀释水的空白，应使用新鲜的蒸馏水。

10. BOD_5直接培养法是否有最低检出浓度？

答：BOD不经稀释直接培养法的最低检出限为0.5mg/L，最低定量浓度为2mg/L，而不是最低检出浓度。

11. 牛奶厂的水样测得BOD 36mg/L、COD 38mg/L，是否合理？

答：牛奶厂排水以生产或生活污水为主，这样COD和BOD值比较接近，在牛奶厂排水中因为能被重铬酸钾氧化的污染物一般都可生化降解，而BOD 36mg/L和COD 38mg/L不够合理，但误差在允许的范围之内。

12. BOD快速法，现在没有国家标准，只有BOD_5的标准，如何解决？

答：BOD快速法没有国家标准，有行业标准方法，即HJ/T 86—2002《水质 生化需氧量（BOD）的测定 微生物传感器快速测定法》。该方法不用五日生化培养，一般只需30min，因此用快速法测定时以BOD表示，而不是BOD_5。日本在1990年就颁布了快速测定BOD的方法，把BOD_5改为BODs。

13. 测定DO、BOD_5、余氯的采样点为什么不能用水样荡洗？

答：测定BOD_5的采样瓶是经过高温灭菌的，荡洗后会有菌类沾污；DO容易曝气，应用虹吸管从样桶中慢慢吸取；余氯很不稳定，因此尽可能快速采样、分取，而不应再用水样洗涤试样瓶。

14. 地表水测高锰酸盐指数和BOD_5的水样需沉降吗？

答：测地表水高锰酸盐指数和BOD_5的水样也需沉降30min，但对清澈的水样不需沉降可直接采样。注意测 BOD_5 的水样必须单独采集,并用灭菌的采样瓶。

15. 地表水监测时,尤其是在丰水期监测,遇到 BOD_5 高于高锰酸钾指数的情况,是否主要由于自然沉降时间不同而引起?如何解决?

答:在丰水期水样中泥沙等悬浮物较多,由于水土流失造成水样中富敏酸、胡里素等土壤有机质类较多,这些物质都可以被 $KMnO_4$ 氧化,也可生化降解。严格说来,测量结果 BOD 稍高于高锰酸盐指数时也不能算错误。

当用灭菌后的玻璃容器采样并自然沉降 30min 后,可先分取 BOD 水样,用灭菌的移液管从该水样中再分取测高锰酸盐指数水样。

16. BOD_5 的测定:①地表水是否需自然沉降 30min?②污水水样中含有消毒剂时,较难于接种培养及消除干扰,如何选择菌种及消除消毒剂的干扰?

答:测 BOD 的水样也应自然沉降 30min,这是为了消除泥沙中有机质的影响。当污水含消毒剂时会灭杀接种的菌类,应进行驯化后再接种。

17. 污水污染物浓度大时,BOD 该如何稀释?悬浮物(SS)出现负值时,是否应做空白校正?

答:污水稀释时的稀释倍数应尽量小,如 0.5 倍、1 倍等;测定Ⅰ类、Ⅱ类地表水的 SS 时,有时会出现负值,这是滤纸未经过浸泡或清洗处理,滤纸纤维洗脱造成的误差。应将滤纸在纯水中浸洗或用纯水冲洗,风干并恒重后使用。

18. 测 BOD 时,培养前和培养后,可否用 DO 测试仪测,然后计算。

答:从原理来讲,可用 DO 测试仪测定培养前后 DO 之差,但 DO 测试仪本身误差较大,使用时应注意。

19. BOD_5 用溶解氧瓶采集 250mL 水样,如果不需要稀释,水样量能否满足测定?

答:一般 250mL 水样应能满足测试要求。当 DO≥4mg/L 不能稀释,否则误差较大。

20. 如何判断水样具生物毒性?若直接稀释做 BOD_5,不接种,BOD_5 结果占 COD_{Cr} 结果 10%~20%,是否可判定此水样具生物毒性,必须接种?

答:判断水样生物毒性的方法很多,如藻类生长抑制试验、发光菌急性毒性试验以及国外开展的酶联免疫法、PCR(聚合酶链式反应)法等。BOD 和 COD 之间没有定量的比例关系,因两者的概念不同,在测定条件下能被 $K_2Cr_2O_7$ 氧化的污染物不一定可生化降解,但可生化降解的污染物一定会被 $K_2Cr_2O_7$ 氧化,不能根据其比例关系判定是否具有生物毒性。一般工业污水经接种亦可测定 BOD。

21. 关于 COD、高锰酸盐指数和 TOC 的相关性?

答:严格说来三者之间具有一定的相关性,但相互之间需要进行换算、误差会很大。因为 $K_2Cr_2O_7$ 和 $KMnO_4$ 氧化还原电位不同,水样中存在的有机物种类不同会得出不同结果,而 TOC 只能反映出水中有机物污染程度,不能反映出水中能被 $K_2Cr_2O_7$ 和 $KMnO_4$ 氧化的无机物存在浓度,三者之间会有变化趋势相似的情况。

(1)我们在环保验收时发现一个工业园区污水 COD 浓度仅 52mg/L,满足 60mg/L 的限值标准。因该园区项目很多,产品复杂,同时监测 TOC 高达 300mg/L,大大超过了

20mg/L 的一类排放标准。如果用 $300 \div 12 \times 32$（TOC 以 C 表示，COD 以 O_2 表示）折算（近似），COD 则高达 800mg/L，严重超标。通过详细分析，排水中存在二恶烷类等不能被 $K_2Cr_2O_7$ 氧化的有机污染物。找出原因，通过整改达到了验收标准。

（2）某大城市两个自来水厂输送至居民家的自来水发臭。详细监测发现自来水厂进水所有监测项目完全达标，高锰酸盐指数也无异常。由于 TOC 还没列入地表水环境监测项目，经监测发现 TOC 超过 60mg/L（$60 \div 12 \times 32 = 160$），说明水源水存在不能被 $KMnO_4$ 氧化的有机污染物。经详细排查发现进水中存在大量的香椿、色素、食品保鲜剂等，天气回暖后引起自来水发臭。

用前述 TOC 折算成 COD，COD_{Mn} 的方法可作为一般性判断污染物来源，折算结果只能反映出 CH 化合物浓度，详细排查还应该用 GC/MS 定性、定量分析和 HPLC/MS 定量分析。

22. 在进行造纸厂 BOD_5 时，COD 很高，达 300mg/L 以上，而 BOD_5 检不出来，只有几个毫克每升，按书上推荐的几种方法试验都不行，为什么？

答：这种情况可能是造纸厂用氯酸盐或次氯酸盐漂白纸浆，应经驯化后再接种。

23. BOD 测定时，如何解决五日法与快速法测定不一致的问题，以哪个方法为准？在实际工作中测定富营养化水体中的 BOD 时，对水样进行初步过滤后分别用上述两种方法测试，结果快速法比五日法的结果低一半，如何确定测试结果？

答：BOD 测定时，应以五日法测定的结果为准。两种方法测定的结果不一致可能是由于两种方法测定的试样不完全相同，因为富营养化水样中含较多的细小藻类群体，因此，很难使取样达到完全一致。在验证快速法时测过至少 8 种地表水和多种污水，仅发现 1 种污水（碳素厂）与五日法不同，地表水效果都较好。

24. 分析 BOD_5 时水样是否应该摇匀？

答：水样可以摇匀，摇动方式应和滴定操作相同，不能荡起水花。

25. BOD_5 稀释倍数法是否有问题？该方法事实上很难做准，数据准确度不高？

答：水污染越严重，稀释比越大，BOD_5 测定结果误差越大。十几年前就发现了这一问题。在《环境监测实用技术》（齐文启，中国环境科学出版社，2006）中有相关论述：

早在 15 年前就发现在测定 BOD 时，由于稀释比不同导致的测定误差可能超过 50%。测定 BOD_5 的经典方法是稀释接种法，稀释倍数的确定是该方法的关键技术之一。受污染的地表水，由于当天溶解氧较低，如果不稀释，第五天的溶解氧会小于 1mg/L。HJ 505—2009《水质　五日生化需氧量（BOD_5）的测定　稀释与接种法》根据预期 BOD_5 值确定稀释倍数，《水和废水监测分析方法（第四版）》（国家环境保护总局、《水和废水监测分析方法》编委会，中国环境科学出版社，2002）中根据高锰酸盐指数测得的数值来确定稀释倍数，一般从 2 倍开始，整数倍地连续稀释。根据多年实践，这样测得的 BOD_5 往往会偏高。究其原因，主要是水体一经稀释，其生态结构就发生变化，稀释倍数越高，水体中生态结构改变就越大，微生物生存空间也越大，使 BOD_5 偏离真值越大。

胡文翔等以宁波市甬江和城市内河站位水样采用 1.5 倍与 2 倍稀释水平进行对比试验，在其他条件不变的前提下，两者相差很大，相对误差为 $-7\% \sim -59.3\%$，而且都是

2倍的 BOD_5 值大于 1.5 倍的 BOD_5 值。即稀释比越大误差越大。

为什么稀释倍数不同会产生如此大的误差？尤其是稀释倍数越大，测定值越高。因为稀释倍数大，水体中溶解氧就高，随之造成微生物繁殖的空间就大。因为对微生物而言，如果各方面条件满足，它将以几何速度繁殖（$y=x\times 2^n$，x 为水样培养当天菌数，y 为 5 天后培养的菌数，n 为繁殖代数）。据有关资料表明，大肠杆菌每一代的平均繁殖时间为 17min，5 天培养期间，大肠杆菌可以繁殖 400 多代，即当天 1 个菌落第五天可以繁殖成 $2^{423.5}$ 个菌落。

下面几种措施可使测定结果更接近水样的 BOD 真值：

(1) 一般情况下未受严重污染的地表水样，可不用稀释直接测定 BOD_5。

(2) 当现场测定水样的 DO<4mg/L，应将水样稀释后测定；富营养化的湖泊、水库水虽然 DO>4mg/L，但这不能代表水质的真实情况，也应稀释后测定。

稀释倍数应尽可能减小，如 0.5 倍、1.0 倍、1.5 倍、2.0 倍、2.5 倍等，只有当水样浑浊或有异味、污染较重的水样才使用 2.0 以上的稀释倍数。

(3) 使用微生物传感器快速测定法。HJ/T 86—2002《水质 生化需氧量（BOD）的测定 微生物传感器快速测定法》微生物传感器法能实现快速测定，一般水样仅需 30min 便可得到测定结果。一般测定 BOD 的范围是 2~500mg/L，BOD 较高的水样可稀释后马上测定，由于稀释停留时间较短，前述的微生物繁殖误差不会对测定值产生重要影响。使用该方法最好预先制备出 BOD 的工作曲线。

26. 快速测定法测定的是 BOD，而不是 BOD_5，评价标准中没有 BOD 指标，只有 BOD_5，该如何评价？

答：用 HJ/T 86—2002《水质 生化需氧量（BOD）的测定 微生物传感器快速测定法》测定的 BOD 应理解为 BOD_5。我国使用 BOD_5 制定标准是引用美国标准，当时欧洲有的国家使用 BOD_7，其实 BOD 和 COD 一样，也是一个条件定义，在日本没有 COD_{Cr}，只使用高锰酸钾法测定 COD，同一污水样品测定结果可能会 $BOD_7>BOD_5$。

在制定 HJ/T 86—2002 时，曾做过地表水比对，100% 有可比性。同时也做了多种污水的方法比对，正如题 24 中提到，稀释比越大，BOD_5 测定的误差越大，比对也较困难。用 BOD 值小于 30mg/L 的污水进行对比，效果都较好。比对时不含碳素厂污水，因碳素微小颗粒易堵塞微生物膜的微孔，使用该方法比较困难。

综上，快速法测得的 BOD 可理解为 BOD_5。

（二）溶解氧测定问题

1. 测海水中的 DO 能不能用便携式溶解氧测定仪？

答：没有盐度校正的便携式溶解氧仪不能用于海水 DO 的测定，因海水含盐量很高，会使 DO 测定结果偏低。但有的便携式溶解氧仪同时具有水中盐度的测量功能，先测出海水的总盐度，再将仪器调换盐度档测定 DO，此时得出自动校正盐度后的 DO 值。

2. 现场自动监测河流的 DO 时，常出现饱和情况，这属于正常现象还是仪器误差？

答：河流中的藻类等影响会使 DO 出现过饱和情况，这是水中藻类光合作用的影响，光合作用释放出的氧气导致水中溶解氧偏高。然而，一般只有在光照情况下才会产生光合作用，一旦没有光照，水中的藻类会大量耗氧，使水中 DO 急剧降低。因此，24h 连续监测出现过饱和 DO 的结果是不正常的，应属于仪器误差。

3. 地表水在什么情况下 DO 会产生过饱和的现象？水体中 DO 过饱和现象出现后，pH 值呈逐渐上升趋势，如何解释？冬季水体中 DO 长期过饱和的现象如何解释？自动监测仪器、便携式仪器、碘量法三种方法都测定水体的 DO 值过饱和，这时测定结果是否可信？

答：地表水 DO 过饱和情况见前述题 2。由于水中藻类的光合作用过程中吸收了水中溶解的 CO_2，CO_2 本身是酸性气体，CO_2 的减少会使水的 pH 值略有上升。冬季也存在光合作用，所谓长期过饱和不应包括晚上或无光照的情况。三种方法结果虽然可使用，但不能如实反映水质受耗氧性化学物质的污染情况。在这种情况下，应以高锰酸盐指数、BOD_5 或 COD 评价。

4. 污水处理场（活性污泥法）处理后污水中的 DO 用碘量法测定值很高，与电极法差别很大，如何解决？

答：活性污泥法处理后的污水确实用碘量法测定 DO 值很高，这是水中含有大量硝化微生物，在测定水样时受硝化反应的影响所致。应抑制这种硝化作用，即在每升稀释后的水样中加入 2mL 浓度为 500mg/L 的烯丙基硫脲。电极法是测水中氧含量，一般以％表示，在换算到 mg/L 时会产生误差。最好用同样的地表水（DO 在 5~8mg/L，20℃）将两种方法比对后进行修正。

5. DO 的评价指数的计算是每个采样点分别计算，当计算结果有正有负时，该如何处理？

答：DO 出现负值时，应将这类数据的水样单独评价。

6. 何种 DO 样品采集袋材料较好？实际工作中用输血袋作为 DO 的采集袋，该袋被阳光直射后测定值异常增高，请问这样的采集袋需要什么样的保存条件？

答：测 DO 的水样采集一般不用聚乙烯袋，应使用玻璃磨口瓶，并使水样充满防止曝气，或者用测 BOD 的培养瓶采样。根据 HJ/T 91—2002《地表水和污水监测技术规范》，要求 DO 现场测定，当没有 DO 测定仪时，可把碘量法的滴定试剂带至现场，用 10.0mL 或 20.0mL 刻度吸量管代替滴定管进行滴定，控制吸量管滴液速度与放于管上口的手指的干、湿程度有关，手指过干不易控制，可沾些水润湿；手指过潮时，可用大拇指和中指转动吸量管。

7. 水样色度（颜色深）对 BOD 测定有影响时怎样处理？

答：首先通过稀释接种会使水的色度变小，或者使用 HJ/T 86—2002《水质　生化需氧量（BOD）的测定　微生物传感器快速测定法》中规定的方法，这样只观察读数，不会像碘量法观察颜色变化。

8. 测定 BOD_5 的方法中稀释 0.5 倍是什么意思？（DO<4mg/L 时，稀释 0.5 倍）

答：稀释倍数和稀释比是在测定 BOD 时经常遇到的概念，不同书和文章的写法也不同。且在 HJ 505—2009《水质　五日生化需氧量（BOD_5）的测定　稀释与接种法》中只提到稀释比，并没谈到稀释比为 1 或 2 时怎么操作。

在实际工作中可如下进行稀释倍数：取 20mL 水样，加入稀释（或稀释接种）水 10mL 即稀释 0.5 倍；若加入 20mL 稀释水，则是 1 倍稀释。

还有一种叫稀释比的操作，如培养液的稀释比为 30%，是指培养液（或稀释水）占的比例。在计算 BOD_5 时为

$$BOD_5(mg/L) = \frac{(C_1 - C_2) - (B_1 - B_2)f_1}{f_2}$$

式中　C_1、C_2——水样培养前、后的溶解氧浓度，mg/L；

　　　B_1、B_2——稀释水（或接种稀释水）培养前、后的溶解氧浓度；

　　　f_1、f_2——稀释水（或接种稀释水）和水样在培养液中所占的比例，即 70 份水样，30 份稀释水，因此这里 f_1 为 0.3，f_2 为 0.7。

由于确实存在难以确定的误差，因此 HJ/T 91—2002《地表水和污水监测技术规范》中规定了 DO 要求现场测定，这就不需要固定了，若没有 DO 快速测定仪，可参照前述题 6 的方法，现场滴定。

这种现场滴定法在 1992 年江苏—浙江—嘉兴水污染事故时已经使用，苏州和嘉兴环境监测站使用效果很好。

（三）化学需氧量测定问题

1. 洗煤废水中 COD 分析是否取沉降后的水样进行分析（以前取的是摇匀水样，水样中 SS 高，COD 也高，两个值有一定的相关性）？

答：洗煤水的 SS 主要是煤的细小颗粒，绝大部分可被 $K_2Cr_2O_7$ 氧化，因此测定 COD 较高。若作为污水直接排放应摇匀后取样测定，因为 HJ/T 91—2002《地表水和污水监测技术规范》中规定污水样品取含 SS 的混合水样，不应沉降后再取样。为了取得有代表性水样，应在测流堰的跌水处，或巴歇尔槽的出口处。

2. 某些地区的 SS 在 68~182mg/L，COD 的测定是否也需要静置 30min 后测定？这样 COD 指标会与实际水质情况不符。

答：如果是地表水应自然沉降 30min 后取上层非沉降部分（含不可沉降的胶态物质）测定 COD 值，若是企业排放的污水，应取含 SS 的代表性水样。

3. 酸洗行业污水中的 COD_{Cr} 如何测定，如何去除干扰？

答：酸洗行业也按 HJ 828—2017《水质　化学需氧量的测定　重铬酸盐法》测定 COD，能对 COD 产生干扰的可能是 $Cr(Ⅵ)$，此时用 $K_2Cr_2O_7$ 法测定误差会很大，解决办法如下：

（1）测定 $Cr(Ⅵ)$ 含量后进行扣除，此方法比较复杂。

（2）用 $KMnO_4$ 代替 $K_2Cr_2O_7$ 测定水样。先根据工艺流程，使用的原料、材料，确

定出对 COD 有贡献的特征污染物的量（用物料平衡法估算），找出 $KMnO_4$ 和 $K_2Cr_2O_7$ 氧化比例系数，计算出 COD 值。

若使用 HCl 清洗，水中的氯化物会产生误差，当 Cl^-＜1000mg/L 时，可加入硫酸汞消除；若 Cl^-＞1000mg/L，用闭管消除法或者氯气修正法。

4. 某单位现安装了一台德国 LAR 公司 ELOX100A 型在线 COD 监测仪，仪器显示值在 1000mg/L 以上，国家标准方法测定的 COD_{Cr} 为 100～200mg/L，这是什么原因造成的？请解答。

答：德国 LAR 公司的 ELOX100A 型在线 COD 监测仪不使用 $K_2Cr_2O_7$ 作氧化剂，而使用 OH^- 氧化，其氧化—还原电位比 $K_2Cr_2O_7$ 高，COD 实质上是在标准条件下被 $K_2Cr_2O_7$ 氧化的污染物量，如多环芳烃、多氯联苯等有机污染物，部分不能被 $K_2Cr_2O_7$ 氧化，但可被 OH^- 氧化，因此测得 COD 值也高。在此情况下应使用相同的水样与标准方法比对，找出合适的系数进行修正。

5. 不能用去离子水配制试剂的项目除了 COD_{Mn}，还有什么？

答：由于去离子水是经过有机树脂制备的，难免会有有机物洗脱下来进入水中，而这些有机物是以分子状态存在，对水的电导率没影响，虽然实验室一级水要求 25℃的电导率＜0.1μS/cm，但不能说其中不含以分子态溶解的有机物。因此测定 COD_{Mn}、COD_{Cr}、TOC 时，不用去离子水。

6. COD 采样可否用塑料瓶，如果可以用，误差有多大？

答：这个问题缺乏比对实验，但在"九五"科技攻关研究中，发现用聚乙烯桶装的去离子水测定 COD 时，空白竟达 17mg/L。

由于聚乙烯瓶是有机材质，一定不能用来采集测定 COD 的水样。

7. 较清洁的地表水 COD_{Mn} 高于 BOD_5，但在比较复杂的地表水情况是否也这样？

答：COD_{Mn} 和 BOD_5 是两个概念，其反映的水质污染类型不同，只有在五日生化培养条件下可被生化降解的污染物才能被 BOD_5 测量出来，在规定条件下能被 $KMnO_4$ 氧化的污染物由 COD_{Mn} 反映出来。一般说来，未受污染的水这两个项目测定值都较低，难以准确测定。普通地表水都是 COD_{Mn} 稍高于 BOD_5，或二者相近。究竟哪个要比哪个高？这与地表水受纳污水的种类有关，如果受纳的发酵、酿造、食品行业污水，则 BOD_5 会高于 COD_{Mn}，但绝对不会出现 BOD_5 高于 COD_{Cr} 的情况。

8. 含 Cr^{6+} 高的废水，如何测准 COD？

答：六价铬会消耗硫酸亚铁铵，当其存在于水中时会使 COD 测定结果偏高。必须将六价铬除去，先用 NaOH 或 H_2SO_4 溶液将水样 pH 值固定为中性，加入过量的 $Ba(NO_3)_2$ 溶液，放至冰水中冷却促使铬酸钡沉淀完全并离心后，将上层水样进行 COD 测定。

9. 入海河口 COD_{Cr} 低于 30mg/L 时应如何测定？

答：入海河口含氯化钠较高，可将水样稀释 1 倍后，用快速密闭催化消解法测定 COD。[见《水和废水监测分析方法（第四版）》第 216 页]

10. COD 的检测限为 3mg/L，大于等于 12mg/L 的数据可靠，则如果测定值在 4～8mg/L 之间该如何上报？

答：COD 测定值在 4～8mg/L，高于 3mg/L 的检测限，而小于 12mg/L 的定量下限，这时可如实报告，但对结果进行评述时要留有余地，不可绝对化。例如，以 COD 单项指标评价水质较好，未发现对 COD 有贡献的污染物，等等。

11. COD_{Cr}、BOD_5 项目的有限数字如何表示，如果结果是 1254mg/L，是写成 $1.25×10^3$ mg/L 还是 $125×10$ mg/L？

答：COD 是实施总量控制的指标，如果强调有效数字为 3 位的话，将 1254mg/L 用 $1.25×10^3$ mg/L 表示，即以该排口每天排出 10000t 污水，在总量计算时会产生较大误差。因此，不主张以有效数字表示。当然如果数字太大，又不是总量控制指标，可用有效数字表示。

但是小数点以后的位数应明确，在 HJ/T 91—2002《地表水和污水监测技术规范》附表 1"小数点后最多位数"亦有不合理之处，应按第 10.2.6 条"分析结果有效数字所能达到位数不能超过方法最低检出浓度的有效数所能达到的位数。例如，一个方法的最低检出限浓度为 0.02mg/L，分析结果报 0.088mg/L 就不合理，应报 0.09mg/L"。

在实际工作中常有 COD 为 124.10mg/L、BOD_5 为 18.32mg/L 等数据，应分别改为 COD 124mg/L、BOD_5 18mg/L。

12. 请介绍在线 COD 测定仪的核查方法？

答：在线 COD 应经常检查取水样的进水口，此处容易被悬浮物堵塞，如果在线监测石油化工或造纸厂排口，则常有纤维状物质粘附于进口水，形成了过滤器，使水样不具代表性；还应使仪器增加反冲清洗系统；泵管容易老化和破损，应及时更换。

此外，校标和校零是得出准确 COD 监测结果的重要保障。

13. 有没有更快、更好的方法测 COD？快速测定仪测定的数据可靠吗？

答：COD 快速测定仪目前已经在全国普遍使用，该方法节电、节水、省时。在《水和废水监测分析方法（第四版）》中把该方法列为 B 类方法，在 2002 年 10 月国家环保总局对"第四版出版说明"中有："B 类方法是经过国内较深入研究与应用过，或直接从发达国家引用的方法，尚未经国内实验室验证，宜作为适用方法。A 类和 B 类方法均可在环境监测和执法中使用"。

然而不同厂家的 COD 快速测定仪性能差别较大，在使用前应使用同样的污水和标准方法做比对检验。

14. 在做 COD 实验时，遇到高含量废水，加热变绿就一定要稀释测定吗？有没有对变绿程度的规定？

答：高 COD 污水肯定要稀释，如果不稀释需另外配置高浓度的 $K_2Cr_2O_7$ 溶液。在水中 $Cr_2O_7^{2-}$ 是橙色，Cr^{3+} 是绿色，向水样中加入 $K_2Cr_2O_7$ 溶液后加热变绿说明 $K_2Cr_2O_7$ 加入量不足，即污水 COD 浓度过高。应该在加热回流完后呈橙→绿变色，还能够显浅橙色。

15. COD_{Cr} 检出限 5mg/L，测定值小数点后是否还需保留一位？

答：在 HJ/T 91—2002《地表水和污水监测技术规范》中，规定不能使用去离子水作为 COD、BOD_5 的实验用水。当使用硫酸亚铁铵滴定法时 COD 检出限是 5mg/L，当使用比色法测定时，检出限是 2mg/L，因此只取整数位，不保留小数点后的数据。

16. COD_{Mn} 监测中，实验方法步骤准确，但结果误差较大，究竟是什么原因？

答：（1）如果水样中悬浮物多，或者富营养化的藻类较多，试样分取会产生较大的误差。

（2）使用的高锰酸钾溶液是用草酸钠标准溶液标定的，因此标准草酸钠溶液的配置是关键。

（3）在水样加热完毕后，必须保持淡红色，否则高锰酸钾加入量太少，实验失败。应重新取样，经稀释后测定。

（4）滴定操作的最佳温度是 60~80℃，如果温度过低，应加热后再滴定。

17. 含油水样如何监测 COD 和氨氮？

答：这个问题比较难以回答，其中主要是水样采集和测量水样分取问题。因油类在水中分布不均匀，HJ/T 91—2002《地表水和污水监测技术规范》要求采集含浮油（油花）、乳化和溶解三种状态存在的油，地表水取柱状水样，污水可在测流堰跌水处取样。

取完样后，在实验室把水样瓶放入超声波清洗槽内，用约 200W 功率均化 20min（不可使用 500W 功率，因槽内温度升高，可挥发成分会损失）马上分取水样测定。

18. 用 HJ 828—2017《水质 化学需氧量的测定 重铬酸钾法》测定 COD 时，存在氯离子干扰，标准中规定氯离子浓度大于 1000mg/L 时需稀释，但如果水样氯离子浓度大于 3000mg/L 时，而 COD<100mg/L 或更低时，这样稀释会引入较大误差，这种情况下该方法还可用吗？

答：如果稀释 4 倍或 3.5 倍 COD 还是能测准的。为了克服氯离子干扰，我国颁布了 HJ/T 70—2001《高氯废水 化学需氧量的测定 氯气校正法》，该方法可用于小于 2000mg/L 氯离子的水样。

此外，《水和废水监测分析方法（第四版）》中的快速密闭消解法抗氯离子干扰能力也比 HJ 828—2017《水质 化学需氧量的测定 重铬酸钾法》要强，且其用水量少，可少至 10~15mg/L（这样氯离子就少了），也可用于 COD 10mg/L 左右的水样测定。由于 HJ/T 70—2001 必须使用专门的回流吸收装置，因此水样经适当稀释后用闭管消解法比较简单。该方法可在环境监测与执法中使用。

19. 交警部门在车速测量时，考虑了测量误差，所以限速 110km/h 的，在 120km/h 内不会罚款。化学测量也有误差，如果排放标准为 COD 100mg/L，测得值为 102mg/L±2mg/L，±2mg/L 为不确定度，环境保护部门应怎样掌握该测定值的判别？判超标还是不超标？

答：目前环境保护部门在执法时，大多数情况下没有考虑分析方法的不确定度。因环保部门岗位较多，分工也较细，所提的问题只有环境监测站的质控人员或具体分析人员才能理解。由于 COD 分析检测限是 4mg/L（硫酸亚铁铵滴定法），4 倍的检出限是定量下限，对 COD 而言，只有大于 16mg/L 才能准确定量测定，因此偶尔出现 102mg/L 从技术上看不能肯定是超标的。

20. 废水采样时应取上清液还是混匀后再取？如 COD、总氮、氨氮类。

答：应该取含悬浮物的原始水样。如果水样 SS 太高，且大颗粒较多，在分取待测水样时，移液管的进口可能会堵塞。如果是纤维素则会使进口部分堵塞。悬浮物不能进入待测水样，使 COD、总氮、氨氮等测定结果偏低。

解决方法是：把 20mL 或 10mL 的吸量管（挑选进水口处尖且长的使用）平放在试验台上，用三角锉划一刻痕，转 180°再划一刻痕，用平顶虎钳夹住尖嘴处，用力折断后，用砂纸磨平断裂处，这样进水口会变大。但不能再用来移取 20mL 或 10mL 的水样，因最后 1mL 不准确，只能最多定量移取 19.0mL 或 9.0mL。计算浓度时，以实际取样体积计算。

二、氨氮、总氮、硝酸盐氮、凯氏氮监测问题

1. 用气体分子吸收测定硫化物、三氮的操作方法？

答：这一问题要回答内容很多，这里不做详述。气相分子吸收法测定的操作过程十分简便，但须迅速操作，以防定量测定的 NO、NO_2 或 H_2S 逸出，造成测定结果偏低。

目前已颁布的气相分子吸收法标准方法是：

HJ/T 195—2005《水质　氨氮的测定　气相分子吸收光谱法》

HJ/T 196—2005《水质　凯氏氮的测定　气相分子吸收光谱法》

HJ/T 197—2005《水质　亚硝酸盐氮的测定　气相分子吸收光谱法》

HJ/T 198—2005《水质　硝酸盐氮的测定　气相分子吸收光谱法》

HJ/T 199—2005《水质　总氮的测定　气相分子吸收光谱法》

HJ/T 200—2005《水质　硫化物的测定　气相分子吸收光谱法》

2. 为什么国家标准规定 $NO_3^- - N$ 为 20mg/L，而总氮却为 1.0mg/L，是否矛盾？

答：GB 3838—2002《地表水环境质量标准》湖库总氮 1.0mg/L，为营养盐标准限值；$NO_3^- - N$ 20mg/L，为饮用水源标准限值，保护的目标不同，其标准限值也有所不同。

3. 硝氮的 b 值范围是多少？

硝氮测定工作曲线的 b 值不能确定，因为影响曲线斜率的因素很多，如显色条件、试剂配制、测量物质的浓度、测量仪器的狭缝等。有的标准方法中规定了 b 值是不够合理的。

4.《水和废水监测分析方法（第四版）》中总氮、凯氏氮的测定方法中提到，在原子吸收仪的燃烧器部位装上一个气体测量管后，就可用原子吸收仪来测定 TN、凯氏氮。请问什么地方能买到气体测量管，国外的原子吸收仪容易配吗？

答：这是气相分子吸收法使用的一种玻璃管，加工成 ⊏⊐ 形，使空心阴极灯的辐射光横向通过，化学反应定量产生的 NO_2 进入管中，进行定量测定。这类管可以自行加工，国外仪器也没有配置。可参考 HJ/T 195～200—2005。

5. TN 为何要 220nm、275nm 双波长比色？

答：用紫外分光光度法测硝酸盐氮时依据的原理是 NO_3^- 对 220nm 的定量吸收。但水样是中溶解态有机物也会吸收 220nm 谱线，同时也在 275nm 处产生吸收，NO_3^- 则不吸收 275nm 谱线。也就是说在 220nm 测量 NO_3^- 和共存有机物的吸收值，在 275nm 测量有机物的吸收值。两者之差也就是 $A_{220} - 2A_{275}$ 即为 NO_3^- 的吸收值。

二、氨氮、总氮、硝酸盐氮、凯氏氮监测问题

6. 在排污口的水质监测中经常碰到 NH_3-N 值远大于 TN 值,为什么?(多人提出过类似问题)

答: 任何一种水样不可能出现 NH_3-N 大于 TN 的监测结果。因为 TN 是水中 NH_3-N、NO_2^--N、NO_3^--N 和有机氮之和。这是 HJ 636—2012《水质 总氮的测定 碱性过硫酸钾消解紫外分光光度法》中水样消解存在的问题:"在 120~124℃ 和 $1.1~1.4kg/cm^2$ 消解半小时后,冷却取出比色管并冷至室温"。

氨在碱性溶液中极易以氨气形成挥发,在消解初期 NH_3 集于消解管的顶上空间,冷却至室温后打开管盖,NH_3 便逸出损失,当水样 NH_3-N 含量较高时则会出现 NH_3-N > TN。这种情况在生活污水和化肥厂污水监测时往往会遇到。

把加热消解时间从 30min 增加至 50min,以确保有机氮全部转化为 NO_3^-。

消解完后,当压力降至约 $0.7kg/cm^2$ 时,取出消解管,趁热反复轻轻摇动(不可剧烈,否则磨口塞会冲开),使顶上空间的 NH_3 回到溶液中被热的 $K_2S_2O_8$ 消解为 NO_3^-。

7. 地表水和废水测 NH_3-N 都用纳氏试剂法吗?

答: NH_3-N 测定方法较多,纳氏试剂法(HJ 535—2009《水质 氨氮的测定 纳氏试剂比色法》)、水杨酸-次氯酸盐光度法(HJ 536—2009《水质 氨氮的测定 水杨酸分光光度法》)都是国家标准方法,使用这两种方法时都存在一些干扰。通过水样蒸馏预处理,这两种方法适合于地表水的测定;由于污水基体比较复杂,一般 NH_3-N 含量也较高,可使用滴定法(HJ 537—2009《水质 氨氮的测定 蒸馏-中和滴定法》),但必须将水样蒸馏预处理。

此外,离子选择电极法和已经颁布的标准方法气相分子吸收法适合于各种水样的测定。

8. 如果水中有悬浮物(泥沙等)测 NH_3-N、TN 时,原水样要过滤吗?如果不过滤但悬浮物不能被消解,对 NH_3-N、TN 的测定是否有影响?

答: 地表水自然沉降 30min,取上层非沉降部分作为待测水样,一般不会含有泥沙,不可过滤。即使含少量泥沙,测 NH_3-N 经过蒸预处理会消除影响,TN 经过消解,泥沙会沉淀于底部,不会影响测量。

污水样不能沉降,必须取含悬浮物的水样测定。

9. 某地区饮用水源的 NO_3^--N 用酚二磺酸和紫外两种方法测试,结果相差较大,前种方法测得结果为 0.8mg/L 左右,后种方法测得结果为 1.7mg/L 左右(均为连续几年的方法),哪种方法更好?

答: 饮用水源地水用酚二磺酸法效果较好,但试剂配制时磺化比较困难。紫外法测定 NO_3^--N 使用 220nm 和 275nm 测定后差减,水样中有机物或藻类较多都会干扰测定。此外,NO_2^--N、$Cr(VI)$、碳酸盐和碳酸氢盐等都会使测定结果偏高,必须用絮凝共沉淀和吸附树脂进行处理。

两种方法如果不预处理水样都会使测定结果偏高,且紫外法受干扰更为严重,因此可能 0.8mg/L 比 1.7mg/L 更为准确些。

10. 分光光度法是否为测水中氮含量的最有效方法？

答：不一定，还可将水样经过消解后使含氮化合物转变为 NO_3^-，用离子选择电极法、气相分子吸收法测定 NO_3^-。

11. 关于 TN 测定中空白的重现性极差，一般认为问题较多，目前可以明白的是：①$K_2S_2O_8$ 的产地批号有影响；②在最后加水稀释时，蒸馏水在实验室的环境内可能存在 NH_3-N 的气液平衡；③酸度的影响。同一瓶试剂不可以用一个空白值来代替，而且，每一批空白和试剂，实验存在吸光值同上同下的现象，为什么？

答：问题分析得较好。TN 的空白主要来源于消解水样使用的 $K_2S_2O_8$，由于产地和批号不同，即使 AR 试剂也含氮 0.002%～0.005%（请看试剂瓶标签）。解决的办法是：

(1) 在消解水样时以准确量加入碱性过硫酸钾。

(2) 每批试液至少做 6 个空白，经统计剔除后取平均值扣除空白。

12. 请分析三氮＞TN、NH_3-N＞TN 问题，对于工业废水是否考虑 NH_3-N 蒸馏测定的问题，以及 pH 值对 NH_3-N 测定的问题。

答：三氮是无机态的氨氮、硝氮和亚硝氮。三氮大于总氮，可能是水样本身有机氮较少，且在 NO_3^--N、NO_2^--N、NH_3-N 测定中未注意消除干扰，如 NO_2^- 对 NO_3^- 干扰，有机物、$Cr(Ⅵ)$、Fe^{3+}、碳酸盐等对 NO_3^- 的正干扰，使三氮测定结果偏高，导致三氮大于总氮。

NH_3-N＞TN 的问题分析见题 6。

为了测得准确结果，任何水样中 NH_3-N 测定最好使用蒸馏法预处理。一般使用 NaOH 或 HCl 将水样调节至 pH 值约为 7.4 蒸馏，也可使用加入 pH＝9.5 的 $Na_2B_4O_7$-NaOH 缓冲溶液后蒸馏，这样 pH 值比较好掌握。pH＜10.5 有机氮不会水解。

对于高浓度氨氮水样，可采取以下方法：①少取水样蒸馏预处理；②使用空气 SO_2 采样用的包氏吸收管（即底部细长的吸收管）盛吸收液，可增加吸收效果；③使蒸馏温度适当降低，NH_3 逸出速度低，更便于吸收完全。

只要按前述方法操作，工作曲线的相关系数会改善。

13. 试述地表水三氮变化情况。

答：地表水三氮变化无规律可言，主要与受纳的污水种类有关。但在几十米深的湖库水中，底质上方 0.5m 处水中含氧较少，底泥中有机质腐烂分解，因此 NH_3-N 较表层含量高；在 1/2 水深处，NH_3-N 会向 NO_2^--N 转化，此处 NO_2^--N 比表层高；在水面至水面下 0.5m 处，水相含氧较充分，NO_2^--N 会部分转变为 NO_3^--N。因此，表层水中一般 NO_3^--N 浓度高于底层水。

14. TN 作为地表水控制指标仅在"湖、库"中列出，为什么？

答：河流 TN 是必测项目，在 GB 3838—2002《地表水环境质量标准》中"湖库"列出了 TN 和 NH_3-N 水质标准，但不够合理。由于湖、库与河流相通，应该在修订该标

二、氨氮、总氮、硝酸盐氮、凯氏氮监测问题

准时增加河流 TN 的不同水质标准。

15. HJ/T 91—2002《地表水和污水监测技术规范》第 7 页测试指标中有 TP、PO_4^{3-}，且保存方法、时间均不同，为什么？

答：在 HJ/T 91—2002《地表水和污水监测技术规范》中总磷包括水样中各种形态的含磷化合物，必须调节至 pH≤2 保存，而 PO_4^{3-} 是指正磷酸根，不包括偏磷酸盐、聚磷酸盐和含磷有机化合物，如果调节至 pH≤2，这些含磷化合物会发生形态变化，尤其是聚磷酸盐和偏磷酸盐会部分转化为 PO_4^{3-}，因此在 pH＝7 保存，并加入 0.5％ $CHCl_3$，防止水生生物增殖使 PO_4^{3-} 浓度发生变化。

16. TN、TP 都是用 $K_2S_2O_8$ 消解，OH^- 条件下，N 的消解＞50％，中性条件，$K_2S_2O_8$ 消解＞98％，可否用同一个比色管消解后，分取样品做 TN、TP 简化 TN、TP 的前处理？

答：TN、TP 测定还是分别消解水样为宜。因为 TN 消解使用碱性 $K_2S_2O_8$ 法，研究表明在中性或酸性介质中使用 $K_2S_2O_8$ 消解水样中含氮化合物效果不佳，即使是 NH_3-N 也难以使其 60％ 以上转变为 NO_3^-。而只有是酸性条件下，才能将水样中含磷化合物转变为 PO_4^{3-} 进行测定。

17. 测土壤、底泥中 TP、TN 的标准分析方法是什么？消解时需要注意哪些问题？

答：目前尚未见到测定土壤和底泥中 TP、TN 的专用标准方法，TP、TN 的土壤营养成分的分析方法与水样分析方法相同。只是土壤和底泥的前处理方法不同，这里应从两方面考虑：

（1）如果测定土壤和底泥中的有效态 TN、TP，应使用纯水或规定的浸提剂浸出后，测定浸出液中 TN、TP。

（2）如果测定全量，应称取固态试样后用水样的消解方法进行处理。但应注意土壤和底泥试样不可风干，否则氨会挥发损失，应测定含水分的原始样品，通过测量失水后扣除水分，以干基表示。

18. 测定 TN 时，工作曲线经常不成线性，把碱性过硫酸钾直接放入紫外分光光度计中发现，过硫酸钾本身在 275nm、220nm 处有吸收，请分析原因。

答：纯净的 $K_2S_2O_8$ 在 220nm 处没有吸收，在 275nm 处有微弱的吸收，但无论如何 $K_2S_2O_8$ 的 A_{275}/A_{220} 应小于 20％。

$K_2S_2O_8$ 在 220nm 处的吸收是由于其中含 0.002％～0.005％ 的氮化合物，经消解后成为 NO_3^- 而产生吸收，应将 $K_2S_2O_8$ 用重结晶的方法提供 1～2 次。方法是将 $K_2S_2O_8$ 放入 1000mL 烧杯中，加入约 80℃ 的纯水溶液后冷却至室温，再放入约 4℃ 的冷箱中使其结晶析出，用玻璃砂坩埚滤除水分，红外灯下烘干，再重复一次即可消除在 220nm 处的吸收。275nm 处的微弱吸收通过双波长测量可以消除其影响。

19. 某生产柠檬酸的化工项目有生活污水和生产污水综合处理厂，生活污水经处理后 NH_3-N 较高，生产污水混合进入综合污水处理厂处理后，NH_3-N 不能检出。该厂

NH_3-N 去除率接近 100%？如何才能准确测定这类排水中的 NH_3-N？

答：结论是不合理的。目前世界各国还没有氨氮去除率达 100% 污水处理技术，去除率达到 70% 就相当好了。此外，由于该化工厂生产污水有柠檬酸的排放，因此总排口氨氮不能检出。

回答这一问题要从氨氮的分析方法（HJ 535—2009《水质 氨氮的测定 纳氏试剂比色法》）中的水样蒸馏前处理谈起。

污水综合排放标准和地表水质量标准中的氨氮是指存在于水中的无机态铵盐（NH_4^+）和游离氨（NH_3），不包括苯胺、联苯胺等芳香胺及脂肪胺类。在水样蒸馏之前先将水样调节至 pH=6.0～7.4（也可加入 pH=9.5 的 $Na_2B_4O_7-NaOH$ 缓冲溶液至碱性）进行蒸馏，蒸馏出的氨气经 H_3BO_3 或 H_2SO_4 溶液吸收后测定。

本项目有柠檬酸排放，可能是与 NH_4^+ 和 NH_3 生成的柠檬酸铵，在标准方法规定的 pH 值条件下，不能以氨气形式蒸馏出来，导致氨氮未能检出。

如果生产污水中没有芳香胺和脂肪胺等有机胺类存在的话，可在蒸馏水样时将 pH 值提高至 13 左右，或者加入 NaOH 约 5% 后再蒸馏处理，这样高的 pH 值或碱度足以使柠檬酸胺水解释放出 NH_3。

20. 化工废水经蒸馏后仍有颜色，怎么去色？是否可以取样后一支加酒石酸并加纳氏试剂比色。另一支比色管只加酒石酸，不加纳氏试剂作空白来扣除。

答：脱色比较困难，因为水样经脱色后氨氮也可能会损失，使测定结果偏低。可以用所讲的方法扣除色度的影响。但最好使用《水和废水监测分析方法（第四版）》第 284 页的气相分子吸收法（HJ/T 195—2005《水质 氨氮的测定 气相分子吸收光谱法》）测定，经蒸馏后虽然水样仍有色，但该方法不受色度影响。此外，使用离子选择电极法测定也不会受色度影响。离子选择电极法是 B 类方法，可用于常规监测和执法监测。

21. 纳氏试剂比色法，是否所有工业废水样品均要进行前处理？

答：用纳氏试剂法测定的是无机的氨态氮，不包括苯胺、联苯胺等有机胺，要根据工业污水中是否含有有机胺来确定是否必须蒸馏前处理水样。一般石油化工、炼油及有机化工等企业的污水最好通过蒸馏前处理。

22. 制革废水 NH_3-N 含量高，经稀释后，肉眼观察无色透明，是否可直接取样分析？

答：因制革污水除含氨氮外，也可能会存在有机胺类，或者皮革生产过程中蛋白质变化产生的含氮有机化合物，这些会干扰氨氮测定，因此还应把水样蒸馏处理后测定。

23. 在 TN 测定过程中会偶尔出现淡淡的粉红色，这是什么原因引起的？对 TN 的测定有无影响？如何能解决？

答：TN 测定时，样品经消解，产生粉红色原因难以解释清楚，因为对紫外法测定有影响的无机物主要是 Fe^{3+}、$Cr(Ⅵ)$、Al^{3+}、Cd^{2+} 等，以及 HCO_3^-、Br^-、NO_2^- 等，这些都不是粉红色，可能是某些有机物的颜色；或者共存有机物与无机离子结合产生的有色化合物。因这类情况没有发现过,也没有深入研究,因此上述分析可能不准确。

24. 有些废水必须蒸馏后取样,加入酒石酸和纳氏试剂后发现浑浊,无法比色,怎么解决?

答: 这种情况的确偶有出现,可能样品基体十分复杂,许多易挥发有机或无机基体进入了蒸馏后的收集液中,如酮类、醛类、醇类和某些胺类含量高时都会和纳氏试剂产生浑浊。

在加入试剂发生浑浊时,可将蒸馏预处理后的水样用 HJ 537—2009《水质 氨氮的测定 蒸馏-中和滴定法》测定。如果含氨氮浓度太低,可使用 HJ/T 195—2005《水质 氨氮的测定 气相分子吸收光谱法》测定,该方法检出限可低至 0.005mg/L,测定上限是 100mg/L。

三、总磷监测问题

1. TP（地表水）和磷酸盐（污水）的分析方法其实是一样的，但它们的保存方法为何不一样？

答：见"二、氨氮、总氮、硝酸盐氮、凯氏氮监测问题"中题15。

2. 测土壤、底泥浸出液TP、TN的标准分析方法是什么？消解时需要注意哪些问题？

答：任何污水都不能直接显色测定溶解性磷酸盐。因为在GB 8978—1996《污水综合排放标准》中，虽然一切排污单位规定了一级、二级、三级磷酸盐（以P计）的标准限值，但其指定的监测分析方法是《水和废水监测分析方法（第三版）》的钼兰比色法，该方法就是以酸性 $K_2S_2O_8$ 消解水样后测定。

3. 机械行业废水中磷的测定是否可直接测溶解性正磷酸盐？为什么进口、出口浓度差别很大？

答：由于污水处理厂的进口基体比较复杂，水中硫化物、Se、Cr(Ⅵ)、亚硝酸盐等都会对测定产生正干扰，应按照GB 11893—89《水质 总磷的测定 钼酸铵分光光度法》指出的方法加以消除。目前我国的大部分污水处理厂去除TP的效果都不十分理想，因此相差较大。

据分析，进出口总磷浓度差别很大：①可能是取样的误差；②进出口水样中含吸附、包藏TP的悬浮物，这部分悬浮物在污水处理过程中沉降于污泥，使出口TP浓度很低。

4. 长江水样在汛期泥沙较多，经澄清一段时间后（30min），取样消解测TP，但消解后管中有沉淀物，发色后溶液变混浊，影响比色从而使结果偏高，这种情况能否过滤后再显色？

答：这个问题回答比较困难。HJ/T 91—2002《地表水和污水监测技术规范》规定自然沉降30min，取上层非沉降部分水样测定。由于汛期会有大量水土流失，沉降过程中泥沙会去除，但胶态的硅酸盐不可沉降，会与水样一起被测定。

由于硅会和钼酸铵发生反应，大量硅存在会产生正误差。根据实践经验，经 $K_2S_2O_8$ 消解水样后的沉淀物应为硅酸盐类，处理方法为：

（1）应将水样消解后转移入聚四氟乙烯坩埚中，滴加HF并加热使 SiF_4 逸出，驱尽HF后显色测定。

（2）或者定量取出待测水样后放入聚四氟乙烯坩埚中，滴加HF飞硅，驱尽HF后，按水样消解程序操作。

5. 两年前新建一座4万t/d的城市污水处理厂，目前处理过程中TP、TN出水比进水高，是什么原因？

城市污水处理厂设有二级处理，即生化处理，因 4 万 t/d 的处理规模不够大，一般生化处理碳化过程为 10~20d，硝化过程从第 10 天开始（也和当地气候、温度条件有关）。出现 TP、TN 出水比进水高的情况可能是：①采样没有代表性，应多采几次水样分析后作为判断；②为了维持菌种的活性一般需要加入磷盐，可能加入量过于大了。TN 的问题难以判断，可能是污水处理厂水样加入的丙烯基硫脲（硝化抑制剂）达 2mg/L，应观察加入硝化抑制剂前、后的 TN 浓度，加以判断。

6. 污水处理厂出水比进水 TP 浓度高，NH_3-N 比 TN 高，是何原因？

答： 可能因为在生化处理过程中为了维持微生物的活性加入了含磷的盐类导致出水比进水 TP 高。该污水厂进口中氨氮在总氮中所占比例可能会大于 60%，这种现象在城市污水处理厂常有出现。在用 HJ 636—2012《水质　总氮的测定　碱性过硫酸钾消解紫外分光光度法》测定总氮时，在消解过程中氨氮可能会以氨逸出消解管。在其他问题回答中已有详细叙述，可参考。

四、Hg、As、Se 监测问题

1. 请问目前国内 Hg 的测试水平如何？

答：目前我国 Hg 的测试水平不够理想，尤其是地表水的 Hg 经常测定结果偏高。我国"亚洲地环境分析实验精度管理调查"中得到的结果见图 1 和图 2。

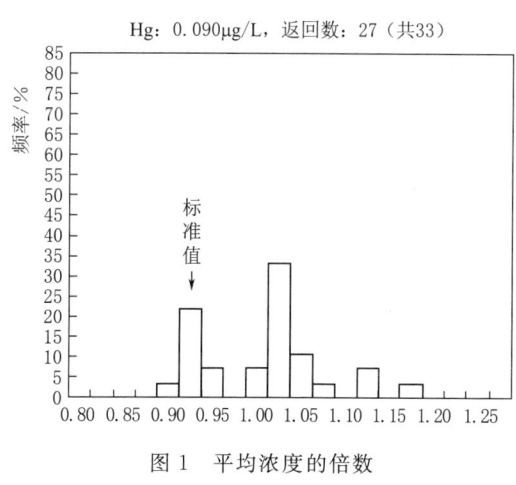

图 1　平均浓度的倍数　　　　图 2　平均浓度的倍数

目前原子荧光法已经基本普及，如果水样和标准系列加入 $K_2Cr_2O_7$ 替代 $KMnO_4$，并且不用冷原子荧光法（记忆效应明显）而用微加热的原子荧光法测定可得到良好的结果。

2. 汞的分析中清洁地表水或地下水需要溶解样品吗？可不可以直接加入 $SnCl_2$？

答：由于天然水中的汞会以不同形态存在，即使污染源排入地表水的是无机汞，由于水生生物的作用也会部分形成烷基汞。此外，标准系列都是无机态汞，为了消除不同形态的误差，水样都应水解后测定。

3. Hg 样保存剂原来为 $K_2Cr_2O_7+HNO_3$，现在为 HCl，区别大吗？

答：按要求加入保存剂不会产生明显误差。由于 HNO_3 是氧化性酸，会消耗还原剂，改为 HCl 的目的是：①HCl 无氧化性；②Cl^- 能与 Hg^{2+} 有络合作用。

4. 关于样品保存问题，《水和废水监测分析方法（第三版）》中汞的水样可以保存数月，而《水和废水监测分析方法（第四版）》和规范中均规定为 14 天。一般认为这类水样比较稳定，为什么保存时间会缩短？

答：《水和废水监测分析方法（第四版）》和 HJ/T 91—2002《地表水和污水监测技术规范》是经过国家环境监测总站、北京监测站、潍坊监测站和苏州城建环保学院经过 2 年的协作研究得出的结论,且把酸度提高至 1‰ HCl。许多重金属水样保存都是在研究基础上确定的。

5. 洞庭湖的 Hg 有个别时候很高,但又没有污染源,如何解释?

答:(1) Hg 本身测定结果容易产生正误差,一定要注意空白扣除。

(2) 水生生物,包括浮游的藻类会使 Hg 会成千上万倍富集,细小藻类往往会与水样同时消解测定,使 Hg 偏高。

(3) 我们通常使用的优级纯 HCl 伪劣产品不少,即使同一批 HCl(GR)抽取同瓶配置的 10％溶液,Hg 的荧光强度分别是 21、18、160,甚至有的高达 200 多,如果用纸空白酸配标准系列最高空白的处理样品,结果就会偏高。最好的办法是:把 5 瓶 HCl(GR)在洁净的磨口瓶中混匀后使用。

6. 水样中的 As、Hg 能否同时前处理和测定?如果可以同时测定,KBH_4 的浓度该如何选择?

答:测定水样中的 As、Hg 可以同时处理水样,KBH_4 使用 0.5％即可,但用双通道同时测定时要牺牲 As 的灵敏度,使用 200～300℃ 的温度为宜(不同型号仪器不同)。

7. AFS 法测 Hg 时,如何调整仪器使空白荧光强度降低,溶液中的酸度多少为最佳?

答:适当增加汞无极放电灯的电流,适当降低光电倍增管电压;使用纯水和 GR $K_2Cr_2O_7$ 及酸类;酸度以刚刚中和 KBH_4 的碱度后剩余 0.1％即可。

8. 食品测 Hg 时,加入 3mL HNO_3＋2mL H_2O_2,用微波消解后定容时,是否还需要加入 HCl?用同样的消解方法和同样的消解溶液是否可以测定 As?

答:如果是一般测定,因为酸度已足够,没必要再补加 HCl,同一份试样消解溶液也可以测定 As。

但是为了使试样消解液和标准系列基体相似,消除因基体不同产生的测量误差(这对于测汞非常重要),应该在加入 $K_2Cr_2O_7$ 后驱赶 HNO_3,再转入 HCl 介质中。

9. 用 HNO_3 - H_2SO_4 前处理样品,使用二乙基二硫代氨基甲酸银光度法测定医院污水中的 As 时,测出的结果都是未检出或者小于空白,同时标样结果偏低,空白值有时大于要求范围。如何进行分析才能避免该现象出现?

答:不应该使用 HNO_3 消解水样,因为 0.01mol/L HNO_3 会对 DDC - Ag 法测 As 产生负干扰,因此水样未检出或小于空白值。

标样测定结果也偏低说明对 GB 7485—87《水质 总砷的测定 二乙基二硫代氨基甲酸银分光光度法》掌握不好,主要可能是 AsH_3 产生速度过快,吹气流量过大,吸收液液面太低,应使用色氏管(即下端拉长的试管)代替方法中推荐的吸收管。

空白偏高可能与试剂纯度,实验用水质量及器皿沾污有关。

此外应该注意克服硫化物等干扰。

10. 测试烟气中 As 时,为何空白滤筒的含量比样品的含量还高?

答:滤筒本身 As、Hg、Pb、Cd、Cu 等空白就比较高,烟尘中如果含 As 较低,测定结果会出现负值。

应选用空白低的滤筒或将滤筒在约 100℃ 加热 5h 以上恒重，As、Hg 即可挥发，会使空白减少（但 Pb、Cd、Cu 空白难以消除）。

在测废气中的 As 时，发现空白很高，全程序空白的荧光强度是 482，而标准曲线 31.4μg/L 的最高工作点荧光强度是 474。这样扣除空白是不合理的。可把采样滤筒在 1+1 HNO_3 中浸泡过夜，用超声波清洗器清洗 30min，再用清水洗净恒重后使用。此外，为避免扣除空白的失误，带了 6 个空白。

11. 地表水、地下水测 As、Se 时，有时测不出，而实际上，As、Se 在水中都高于检出限，为什么测不出？

答：一般地表水和地下水的 As、Se 测定应该使用原子荧光法，该方法灵敏度高，检出限低，As、Se 的检出限均为 0.5μg/L。

但如使用 DDC-Ag 法测 As（检出限为 7μg/L）则不能得出准确的测定结果。虽然 2,3-二氨基萘荧光法测定 Se 的检出限为 0.25μg/L，但地表水或地下水中的常量元素 Fe、Cu、Mn、Zn 等都会产生干扰，且试剂空白较高，又不稳定。

只要选择高灵敏度的分析方法，并加酸把水样稍加消解，一般是能够检测出的。

12. Se 原子荧光法为何没写进《水和废水监测分析方法（第四版）》中，请把该方法详细说明一下。

答：在《水和废水监测分析方法（第四版）》中写入了原子荧光法测 Se，该方法在测砷的栏目中，见第 308 页原子荧光法（含 As、Se、Sb、Bi）。

13. 总砷测定中（Ag-DDC 光度法），以前校准曲线是 $y=0.0330x \pm b$ 与 $y=0.0360x \pm b$ 之间，可最近两年却是在 $y=0.0210x \pm b \sim y=0.0260x \pm b$ 之间，准确度下降，请问是什么原因造成的，是因为三氯甲烷等试剂的质量原因吗？

答：校准曲线的斜率降低不能说测定准确度下降，应该说是灵敏度降低了，其原因是多方面的，如：实验室的温度，波长选择及还原成胶态银粒的大小（波长会在 510～530nm 变化），氯仿的空白及扣除等。

Ag-DDC 法测 As 是中国科技大学 20 世纪 70 年代研发的方法，当时国内生产三氯甲烷的厂家很少，产品浓度和质量都有保证。现在不少没有质量保证和生产条件的小厂也生产各种试剂，确实容易使实验失败，这点必须时刻注意。

14. AFS 测定地表水时，能否将 Hg 和 As 一起同时测定，硼氢化钾的适宜浓度是多少？测 Hg、As 时，样品预处理的具体办法是什么，有国标吗？若遇到成分较复杂或色度较深的水样以及固体样品该怎样进行预处理？

答：可同时测定地表水中的 Hg、As，只是使用低的原子化加热温度以消除汞的记忆效应，这样 As 的灵敏度会稍有降低。地表水样消解处理可在加入 $K_2Cr_2O_7$ 保持微橙黄色情况下，用 1+1 NHO_3（GR）消解 1h 即可。HJ 597—2011《水质 总汞的测定 冷原子吸收分光光度法》中介绍了汞的水样消解法，如 $KMnO_4 - K_2S_2O_8$（应使用 $K_2Cr_2O_7$ 以减少空白影响）法中的近沸保温法、煮沸法、溴酸钾-溴化钾消解法等。

土壤和固废中汞的试样分解规定使用酸冷消解法，As 的消解方法与 Pb、Cd 等重金属相同。基体成分复杂和色度较深的水样用 $K_2Cr_2O_7 - K_2S_2O_8$ 煮沸法效果较好，如果色度不能降低可加入 $HClO_4$ 加热至冒白烟。

15. 原子荧光分析中硼氢化钾溶液一般可保存多长时间，可用二氯化锡代替吗？测汞氧化可用重铬酸钾代替高锰酸钾吗？

答：不能用 $SnCl_2$ 代替 KBH_4，因为 $SnCl_2$ 还原效果差，且还原速度慢；KBH_4 配制 0.5% 的浓度且在约 1% 的 NaOH 介质中，一般室温下可使用约 1 周，如果发现变混浊，用玻璃砂坩埚过滤后仍可使用，由于 KBH_4 的强还原性，对皮肤伤害严重，且污染环境。

由于 $KMnO_4$ 测汞空白较高，难以购得 GR 试剂，且难以消除空白影响，已经用 $K_2Cr_2O_7$（GR）取代。

16. 冷原子荧光法测定 Hg 标准样品时数值总是偏低，线性也很难达到 0.999，需要每次读数前都要升温来消除记忆效应吗？

答：不是每次读数前升温，而是使用低温加热的原子荧光法测量。

Hg 标样测定偏低应从以下几方面分析：

（1）标准系列是否准确？从储存标准，到使用标准，再到标准系列的配制过程中，取完溶液后必须先加入酸才能定容，防止汞的水解。

（2）工作曲线线性不好可能也是加酸不足所致，或者配制系列时吸取标液误差较大。

17. 原子荧光法测 Hg、As 和 Se 时，样品的前处理如何？测 Se 时最佳工作条件及注意问题是什么？

答：水样按汞的方法前处理，即用 $K_2Cr_2O_7 - K_2S_2O_8$ 煮沸消解法。Se 测定波长为 196.0nm 与 As 的波长 193.7nm 相近，都在 220nm 以下，波长越短，空白影响和基体干扰越严重，因此，要经常进行空白校正。此外，Se 有四价和六价两种价态，只有 Se^{4+} 才能形成氢化物测定，且 Se^{6+} 还原成 Se^{4+} 比 As^{5+} 还原成 As^{3+} 所需的时间要长些。在预还原时也应注意；测 Se 时使用的空心阴极灯电流及光电倍增管电压要高于 As 和 Hg。

18. 为什么测水样中的 Hg 时加标回收率经常超过 100%（一般为 105%~120%）。

答：测汞时空白偏高，扣除不合理，使回收率都超过 100%。应认真用热的 1+1 HNO_3 荡洗器皿，使用新制的纯水和 GR 级试剂。在测汞时，可同时做 3~5 个空白，经统计剔除后取均值扣除空白。

19. 为什么测 Hg 时，水样稀释不同的倍数，在同等条件下测试结果却相差很大？并且，用 AFS-820 测 Hg、As 时，在相同条件下，荧光强度几乎降半，但总体线性还可以？

答：（1）测 Hg 的确会出现类似的问题，且空白高，难以有效扣除。

（2）所有容器、量器应用 1+1 热 NHO_3 荡洗后再用纯水洗净。

（3）必须注意稀释用水的纯度。

（4）在稀释水样时，标准方法中都没强调加入酸，如果没加入相应的酸则汞会发生水解；稀释过程是：先取水样到容量瓶中，用少量纯水冲洗瓶口，加入酸后再定容。

（5）如果水样中的酸度达不到足以中和 $NaBH_4$ 的碱性，且中和后还是微酸介质，则测量结果不准确；荧光强度也会很低。

（6）应该增加屏蔽气体的流量，可能由于空气进入有荧光淬灭发生。

20. 样品中含量较高的 As、Sb 和 Bi 如何测准？

答：应注意逐级稀释，每次稀释不能超过 10 倍，否则会有较大的稀释误差。每次取样后在加入稀释水前必须先加入相应的酸，防止 As、Sb、Bi 的水解。

21. 纯物质中测 Hg 有什么要求？

答：没特别要求，只要注意消除空白影响的诸多因素即可。

22. 能否详细解答操作原子荧光时的自我保护措施，如砷化氢和汞蒸汽对人体的伤害，长期操作是否会在体内蓄积？有无必要定期测定室内的汞蒸汽？

答：国外工作时都戴活性炭口罩，如果原子化器上方安装了排气效果好的排风罩，在操作时离原子化器远些不会对人体产生明显影响。汞蒸气比重较大，应在实验室地板上方增加排气扇，即地排风。汞、AsH_3 会对人体有害，且在体内蓄积，只要排气效果好，注意规范化操作，都可以避免受害。

23. 测定总汞的最佳方法是什么？

答：原子荧光法是目前测定痕量和超痕汞的最佳方法。为了避免稀释误差，高浓度的汞可使用双硫腙法。

24. 检测自来水中 Se、Hg 时，水样前处理只加 5％优级纯的 HCl，但不热煮，是否可以？做工作曲线时，标准溶液只用 5％HCl 稀释，是否可以？

答：做工作曲线时可用 5％的 HCl 稀释制作标准系列，但自来水中含 VOCs、活性氯等，只加入 5％HCl 不煮沸测定 Se、Hg 效果不佳，应煮沸使 VOCs 挥发并破坏活性氯后测 Hg，如果测 Se 还应预还原，因为在自来水加氯灭菌时，Se 可能会部分被氧化成 Se^{6+}。此外，标准系列稀释使用 5％HCl 是可行的，但 $NaBH_4$ 中的 NaOH 浓度应提高至 4％～4.5％，这样 $NaBH_4$ 保存期更长，且使用效果更好。

25. 测 Hg 时为何空白值一直向上漂移（此时仪器稳定）？

答：（1）仪器预热时间不够或测试条件选择不好。

（2）实验室气氛的影响。

（3）仪器上方的排气罩距仪器的原子化器距离过大或排风量不足。

（4）使用约 100℃ 的原子化温度比冷原子荧光或冷原子吸收测定效果好。

在冷原子荧光或冷原子吸收法中也发现空白总向上漂移，经研究，发现是记忆效应和排气效果差的影响。

26. 土壤样品中 Hg、As 消解的关键是什么，样品消解到何种状态为消解完全？

答：消解土壤样品测 Hg 是保证汞不会挥发损失，测 As 也应尽量使用电热板低温慢慢消解，防止 As 挥发。这个问题提问很多，这里介绍如下：

（1）测 As 的土样消解。准确称取样品 0.2～1.0g（准确至 0.0001g）于 150mL 三角瓶中，先用少量纯水润湿，加 1+1 硫酸 7mL，浓硝酸 10mL，高氯酸 2mL，置于电热板上加热分解，破坏有机物（若试液色深应补加些硝酸），蒸发至冒浓厚高氯酸白烟。取下

· 212 ·

放冷,用水冲洗瓶壁,再加热至冒浓白烟,以驱尽硝酸。取下三角瓶,瓶底仅剩下少量白色残渣(若有黑色颗粒物应补加 HNO_3 继续分解)。加水并煮沸后冷却至室温,定容至 50mL,同时做全程序空白。

(2) 测 Hg 的土样消解。

1) HNO_3 - H_2SO_4 - V_2O_5 消解法。准确称取样品 0.5~2.0g(准确至 0.0001g)于 150mL 锥形瓶中,加入 V_2O_5 约 50mg,硝酸 10~15mL,硫酸 5mL,玻璃珠 3~5 粒,摇匀。瓶口插一小漏斗,置于电热板上续加热煮沸 15min。取下放冷,滴加 5% $K_2Cr_2O_7$ 数滴至橙色不褪。同时做一份全程序试剂空白液。

2) H_2SO_4 - HNO_3 - $K_2Cr_2O_7$ 消解法。准确称取样品 0.5~2.0g(准确至 0.0001g)于 150mL 锥形瓶中,加硫硝混合酸(2 体积浓 H_2SO_4 和 1 体积浓 HNO_3 混合)2mL,待剧烈反应停止后,加水 20mL,加 5% $K_2Cr_2O_7$ 溶液 5mL,在瓶口插一小漏斗,置于低温电热板上加热分解,并煮沸 5min。若橙色褪去,应随时补加 $K_2Cr_2O_7$ 溶液,以保持有过量的 $K_2Cr_2O_7$ 存在。取下冷却后定容至 100mL。同时做一份全程序试剂空白液。

27. 同一样品(食品)前处理都使用灰化法,但用原子荧光测定 As 比 DDC - Ag 法结果高几倍,为什么?

答:(1) 可能食品试样不够均匀,取样误差应是主要误差的来源。

(2) 如果是同一试样灰化处理并定容后测定,在试样前处理时同时做了全程序空白样,并准确扣除了空白的影响,则原子荧光法测定结果是准确的,因其影响因素较小。DDC - Ag 法测定结果低可能是 AsH_3 发生得太快(反应过于剧烈)、吹气流量过大,吸收液深度不够使 AsH_3 没有完全吸收所致。

28. 配置 As 标准是否加硫脲和抗坏血酸?

答:因为硫脲和抗血酸是预还原试样用的,将 As^{5+} 还原为 As^{3+}。如果标准系列中存在 As^{5+},则应该加入硫脲和抗血酸预还原。

29. 用原子荧光法测试汞,样品前处理要求是使用高压消解法、微波消解法,如果没有这两种消解条件怎么办?

答:如果没有高压消解法的高压罐或微波消解器,可使用题 26 中介绍的方法消解土壤、底质或固体废物试样。

30. 原子荧光测 As 时空白值高,为什么,是否与蒸馏水有关?

答:去离子水的 As、Hg 空白都较低,如原水中含 As、Hg,蒸馏水在制作过程中,会使 As、Hg 空白偏高,但这种情况比较少见。应从试剂、实验室气氛和器皿沾污、排气效果、加热温度等方面寻查原因。

31. 土壤样品消解 Hg、As 时,可否用 HF 消解,如果可以,什么时候加入,加多少?

答:As、Hg 与 Pb、Cr 不同,在"七五"攻关土壤背景值调查中,做过大量的各类土样中重金属成分及类金属 As 的分析研究,发现 Pb、Cr 不飞硅结果偏低,可能是其存于硅酸盐类晶格中,而 As、Hg 不飞硅亦可。

应在将土壤的矿物基本破坏，酸消解液呈黄色黏稠状时，根据土壤类别（含 Si 多少）滴加 1~3mL 氢氟酸（在聚四氟乙烯坩埚中），开盖继续加热，观察试液仅存在于底部且不超约 5mL 时，加入 $HClO_4$ 继续消解至白烟冒尽，此时 SiH_4 和 HF 已全部挥发。

32. 如何克服测 Hg 时管路易吸附污染问题？

答：不仅是 Hg，在原子荧光或原子吸收法测定 As、Se、Cu、Zn 等元素时都存在管路吸附沾污的问题。

应在每天测量完毕后，或测量 20 个样品之后，吸入 1+5 的 HCl 或 1+5 的 HNO_3 清洗管路 5~10min，在清洗时不要关闭火焰和排气罩的排风扇。

33. 原子荧光仪器使用时间较长后测定时荧光强度不稳定，精密度下降（特别是测 Hg），如何处理？

答：（1）光电倍增管的"疲劳"效应，应关掉其开关，休息 30min 会恢复。

（2）灯电流过大，造成谱线变宽，可降低使用的灯电流。

如果还不稳定时可关闭仪器，休息 1h 后重新测定，也可能是管路沾污导致精度下降，应按题 32 所述方法清洗管路。

34. 用微波消解时，如果 HNO_3 用量较大，不赶酸能实现砷、汞同测吗？

答：微波消解，如果称取约 0.3g 土样，一般 $HNO_3=3~5mL$ 即可，再定容至 50mL 或 100mL，因此不用赶 HNO_3。

35. 土壤或污泥样品常压测汞时，消解方法美国《水和废水监测分析方法（14 版）》中高锰酸钾消解，可改用重铬酸钾吗？

答：一定用 $K_2Cr_2O_7$ 代替 $KMnO_4$。因为 $KMnO_4$ 测汞的空白很高，且难以除去，$K_2Cr_2O_7$ 空白低，很容易购得 GR 试剂或保证试剂。

36. 砷化氢吹气速度太快，是否影响其生成胶态银效率？怎样消除水样色度干扰？

答：在 DDC-Ag 法中，AsH_3 吹气太快，胶态银的形式颗粒较少，必须使用 510nm 测量。水样色度不会影响比色测定，因为 AsH_3 已从有色水样中吹出，因此在该方法中不必考虑色度的干扰。

37. 在原子荧光法测定中，仪器使用一段时间，延迟时间会变长，否则波显示不完全，为何？如何克服？

答：原因如下。

（1）仪器可能存在故障。

（2）一般仪器延迟时间可使用至 10s，此时波峰会显示完全。如果延迟时间过短也会使波显示不完全。

克服方法如下：

（1）增加载气流速。

（2）增加还原剂 $NaBH_4$ 的浓度并适当提高约 100℃ 的原子化温度。

**38. 测标液时，荧光值上了 5000 则峰型不好，为双峰；正常峰型应为单且尖锐的峰，为什么？如测汞时，按照 1mg/mL 配置的标液就存在该问题，降低最高浓度到 0.1mg/mL

四、Hg、As、Se 监测问题

则可解决峰型问题，但标准曲线最大荧光值大于3000，为什么？（测汞条件：300V，15mA）

答： 因为原子荧光测定 Hg 的灵敏度很高，1mg/L 的标准溶液太浓了。导致出现双峰的原因是进入原子化器的 Hg 不能瞬时且同时原子化，因此出现双峰，有时还会出现多峰。也可能是用冷原子荧光测定的，若加热至约 80～100℃，双峰可能会变成单峰，因冷原子荧光法的记忆效应明显。此外，荧光值太大也会出现饱和现场。

总之，用热原子荧光法测定，把标准系列和样品溶液适当稀释，把延迟时间增加到 3～5s，可解决双峰（或多峰）问题。

39. 汞标准曲线的相关系数往往没有砷的高，为什么？测汞未知样时平行不好，仅仅因为汞不是很稳定吗？如何解决不平行问题？

答： 的确如此。测 Hg 空白高，且 Hg 不是以氢化物形式分解成原子态的，而 As 是以 AsH_3 分解成 As 原子。此外，Hg 的记忆效应（即如果不使用加热法，测定第一份样品后 Hg 不能完全排出原子化器，从而对第二份样品有影响）明显。曾发现测定同一份土壤溶液 Hg 时越测越高（当然平行性差了），适当加热并提高原子化温度该问题可以解决。

40. As、Hg、Sn、Se 等元素的测量条件结果是否存在问题？

答： 厂家推荐的测定条件是新的仪器且在性能良好的状态下的测定条件。随着仪器使用时间的增加，各部件会老化，尤其空心阴极灯和光电倍增管老化明显。因此，要适当提高灯电流或适当提高光电倍增管的高压才能到达良好的测定效果。但光电倍增管电压增加后，测量荧光强度的波动性也会增大，必须注意。

此外，多数厂家推荐用冷原子荧光法测定 Hg，建议用热原子荧光法，虽灵敏度稍低，但测量精度明显改善，会更有效地克服记忆效应。

41. 用王水-水浴消解土壤分析 Hg 时，为什么测定值会偏高？（原子荧光法）

答： 这主要是王水和消解过程中的空白影响，王水是用 HCl、HNO_3 配置的，其中 Hg 的空白较高，应多带几个空白，把空白值经统计剔除后，取均值扣除。

42. 原子荧光法测定 Hg、As、Se 时，标准曲线是否需要每天配制？

答： Hg、As、Se 都是标准溶液不易保存的元素，其标准系列也不需要每天配制。在 HJ/T 92—2002《水污染物排放总量监测技术规范》中规定，每批试样都要求做标准曲线。如果提高酸度，可使用约一周，但每次测定必须带 1～2 个标准点对标准曲线校正。

此外，标准系列的酸度可适当提高，例如：加 HCl 至 5%，在 Hg 标准中加入重铬酸钾溶液，这样可延长标准曲线的使用期限。当用原子荧光法测定时，硼氢化钠（钾）溶液中加入的氢氧化钠量也应提高至约 4%，因为只有在酸性条件下才能有氢化物发生，As、Se 标准系列也可适当提高酸度。

43. 测 Hg、As、Se 用微波消解泥样时，如何设置温度和消解时间？

答： 污泥样品我国规定测 Hg 时用冷消解，将称量后的样品置于三角瓶中，加入酸后在三角瓶口插入小漏斗，防止 Hg 挥发损失，然后过夜即可。而 As、Se 消解则需要加热，为了防止其挥发，可加入含 V 约 3% 的 NH_4VO_3 溶液，用低温电热板保持微沸 2h，即可。

44. 原子荧光法测定 Hg、As、Se 时，水样能否用 HCl 做固定剂？

答： 可以用 HCl 固定水样，但不是 pH≤2，按 HJ/T 91—2002《地表水和污水监测技术规范》的规定，要求加入 HCl 至 1%。

45. 原子荧光法能否测杭州湾口的海水中 Hg、As、Se？

答： 可以测定。海水成分一般不会干扰 Hg、As、Se 的测定，但因为标准中都要求测总量（如总汞、总砷），而海水中的 Hg、As、Se 不一定都以无机离子形态存在，应将水样在加 HCl 后低温微沸 30min，以破坏可能存在的有机态或其他无机形态存在的 Hg、As、Se，冷却至室温后测定。

46. 土壤中 Hg 的监测（原子荧光法），监测结果 Hg 出现超标，是否存在过程污染？实际污染应如何消除？

答： 如果出现 Hg 超标，应认真分析确认监测数据是否准确，尤其是全程序空白扣除是否合理。在 2010 年海南出现的纯净水 As 超标问题，就是由于空白没认真扣除。而 Hg 的空白远远高于 As，如果认真试验就会发现，同一批次甚至同一包装箱购入的 HCl 或 HNO_3，不同瓶的 Hg 空白值是不相同的，且有的空白值相差很大。

因此，在冷消解土壤样品时，加入的酸要求准确且定量，最好同时带 3~5 个全程序空白，在配制标准系列时，也要使用同一瓶酸。在用原子荧光分析时，使用热原子荧光法，并认真用 5% HCl 冲洗管路和系统。这样就能消除沾污或空白对监测结果的影响。

在试验中会发现多个全程序试剂空白值并不相同，如果偏差在 10% 内可用平均值扣除，若偏差较大，应重新做空白，或经统计剔除后取均值扣除。

五、阴离子监测中的问题

1. 离子色谱法测定地下水的阴离子时，Cl^-、SO_4^{2-}等测试结果较稳定，但F^-变化较大，请问如何解决？

答：离子色谱法测定地下水中Cl^-、SO_4^{2-}是比较好的方法，尤其是SO_4^{2-}和Cl^-含量较高也容易准确定量。而F^-影响因素较多。在常测定的几种阴离子中，由于F^-的保留时间最短，很容易受到水的负峰干扰，可在100mL水样中加入1mL淋洗贮备液（0.18mol/L Na_2CO_3—0.17mol/L $NaHCO_3$）消除水的负峰。此外，不被色谱柱保留或弱保留的阴离子也干扰F^-的测定，如乙酸与F^-产生共淋洗，此时用0.005mol/L $Na_2B_4O_7$弱淋洗液代替0.18mol/L Na_2CO_3—0.17mol/L $NaHCO_3$做淋洗液。

2. 氟化物的空白如何扣除？

答：氟化物在水中多以F^-存在，因此使用去离子水比蒸馏水空白要低得多；实际污水样最好要经过水蒸气蒸馏前处理，会减少空白。

3. 氟化物测试时，可否用KNO_3代替$NaNO_3$或柠檬酸代替柠檬酸钠配制缓冲溶液？

答：这是离子选择电极法测氟的离子强度调节缓冲溶液。在GB 7484—87《水质 氟化物的测定 离子选择电极法》中是0.2mol/L柠檬酸钠—1mol/L硝酸钠，此处用KNO_3改为$NaNO_3$完全可以，柠檬酸亦可代替柠檬酸钠，但两者的称重会有所不同，因最终配制成pH＝5～6的缓冲溶液。

4. 使用亚甲蓝法测定水中无机阴离子硫化物时，其硫化物标准溶液可否使用稳定剂稀释。

答：GB/T 17133—1997《水质 硫化物的测定 直接显色分光光度法》中，第3.7条硫标准稀释稳定剂，其中并未写明配制方法，是标准制定工作中的疏忽。经详细研究各行业及国家的标准分析方法，发现疏漏之处较多。

硫化物标准溶液标定后稀释定容时，最好使用稳定稀释剂，原因是：①硫化物必须在碱性介质中保存；②硫化物有较强的还原性，在溶液中很不稳定，在使用过程中容易被氧化生成S、SO_3^{2-}、$S_2O_3^{2-}$等，使浓度降低。

据《空气和废气监测分析方法（第四版）》（国家环境保护总局，《空气和废气监测分析方法》编委会，中国环境出版社，2003）第185页介绍"硫标准稀释稳定剂"已成为商品试剂供应。其实这属于碱性乙酸锌类溶液，只要在pH＝8～10的NaOH溶液中，滴加1mol/L的乙酸锌，使之成为乳白色胶态溶液即可作为硫化物的稳定剂。

通过该问题的回答可见，许多知识都是可以共用的，气体监测的相关规定也可用于水的监测。目前各级环境监测站分工很细，往往水监测试验室和气监测试验室的技术人员交流很少，这不利于技术人员的水平提高。

5. 硫化物测定时吹气回收率不达要求如何解决？

答：硫化物的回收率只要能达到70%就很好了，在 HJ/T 91—2002《地表水和污水监测技术规范》中要求污水监测回收率为70%～130%。影响硫化物回收率的因素有：

（1）吹气瓶不能加热，否则会有冷凝水珠集于瓶壁或管路，水珠吸收 H_2S 使回收率偏低。

（2）适当提高测定试液的酸度，且加酸时在保证 H_2S 不逸出时迅速加入。

（3）吹气速度不要太快，否则 H_2S 吸收不完全。

（4）用《水和废水监测分析方法（第四版）》第137页图示的吸收管（包氏管），代替常用的吸收管，增加 H_2S 吸收液的深度。

6. 地表水的硫化物测定中，常常会出现水样吸光值低于空白吸光值，请问这种干扰主要是由什么原因引起的？

答：（1）水中共存的亚硫酸盐、硫代硫酸盐、有机物等都能阻止亚甲蓝和硫离子的显色反应。尤其前者达到10mg/L时不能显色。

（2）此外，亚铁氰化物或者氧化剂、还原剂都对硫化物测定产生影响。

上述干扰因素尤其是阻止显色的干扰物都会出现水样吸光度低。

当发现这一情况时，应通过乙酸锌沉淀-过滤法处理试样后，再经过酸化-吹气分离干扰成分。

7. 废水中硫化物测试一定要经吹气预处理吗？

答：直接显色，测定结果会偏低。因为硫化物包括 HS^-、S^{2-} 和可被酸分解的硫化物，如 ZnS、CaS 等，所以必须酸化-吹气后用吸收液显色测定。

8. 硫化物分析加固定剂后，产生胶体，如何进行直接显色法？

答：正是因为胶体存在不能直接显色。如果比较清洁的水样，且不存在可被酸化分解的金属硫化物时，可直接显色测定。否则必须经酸化吹气前处理后，才能测定。

9. 测低含量的硫化物采用碘量法不合适，采用比色法无法吹气，吹气法回收率只有50%，如何解决这一问题？

答：关于提高回收率的问题请参照题5。

此外，亦可使用间接火焰原子吸收法［见《水和废水监测分析方法（第四版）》］或 HJ/T 200—2005《水质 硫化物的测定 气相分子吸收光谱法》。

10. 如何保证降水中 SO_4^{2-} 监测结果的可靠性，提高重现性？

答：降水的 SO_4^{2-} 测定首先应保证采集雨水试样的代表，在经优化的点位采集雨水，在采集降水前认真清洗盛装水样的桶。

一般雨水中 SO_4^{2-} 含量在几毫克每升至100mg/L，常用的分析方法是离子色谱法，为保证测定结果的精度和准确度应注意：

（1）实验中不应使用蒸馏水，使用的去离子水电导率应小于 $0.5\mu S/cm$，并用微孔滤膜过滤。

（2）在雨水样品中加入一定量的 Na_2CO_3-$NaHCO_3$ 淋洗贮备液，并使其浓度与淋洗液相同，以克服负峰的影响。

(3) 在测定样品时使用的条件应和绘制标准曲线使用的各种条件完全相同。

(4) 在淋洗液或再在液交换时,或者每分析 20 个样品,都应对标准曲线校正。

(5) 当保留时间或响应值变化超过±10%时,应重新绘制标准曲线。

11. 用 N,N-二乙基-1,4苯二胺滴定法测定游离氯和总氯时,滴定终点极难观察变化,如何解决?

答:高含量的 Cl^- 可使用 $AgNO_3$ 滴定法测定,该法也是标准方法(GB 11896—89《水质 氯化物的测定 硝酸银滴定法》),适合于 10~100mg/L 水样的测定,只要将水样稀释 10 倍即可。

12. 使用某公司生产的离子色谱仪,由于本地 Cl^- 含量较高,一般地下水 Cl^- 含量超过 200mg/L(离子色谱仪要求的最高值);污水含量也很高,Cl^- 浓度为 1000mg/L 左右,造成离子色谱仪无法启动。这种情况下稀释倍数越多,分析结果就越不准确。请问能不能使用以下办法处理:加入 Ag_2SO_4 或 $AgNO_3$,去掉部分 Cl^-,然后再减去所加 SO_4^{2-}、NO_3^- 的含量。如果可以,SO_4^{2-}、NO_3^- 是否也必须控制到仪器要求的范围内?

答:离子色谱在各级环境监测站用途很广,如果为了开发用途避免资源浪费,可在有机酸、胺及有机碱、色素等方面开展研究 [牟世芬,《离子色谱方法及其应用(第二版)》,化学工业出版社,2005 年]。

高浓度的 Cl^- 应使用其他方法测定,如可采用滴定法,有硝酸银滴定法、硝酸汞滴定法和点位滴定法等。硝酸银滴定法适用于较清洁水样,硝酸汞滴定法的滴定终点比较容易判断,电位滴定适用于浑浊或带色水样的测定。

13. 使用青岛崂山分析仪器厂的 IC-6 型离子色谱仪分析阴离子,如何尽量去掉 F^-(负峰)的影响?分析 K^+、Na^+ 等一价阳离子时,如何去掉 Ca^{2+} 的影响(此仪器不能同时分析一价阳离子和二价阳离子,每次分析 6~7 个样品后,Ca^{2+} 出峰就将一价离子的峰掩盖了)?

答:消除 F^- 的负峰影响可在水样中加入淋洗贮备液,最好使其浓度与使用的淋洗液相同。

如果分离一价、二价阳离子通过改变淋洗液的浓度,种类或使用的分离都可以实现,图 1 和图 2 是《离子色谱方法及其应用》中的实际图谱,可供参考。

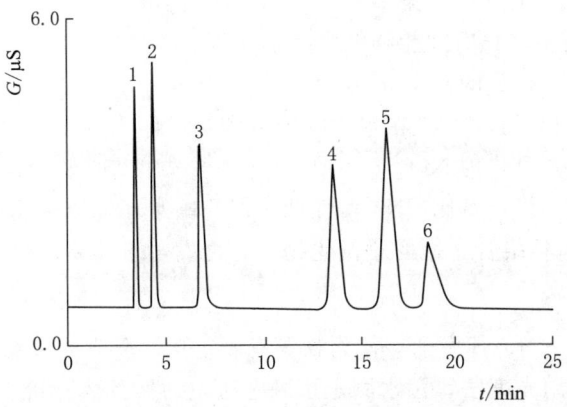

图 1 在 IonPac CS15 柱金属与碱土金属的分离

分离柱：IonPac CS15　　　　　流速：1.2mL/min

淋流液：5mmol/L H_2SO_4 + 9%乙腈　　进样体积：25μL

检测器：抑制型电导

溶质浓度（mg/L）：1—Li^+（1.0）；2—Na^+（4.0）；3—NH_4^+（10.0）；4—Mg^{2+}（5.0）；5—Ca^{2+}（10.0）；6—K^+（10.0）

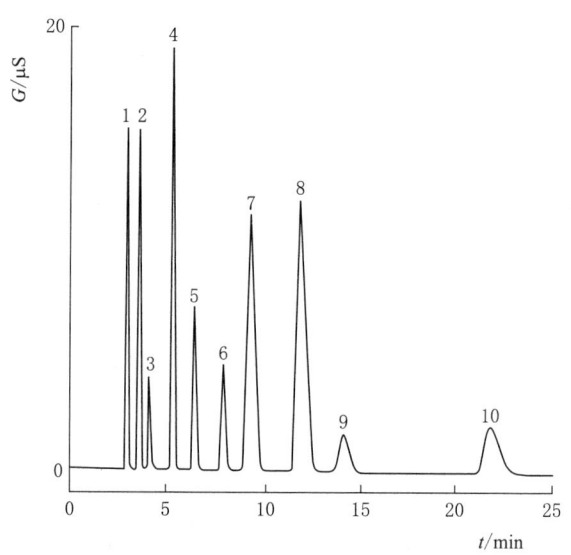

图 2　碱金属、碱土金属与铵的分离

分离柱：IonPac CS12A　　　　流速：1.0mL/min

淋流液：18mmol/L 甲烷磺酸　　进样体积：25μL

检测器：抑制型电导，CSRS 循环模式

溶质浓度（μg/mL）：1—Li^+（1.0）；2—Na^+（4.0）；3—NH_4^+（5.0）；4—K^+（10.0）；5—Ru^+（10.0）；6—Cs^+（10.0）；7—Mg^{2+}（5.0）；8—Ca^{2+}（10.0）；9—Sr^{2+}（10.0）；10—Ba^{2+}（10.0）

14. 某地经常会遇到 CN^- 污染事故，请问 CN^- 在水中分解扩散能力如何，地下水中 10.0mg/L 的 CN^- 需要多长时间能够完全降解？

答： 地下水中 10mg/L 的 CN^- 已经污染非常严重了，一旦地下水受到 CN^- 的污染，在 10 年之内是难以恢复的。CN^- 在水中的分解和扩散能力与水环境有关。NaCN 很容易被漂白粉（次氯酸盐）氧化为 NO_x 和 CO_2，发生事故应及时处理；此外，CN^- 很容易与水中重金属离子络合，络合氰比 CN^- 毒性低。但我国水环境质量标准规定的是"氰化物"并非仅是 CN^-，是包括络合态氰的总氰化物。总之发生事故要及时处理，防止污染扩散，把损失减至最小。

15. 对于如 NH_3-N、挥发酚、氰化物等有滴定法、分光光度法的项目，技术管理部门认为，地表水测定用光度法，污水测定用滴定法，而做具体分析工作的人员不同意此观点，认为应根据水样中以上项目的含量高低来选用分析方法。请问如何选用方法？

答：管理部门不应过多干预实际分析人员的工作，滴定法、光度法测定不同项目时所遇到的干扰情况不同，定量分析测定的范围也不同。如果统一规定测地表水和污水的方法体系是不合理的。

选择分析方法的前提是：

（1）检测限。

（2）定量范围。

（3）是否有共存物的干扰，干扰影响多大？如果有干扰，选用的方法能否克服这些干扰。

（4）尽量使用标准方法。

（5）测试费用低、二次污染少等。

16. 土壤中的氰化物，用标准土加标，回收率为20%左右，怎么办？

答：标准土壤样品不是用来加标使用的，用其质控样品前处理的全过程，即把待测土壤样品和标样同时、用相同的条件前处理，并对前处理后的溶液用相同的试剂和仪器分析。如果标样的氰化物浓度落在允许误差范围内，说明土壤样品分析结果是准确的，否则应重新称样测定。这种质控方法也只能说是按规定和标准做。

氰化物在土壤中不是以CN^-形势存在，由于土壤中金属成分较多，主要以金属络合氰的形式存在，究竟以哪种金属络合物为主，应该说土壤样品和土壤标样不会完全相同的，其所含基体成分也不会完全相同，因此在前处理和分析过程中对结果的影响也不会相同。

此外，土壤加标后基体会增加，氰化物浓度也会增加。如果使用离子选择电极法测定，要考虑是否适当多加了离子调节剂。因为离子选择电极法只能测定CN^-，若离子调节剂加入量不够，不能保证所有络合态的氰化物都成为CN^-，会使回收很低。

17. 氟矿排气口中氟化物的测定要蒸馏吗？如果蒸馏结果可能很高，不蒸馏可能很低。

答：铝是地壳和各种矿物中常量元素，氟矿物中一般含铝也能达到百分之几十，由于氟和铝有络合作用，且尘和气中的氟化物主要以化合形态存在，常用的离子选择电极法只能测定F^-，因此必须用蒸馏法把样品处理后再测定。

六、挥发酚监测中的问题

1. 水中酚类采样时，因为酚类与 NaOH 生成较稳定的酚钠，固定剂中可否加入 NaOH？

答：最好不要加入 NaOH，因为酚钠的生成会对以后蒸馏效果产生影响，且酚钠在有机相中溶解度小，影响显色和萃取效果。按《水和废水监测分析方法（第四版）》规定，加入 H_3PO_4 酸化至 pH=4，加入 1g/L $CuSO_4$ 灭菌。在 HJ/T 91—2002《地表水和污水监测技术规范》中规定加入 H_3PO_4 使 pH=2，并加入 0.01~0.02g 抗坏血酸除去余氯。由于水生生物会使水中挥发酚类发生变化，若水中余氯高则菌类会死亡，如在余氯低的地表水加入 $CuSO_4$ 更为合理。

2. 在样品保存中酚类从前是加 H_3PO_4 调至 pH=2，加 $CuSO_4$，现在为什么不用 $CuSO_4$ 而改用抗坏血酸？

答：在一般地表水、湖库水试样中可加入 $CuSO_4$ 灭杀菌类，而医院污水、生活污水、饮用水、造纸及印染污水除加 $CuSO_4$ 外，还应加入抗坏血酸的消除余氯的影响。

3. 用萃取法测试化肥厂、陶瓷厂高浓度废水中的挥发酚时，该怎样稀释，能否先蒸馏后稀释？

答：因为 HJ/T 92—2002《地表水和污水监测技术规范》中规定污水必须测定原始水样，不可避免会含悬浮物，因此直接将水样稀释后测定会产生较大误差（悬浮物影响）。如须稀释后蒸馏，应将水样充分摇匀（闭塞）后逐级稀释，每次不得超过 10 倍稀释，并注意先加入相应的 H_3PO_4（保证定容后 pH=2~4）和 $CuSO_4$。

如果先蒸馏再稀释最好使用 500~1000mL 容量瓶盛接馏出液，以保证蒸馏完全。

4. 用 HJ 503—2009《水质 挥发酚的测定 4-氨基安替比林分光光度法》中 4-氨基安替比林萃取法测试地表水中挥发酚时，有个别断面的水质比较干净，水样吸光度比空白低（每批测试均带空白），请问是什么原因？

答：这是因为该水样中挥发酚浓度小于 4-氨基安替比林法的检测限（0.002mg/L）。

此外，该方法的确空白很高，往往空白值都超过了地表水的 3 级标准。空白产生的原因较多：

（1）必须自己制备无酚水，外购水不能直接用于分析实验。

（2）玻璃器皿、橡胶、塑料制品易受酚类沾污。

（3）4-AAP 试剂易吸湿、结块，并易被氧化。因此应贮存于干燥器内并避光保存。试液临用时配制，使用时以准确量加入。在实验室环境中避免氧化性气体等。

（4）4-AAP 被氧化后试剂黄色变深，这时可用不锈钢镊子挑出浅色结晶使用，其水溶液微黄色。如果配制的 4-AAP 水溶液是深橙色时，即 4-AAP 被氧化，且空白会很

六、挥发酚监测中的问题

高。应使用苯纯化,方法为:将约 25g 4-AAP 置于 50mL 烧杯中,加入约 50mL 苯,用玻棒搅拌使 4-AAP 完全溶解后,倾出残余苯经滤纸过滤,并用少量苯淋洗,待苯滤尽后将 4-AAP 平铺于培养皿中使苯挥发后贮存于干燥器中,避光保存。操作应在通知橱中进行,苯应作为废液回收处理。

5. 4-氨基安替比林萃取光度法测定挥发酚时,在配置 2‰ 4-氨基安替比林溶液时,可否加 0.02~0.05g 盐酸羟胺+$CHCl_3$ 萃取提纯后使用?

答: 从原理来讲,加入抗坏血酸是使 4-AAP 受氧化的部分还原,但究竟效果如何并没有实验过。用苯洗涤除(见前述)去空白是常使用的方法。

6. 含酚废水蒸馏时,粉红色易褪去,加过量 H_3PO_4 10% 仍不能解决,如何办?

答: 如果在蒸馏过程中甲基橙的红色褪去,说明 H_3PO_4 加量不足,应重新取样蒸馏。即使蒸馏完后的残液也应呈酸性(甲基橙红色),增加 H_3PO_4 加入量后,重新取样进行蒸馏。

7. 请谈谈挥发酚测定的实际经验?

答: 这个问题太大,详细回答十分困难,这里只做简答。

应尽量减少空白的影响,由于我国水环境质量标准挥发酚较低,空白高了使数据可信度变低。此外是萃取漏液的问题,可采取以下措施:

(1)用无酸水。

(2)认真洗涤器皿。

(3)在洁净室内蒸馏,蒸馏速度慢些效果会好。

(4)4-AAP 用苯提纯、洗涤,使空白达到最小。

(5)萃取时分液漏斗不能涂凡士林,有的主件涂 H_3PO_4,这样 pH 值会发生变化(不是 pH=10.0±0.02),影响萃取净效果。可改用 250mL 容量瓶萃取,置于水平振荡器振荡萃取,中间只需放 2 次气即可。振荡完毕后打开瓶盖,萃取挥发酸和 4-AAP 生成物 $CHCl_3$ 集于瓶底,将水相慢慢倾出后,通过干滤纸上脱脂棉将 $CHCl_3$ 缓缓放入比色皿中测定。

(6)蒸馏过程中,如果甲基橙红色褪去说明 H_3PO_4 加入量不足,必须重新取样蒸馏;即使蒸馏后的残液也应呈酸性。

七、油类监测中的问题

1. 为什么生态环境部门要对 HJ 637—2012《水质 石油类和动植物油类的测定 红外分光光度法》进行修订?

答:为保护大气臭氧层,《关于消耗臭氧层的蒙特利尔协议书》要求禁止使用"消耗臭氧层物资(ODS)"。我国颁布的《中华人民共和国消耗臭氧层物质管理条例》表明了国家逐步减少并最终停止使用消耗臭氧层物质。HJ 637—2012《水质 石油类和动植物油类的测定 红外分光光度法》中使用的萃取剂四氯化碳为ODS,从2019年1月1日起该方法已废止,并制修订了替代标准方法。

2. 新修订的 HJ 637—2018《水质 石油类和动植物油类的测定 红外分光光度法》与 HJ 637—2012 的主要区别有哪些?

答:一是适用范围不同。现行国家标准 HJ 637—2018 适用于工业废水和生活污水中的石油类和动植物油类的测定;而被替代的原国家标准 HJ 637—2012 适用于地表水、地下水、工业废水和生活污水中的石油类和动植物油类的测定;二是萃取剂不同。原国家标准 HJ 637—2012 中用四氯化碳萃取样品中的油类物质,而现行的新标准 HJ 637—2018 中用四氯乙烯萃取样品中的油类物质。四氯化碳不仅是消耗臭氧层物质(ODS)之一,且毒性较大;而四氯乙烯相较于四氯化碳毒性要小得多;三是部分术语不同。在现行国家标准 HJ 637—2018 中以"油类"取代"总油",油类主要包括石油类与动植物油;四是方法检出限不同。在 HJ 637—2018 中,当取样体积为500mL,萃取液体积为50mL,使用4cm石英比色皿时,方法检出限为0.06mg/L,测定下限为0.24mg/L;在 HJ 637—2012 中,当取样体积为1000mL,萃取液体积为25mL,使用4cm石英比色皿时,方法检出限为0.01mg/L,测定下限为0.04mg/L;当取样体积为500mL,萃取液体积为50mL,使用4cm石英比色皿时,方法检出限为0.04mg/L,测定下限为0.16mg/L。

3. HJ 637—2018《水质 石油类和动植物油类的测定 红外分光光度法》中用四氯乙烯作为萃取剂,对四氯乙烯的品质有何要求?用四氯乙烯代替四氯化碳作为萃取剂,对水质中石油类和动植物油类的测定有无影响?

答:一是通过四氯乙烯的颜色、气味、透过率、吸收值、3030cm^{-1}、2960cm^{-1} 和 2930cm^{-1} 处吸光度以及谱图的比较,综合不同质量四氯乙烯对标准曲线和准确度的影响的实验研究,作为萃取剂的四氯乙烯应满足如下标准:以干燥4cm空石英比色皿为参比,在2800~3100cm^{-1}使用4cm石英比色皿测定四氯乙烯,2930cm^{-1}、2960cm^{-1}、3030cm^{-1}处吸光度应分别不超过0.34、0.07、0。二是分别以四氯乙烯和四氯化碳为试剂,通过比较四氯乙烯与四氯化碳配制标准曲线的线性比较,以及配制标准品和不同油品的精密度、准确度以及实际样品测定结果得知,配制标准曲线的线性无差异,四氯乙烯在低浓度水平上精密度与准确度不如四氯化碳，导致方法检出限较高，不满足地表水和地下水监测的需求，其他方面则和四氯化碳无明显差异。

4. HJ 637—2018《水质　石油类和动植物油类的测定　红外分光光度法》在油类试样的制备环节用玻璃棉代替了玻璃砂芯漏斗，两者有何区别？

答：在 HJ 637—2012《水质　石油类和动植物油类的测定　红外分光光度法》的分析步骤中，要求将萃取液经已放置无水硫酸钠的玻璃砂芯漏斗流入比色管内，但小粒无水硫酸钠及待测物容易残留在玻璃砂芯漏斗的砂芯中，清洗非常困难，易造成交叉污染。彻底清洗干净玻璃砂芯漏斗需用10％盐酸浸泡24h，用水冲洗，晾干，再于马弗炉450℃烧4h，此法太过复杂，耗时耗力。实验证明，用玻璃棉放在普通漏斗中代替砂芯漏斗的方法，空白低，操作步骤简单，满足分析方法的要求。但滤纸和脱脂棉等实验空白高，不能代替玻璃棉使用。

5. HJ 637—2018《水质　石油类和动植物油类的测定　红外分光光度法》中为什么建议用自动萃取代替手工萃取？

答：一是大量实验结果表明，手动萃取与自动萃取对监测结果无显著差异；二是手动萃取方式需将样品转移至分液漏斗，转移样品过程容易洒漏，导致样品量和样品浓度的少量损失；三是四氯乙烯洗涤采样瓶后倒入分液漏斗，萃取后量取水样体积，过程中挥发的四氯乙烯直接进入分析人员呼吸系统；四是自动萃取省去了水样的转移和量取样品体积，同时省去了体力劳动，有利于提高工作效率和避免试剂对人体伤害；总之，使用自动萃取可以使实验分析人员从体力劳动中解脱，避免受试剂的毒害，提高工作效率。

6. HJ 970—2018《水质　石油类的测定　紫外分光光度法（试行）》的名称不是《水质　油类的测定　紫外分光光度法》，且适用范围不包括污水？

答：(1) 通过大量实验结果，动植物油类在紫外光区的响应值特别低，不适于在石油类测定的同时进行动植物油类的测定。因此标准名称定为《水质　石油类的测定　紫外分光光度法》。

(2) 进一步以实际水样检验225nm和254nm两个波长下监测结果合理性的实验结果表明，地表水、地下水、海水等自然水体和各类油品中最大吸收峰均位于225nm左右。因此，紫外分光光度法测定石油类时的波长选择为225nm，以225nm处的吸光度值对应的浓度为样品的最终浓度。

(3) 分别用紫外法、红外法对地表水、地下水和污水实际样品进行多次重复测定的大量实验结果表明，两种方法测定结果的可比性较差，紫外法测定水中油类物质时，对污水的适用性较差，不适合污水中油类的测定，且由于动植物油在紫外区响应极低，无法准确测定动植物油类，且已发布的《水质　石油类和动植物油的测定　红外分光光度法》（四氯乙烯代替四氯化碳）已将工业废水和生活污水纳入测定范围，因此，该标准适用范围限定为地表水、地下水和海水，而不包括污水。

7. 用紫外分光光度法测定石油类的优势是什么？

答：石油类是一种混合物，是一类化合物的统称，它的来源广泛且进入水体后在物理、化学和生物等作用下会进行各种形式的转化，此外受地表蒸发过程的影响，进入大气的低分子量烃类（C15以下）以及表层水中的油类组分都能进行光氧化和降解，所以以最初的形式存在于水中的油类是极少的，所测定的油类物质也并不是原始状态的。

采用紫外分光光度法测定石油类，由于不同种类油品在紫外光谱中的吸收峰所处位置不同，所以能较好地定性区分各种油品，因此对于同一种油品而言，具有精密度好、灵敏度高的特点。

8. 不同物质构成的石油类有证标准物质对石油类的测定紫外分光光度法有什么不同影响？

答：在新制订的石油类紫外分光光度法测定标准分析方法中规定，可直接采购市售正己烷体系的石油类有证标准物质/样品。HJ 油标准曲线线性良好，且已经在海洋环境和水环境石油污染监测和调查工作中广泛应用，增强了结果的统一性和可比性。但采用不同石油类标准物质配制标准曲线，结果存在一定差异性。正十六烷、异辛烷、苯不适宜作为紫外分光光度法的标准物质。例如石油原油成分复杂，尽管紫外法测油校准曲线线性良好，但无法进行量值溯源。

9. HJ 970—2018《水质　石油类的测定　紫外分光光度法（试行）》中，为什么以225nm处的吸光度值对应的浓度为样品的最终浓度？

答：石油类紫外法测定的主要是具有共轭体系的物质，这类物质在紫外光谱去区有特征吸收峰。如具有苯环的芳烃化合物主要吸收波长位于250～260nm；具共轭双键的化合物主要吸收波长位于215～230nm。地表水、地下水、海水石油类的来源主要为轻质油，最大吸收峰位置均在225nm左右。各类污水的最大吸收峰位置也位于220～240nm，而70%的水样最大吸收峰位置位于225nm，有些水样虽然有第二吸收峰，但其吸光度均比最大吸收峰位置的吸光度小很多。

若采用225nm和254nm紫外吸光度相结合的方式测定石油类，虽然考虑了芳烃和共轭双键的化合物，但对于有些石油类在两个波长下都有吸收而导致叠加统计，测定结果偏高。此外，对于地表水、地下水和海水，由于受大气、光等自然条件的影响，大部分油类被挥发氧化，所能采集到的油已大部分是轻质油，其最大吸收峰位于225nm，其余被测物最大吸收峰均位于225nm左右。因此，为保证结果的可比性和一致性，紫外分光光度法测定石油类时的波长选择为225nm，以225nm处的吸光度值对应的浓度为样品的最终浓度。

10. 石油类测定紫外分光光度法中的检查限与比色皿厚度有什么样的关系？

答：比色皿的厚度关系到检出限的大小，由朗伯-比尔定律可知，吸光度与比色皿厚度成正比，所以比色皿越厚，最小检出量越低。Ⅰ～Ⅲ类地表水和第一类、第二类海水石油类的标准限值均为0.05mg/L，配套的方法检出限一般需小于标准限值的1/4，即小于0.012mg/L。大量实验分析结果表明，当使用1cm比色皿时，方法检出限为0.017mg/L，不能满足标准限制的要求。当使用2cm和4cm比色皿时，方法检出限分别为0.008mg/L和0.006mg/L，均能满足标准限值的要求。但将比色皿厚度由2cm增加至4cm，检出限没有明显的降低，因此 HJ 970—2018《水质　石油类的测定　紫外分光光度法（试行）》选择2cm比色皿进行比色。

11. HJ 970—2018《水质　石油类的测定　紫外分光光度法（试行）》，为什么选择正己烷而不是石油醚作为萃取剂？

答：萃取剂选取时一般考虑：①萃取能力强，即单位浓度的萃取剂对被萃取物质有较大的萃取能力；②选择性好，即对分离的目标物有较大的分离系数；③化学稳定性好，即萃取剂不易水解，抗干扰能力强；④在水相中的溶解度小，易与水相分层，不发生第三相，不易发生乳化现象；⑤市售产品纯度高，易获得。

根据国内外标准方法和文献查询情况可知，测定石油类的萃取剂主要包括4种，分别是二氯甲烷、环己烷、石油醚和正己烷。

二氯甲烷因为致癌物、环己烷属于极易燃物质，因此，均不宜采用。

石油醚是低级烷烃的混合物，也属易燃易爆物质。其优点是价格适中，但不足之处是纯度低，市售的大部分石油醚透光率均小于90%，需要对石油醚进行脱芳烃处理，而脱芳烃和重蒸馏处理又比较繁琐，因此实用性差。

正己烷是一种良好的低毒有机溶剂，价格低廉，购买方便，大部分标准方法中均采用正己烷作为石油类测定的萃取剂。正己烷使用前应于波长225nm处，以水做参比，透光率大于90%方可使用，否则需脱芳烃处理。综上所述，本标准确定正己烷为萃取剂，可直接购买色谱纯的正己烷，以简化分析操作步骤。

12. HJ 970—2018《水质 石油类的测定 紫外分光光度法（试行）》，为什么破乳宜在除去水相的萃取液中加1～4滴无水乙醇，而不能多滴？

答：大量实验分析结果表明，4滴以内的乙醇对样品测定的吸光度无影响，随着乙醇用量的增加，样品吸光度逐渐增大，因此，采用乙醇进行破乳时，应严格控制乙醇的用量在4滴以内。

通过对离心的破乳效果，2000r/min离心3min，乳化层即明显分离，破乳率随离心转数的增加而增大，也随作用时间的延长而增大。

再考察超声的破乳效果。实验发现，超声处理后，从液滴的凝聚、沉降到分层必须经过较长的时间，且必须严格控制温度，操作较为繁琐，超声的破乳效果也不如离心明显，因此不建议采用。

综上所述，样品乳化程度较重时可向萃取液中加入4滴以内无水乙醇破乳，若效果仍不理想，可将萃取液转移至玻璃离心管中，转速2000r/min离心3min。

13. 测油类直接在采样瓶中萃取时，如果污水颜色较重或有沉淀物（悬浮物）的情况下，不过滤是否可以？

答：测油的水样是不能过滤的，因为水中油会吸附在滤纸上且很难洗脱，如果水样颜色较重，可用四氯乙烯少量多次萃取，若油含量高还可经稀释后去除其影响；悬浮物一般不能被四氯乙烯萃取，过多会使四氯乙烯与水相之间有乳化层，可加入NaCl等盐析剂破乳。

14. 污染源水样中油类的浓度较高，无法用红外法测定，是否可以改用其他方法？如用重量法测定，污染源样品往往沉淀较多，对分析结果是否会造成影响。另外其他项目浓度高可以进行稀释处理，油类怎么做？

答：由于油类在水中分布是不均匀的，尤其是含油类较多的污水，油在水中以浮油、乳化油和溶解油三种状态存在，其中溶解态所占比例较小，因此经过稀释是得不出正确测量结果的。

污水中悬浮物一般不会被有机萃取剂萃取,因此不会影响测定。当油类浓度大于 2mg/L 时最好用重量法测定。可参照《水和废水监测分析方法(第四版)》第 490 页的重量法,把其中的石油醚萃取改为四氯乙烯萃取,并把 1+1 H_2SO_4 酸化改为用 1+1 HCl 酸化至 pH<2。

15. 方法规定石油类要在 pH<2 状态下分析,《水和废水监测分析方法(第四版)》中前面规定使用 HCl 酸化,后面规定的用 H_2SO_4 酸化,请解释。

答:《水和废水监测分析方法(第四版)》的重量法用 1+1 H_2SO_4 酸化,是指用石油醚萃取。如前面所述,由于石油醚和四氯乙烯对油类的萃取效率不同,为了和红外法测定保持一致,应改为用 1+1 HCl 酸化水样 pH<2 后,用四氯乙烯萃取。

16. 紫外法与红外法测定的油类区别在哪里?

答:(1)从原理来讲,光谱分为线状光谱和带状光谱,红外法和紫外法都使用带状光谱测量;是由物质分子受光作用后发生分子振动—转动能级变及电子运动能级变化等因素复合作用而产生的。

紫外和可见光区测定的是电子运动能级变化(电子跃进)所产生的吸收光谱;而分子振动能级变化所产生的吸收光谱在红外区。

(2)电磁波可使用波长、波数、频率表示,紫外测量使用的波长用 nm 表示;而红外则用波数表示,即 1cm 长度中波的数目,单位是 cm^{-1}。

(3)从测油效果来看,紫外法和红外法结果可比性较差。1998 年中日合作项目对油类测定进行了研究。用重量法定了 6 种含量在 6mg/L 以上的废水样品(重量法最为准确),并将水样分别用石油醚和 CCl_4 提取,经稀释后用紫外法(石油醚提取物)和非分散红外法、红外分光法测量,结果见表 1。

表 1　　　　　　　　　　　　　几种测油方法的比较

测定方法		水样					
		1	2	3	4	5	6
含量/(mg/L)	重量法	41.1	12.0	6.7	11.7	17.0	6.3
	紫外法[①]	24.0	7.8	3.6	6.5	5.4	4.0
	非分散红外法	39.1	9.6	6.2	8.9	15.0	5.2
	红外分光法	40.7	12.8	6.9	10.9	15.6	6.7
误差[②]/%	紫外法[①]	−17.1	−4.2	−3.1	−5.2	−11.6	−2.3
	非分散红外法	−2.0	−2.4	−0.5	−2.8	−2.0	−1.1
	红外分光法	−0.4	0.8	0.2	−0.8	−1.4	0.4
相对误差[②]/%	紫外法[①]	41.6	35.0	46.3	44.4	68.2	36.5
	非分散红外法	4.9	20.0	7.5	23.9	11.8	17.5
	红外分光法	1.0	6.7	3.0	6.8	8.2	6.3

① 使用 15 号机油和 20 号柴油 1+1 混合作标准。

② 以重量法为标准对照。

由表 1 可知：

1）用 CCl_4 提取红外分光光度法测定结果与重量法结果相对误差小于 9.0%，有的水样达 1.0%，由于含油废水本身分取样品不可能达到完全均匀，所以相对误差在 1.0%～8.2%也是允许的。

2）CCl_4 提取非分散红外法测定结果相对误差在 4.9%～23.9%范围。

3）非分散红外法是 GB/T 16488—1996《水质 石油类和动植物油的测定 红外光度法》中规定的标准方法之一，该方法只能测定甲基（—CH_3）和亚甲基（—CH_2—）在 3.4μm 的特征吸收，当油样废水中含大量芳烃及其衍生物时，则测定结果会产生较大误差。因此，从所测定的 6 个水样来看，相对误差有 2 个小于 10%，可能这类水样含芳烃油类少；有的竟高达 23.9%，这种水样含芳烃油较多。

4）使用三波长红外测量仪可克服这种误差。

5）紫外法测定结果普遍偏低，相对误差在 35.0%～68.2%。

6）过去我国在地表水监测中普遍使用紫外法，油标准也难以统一解决，因此监测数据的准确性存在问题。

7）重量法是常用于污染源的分析方法，它不受油品的限制。但操作复杂，灵敏度低，只适用于测定 5mg/L 以上的含油水样。方法的精密度随操作条件和熟练程度的不同差别很大。

（4）荧光分光光度法。荧光法是最灵敏的测油方法，其测定范围为 0.002～20mg/L，测定对象主要是矿物油类。当油品组分中芳烃数目不同时，所产生的荧光强度差别很大。

用荧光法测定含油类较低的石油化工废水（主要为裂解产生的废水），并与其他方法进行对照，结果见表 2。

表 2　　　　　　　　　　　油类分析方法的比较

荧光法测油仪	国标法（CCl_4 提取）		统一方法（石油醚提取）	ISO 标准（F113 提取）
	非分散红外法	红外分光光度法	紫外分光光度法	红外分光光度法
3.24	0.81	3.44	1.11	3.64
3.10	2.07	3.10	3.46	3.62
2.54	2.22	2.54	2.67	2.86
3.21	7.06	3.21	2.76	3.85
2.52	1.01	3.02	2.97	3.05
2.82	2.12	2.12	2.44	2.35
2.49	1.74	3.49	1.07	3.98
1.38	1.01	1.93	3.86	2.21
1.59	1.59	1.27	5.18	1.59
3.38	0.84	2.11	6.97	2.54
2.05	0.68	1.54	1.01	1.71
1.89	0.87	2.04	0.80	2.18
2.56	0.77	2.05	1.30	1.56
1.28	0.58	0.93	0.71	1.05

由表 2 可知：

1）同一水样用紫外法测定结果偏低，红外分光法和非分散红外法都是我国的标准分析方法，两者的监测结果也没可比性，这一问题也需进一步研究解决。

2）红外分光法与荧光法测定结果的相关系数大于 0.7，具有一定的可比性。

荧光法测油目前不是我国的标准分析方法，为了使监测数据与国家标准方法监测结果具有一定的可比性，经通过大量实验数据统计后将测定结果乘以系数，关于系数的测定尚需进一步深入研究。

17. 请谈谈油类测定的实际经验？

答：这个问题太大，详细回答十分困难，这里只做简答。

（1）四氯乙烯试剂空白较高，不满足分析要求时应经活性炭柱过滤纯化后使用。

（2）污水测定最好使用三波长法，因为芳烃类（3030cm^{-1}）对环境的危害更严重，如果使用非分散红外法的 3.4μm 测量，仅能测出在 2930cm^{-1} 和 2960cm^{-1} 有吸收的含 $-CH_3$、$-CH_2$ 类物质。通过对石化废水比对，发现两种方法测定结果没有可比性。

（3）使用重量法测油时往往结果偏低。其原因是在挥发溶剂时，有的轻质油类也会挥发；此外过滤油的滤纸纤维也会被洗脱。前者难以避免，后者可使用经纯水洗过并恒重的滤纸过滤。

（4）与萃取挥发酚相同，地表水用 1000mL 容量瓶萃取，在水样转移时，必须用定量的四氯乙烯洗净水样瓶内壁的油类，并以此为萃取剂。

污水应在测流堰的跌水处采样，由于油类在此处分布比较均匀。直接用无水乙醇等试剂瓶（预先洗净风干）采样，直接用水样瓶萃取，一般采样不超过 450mL。方法为：先用记号笔在瓶外壁记下水样的液面位置，再加入 1+1 HCl 调至 pH≤2，定量加入四氯乙烯，加盖内塞并旋紧外盖，在振荡过程中须放气 2～3 次。萃取后开盖静置分层，尽量全部倾出水相，四氯乙烯集于底部，通过放置无水 $CaSO_4$ 的滤纸将四氯乙烯相放入比色皿中测量。

再将自来水放入水样瓶中，充至水样的液位处，用量筒量出水的体积，并计算水样中油的浓度。

实验研究表明：只要振荡充分，一次萃取油类的效率可达到 84% 以上；量筒量取 450mL 水样的误差小于 1%。这在油类测定中的误差是允许的。

18. 青岛崂山分析仪器厂红外测油仪最高量程为 80mg/L 左右，如果所测标样浓度为 97mg/L±5mg/L 时，能否将标样再稀释一倍后进行测定。若可以，不确定度如何计算？

答：测油的水样不能稀释（见前述）。但油的标样是用化学物质配制的，本身分布是十分均匀的，可以用标样使用的专用溶剂稀释，由于有机物在水相中溶解性差别较大，不能用水稀释。

这里的不确定度应为加和不确定度，其具体计算方法请参阅《环境监测实用技术》。这里的不确定度应包括逐级稀释用的容量瓶、取样的吸量管等误差在内。

19. 请问固废中的油怎么提取并测量？

答：对于固废中的油，目前国家标准中或行业标准中尚未颁布试样中油类的提取方法。

我们知道水和油是不相溶混的,如果用水提取肯定测定不出全部油类成分。以下的答复不一定准确,仅供参考。

(1) 应根据测定固废中油类的目的及固废的种类确定浸提方法。

(2) 如果鉴别暴露堆置的固废通过地表径流对地表水的影响,应使用模拟当地降水(如 pH、SO_4^{2-}、NO_3^- 的贡献等)配制浸提剂。

(3) 如果评价固废对环境的影响,考虑到含—CH_3、—CH_2 和苯环的化学物质对环境的潜在危害,应该使用有机萃取剂提取。

(4) 油类中许多成分具有易挥发性,因此固废试样不能风干,应称取原始试样进行浸提,同时多称取几份做失水试验(因水分测定误差很大,难以使失水测得准确结果,数据重现性也不好),如未发现过失误差可将水分含量取平均值,从试样扣除,结果以 mg(μg)/kg(干基)表示。

20. 关于"油类":长期以来,测定的都是"石油类"及"动植物油",在今后的工作中,如何操作?是否还沿用"石油类"及"动植物油"的提法?

答: 在 HJ/T 91—2002《地表水和污水监测技术规范》中,有"油类是指矿物油和动植油脂,即在 pH≤2 能够用规定的萃取剂取并测量的物质"。

这样规定主要是因为采用红外分光光度法测定石油类时,石油类和动植物油分离十分困难,且回收率经常在 20%~30%,其监测数据很难实际使用。

因此,地表水常规监测可不分离石油类和动植物油。只有在宾馆、饭店、肉食品加工及生活污水监测时才用分离测定动植物油。

21. 请详细讲一下油类采样,如何理解"掌握在到达水面时剩余适当时间"?

答: 这里指用广口瓶采样,将瓶口包上滤纸(不可用绳扎紧),将瓶沉于 300mm 深度,抖开瓶口的滤纸后迅速提起,这时采集到柱状水样,如果提起水样瓶足够迅速,水样不会充满水样瓶。

22. 石油类和油类两项目的关系?

答: 按 HJ/T 91—2002《地表水和污水监测技术规范》,油类包括了动植物油脂和矿物油(如柴油、汽油、原油等)。而石油类仅指矿物油。

23. 浮油较多时,取样时应注意什么?怎样取?

答: 污水样在测流堰的跌水处,浮油在此处混合比较均匀;如果没有测流堰,可在巴歇尔槽的狭窄部分下方采样,此处水流急,浮油也基本混匀。

地表水采样前应使用金属棒(或木棒)将浮油搅拌打碎后,从水面下 300mm 开始采集柱状水样。

过去许多书都把油类说成"水中油",其实油在水中溶解度很小,绝大部分是以悬浮态和乳化态存在。而环境监测是如实反映水环境质量和把握污水排放情况,可以说只测溶解性油类和乳化状态油的情况根本不存在。并且浮油对水的生态环境影响更为严重,它既是水的耗氧性污染物,又能阻止空气中的氧进入水体。因此无论是哪种情况,采样时都应该采集含浮油的水样。

24. 水质样品如何采集平行双样？测定油类项目，平行双样如何采集？

答：由于污染物在环境中有时间和空白的分布，因此，无论是水样和气样不可能在同一时间和同一地点采样到完全相同的平行双样。

但就一般环境而言，在同一狭小范围内污染物的浓度不会瞬时发生重大变化，因此可在同一样点采集第 1 份试样后马上采第 2 份样，或者在同一时间，平行放下两个采样瓶采集 2 份水样，皆可称之为平行双样。

25. GB 8978—1996《污水综合排放标准》中有动植物油，而现在测定的是总油分，应执行什么标准？

答：只有宾馆、饭店、肉食品加工、生活污水等少数污水须测动植物油。一般工矿企业如发电厂、水泥厂、石油化工厂等大多既有工业污水，又有生活污水，这种情况测定油类即可。

26. 油类采样时，应取表面水样还是水下 0.5m 深处水样？

答：按 HJ/T 91—2002《地表水和污水监测技术规范》规定，地表水应从水面开始，取水面至水面下 30cm 的柱状水样。即水样应含浮油、乳化油和溶解油三种状态的油类。

27. 对于油类的采样，不采自然沉降后的地表水。这样有时用溶剂萃取后因太混浊而无法过滤，该如何处理？

答：泥沙类悬浮物是不会被溶剂萃取的，在加入 HCl 调至 pH≤2 时部分胶体会被破坏。将无水硫酸钙（粉碎成大米粒大小）装于直径约 2cm 的玻璃柱中，填充高度约 10cm，将萃取油类后溶剂相过滤脱水后测量。

只要无水硫酸钙粒度足够大，填柱足够长，不会影响过滤脱水效果。

28. 在油类的测定时，吸附用的氧化铝是否可以重复利用；用氧化铝代替硅酸镁、用砂芯漏斗代替吸附柱是否可以？

答：吸附用过的氧化铝经常灼烧活化并去除沾污物后可以重复使用。通过硅酸镁柱吸附动植物油类，氧化铝吸附效果不好，因此不可取代硅酸镁。由于柱长短会影响分离效果，一般砂芯漏斗粗而短，代替吸附柱效果不好。

29. 测油用的硅酸镁试剂，里面为白色粉末固体，标签上未标分子式，只有硅胶标示，不知是什么试剂？

答：硅酸镁分子式是 $MgSiO_3$，当然还有湿存水，有的也含结晶水，是通过 H_2SiO_3（硅胶）与镁盐反应生成的，因此有的试剂有硅胶标示。粉末状硅酸镁使用效果较差，且滤液流速十分缓慢。必须经 500℃ 以上（有时可用 600～700℃）灼烧活化，如果还不能结块，可在灼烧前喷撒适当纯水。

30. 动植物油分析中，如何从测试数据中分析是否存在非极性物质干扰？

答：从分析数据是无法判断是否存在非极性物质的。只有通过选择不同类型的色谱柱，用气相色谱法才能大概判断。

31. 污水中油类采样关键是什么，萃取时二次萃取可否改为一次萃取？

答：地表水采样比较困难，关键是取水表层至水下 30cm 的柱状水样，水样瓶提升速

七、油类监测中的问题

度难以掌握。在研究污染源（3mg/L以下）和地表水时，发现一次萃取率可达80％以上。这种误差在油类监测中是比较少的，故不建议改为一次萃取。

32. 油类在地表水标准、污水排放标准以及标准分析方法中均规定为"石油类"，监测报告是否可以报"油类"（石油类、动植物油的排放标准相差近一倍）？

答：只要没有特殊规定出"动植物油"的都可不用分离，报告"油类"。

33. 如何解决油类测定中萃取剂的取代物吸光度的问题？

答：新修订的地表水石油类标准分析方法采用四氯乙烯作为萃取剂，在实际对标准曲线和准确度的影响的实验研究，作为萃取剂的四氯乙烯应满足如下标准：以干燥4cm空石英比色皿为参比，在2800～3100cm^{-1}使用4cm石英比色皿测定四氯乙烯，2930cm^{-1}、2960cm^{-1}、3030cm^{-1}处吸光度应分别不超过0.34、0.07、0。

34. 油类的加标回收率如何测定？

答：油类加标回收率测定时加入的是化学物质，并非真正是水样中的"油类"，因此加标回收率较差。很难达到。我们有时回收率仅约50％，因此在规定一般污水回收率70％～130％合格，对于油类要适当放宽要求。原来规定大于50％为合格，许多审评专家建议：只规定"适当放宽要求"，由各实验室自行确定。

35. 测定油类的采样量与分析用量是多少？

答：采水样量与油类的浓度有关。一般是全部水样用于分析，因为分取误差会很大。实际表明，污水取300～400mL即可，行船和受纳生活污水少的地表水取450mL即可，一般只取400mL，受污染少的水样可取1000mL。

36. 油类测定中重量法、紫外法、荧光法和红外法都不具有可比性，可否通过一些特殊方法与国家认可的标准方法建立一种关系，使它们具有一定程度的可比性，可以在企业内推广使用。

答：这一问题提出的思路很好。在"九五"科技攻关研究中，在燕山石化南一排口经过1年的示范工程监测，发现荧光法测油类的结果与三波长红外法有一定的相关性（详见题7所述）。

对于生产工艺确定，原材料用量和产品数量变化不大的企业完全可以采用所提出的方法。这一思路在许多发达国家已有应用。

例如：日本也在实施COD排放的总量控制，监测方法有TOC法、UV法，但必须换算成COD值，即不同企业与环保部门共同监测研究，找出合适的换算系数。当条件成熟后，用UV法监测时，只以吸光度值来控制COD排放情况。

37. 石油类的检出限如何来定？

答：石油类的检出限与其他一些项目检出限的确定方法相同。根据HJ/T 168—2010《环境监测 分析方法标准制修订技术导则》，石油类检出限应由全程序试剂空白确定，即

$$L=\frac{X_L-\overline{X_b}}{b}=\frac{KS}{b}$$

式中　L——检出限；

X_L——全试剂空白响应值；

b——标准曲线回归方程中的斜率；

$\overline{X_b}$——空白样品多次测得的平均值（$n \geqslant 20$）；

S——n 次空白测定值的标准偏差；

K——根据一定置信水平确定的系数，K 值为 3。

其中
$$L = 2\sqrt{2} t_f S_B$$
$$f = m(n-1)$$

式中 L——检出限；

f——批内自由度；

t_f——显著性水平为 0.05（单测），自由度为 f 的 t 值；

S_B——空白平行测定批内标准差；

m——空白试验批数；

n——批平行测定的次数。

其他几种分析方法检出限的确定：

(1) 对某些分光光度法，以扣除空白值后的与 0.01 吸光度相对应的浓度值为检出限。

(2) 气相色谱分析的最小检测量是指检测器恰能产生与噪声相区别的响应信号时所需进入色谱柱的物质的最小量，一般为恰能辨别的响应信号，最小应为噪声的两倍。

(3) 某些离子选择电极法规定：当校准曲线的直线部分外延的延长线与通过空白电极且平行于浓度轴的直线相交时，其交点所对应的浓度值即为该离子选择电极法的检出限。

八、重金属监测中的问题

1. 地表水和地下水使用 KI－MIBK 萃取火焰原子吸收法测定 Pb、Cd，能否用浓缩（富集法）将 50mL 水样微热蒸发至 10mL，代替 KI－MIBK 萃取，然后上机分析？

答：如果将水样 50mL 微热蒸发至 10mL，虽然水中 Pb、Cd 浓度提高至 5 倍，但 Pb、Cd 会部分在容器的内壁淀积，造成测定结果偏低，这种损失是不可定量的。此外，地表水和地下水的基体以 Fe、Si、Ae、Mn、Na 等为主，在浓缩 Pb、Cd 的同时，基体成分也得到浓缩，如果直接测定会产生基体干扰。

一般含 Fe 较少的水样还是用 APDC－MIBK 或 DDTC－MIBK 萃取火焰原子吸收法测定较好；如果含 Fe 较高（如南方红壤地区），加入 APDC 或 DDTC 后首先与 Fe 络合，水相与 MIBK 难以分层，此时应该使用 KI－MIBK 萃取，因为在酸性介质中，I^- 与 Pb^{2+}、Cd^{2+} 形成离子缔合物，而 Fe^{3+} 不与 I^- 反应。

2. 在用原子吸收测重金属时，特别是测 Zn 时，一般做的工作曲线 r 也能达到 0.999 以上，但用质控样来检查时，结果经常会偏低，这是否与火焰的空气和乙炔的比例关系有关？一般是调节到空气：乙炔＝2∶1 左右，请问做这项实验时火焰的空气和乙炔的调节大概为多少？

答：Zn 是特别容易沾污的元素，一般火焰原子吸收法测定的工作曲线相关系数达到 0.99 已十分不易。

Zn 是很容易原子化的元素，其原子化温度较低，如果在火焰的高温区测定，会使 Zn 的基态原子减少，即受激原子数增加，使测定结果偏低，即使如此，也不会影响工作曲线的线性。由于每台仪器空气、乙炔流量计的标度不同，难以具体说明其比例是多少。测 Zn 应使用微富燃性火焰，空心阴极灯光束通过亮蓝区域上方的火焰部位为合适。

3. 关于 K、Na、Ca、Mg 的测定，IC 法测降水中 K、Na、Ca、Mg 效果较好，地表水和污水中的 K、Na、Ca、Mg 能否用 IC 法测定？

答：由于原子吸收在我国各级环境监测站已经普及，且原子吸收测定 K、Na、Ca、Mg 十分容易。正如在 IC 部分所述，有的国产 IC 仪器测定一价和二价阳离子时互相影响严重。

根据实验室认可 CNAL/AC01 评审核查要求"5.4.2 方法的选择"原则，完全可以用 IC 法测定地表水和污水中的 K、Na、Ca、Mg。

Na 是非常难以测准确的元素之一，在测定时应在水样和标准系列中加入 $SrNO_3$ 做消电离剂（K 也如此）；此外 Na 在环境中无处不有，必须注意其沾污的影响及空白的扣除。

4. 垃圾渗沥液中有机物含量很高，总铬测定的消除干扰步骤中，会出现消除液呈黄色，如何消除色度影响。

答：如果使用原子吸收测定总铬，水体色度不会产生影响。如果用二苯碳酰二肼分光光度法测定，应使用王水或逆王水消解试样，在驱赶 HCl 和 HNO_3 时蒸至近干，冷却定容则水样色度会很浅，从而不影响比色测量。

如果仍色度较深，可反复加入 H_2O_2 将有色度的物质破坏。

5. 六价铬样品的测定，存在有机质干扰时，需要用高锰酸钾加酸氧化去除有机质，而做总铬的测定需用同样的方法氧化三价铬，请问测定存在有机质干扰和三价铬共存的样品时，氧化后测定的结果是六价铬的结果还是总铬的结果，如何报出结果？

答：这一问题的提出是对 Cr(Ⅵ) 和总铬的水样处理方法理解得不够深入所致。

一般情况下，由于 $KMnO_4$ 氧化-还原电位比 $K_2Cr_2O_7$ 要低。这从测定同一份水样的 COD 值时，$COD_{Cr} > COD_{Mn}$ 便可理解。因此测定 Cr(Ⅵ) 时，用 $KMnO_4$ 加酸氧化除去有机物的影响是合理的，因为 $KMnO_4$ 难以将三价铬氧化为六价铬。

在测定铬时，是在 $H_2SO_4 - H_3PO_4$ 混合酸性溶液中以银（$AgNO_3$）做催化剂，用过硫酸铵把三价铬氧化成六价铬后，以苯基代邻氨基苯甲酸作指示剂，用硫酸铁铵溶液滴定，使六价铬还原为三价铬，溶液呈绿色为滴定终点。

在水样处理时并没有使用 $KMnO_4$，加入少量 $MnSO_4$ 溶液是为了观察氧化的效果，当出现 MnO_4^- 紫红色后再煮沸约 10min 则三价铬全部被氧化成六价铬了。

6. 海水中钠、钾分析的萃取试剂采用什么比较好？分析方法是什么？

答：我国环保系统尚未开发出 K、Na 的萃取方法，在国外常使用冠醚类萃取分离。海水中 K、Na 的分析方法一般是经适当稀释后用 ICP - AES 法，离子色谱法或原子吸收法干扰比较大。

7. 测地表水中 Zn，有时越稀释测定值越高，如何解释？

答：日常使用的各种玻璃器皿中都含锌，可能是器皿沾污严重，稀释水的空白又较高。

8. Ca、Mg 用原子吸收法测定时，其浓度比用 EDTA 滴定法测定的总硬度高很多，什么原因？

答：EDTA 法测定 Ca、Mg 总硬度时，首先观察滴定终点是由紫色变为天蓝色，比较容易产生误差。铁、铝、锰是地表水中的常见元素，尤其在南方红壤地区，水中的铁、铝会更高，此外锌、铜等也产生干扰，为此必须加入氰化钠和三乙醇胺掩蔽。但由于 NaCN 剧毒，在常规监测中基本不被使用，而三乙醇胺只能消除部分铁离子干扰。

此外，PO_4^{3-} 水中有机物也会干扰 EDTA 络合滴定法。

在 GB 7477—87《水质 钙和镁总量的测定 EDTA 滴定法》中指出："如果样品中存在大量微小颗粒物，需要在采样后尽快用 0.45μm 孔径滤器过滤。样品经过滤，可能有少量钙和镁被滤除"。

以上许多因素是 EDTA 滴定法比原子吸收法测定 Ca、Mg 结果偏低的原因。此外，我国水土流失比严重，地表水中 Ca、Mg 有些不是以 Ca^{2+}、Mg^{2+} 存在，仍有与富敏酸、胡里素及其他配体结合的状态。因此水样应稍加煮沸使其以 Ca^{2+}、Mg^{2+} 存在时测定。应灵活掌握 GB 7477—87 中"一般样品不需预处理"的说法。

9. 用 ICP 和原子吸收法（美国热电 ICP 和 PE 原子吸收）做 Na 效果均不满意，用比例法做 Na 的效果也不理想，请问如果用离子色谱法和传统的分析方法能否取得理想效果。

答： Na 是十分容易沾污的元素，且玻璃器皿都是含钠的玻璃制品，人们的身体各个部位也都有大量的 Na 存在，空气中也含 Na 的尘埃较多，因此，ICP 法、原子吸收法或离子色谱法测定 Na 都会存在前述的许多问题。也都难以使工作曲线的 $r>0.99$。因此，应按 HJ/T 91—2002《地表水和污水监测技术规范》的规定用比例法处理数据。

在国外曾测过红宝石中的 Na，用石英器皿，超纯酸和水，戴口罩并穿连体防护服，用原子吸收测定，工作曲线的 r 值勉强达到 0.999。

总之，为了测定好 Na，除用 1+3 热 HCl 充分荡洗玻璃器皿外，防止前述试剂、实验室气氛和操作者本身等因素的影响是十分重要的。

10. 测废水中的重金属时，使水样放置 30min 后，水样自然沉降，取上清液时，是否还需要做样品消解处理？（针对铅锌矿的废水）

答： 按 HJ/T 91—2002《地表水和污水监测技术规范》规定，废水应该测定含悬浮物的原始水样，不能自然沉降后取上清液测定。自然沉降 30min，只能用于地表水。

污水样应经过消解处理后再测定重金属，因为悬浮物也会吸附或包藏重金属等。

问题中的铅锌矿废水比较特殊，在十多年前我国西南地区监测铅锌矿排水时，同一份水样省级和市级环境监测站结果差别很大，企业站差别更大，这是因为水样处理方法不同引起的误差。企业把水样过滤后测定，市级环境监测站是自然沉降后测定上清液，而省级站是把含悬浮物的水样经王水消解，并加 HF 飞硅后测定的，显然几家测定结果相差了几十倍。下面的意见，仅供参考。

铅锌矿中的 Pb、Zn、Cd、Hg 等大都是以硫化矿存在，这些重金属在矿物晶格中结合十分稳定，用水难以浸出，只有用强酸加热消解或者碱熔融才能进入溶液。因此，在自然环境中暂时不会产生严重的污染事故，对环境的污染是潜在的且长期存在。如果取 100mL 这类水样，按常规水样消解（加入 10mL 1+1 HNO_3 煮沸），矿渣中的 Pb、Zn 不会进入消解液中。如果用王水消解，加入 HF 飞硅后再测定是不合适的，应该用王水或逆王水消解后测定。

11. 如何测试磷酸试剂中的钾、钠、钙及镁等金属元素？

答：（1）如果 K、Na、Ca、Mg 等金属元素含量较高，可以将试样经消解稀释后测定。

（2）如果金属元素含量较低，可用钼兰法测出 PO_4^{3-} 的含量，配制标准系列时加入相当量的 PO_4^{3-} 做基体校正。

（3）由于 PO_4^{3-} 对 Ca、Mg 的原子吸收法测定干扰较大，最好使用 ICP 法测定。

12. 关于金属元素，据水样保存方法和分析前处理，是否可称作"总锰""总铅""总汞"等？

答：由于 GB 3838—2002《地表水环境质量标准》中有烷基汞项目，因此有"总汞"的提法，其实水样经过预处理后都可理解为"总金属"，因此有的标准中就没有专门再用"总"字。

13. 总铬的空白高，除了显色剂和试验用水外，还有其他原因没有？

答：将水样中的 Cr^{3+} 氧化成 $Cr(VI)$ 后以二苯碳酰二肼法测定总铬的方法干扰因素较多，除氧化性和还原性物质外，水样的色度和浓度都有影响。

除试剂空白较高外，玻璃器皿千万不能用 $K_2Cr_2O_7$ 洗液洗涤，显色前应将水样调至中性后，加入稀 H_2SO_4，使酸度控制在约 0.2mol/L，否则空白也偏高。需要加 $KMnO_4$ 氧化有机物时，必须用 $NaNO_2$ 将其紫红色还原并完全褪去，否则也会产生空白，且注意 $KMnO_4$ 不能多加，否则还原成的氧化锰也影响比色测量。

14. 如何用原子吸收测定酸雨中的 Na^+、K^+？

答：将 100mL 酸雨试样加入 1+1 的 HNO_3 煮沸后，冷至室温后加入 1‰ $Sr(NO_3)_2$ 3～5mL 消电离剂，经定容后摇匀测定。

由于 Na 空白较高，至少带 3 份以上的全程序空白，防止扣除空白不当产生的误差。标准系列也应和酸雨样品一样加入等量的消电离剂。

15. 火焰原子吸收法测定样品时，可以用氘灯扣背景吗？

答：如果使用比 350nm 低的波长测量，可以用氘灯扣除背景，但波长大于 350nm 后氘灯能量很弱，例如测 Ca 扣除背景效果不好。

只要正确调节火焰类型，选择合适的测量高度，火焰法背景较弱，通过空白校正即可消除背景影响。

16. 华光公司的富集器能替代石墨炉吗？

答：这种富集器我们没使用过。但通过富集后测定只能提高检测能力，如富集测定成分时基体也同时得到富集就应注意对测定结果的影响。

17. 在使用石墨炉原子吸收时，标准曲线的零点如果不是趋向于零，有时样品值很低，结果出现负数，如何处理，是否需要重新测定空白？

答：(1) 应找出影响空白值偏高的原因加以克服。

(2) 石墨炉法本身灵敏度较高，容易使空白值偏高。

(3) 灰化和干燥温度如果选择过高，或者时间太长，也可能使测定成分在原子化前挥发损失，使结果出现负值。

(4) 如果基体影响严重，又没有使用基体改进剂，当背景的吸光度值超过 1.0 时，则难以扣除背景，也会使吸光度出现负值。

(5) 应重新多做几份空白，分别测得空白值，经统计剔除后取均值扣除。

18. AAS 测 Na、Ca、K 元素时，如何选择次灵敏线，有哪些注意事项？

答：Na 和 Ca 都是环境中的宏量元素，许多环境样品中都大量存在，如果少取试样或大量行之稀释，会产生较大误差，因此选择次灵敏线测定是十分合理的。Ca、Na 和 K 几条测量谱线及特征浓度见表 1。

表 1 测量谱线及特征浓度

元素	波长/nm	特征浓度/(μg/mL/1%吸收)
Ca	422.7	0.08
	239.9	10
Na	589.0	0.01
	589.6	0.03
	330.2	2.8
	330.3	2.8
K	766.5	0.04
	404.4	6

测高含量 Ca 时使用 239.9nm 线,不仅背景吸收较弱,且灵敏度降低了 100 倍之多;测 Na 使用 330.2nm 线除测量效果很好外,灵敏度可降低 200 余倍。在 K 的 766nm 附近,光电倍增管的噪声较大,且背景影响相当严重。例如,用火焰原子吸收法测定 Na 时,使用 589.0nm 线定量范围约为 0.2~5.0mg/L,而使用 330.3nm 测量范围可达 10~200mg/L。

应注意,大于 350nm 时,背景影响较为严重,波长越短背景影响越小。改变波长后必须重新做工作曲线,重新认真调节零点,重测试剂空白。

19. 原子吸收法测定 Pb 应注意什么问题,有时明知样品中没有 Pb,但用石墨炉法测定总是超标(所用玻璃仪器都经过了处理),为什么?

答:(1) 估计是样品处理过程中试样沾污,或者空白扣除时产生的误差。

即使优质蒸馏水也会含 8μg/L 的 Pb,且试样消解时使用的 HNO_3、HCl、H_2SO_4 分别含 Pb 高达 20μg/L,70μg/L 和 60μg/L。如果不注意会得出错误监测结果。

(2) Pb 有最灵敏线 217.0nm 和次灵敏线 283.3nm 使用,虽然前者比后者灵敏度高约 2 倍,但 217.0nm 线容易受到 Al、Mg 等共存成分干扰,且 217.0nm 线的能量很难与氘灯能量平衡,导致背景扣除效果较差。

(3) 如果使用塞曼法或自吸收法(S-H 法)扣除背景,又测定痕量 Pb 可使用 217.0nm 测量;否则应使用 283.3nm 测量。

下面为一篇关于血铅测定失误的文章(《现代科学仪器》,2010 年第 3 期)相关内容收录于此,可供参考。

铅中毒及血铅测定中的问题分析

齐文启 尤 洋

2.2 同一死者的血样检测相差 716 倍

据《工人日报》2009 年 8 月报道,家属委托浙江和湖北两家有资质的血铅检测单位对同一死者的血液进行分析检测,一家以 187μg/L 报出,另一家以 134000μg/L 报出,前者为正常血铅,后者则是重度中毒,两者竟相差 716 倍。

究其原因，首先是对死者采血时间、采血时的周围环境等决定了血样的代表性，如果不是同一份血样，结果肯定不会有可比性。本文不进行该问题分析；但是，目前我国规定的血液铅的前处理方法及分析测定的确存在一些不足之处。

2.2.1 血中铅的标准分析方法存在的问题分析

2.2.1.1 我国卫生部发布的 WS/T 174—1999《血中铅、镉的石墨炉原子吸收光谱测定方法》中：

（1）铅标准储备液："称取 0.1599g 硝酸铅"，不够合理。因为硝酸铅是固体物质，难以到达 0.0009g 的称量。如果反复加入或倒出会导致误差，应改为："称取 0.15g（准确至 0.01g）"。

（2）混合标准溶液："取 5mL 铅标准储备溶液"，也不合理，应改为"取 5.0mL 铅标准储备溶液"，任何吸量管都容易做到。

（3）"取 0.75mL 硝酸溶液（含 HNO_3 5%）"，也很难准确移取。

（4）标准应用液的配置又是取"1.25mL、2.50mL、5.00mL、10.00mL、12.50mL"，从实验室吸量管的分度来看，20mL 的吸量管根本没有 0.01mL 分度，因此很难准确移取至 0.01mL，而且使用不同的吸量管移取又引入附加误差。

（5）样品处理使用 0.6mL 5% 的 HNO_3 是否能使血液中的铅全部和标准系列的铅形态相同值得探讨。因为铅的形态不同在石墨炉中的原子化历程也有差异。例如，PbCl 就容易在灰化阶段逸出石墨炉外，使测定结果偏低。

（6）采血前使用肥皂、清水擦洗采样部位外，标准规定用稀硝酸擦洗，不知是否可行。

（7）"用标准加入法，可消除基体的干扰"也欠妥。其一，标准加入法需使用的血液较多；其二，标准加入法只能补偿基体干扰，并不能消除基体干扰。

2.2.1.2 WS/T 108—1999 是经典的铅测定方法，主要内容是合理的，但是样品前处理可能欠妥。"准确移取 0.2mL 充分摇匀的血样于加有 2mL 水的锥形瓶中，加 2mL 混合酸（硝酸，高氯酸 5+1），0.5mL 盐酸摇匀，于电热板上消化，开始时温度较低，当硝酸分解完后，瓶内出现白烟时，可升高温度至瓶底出现白色盐类，瓶口不冒白烟为止。同时作试剂空白"。

由于硝酸、高氯酸和血液反应相当剧烈，容易迸溅至锥形瓶壁，导致测定结果偏低。应当反复加入 HCl 将有机质基本破坏后再加入 HNO_3、$HClO_4$。这样也有利于 As、Sn 逸出。如果先加入 HNO_3、$HClO_4$，其沸点高于 HCl，As、Sn 等干扰难以消除。此外瓶口不冒白烟难以做到，应是瓶口有"稀疏的白烟"或"白烟基本冒尽"。此时取下锥形瓶，底部溶液呈不流动的液珠状。

……

2.2.2 几点建议

（1）标准中只说空白，没强调多带几个空白。我们八十年代发现去离子水、优级纯 HNO_3、HCl、H_2SO_4 含 Pb 的空白分别是 0.008mg/L、0.02mg/L、0.07mg/L 和 0.6mg/L。即使同一批次的 HNO_3、HCl、H_2SO_4 不同瓶内中酸的 Pb、Zn、Cu 等空白的也不同。在方法中应强调，如果仅带一个空白的容易导致测量误差。

（2）为了减少酸的空白或样品前处理过程中的玷污或铅损失，在 WS/T 174—1999 中使用丙三醇稀释标准系列和血液样品，直接进样分析。我们其实 20 世纪 70 年代曾用 3‰～5‰ 的丙三醇稀释血样和配制标准系列补偿黏度对进样产生的误差。

20. 铬是人体所需要的，为什么总铬是一类污染物？

答：铬是重金属，其无机价态分为 Cr^{3+}、Cr^{6+} 两种，Cr^{3+} 是人体所必需的微量元素，主要存在于小麦和稻谷的皮中，常吃精细食品导致 Cr^{3+} 的缺乏，甚至会有老年动脉粥样硬化的症状发生。Cr^{6+} 已列为一类污染物，总铬包括了 Cr^{3+}、Cr^{6+}。

所谓"人体需要"也是有限度的，正如常喝软化水会导致 Ca、Mg 缺失，骨骼软化。而常饮用 Ca、Mg 超标的硬水，得结石症的风险会增加。因此总铬也做出了规定的排放指标。

21. 微波消解中的"飞硅"是何意？

由于硅是土壤、污泥、底质和固废中的主要成分，在测定其中金属成分全量时必须把固体样品消解成液体试样，有些硅酸盐成为溶解态，在以后的测定过程中含对待测金属产生干扰，因此须把硅质除去。这里的"飞硅"是把经微波炉消解后的液态试样置于聚四氟乙烯坩埚中，加入 HF 后开盖加热，使硅质以 SiF_4 形式逸出。

22. 样品和还原剂注射泵中的气泡该怎么去除？气泡是否影响结果？做样品时每针进样多少毫升？（指原子荧光法）

答：进样量以 1～2mL 为佳，如果体积太大原子化不均匀；如果体积太小，进样的相对误差会增大。泵管中气泡不影响测定结果，只要进样针头处没气泡，就能保证测定结果准确。

由于硼氢化钠是强还原剂，在与酸性待测溶液混合后会产生氢气，As、Se 等待测成分也会形成 AsH_3、SeH_4 等气态物质，因此产生气泡是正常的。

23. 用石墨炉做 Mo 时，为什么没有吸光度？

答：Mo 在普通石墨管中高温下生成 MoC，其熔点很高，因此观测不到吸光度信号。

如果 Mo 含量高时，用热解石墨管效果好些。因为热解石墨管表面是经过 CH_4 处理过的惰性石墨。用金属碳化物涂层石墨效果更好，或者用钽片法、钽舟法。

下面简单介绍一下金属碳化物涂层管的制作：

（1）涂层溶液注入法：在待测样品溶液和标准溶液注入石墨管前，先将 La、W、Mo 等易生成碳化物元素的溶液（一般浓度时含涂层金属约 5‰）注入石墨管中，按一般石墨炉操作程序经过干燥、灰化和原子化，使其在高温下形成金属碳化物涂层，反复进行几次则得到较厚的涂层。用 Ta 处理的研究报道较多，由于 TaC 升华点高达 3880℃，适合于耐高温元素的测定，能大大提高这类元素的灵敏度，且石墨管寿命也能明显延长。涂 Ta 石墨管对 Cd、Pb 的增感效果分别为 1.46 和 1.06。

这种涂层方法简单易行，但对测定精度改善不甚明显，形成的碳化物涂层膜也不够均匀，一次只能处理一支管，效率不高。

（2）浸渍法：本方法适合于成批处理，也是本书推荐使用的方法。

一般用含金属元素 5% 左右的金属盐溶液，例如：$La(NO_3)_3 \cdot 6H_2O$、$ZrOCl_6$、NH_4VO_3 等，也可用 Ta、Ti 等金属，经溶解后作为涂层溶液。为了改善涂层效果，有时涂层溶液中需加入 1%～2% 的草酸。

本书推荐的涂 La 步骤为：将 5～10 只普通石墨管垂直浸泡于盛有 $La(NO_3)_3$ 25mL（高型）小烧杯中，将烧杯置于真空干燥器内，用真空泵减压 1.5～2h，并经常摇动干燥器以便驱赶从石墨微孔排出的小气泡，使溶液更好地渗入石墨管壁。取出晾干后在 105℃ 烘干 2h，再重复上述过程一次。用滤纸擦去石墨管两端析出的固体盐类（防止与石墨锥接触不良，而放电烧毁石墨锥、管）后，置于原子化器中，按干燥、灰化、原子化程序处理（涂 La 时：干燥 180℃/20s，灰化 800℃/30s，原子化 2700℃/5s）2～3 次，一般可在管的内表面形成 0.1mm 左右的片状涂层膜。

24. 元素的最灵敏线是如何规定的？如 Pb 的灵敏线是 283.3nm，但 217.0nm 时灵敏度比 283.3nm 时要高？

答：元素的最灵敏线在原子光谱书中可以查到。此外，用纯标准溶液（不含基体）和同样的通带宽度等条件，在不同波长测量，找出吸光度值最大的谱线（注意变化波长时要调整零点）就是灵敏线。然而许多元素分析时不一定用最灵敏线，要根据其浓度和共存基体的干扰情况。如果浓度较高，为避免稀释误差，可选次灵敏线；如果基体对灵敏线有干扰可选其他谱线。

虽然 Pb217.0nm 灵敏度高，波长越短，尤其当小于 220nm 时，光散射及背景影响十分严重，背景扣除也较难。因此，许多标准都推荐使用 283.3nm 的次灵敏线测定 Pb。

25. 新疆的地下水盐分高，石墨炉做地下水时 Pb、Cd 基体干扰严重，是否可以用海水的方法做？

答：如果是氯化物的基体干扰可使用海水的分析方法。也可使用基体改进剂，适当提高灰化温度消除基体干扰。或者在约 6mol/L 的 HCl 介质中用 KI-MIBK 萃取 Pb、Cd，测定 MIBK 中 Pb、Cd，这是土壤分析的标准方法。但标准系列必须同时萃取，以克服 MIBK 和水的雾化效率不高，及 Pb、Cd 萃取率不能达到 100% 的影响。

26. 土壤中 Cr 前处理是否可以使用 HNO_3-$HClO_4$-HF 全消解体系？

答：在测定土壤中 Cr 时，最好不使用 $HClO_4$ 消解，应使用王水或逆王水反复消解后，再 HF 飞硅，因为使用 $HClO_4$ 消解时，Cr 会生成 $CrOCl$ 挥发损失，导致测定结果偏低。

27. 电镀厂排放口中有时伴有污泥排出，在测定重金属时需要消解吗？把固态重金属变成离子态后测定。

答：电镀厂的污泥都会含有重金属，如果排水中伴有污泥排出，污泥中的重金属也会在适当条件下释放到环境中造成污染，因此应该将含污泥的水样消解后再测定。

28. 在目前常规仪器状态下，能否用原子吸收光谱法测定人体内重金属的含量（如通过测定人体头发中重金属的含量）？

答：用原子吸收法测定头发中重金属的方法很多，也有许多报道。这里的难点是头发的消解前处理问题。首先把人发剪成约 5mm 长度，用无水乙醇或丙酮清洗干净并风干后，称量放在 50mL 小烧杯中，反复加入 1+1 HCl 溶液消解，再加入 1+1 HNO_3 消解，反复消解成溶液后，再加热把酸尽可能驱赶出去，定容后测量。

由于 Pb、As 等空白较高，一定多带几个试剂。

29. 重金属分析中 Pb、Cd 等消解液干扰严重如何处理？

答：如果消解液中含 Fe 低，可用 APDC-MIBK 或 DDTC-MIBK 萃取后，测定 MIBK 中的 Pb、Cd、Cu 等，其中 APDC-MIBK 萃取是 GB 7475—87《水质 铜、锌、铅、镉的测定 原子吸收分光光谱法》标准分析方法。如果含 Fe 高，可使用 KI-MIBK 萃取，这是土壤分析的标准方法。萃取了重金属的 MIBK 可用于火焰法和石墨炉法测定。

因为每个萃取体系不可能达到 100% 萃取率，且重金属在水相和 MIBK 中的测定灵敏度、雾化效率都不相同，因此，必须在萃取试样时，同时萃取标准曲线。

如果使用石墨炉法测定，不用萃取分离也可选用适宜的基体改造剂，适当提高灰化温度可消除部分基体干扰。

在使用上述方法仍无法消除基体干扰时，可使用标准加入法定量测定。但须注意，标准加入法只能补偿基体干扰，并不能消除基体干扰。

30. 在测定土壤样品总的 Cr、Pb 等时，如果消解时不加 HF，则测得结果偏低，但是有报道说晶格中的 Cr、Pb 对环境不会产生影响，那么在消解时还要加 HF 吗？

答：Cr、Pb 确实主要存在于土壤晶格中，在"七五"攻关土壤背景值研究中也曾发现，如果不加 HF 消解土样，Cr、Pb 只约有 50%~60% 进入消解液，测定结果偏低。

但目前 GB 15618—2018《土壤环境质量 农用地土壤污染风险管控标准（试行）》、GB 36600—2018《土壤环境质量 建设用地土壤污染风险管控标准（试行）》中的标准法是加 HF 消解后的 Cr（农用地）、Pb 总量，因此作为环境监测任务还应该加 HF 消解。

31. 火焰法及 GFAAS 法在何种情况下选择何种扣背景方式？氢化物选用何种扣背景方式？

答：首先介绍一下几种扣除背景的方式和扣除背景的能力。目前原子吸收仪器扣除背景的方法共有四种，以氘灯法和塞曼法最为通用，氘灯法扣背景的仪器比较价廉，但当使用的测量波长大于 350nm 时，氘灯能量较低，扣除背景能力也下降，当背景吸光度大于 1.0 时扣除比较困难。塞曼法扣背景的仪器价格稍高，背景扣除不受测量波长限制，当背景吸收值大于 1.2 时则难以扣除，必须注意测定 Cu 时灵敏度明显降低。

其他扣除背景的方法还有 S-H 法（自吸收法）和邻近线法。S-H 法是利用谱线自吸收的原理，其扣除背景能力远比氘灯法和塞曼法强，这类仪器国内尚未购入。邻近线法要使用双道或多道原子吸收仪，一道用作测量，另一道使用待测样品中绝对不存在的元素灯，且有与测量波长相差约 0.2~0.6nm 的谱线来测量背景吸收，其扣除背景能力也很强。在 20 世纪 80 年代我们曾使用 IL951 原子吸收（双道）测定血液中的 Li，其中 A 道用 670.8nm 测 Li，B 道用 Zr 灯在 670.2nm 扣除背景。[见 Aual. Lett. 17 (B14), 1607 (1984) 和东京大学博士论文集]

氢化物发生法测量不必要扣除背景，因为测定成分如 AsH_3、SeH_4 等都是以气态形式进入原子化器，已经和水溶液中的基体成分分离，因为不会在测定时产生背景吸收，这类方法的基体干扰产生在氢化物发生阶段。

有时在测定样品时，会出现负的吸光度值，其原因之一就是背景吸收较高，背景扣除能力不足。

32. 测高浓度样品时，采用燃烧器转角度的方法，那么标准曲线的线性范围能达到吗？是否这样测得的标线吸光值会降低？

答：如果测定的样品中待测元素浓度太高，超过了标准曲线的线性范围，为了避免稀释误差，可选用次灵敏线，或把原子吸收的燃烧器旋转一角度，以缩短吸收光程。此时原来的标准系列不能再使用，必须重新配制浓度稍高的标准系列。

33. 在测海水中铜、铅、镉时用 MIBK 萃取，国家标准要求加入 2mL，可是火焰测定时 2mL 不够，可以加大 MIBK 的量吗？加大量对检测结果有影响吗？

答：如果 MIBK 仅用 2mL 用火焰法测定不够用，可使用石墨炉法测定。如果增加至 4mL 萃取进入 MIBK 中的铜、铅、镉浓度会降低一倍，这样可多使用一倍量的海水样品萃取。

34. 在测定 Pb 火焰法的时候用了 MIBK 萃取方法，但与拿水溶液直接测定比较，吸光度没有发现提高（和水溶液差不多），如 10mg/L 左右，吸光度都在 0.006 左右，不知是何原因？

答：MIBK 比水雾化效率高，进样量也稍大，因此吸光值也应该高。这可能与你选择的测定条件有关。此外，是否在测定过程中，分别用纯 MIBK 和纯水调节零点了？测定 MIBK 萃取液时，千万不能用水调零。

从 10mg/L 的 Pb 吸光度仅 0.006 左右可看出，选择的测定条件没有达到最佳。0.006 吸光度值太低了，刚超过特征质量 0.0044 吸光度值，在这种情况下做比较是没有意义的。应重新选择条件，重新测定。

35. MIBK 萃取法中所用试剂的纯度是否有要求？萃取时振荡的频率、时间、次数是否都很讲究？对于燃烧器头及管道的清洗什么方法效果最佳？

答：MIBK 很难买到优级纯试剂，常用分析纯的 MIBK 已能满足要求。根据萃取溶液和加入 MIBK 的体积不同和水样体积的不同，振荡时间也不同。

测定土壤中重金属一般都用 50mL 比色管萃取，选择 50mL 标线离磨口塞较远的比较好，若加入 10mL MIBK 一般振荡 3min 即可（中间至少放 3 次气），标准系列和全程序空白要同时萃取。

用 5% 的 HNO_3 或 HCl 冲洗即可。但如果长期使用的燃烧器头会沉积盐类颗粒物，可用小刀片（刮胡子刀片可用）轻轻刮去后，再用稀酸和纯水擦洗。

36. 用火焰原子吸收测铬应该注意火焰的颜色为富燃型，还应注意哪些问题？

答：由于 Cr 在火焰中易生成耐高温氧化物，必须使用富燃型（C_2H_2 稍多）火焰，测量的空心阴极灯光束必须通过燃烧器上方火焰的亮蓝部位，此处不仅背景低，还原性也较强。

37. 土壤预处理到飞硅时是否需要提升电热板温度？氢氟酸与高氯酸是否分开加入？

答：飞硅时应适当降低电热板温度，因为 HF 沸点很低，如果温度过高，加入 HF 没来得及和硅酸盐反应形成 SiF_4，飞硅效果不好。

加 HF 必须在加 $HClO_4$ 之前，当加入 $HClO_4$ 之后再加 HF 就会飞硅失败。因为 $HClO_4$ 沸点太高，一旦冒白烟溶液温度就会很高，加入的 HF 会马上挥发，起不到飞硅作用。一定在加入 HF 并飞硅完成后再加 $HClO_4$ 冒白烟，HF 会被驱尽，对以后定容的玻璃容器不会有腐蚀。

38. 土壤中 Cu、Zn、Pb、Cd 测定的预处理应注意哪些问题？

答：土壤中 Cu、Zn 含量比 Pb、Cd 要高得多（一般指未受 Pb、Cd 污染的土壤），如果只监测 Cu、Zn，称取 0.20～0.25g 土样，用王水或逆王水消解后，蒸至近干不需要加 HF 飞硅，直接定容后用火焰原子吸收法或 ICP 法分析即可。

由于在常规土壤中 Pb、Cd 含量较低，且 Pb 分析灵敏度也很低，如果不萃取而直接分析土壤消解液，称量土样要超过 0.40～0.50g，土壤样品多，不但消解困难、耗时，还必须加 HF 飞硅。《土壤元素近代分析方法》（中国环境监测总站，中国环境科学出版社，1992 年）中的部分内容摘录如下：

普通酸分解法：准确称取 0.5g（准确到 0.1mg，以下都与此相同）风干土样于聚四氟乙烯坩埚中，用几滴水润湿后，加入 10mL 浓 HCl，于电热板上低温加热，蒸发至约剩 5mL 时加入 15mL 浓 HNO_3，继续加热蒸至近粘稠状，加入 10mL HF 并继续加热，为了达到良好的除硅效果应经常摇动坩埚。最后加入 5mL $HClO_4$ 并加热至白烟冒尽。对于含有机质较多的土样应在加入 $HClO_4$ 之后加盖消解，土壤分解物应呈白色或淡黄色（含铁较高的土样），倾斜坩埚时呈不流动的粘稠状。用水冲洗内壁及坩埚盖，温热溶解残渣，冷却后，定容至 100mL 或 50mL，最终体积依待测成分的含量而定。

试样分解得如何直接影响测定结果，虽然我国已有几种标准土样可作为分解过程的质控样使用，但我国土壤类型繁多，成土母质及成土过程差异很大。土壤矿物的化学风化程度较高的土壤中，易分解的矿物有相当部分在成土过程中已受到分解，余留的部分受酸分解程度较差，例如红壤中的三水铝石、脱钛矿等都是难以用酸分解的矿物。因此，用少数几种标准土样难以完全达到质控目的。在使用上述的酸分解方法时应注意以下几点：

（1）温度要严格控制，温度过高，分解试样时间短，常常会导致测定结果偏低。

（2）在蒸至近干的过程中，冒烟时间要足够长，溶解物应呈黏稠状，即将坩埚倾斜后溶解物不能流动。有的看起来虽已蒸干，但浓白烟不止，这时应移到低温处，继续冒烟至稀少。若溶解物冷却后看到已粘稠近干，这是析出大量盐类所至，缓缓加热则会发现尚未蒸至近干。

（3）在加入 $HClO_4$ 之前加入 HF，否则不能达到良好的飞硅效果。含硅质较多的要反复加入 HF。

（4）含有机质较多的土样要反复加入 $HClO_4$，并反复蒸至近干，且需要盖上坩埚盖，用较长时间回流加热。

（5）当土壤含 K 较多时，往往会出现白色的沉淀物，这是 $KClO_4$ 等盐类，不需过滤。一般不会影响微量元素的测定。

（6）如果试样蒸干涸，会导致许多元素的测定结果偏低，应重新称样消解。

微波炉加热分解法：与上述的方法不同，它不是利用热传导使土壤从外部受热分解，而是以被分解的土样及酸的混合液作为发热体，从内部进行加热使试样受到分解的方法。由于热量几乎不向外部传导损失，所以热效率非常高，并且利用微波把试样充分混匀、激烈搅拌，所以能促使土壤分解，如果使用密闭法分解一般土壤试样仅用几分钟便可达到良好的分解效果。微波加热分解也可分为开放系统和密闭系统两种。

开放系统可分解多量试样，且可直接和流动系统相组合实现自动化，但由于要排出酸蒸气，所以分解时使用酸量较大，易受外环境污染，挥发性元素易造成损失，费时间且难以分解多数试样。

密闭系统的优点较多，酸蒸气不会逸出，仅用少量酸即可，在分解少量试样时十分有效，不受外部环境的污染。在分解试样时不用观察及特殊操作，由于压力高，所以分解试样很快，不会受外筒金属的污染（因为用树脂做外筒）。可同时分解大批量试样。其缺点是需要专门的分解器具，不能分解量大的试样，如果疏忽会有发生爆炸的危险。

在进行土样的微波分解时，无论使用开放系统或密闭系统一般使用 HNO_3 - HCl - HF - $HClO_4$、HNO_3 - HF - $HClO_4$ 或 HNO_3 - HCl - HF - H_2O_2、HNO_3 - HF - H_2O_2 等体系。当不使用 HF 时（限于测定常量元素，且称样量小于 0.1g）时，可将分解试样的溶液适当稀释后直接用原子吸收或 ICP 测定。若使用 HF 或 $HClO_4$ 对待测微量元素有干扰时，可将试样分解液蒸至近干，酸化后稀释定容。一般家庭用微波炉均可使用，Parr 公司的 4781（23mL）和 4782（45mL）及三爱科学的 P-25 型分解用容器与家庭用微波炉组合可使用，均能达到良好的分解土样的效果。

在使用微波加热分解试样时的注意事项：进行微波加热分解时，首先要认真选择试样用量、使用酸的种类及用量、分解时间、微波加热功率等条件，如果条件选择不合适，可能会损坏微波炉；土壤试样，尤其是含有机质较多的试样，在分解容器内必须用酸完全浸湿，否则干燥试样和酸在微波加热时剧烈反应，容易发生爆炸；在用密闭系统及少量混合酸分解土样时，为了保护磁控管，可采用与加入水的烧杯一起加热的方法。

九、大气、锅炉监测问题

1. 在测定空气中总烃（非甲烷烃）时，经常会出现异常值，有时测定值普遍偏高，应该是受长途运输影响较大。请问总烃的采样方法是否有一定问题？

答：测定空气中总烃（非甲烷烃）通常用气相色谱仪以火焰离子化检测器分别测定空气中总烃及甲烷烃的含量，两者之差即为非甲烷烃的含量。以氮气为载气测定总烃时，总烃的峰中包含着氧峰，气样中的氧产生正干扰。测定时，要用除烃净化空气求出空白值，从总烃峰中扣除，以消除氧的干扰。该方法在实际操作中存在下列问题，应引起注意：

（1）由于除烃净化空气装置一般都是实验室自制的，其中所用的钯催化剂也需自制，空气净化效果可能各有差异。

（2）空气催化除烃净化过程存在氧的消耗问题。

（3）进入净化空气装置的是实验室内的空气，而不是样品气体，如此得到的空白值与真正意义上的空白值存在差异。这些情况都可能会造成测定的误差，甚至出现异常值。

（4）当然采样和样品沾污是主要的误差来源，如采样用的气袋或苏码罐内壁是否清洗干净，是否用零气检查过。

（5）如果用气袋采样，无论是何种材质、内壁都有吸附；如果用捕集柱采样，就会有沾污的可能。

2. 在实施锅炉等废气的监督性监测时，其浓度值是否要把监测时的实际负荷折算到额定负荷时的浓度？

答：锅炉烟尘烟气的监督性监测属于执法监测，必须依据国家标准方法执行。在GB/T 5468—1991《锅炉烟尘测试方法》第3.3条中，对用锅炉烟尘排放浓度测试时锅炉负荷的要求和结果的计算有明确规定，除了根据烟气含氧量对烟尘实测浓度进行过剩空气系数折算外，还要根据锅炉的运行年限和实际出力，将实测烟尘浓度乘以出力影响系数，作为该锅炉额定出力情况下的烟尘排放浓度。锅炉排放的二氧化硫和氮氧化物监测，相关的标准方法和统一方法中没有对实测浓度根据锅炉负荷折算的规定，因此可以不做负荷折算，只对实测浓度进行过剩空气系数折算即可。

3. 使用年限不同、运行负荷不同的多个锅炉共用一个烟囱时，在烟囱上测得的数据，应如何计算其折算值？

答：我国锅炉大气污染物排放标准规定的污染物排放浓度等指标是对单台锅炉的限值。监测时，应在每台锅炉排烟管道的适当位置处开设采样孔，分别测定各台锅炉的烟气参数和污染物排放浓度等，然后按照标准方法的规定，进行数据处理和计算，执行相应的标准限值。一般情况不应在多台锅炉共用的烟囱上设采样孔。

4. 烟尘监测时圆形烟道的布点为何在等面积圆环上布点，而不是等距离布点，其理论基础是什么？

答：由于烟气流速和烟尘浓度在烟道断面上的分布通常是不均匀的，必须按照一定原则在同一断面上多点采样和测量，才能取得有代表性的、较为准确的监测数据。国际、国内通用的方法是将烟道断面划分为适当数量的等面积区域，在各区域上定出测点，每个点的测定值代表该区域的测定结果，各点测定结果之和的平均值即为烟道断面的测定结果平均值。对于圆形烟道是将烟道断面分成适当数量的同心的等面积圆环，各测点选在各环等面积中心线与呈垂直相交的两条直径线的交点上。对于矩形烟道，是将烟道的断面分为适当数量的等面积的矩形小块，各块的中心即为测点。在烟尘采样中，用一个滤筒在烟道断面已确定的采样点上移动采样时，必须注意保持各点采样时间相同，才能正确求出采样断面的平均浓度。

5. 锅炉废气监测要求监测 3 次，每次采气量达 $1m^3$，但实际工作中有很多小锅炉（小于 1t 的自然通风锅炉）采一天也采不到那么多气，就算是 $1\sim 2t$ 的锅炉也要采好几个小时，操作很困难，有没有办法解决？

答：在锅炉烟尘监测中，样品的采气量主要考虑样品的代表性和准确性，为了保证监测的质量，必须达到适当的采气量。采气量太少，样品代表性差，捕集得到的尘粒量很少，称量误差很大，测定结果的误差也很大。GB/T 5468—1991《锅炉烟尘测试方法》第4.4.3 条中规定，"每台锅炉测定时所采集样品累计的总采气量不得少于 $1m^3$"是指 3 次采样累计的总采气量，不是指每个样品的采气量。在实际监测时，应根据污染源的排放情况来确定采气量，排放浓度高的，采气量可以小些；排放浓度低的，采气量要大些。如果要求的采气量很大，采样时间过长，可以在合理的范围内选适当大一点的采样嘴，以加大采样流量，减少采样时间。

6. 油烟监测中要求在炒菜高峰期采样 5 次，每次 10min，5 次结果相对偏差超过一定范围还要重采，在实际验收时大部分都达不到标准的要求，炒菜高峰期太短。标准规范的操作性太差。

答：该标准的某些规定确实存在可操作性较差的问题，建议在标准修订时加以考虑。

7. 为什么《空气和废气监测分析方法（第四版）》环境空气监测分析方法中，大气 F 测定样品滤膜加完酸后，要放置过夜才测定？

答：该方法源自 GB/T 15433—1995《环境空气 氟化物的测定 石灰滤纸·氟离子选择电极法》（已由 HJ 481—2009《环境空气 氟化物的测定 石灰滤纸采样氟离子选择电极法》替代）。在该方法中规定，采样后的石灰滤纸样品，剪成小碎块，放入聚乙烯塑料杯中，加入 TISAB 缓冲液和水，在超声波清洗器中提取 30min，取出放置过夜再进行测定。在这个操作过程中，样品不是直接加酸处理，而是加入 TISAB 缓冲液提取，可能是由于 CaF_2 的溶解度较小，为了提取完全，需要较长的时间，因此标准规定了放置过夜再进行测定。按标准方法的编制程序和要求，这些步骤是在方法研究中通过相应的条件试验来确定的。

**8. 尘氟、气氟共存的采样中，方法上要求用加热采样，而实际上很少有此采尘设备，如何解决？

答：尘氟气氟共存的采样是比较复杂和困难的。采样管需要加热，是为了防止烟气中的水蒸气在采样管中冷凝，气态氟化物溶于水中造成样品损失。目前，带加热装置的烟尘采样管确实很少，需要特制。实在没有的话，可以使用普通的不锈钢烟尘采样管，采样前将采样管内壁刷洗干净，用去离子水冲洗3次，晾干备用。采样后，采样管和连接管先用50mL吸收液洗涤，再用400mL水冲洗，全部并入一聚乙烯瓶中，编号做好记录。将冲洗液定容后与样品相同方法测定。测定的冲洗液氟含量计算在气氟含量中。

9. 制冷机组的废气监测（烟尘、SO_2）执行什么标准？如双良制冷机组。

答：制冷机组的类型很多，我国常用的制冷机组大部分是直燃型溴化锂吸收式冷热水机组（简称直燃机），是以气（天然气、城市煤气、液化石油气等）、油（柴油）作为驱动能源，以溴化锂溶液作为介质，进行制冷、制热。目前我国尚未有制冷机组废气排放标准，根据这种类型制冷机组的工作原理和工作过程，其大气污染物排放可以参考执行使用同种燃料的锅炉的大气污染物排放标准。

10. 烟气中含湿量和空气的湿度是一个概念吗？为什么烟气中的含湿量往往测定值很低（比如3%左右），而同时空气湿度很大（如40%～50%）。

答：烟气中含湿量和空气的湿度不是一个概念。烟气含湿量是指烟气中的水蒸气体积占烟气总体积的百分比，即烟气中的水分含量体积百分数（%）。例如，烟气含湿量3%是表示烟气中的水蒸气体积占烟气总体积的百分比为3%。而空气的湿度是相对湿度。相对湿度是绝对湿度与最高湿度之间的比，也就是空气中的水蒸气压与其饱和水蒸气压的比，用百分比表示（%）。它的值显示水蒸气的饱和度有多高，相对湿度为100%的空气是饱和的空气，相对湿度是50%的空气含有达到同温度的空气的饱和点的一半的水蒸气。相对湿度超过100%的空气中的水蒸气一般凝结出来。随着温度的增高空气中可以含的水就越多，也就是说，在同样多的水蒸气的情况下温度升高相对湿度就会降低。因此在提供相对湿度的同时也必须提供温度的数据。

11. 在测锅炉烟尘或工业粉尘时，当尘浓度过大时可否降低采样时间，最低能降至多少？

答：在GB/T 16157—1996《固定污染源排气中颗粒物测定与气态污染物采样方法》第8.3.5条j）项中规定，"每点采样时间视颗粒物浓度而定，原则上每点采样时间应不少于3min"。这一规定主要是考虑到以下的影响因素：

（1）采样时间太短，捕集得到的尘粒量很少，称量误差很大，造成测定结果的误差很大。

（2）烟尘采样，采样管从一个测点移到另一个测点，必须调节流量至所需的等速采样流量，这个过程需要一定的时间，特别是使用普通型采样管法（预测流速法）时，如果采样时间太短，由此造成的影响就较大。在锅炉烟尘或工业粉尘监测中，有时会遇到排尘浓度很大的情况（如除尘器入口烟尘浓度监测），如果烟道断面较大，断面上测点数目较多，总的采样时间较长，滤筒中捕集的尘粒量太多会使采样系统阻力过大，可能造成抽气泵停转甚至损坏，或者捕集的尘粒溢出滤筒等问题。实际监测时，在这种情况下，短时间即可捕集到足够量的尘粒样品，如果使用微电脑自动跟踪烟尘采样仪，采样管从一个测点移到另一个测点，仪器自动调节流量至所需的等速采样流量，在很短的时间即可完成，因此可以根据实际情况适当减少每个点的采样时间。

12. 原煤堆场大气污染物无组织排放，应在什么气象条件下（如风向、风速）监测？

答：大气污染物的无组织排放监测选择适当的气象条件是非常重要的，监测期间的风向变化、平均风速和大气稳定度三项指标对污染物的稀释和扩散影响很大。在通常情况下，选择冬季微风的日期，避开阳光辐射较强烈的中午时段进行监测是比较适宜的。监测期间的主导风向（平均风向）应便利于监控点的设置，并可使监控点和被测无组织排放源之间的距离尽可能小。一般情况下，比较适宜进行无组织排放监测的气象条件如下：10min 平均风向的标准差小于29°，平均风速 1.0~3.0m/s，大气稳定度 F、E 或 D。监测人员应结合本地区的具体情况和特点，选择在本地区既实际可行，又具有比较适宜的气象条件下进行无组织排放监测。

13. 废气污染源监测 SO_2 时，碘量法与仪器法（定电位电解法）差别较大，问题如何解决？

答：废气污染源监测 SO_2 常用的方法有碘量法和定电位电解法，如果严格按照标准的规定配置仪器设备和进行操作，两种方法的测定结果应该是可比的，但是在实际工作中往往出现较大的差异，两种方法的测定结果都有可能出现偏低的情况。为了获得准确的监测结果，必须掌握好以下几个技术关键。

（1）碘量法：

1）必须使用加热采样管，加热温度120℃，以防止烟气水分在采样管中冷凝，造成 SO_2 的溶解损失。

2）吸收液必须加稳定剂（EDTA），以增强样品的稳定性，减少 SO_2 被吸收液吸收形成的亚硫酸盐在采样和保存过程中的氧化损失。

3）在采样过程中用冰水浴或冷水浴将吸收液控制在较低的温度，以提高吸收效率。

4）采样后尽快滴定分析，以减少样品保存期间亚硫酸盐的氧化损失。

（2）定电位电解法：

1）电化学传感器是仪器的核心部件，其寿命一般为 1~2 年。应按期对仪器标定，经常用标准气进行校准，发现性能明显降低要及时维修或更换传感器。

2）必须配置烟尘过滤器和带加热和除水装置的采样管。目前许多监测机构使用的烟气分析仪都没有配置符合要求的烟气预处理装置，导致烟气水分在导管中冷凝，造成 SO_2 的溶解损失，使测定结果偏低。这个问题应该予以密切关注。

3）采样孔的位置应避开烟道负压太大的部位，应选择抗负压能力大于烟道负压的仪器，否则会使仪器采样流量减小，测试浓度值偏低，甚至测不出来。

4）测定后用干净空气吹扫传感器，回零后方可关机，以免对传感器造成损害，影响其性能。

14. H_2S 测定时的空白为何偏高，在什么范围内合适？

答：空气中的硫化氢的测定方法很多，使用比较普遍的是亚甲基蓝分光光度法，具有灵敏、快速等优点。由于硫化氢极不稳定，在采样和放置过程中易被氧化和受日光照射而分解，所以吸收液成分选择应考虑到样品的稳定性问题。多年来，经一些单位研究改进，所配置的吸收液可能会略有不同。该方法在实际应用时，如果能保证所用试剂的纯度和配置试剂用水的质量，严格按照操作规程进行操作，空白值不会很高，一般情况下试剂空白光密度不超过 0.030。如果出现空白值偏高的情况，应对配置吸收液和显色剂所用试剂和水的质量进行检查，同时对试剂配置过程，分析操作过程是否符合标准规定的要求进行检查。

15. 烟尘烟气采样中的样品状态描述是指描述烟囱排出的气体还是采样后的滤筒状态或吸收液状态？

答：烟尘烟气采样中样品状态一般是指采样后滤筒或吸收液状态。比如滤筒是否完好，有无破损，尘粒是否有漏洒，吸收瓶是否完好，有无破损，吸收液是否漏洒，吸收液颜色是否正常等。

16. 在对一些废气处理设施进出口有机废气同步采样监测过程中，我们曾遇到过进出口污染物浓度倒置的问题，试问这样的问题是否存在，如果采样方法、监测方法准确，应该怎样合理地解释、分析原因。

答：如果使用 GC - FID 法或 GC - MS 法测定，一般不会是由于分析方法引起的。这类问题的原因如下。其一，有机污染物本身含量较低，处置设施的去除率较低，进口和出口监测数据差异不大，虽然进口稍高，其差值在误差或不准确度范围之内。其二，采样问题，目前不少环境监测站仍使用《空气和废气监测分析方法（第三版）》中的 100mL 注射器采样，虽然操作正确，但所采气体样没有代表性，应该使用《空气和废气监测分析方法（第四版）》的方法。在本书 VOC 监测存在问题中详细介绍了关于气体有机物采样。美国和日本都要求采样在 20L 以上，或者用捕集管捕集采样时间在 20min 以上，这样采集的样品才有代表性。其三，目前国内多用气袋采样，但并不能保证采样体积都能达到 20L 以上。内衬材料对待测污染物的吸附作用，含量越高吸附量越大。此外，捕集柱选择是否合理，解吸或前处理是否有损失等都应考虑。

17. 沿海企业利用海水脱硫，海水成分复杂，带有盐类物质的水蒸气通过滤筒时残留其中，导致滤筒的重量严重增加，带有盐类物质的滤筒外观较暗黄，且变硬，容易识别，是否需要做其他处理？数据该如何报？

答：不需要做处理，滤筒捕集到盐尘应该也算外排废气污染物。

18. 在环境空气（环评）监测中，当此地远离城镇，位于丘陵地带，植被完好，TSP、PM_{10} 结果非常接近，是否有这种可能？如没有，问题出在哪儿？

答：如果当地环境质量很好，植被也很好，没有外源的污染，TSP 和 PM_{10} 接近也是正常的。但要检查 PM_{10} 测定时进气口加热温度是否正常，如温度高了 PM_{10} 测定结果会偏低。《中国环境监测》2003 年第 1 期中的《大气颗粒物监测分析及今后研究课题》（齐文启等）一文，其中详细分析了 PM_{10} 几种测定方法存在的问题及仪器如何动态校正等，还论述了 $PM_{2.5}$ 的监测等。

19. 类似集装箱、汽车厂的喷涂会产生苯系物和颗粒物等，其排气筒较多，能达到 50 多个，请问是否一定要按照选取 50%的原则布点？那样工作量实在太大，监测不过来，是否可以选取污染物排放量较大的排气筒进行监测？如果不能每个排气筒都监测，等效排气筒需要计算吗？如何等效？

答：集装箱、汽车厂的喷涂车间产生的废气中主要污染物为苯系物和颗粒物等。一般大型的生产厂家喷涂车间较多，排气筒也相应较多，验收监测期间，可以选取污染物排放量较大的排气筒及有代表性的排气筒进行监测，符合等效排气筒计算原则的排气筒需进行计算。对工艺相同的外排废气，可抽测相邻的几个排气筒进行等效排气筒的计算。

20. SO_2 和硫酸盐化速率的关系是什么？是否正相关？

答：硫酸盐化速率是指大气中含硫污染物（SO_2、H_2S、H_2SO_4）变为硫酸雾和硫酸盐雾的速度。空气中 SO_2 浓度应该与硫酸盐化速率成正比的关系。但硫酸盐化速率只是空气中含硫污染物的一个相对的指数，而不是一个绝对的数量或浓度。不能从硫酸盐化速率推算出 SO_2 浓度。

21. 如何测量电解铝项目中气氟的总量？

答：这里应注意电解铝项目排气中的氟化物不仅有气态氟化物，还有尘态氟化物，应一起采样测定。

排气筒比较容易监测总量，而车间的天窗只能测得比较准确的排放浓度，排气量可用排风机的效能估计。

22. 某省市环评批复中经常有非甲烷总烃的总量（含无组织监测），如何监测？

答：部分省市有这样的批复，在验收时要监测出含无组织排放的非甲烷总烃的总量，这是难以做到的。

验收时，只能监测有组织排放的总量，故无组织排放的总量可不必回答，例如："本项目非甲烷总烃的年排放总量是××公斤（不含无组织排放）。"

23. 若电厂排气筒湿度很大，二氧化硫与 CMES 对比误差也很大，如何解决手工监测水汽的影响？

答：电厂湿法脱硫系统如未安装 GGH（气-气换热器）装置，则外排烟气含湿量较大，对二氧化硫的测定必须配有符合国家标准规定的烟气前处理装置（如加热采样枪和快速冷却装置等），以减轻对二氧化硫测定的影响。

24. GB/T 5469—1991《锅炉烟尘测试方法》要求总采样量不少于 $1m^3$，当烟尘浓度极高时是否可以减少采气量？

答：当锅炉烟尘浓度极高时不适用移动采样法，建议采用等速采样方法中的定点采样法，适当增加采样点的个数，则采样滤筒的数量也相应增加，那么累积采样体积也会增加，直至 $1m^3$。

25. 第 1 时段燃煤火电厂新安装脱硫设备，SO_2 应执行什么标准？还有除尘器改造后烟尘的标准如何？

答：第 1 时段燃煤火电厂新安装脱硫设施二氧化硫执行标准分两种情况。

(1) 申请脱硫电价的燃煤电厂：脱硫效率不得低于90％，二氧化硫排放浓度一般执行第3时段400mg/m³或根据该地区二氧化硫总量控制指标进行核定。

(2) 不申请脱硫电价的燃煤电厂：二氧化硫排放浓度按实际核发的排污许可证的核定标准执行，根据该地区二氧化硫总量控制指标进行核定，一般严于第3时段400mg/m³。

第1时段电厂电除尘器改造后烟尘排放浓度低于50mg/m³。

26. 焦化厂焦炉烟囱中SO_2、粗苯管式炉SO_2和煤气锅炉SO_2浓度是否有直接联系？这三个污染源与脱硫后H_2S有何关系？这三个源中的SO_2一定比脱硫后煤气管道中H_2S浓度值低吗？

答：焦炉加热、粗苯管式炉、煤气锅炉均采用净化后的焦炉煤气为燃料，如燃料中硫分稳定，燃烧后产生的二氧化硫浓度值应比较接近。

三个源脱硫后SO_2与H_2S应无量化的关系。一般煤气中的H_2S不会很低，在脱硫过程中H_2S部分也会被脱除，究竟SO_2与H_2S哪个浓度高些并没有定量化的关系。

27. 在监测燃烧天然气的油田油管加热炉（水套炉）时，发现仪器测值（SO_2浓度）偏差较大，经常出现等间隔时间1h内出现监测数据5mg/m³、2mg/m³、100mg/m³、200mg/m³，相对偏差较大，请分析原因。

答：燃料天然气中的总硫含量变化较大会造成外排废气中二氧化硫浓度测试结果相对偏差较大。此外，5mg/m³、2mg/m³的浓度太低，小于方法检出限的4倍，不能做出定量性评价。

28. 推焦及装煤地面站中SO_2浓度值与什么有关，该如何核算数据的有效性？

答：推焦、装煤过程为阵发性污染物排放，装煤过程中的烟气来源主要为煤和高温炉壁接触后产生的荒煤气和扬起的煤尘等，推焦过程中的烟气来源主要为炭化室炉门打开后散发的炉内残余煤气和推焦产生的大量烟尘，两个工段产生的SO_2浓度均很低且没有什么关联。

29. 非甲烷总烃中总烃使用甲烷和丙烷的混合标气定量，那么如何定量甲烷？

答：非甲烷总烃是先测定出总烃（也含甲烷烃）后，减去甲烷得到的，甲烷的定量也是用同一标气测定的。

30. 废气有组织排放，监测频次3天×3次/天，是否有1次不达标，判断该排气筒不达标？需要计算均值吗？

答：《建设项目环境保护设施竣工验收监测技术要求》（国家环境保护总局环发〔2000〕38号）中规定，废气采样和测试频次一般不少于2天，每天采3个平行样，判定该排气筒外排废气是否达标，计算3个平行样的均值，如3个平行样中有1次不达标就判定不达标。也可不取均值，浓度或速率一个不达标就判断其超标。

31. 当燃煤锅炉与燃油锅炉产生的废气经过一套除尘设施处理后排放，外排废气的过量空气系数如何执行？

答：应按照GB 13271—2001《锅炉大气污染物排放标准》中更为严格的燃油锅炉的过量空气系数1.2来执行。

32. 如何对全自动烟尘测试仪实施检漏过程？

答：如果按 GB/T 16157—1996《固定污染源排气中颗粒物测定与气态污染物采样方法》，对全自动烟尘测试仪实施检漏是无法实现的。全自动烟尘测试仪检漏只需将采样管、连接管、采样嘴、干燥筒及缓冲瓶等均连接好，至采样状态，然后将烟尘测试仪设置为 40L/min 的恒流采样状态，堵住采样嘴，观察仪器计前压力读数，如能达到 -40 kPa 以上，则基本能说明仪器及其连接系统不漏气；如果达不到，则应进行分段检漏。

33. 烟尘采样点位的布设为什么优先选择垂直管段而不是水平管段？

答：烟尘在水平管道中受重力作用沉降，所以水平管道中的烟尘分布应该为下部烟尘浓度较高，上部浓度较低，烟尘浓度分布不均匀，在垂直管道中不受上述条件影响，烟尘分布较均匀。

34. 铅、锌冶炼炉窑外排废气污染物浓度是否需要折算？

答：按照 GB 25466—2010《铅、锌工业污染物排放标准》的要求，铅、锌冶炼炉窑外排废气污染物浓度需折算为基准过量空气系数排放浓度。

然而我在验收这类大型国家建设项目时发现冶炼出的成品 Pb、Zn、Cu 金属熔融物流到其他车间铸锭，上边装有通风罩，因为这类金属矿物基本都是硫化物矿，不可避免会有 SO_2 也夹带于熔融金属中。监测发现排气筒含有 SO_2，而 O_2 含量在 19.8%、19.9%，如果折算会造成 SO_2 超标，不折算则达标。这类问题在修订标准时应充分考虑。

从 O_2 含量可说明没有燃烧过程，因此是否折算由当地生态环境局决定，我们验收的项目在当地环保部门认可的前提下没有折算。

35. 在进行废气中 SO_2 采样时，为什么应将采样管保温和加热？加热温度为多少？

答：为防止采样气体中的水分在采样管内冷凝，避免 SO_2 溶于水中，使测试结果偏低，需要将采样管进行加热和保温，加热温度 120～150℃。

36. 如何确定电化学传感器是否需要更换？

答：在标定电化学传感器时，若发现其动态范围变小，测量上限达不到满度值，或在复检仪器量程中点时，示值偏差超过±5%，表明传感器已经失效，应更换电化学传感器。

37. 烟尘采样过程中经常用到的玻璃纤维滤筒，在采样前应进行哪些筛选检查？

答：(1) 外观检查。玻璃纤维滤筒在称重前应先去毛刷刷去表面的"毛刺"，保证滤筒表面的光滑，避免在称量和采样过程中出现"掉渣"现象，影响数据的准确。

(2) 针孔检查。如果玻璃纤维滤筒上存在直接通透的针孔，将会影响滤筒对尘粒的捕集效率，所以应进行针孔检查。方法是将滤筒罩在眼睛上，对着光源进行检查，如有透光现象，则该滤筒不合格。

(3) 重量筛查。规格为 70mm×25mm 的玻璃纤维滤筒的标准重量应为 1g±0.2g，若滤筒的重量范围超出此范围应考虑剔除。原因是，低于重量下限的滤筒壁会很薄，采样过程中容易破损；高于重量下限的滤筒壁会很厚，采样过程中阻力会增加，影响滤筒的捕集效率。

(4) 阻力筛查。将滤筒放入采样枪内，烟尘采样仪为正常工作状态，设定恒流采样，流量为 50L/min，开始采样后仪器负压表示值小于 10.0kPa。

38. 锅炉和窑炉外排废气的污染物浓度为什么需要折算？

答：在实际生产中，锅炉或窑炉使用燃料燃烧时，一般都会加入过量空气（使用鼓风机），一方面，可使燃料充分燃烧；另一方面，排气筒排放的污染物浓度产生了"稀释"作用，大大降低了排放浓度，会造成污染物排放浓度"虚假"达标，这是不允许的。为了防止排污单位在排放大气污染物时，加大鼓引风机的风量，人为减少污染物的浓度，达到稀释排放从而达标（浓度标准）的目的，为得到真实的污染物排放浓度，就必有一个统一的换算标准，于是引入"过量空气系数"的概念。

39. 在烟尘采样时当采集的烟气中含有腐蚀性气体时，应采取什么措施？

答：在采样管出口处设置腐蚀性气体的净化装置，以防止仪器受到侵蚀。

40. 采集不同的废气，采样管的加热温度也不同，二氧化硫、氯化氢、氮氧化物、氟化物、硫化氢在采样时，采样管的加热温度有何规定？

答：采集二氧化硫、氯化氢、硫化氢、氟化物等废气采样管的加热温度不能低于 120℃；氮氧化物不能低于 140℃。

十、噪声监测中的问题

1. 测量厂界噪声时被测单位生产负荷如何掌握?

答:按照国家环境保护总局《建设项目环境保护设施竣工验收监测技术要求》(环发〔2000〕38号)的规定,测量厂界噪声时被测单位生产负荷必须达到设计生产能力的75%以上,对于水泥项目生产负荷必须达到80%以上。

交通类项目,测试时如实记录车流量。

2. 如何区分稳态噪声与非稳态噪声?

答:在测量时间内,声级起伏不大于3dB(A)的噪声视为稳态噪声;否则称为非稳态噪声。

3. 噪声值的求和、求差和求均值如何计算?

答:(1)噪声值的求和计算:计算多个声源的能量叠加,因此是对数加和,不是简单的代数加法,公式为

$$L_{和} = 10\lg\left(\sum_{i=1}^{n} 10^{0.1L_{pi}}\right)$$

式中 $L_{和}$——多个声源的等效声级之和,dB;

L_{pi}——单个声源的噪声值,dB。

(2)噪声值的求差计算:主要用于求声源的声级,即从实际测量的声级中减去背景噪声的声级,即可获得由被测声源本身产生的噪声值,公式为

$$L_{修正值} = 10\lg(10^{0.1L_{测}} - 10^{0.1L_{本}})$$

(3)噪声值求均值计算:实际上是求某测试点位的噪声值在时间上的平均值。主要用于求某个测点多次测量值的时间平均值,公式为

$$\overline{L} = 10\lg\left(\frac{1}{n}\sum_{i=1}^{n} 10^{0.1L_{pi}}\right)$$

对于昼夜等效声级 L_{dn} 的均值计算,要考虑昼间噪声 L_d 与夜间噪声 L_n 对人的感觉影响不同,在求均值的公式上有所修正,其公式为

$$L_{dn} = 10\lg\left[\frac{16 \times L_d + 8 \times (L_n + 10)}{24}\right]$$

4. 监测时传声器的位置应如何放置?

答:声级计或传感器单元可手持或固定在支架上。手持时,应伸直手臂,因为身体也是声音的反射面,考虑到其对测试的影响,测试时最好选用支架,将声级计或传感器单元固定在支架上,便于监测人员操作。

5. 测量厂界噪声时应如何布点？

答：（1）选择厂界处监测点应具有代表性，两点间声级差不大于 3dBA。

（2）在与噪声源相邻的厂界处布点。

（3）厂界外有噪声敏感点的一侧场界布点，且场界外受项目噪声影响的敏感点处也需布点。

（4）在对厂外环境可能造成影响的地方布点。

（5）对于厂界噪声变化较大的地段，可适当加密布设测点。

6. 测量厂界噪声时应如何选择测点位置？

答：测点应选在厂界外 1m，高 1.2m 以上。若厂界有围墙，测点应高于围墙，主要是为了避开声影区。新修订的标准对以下情况的测点位置做出了规定，如图 1 所示。

7. 背景噪声如何测量？

答：测量背景噪声是对所测试的噪声源的贡献量的判断与分解。测量背景值的方法：①采用开机、停机分别测试的方法；②当被验收企业为连续生产而不能采取停机的方法测试背景值时，可以选择较安静时段测试的方法；③选择参照点的方法。

8. 背景噪声特别高时如何处理？

答：厂界噪声测试时如遇背景噪声特别高的情况，即当测量值与背景值之差小于 3dB 时，应尽量安排在背景值较小的时段重新进行测试。若实在找不到合适的测试时段，可采用公式计算法对测试数据进行背景修正。由于在这种情况下的测量值受背景噪声影响较大，因此，修正值建议称为"被测声源噪声对厂界的贡献参考值"。

9. 若厂界附近有高层住宅建筑时，应如何设置测点？

答：（1）在厂界围墙外 1m，高于围墙处设置监测点，反映声源对厂界处的噪声贡献值。

（2）厂界外高层住宅受厂内噪声影响，有必要在高层建筑面向厂界的一侧居民居室外 1m 处布设监测点位，可从 1 层开始，隔层设点进行监测。当厂界噪声测点和受厂内噪声影响的居民测试点都达标时，才能认定其厂界噪声达标。

10. 噪声测试时，在气候上有无特殊要求？

答：噪声测试时，严格按照 GB 12348—2008《工业企业厂界噪声排放标准》、GB 3096—2008《声环境质量标准》中的要求进行测试。

11. 厂界噪声监测时，如果监测结果超标，边界长度大于 100m 时，需加点、加密监测，请问此处的 100m 是指边界周长还是一个被测边的长度？

答：是指厂界的一个被测边界的长度。若厂界噪声超标，则需加密监测点位进行监测。

12. 噪声的背景扣除时，国家环保总局规定测量值和背景值之差≤3dB 时可用能量叠加公式扣除背景，但这样扣除后有可能扣除后的结果非常小，是否合理？

答：规定中的"≤3dB"有误，应为"小于 3dB"。原则上当测量值与背景值之差小于 3dB 时，应尽量安排重新测量，并保证测量值与背景值之差大于或等于 3dB。

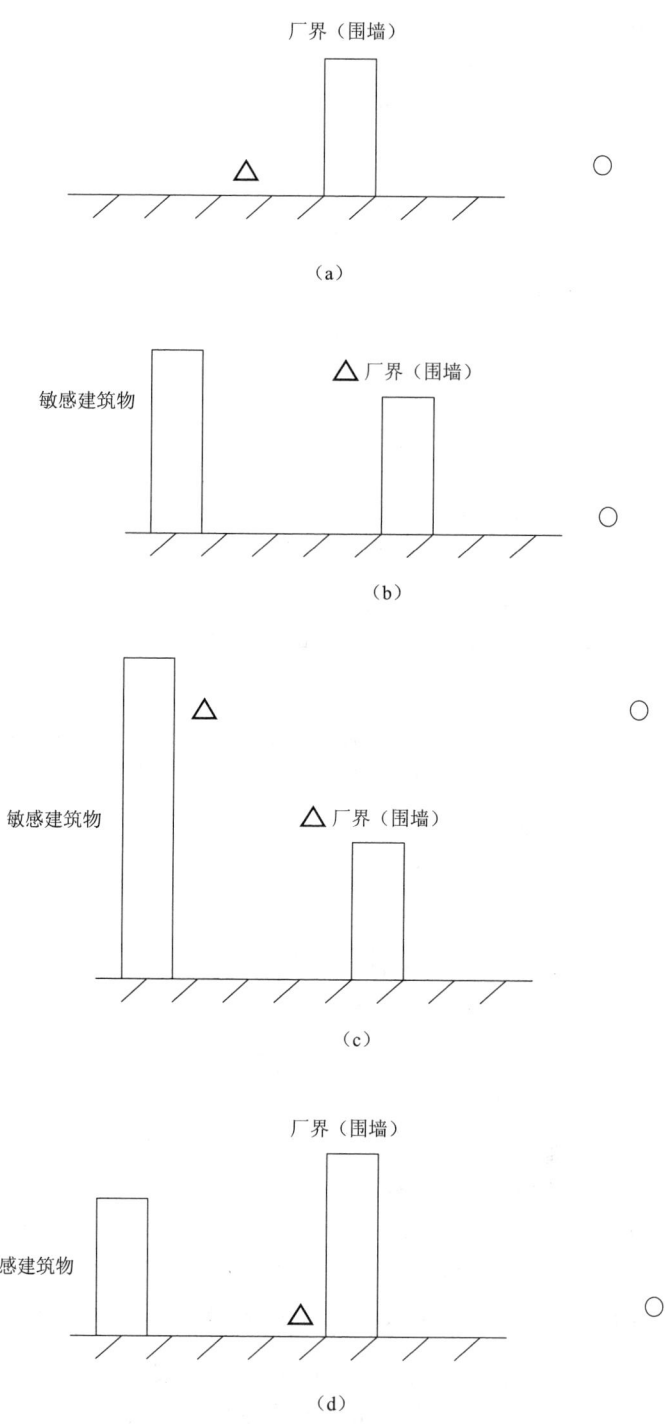

图 1 测点位置
△—测点；○—企业声源

十、噪声监测中的问题

13. 某市有一兵工企业——炸药厂,每天该厂都要对批次生产的炸药进行试爆,以检验炸药的性能,试爆场距村落最近居民相距 300～400m,强大的爆炸声严重影响了居民的正常生活,为此,居民与企业之间就产生了噪声污染纠纷。监测站在受理此案时遇到了两个问题,请帮忙解答:

(1) 测量方法问题:如何测量,是否应该捕获最大值?

(2) 标准问题:测量完后,如何执行标准?

答:根据目前我国执行的噪声标准,按照区域环境噪声测量方法对居民点进行测试,分别测试昼间和夜间的 L_{Aeq} 值。若噪声影响在夜间,应进行最大值(L_{amax})的测试,最大值不能超过标准值 15dB。

根据 HJ 3096—2008《声环境质量标准》中的区域类别,执行相应标准。

14. 工业集中区背景噪声与测量值相等时怎样处理?

答:当背景噪声与测量值相等时,建议采用以"厂界噪声参考值"的方式,给出厂界噪声参考值的范围。厂界噪声参考值:小于测量值减去 10dB。

15. 噪声测试中,经常遇到本底值都超标的情况,当测试结果与本地相差不大时,如何确定测试结果?

答:测试厂界噪声时,测试结果与本底值之差小于 3dB 的情况时,用公式计算法对测试数据进行背景修正。由于此种情况下的厂界噪声值受背景噪声影响较大,因此该修正值为噪声源对厂界的贡献参考值或是噪声源对厂界的贡献范围。如果背景值已经超标,应暂时不判定厂界超标,待背景噪声进行治理达到该区域环境标准值后,应再次对厂界噪声进行测试,以确定该厂界噪声的实际值。

16. 测厂界噪声时,如果两个厂相邻,且只有一墙之隔或共用一墙,此时厂界噪声应怎样布点,有无必要监测?

答:测厂界噪声时,如果两个厂相邻,且只有一墙之隔或共用一墙,那么此处厂界噪声可以不测;若要了解其中一个工厂在该处厂界噪声值时,则应停止另一工厂的噪声源,按 GB 12348—2008《工业企业厂界噪声排放标准》进行测试。

17. 锅炉房环境噪声评价采用何种标准?是用 GB 12348—2008《工业企业厂界环境噪声排放标准》还是用 HJ 3096—2008《声环境质量标准》?

答:锅炉房厂界噪声测试及评价应使用 GB 12348—2008《工业企业厂界环境噪声排放标准》。

18. 试述噪声测试中仪器的一般性检查应注意的问题。

答:①噪声测量系统在测量前后都应用活塞发声器或声级校准器进行校准;②若发现测量系统不正常或灵敏度太低,首先检查传声器是否失灵;③若使用延伸电缆或前置放大器时,应检查接触是否良好;④检查仪器本身是否有故障;⑤考虑更换传声器或修理仪器。

19. 关于测点位置的几种情况选择?

答:一般情况测点选在工业企业厂界外 1m,高度 1.2m 以上,对应被测声源,距任一反射面不小于 1m 的位置。

当厂界有围墙且周围有受影响的噪声敏感点时，测点应选在厂界外 1m，高于围墙 0.5m 以上，被测声源影响的声照区。

当噪声敏感点处在厂界声影区时，测点应设在噪声敏感点户外 1m 处。

当厂界无法测量到声源的实际排放，如：声源位于高空、噪声敏感点高于厂界围墙，还需在噪声敏感点户外 1m 处测量。

当工业企业内部存在噪声敏感点时，测点设在受影响的噪声敏感点户外 1m 处。

20. 在工业企业噪声厂界监测中规定监测时要高于围墙监测，但在实际工作中很难做到，一般现在监测是在围墙外 1m 处。若监测数据高于围墙超标，围墙外 1m 处不超标？监测时总不能天天随车带个梯子吧。若没有居民区时，监测工作很好做，但附近有居民区，且居民区离厂界有一定距离时，怎么办？

答：因为厂界外 1m 处有围墙隔断噪声，所以达标，这种情况还是应该在高于围墙 0.5m 处监测。如果厂界外有居民，且厂界噪声超标，则必须在居民楼处正对厂界超标点位进行监测，判断其是否扰民，如果仍超标，应再到最敏感的居民室内进行监测。

十一、质量控制问题

1. 废水质量控制措施中，加标回收效果不太好，应怎样做？

答：加标回收效果不好，有可能是分析方法本身存在问题，如油类测定、有机污染物测定，也可能是存在干扰。

按 HJ/T 91—2002《地表水和污水监测技术规范》第 11.6.2.5 条准确度控制规定：污水样品中污染物浓度波动性较大……对一些样品性质复杂的水样，需做监测分析方法适用性试验，或加标回收试验。污水平行样的偏差及油类测定的准确度和精密度的控制可适当放宽要求。改为按 HJ 91.1—2019《污水监测技术规范》准确度控制规定：基体加标及基体加标平行是在样品处理之前加标，加标样品与样品在相同的前处理和测定条件下进行分析。在实际应用时应注意加标物质的形态、加标量和加标的基体。加标量一般为样品含量的 0.5~3 倍，但加标后的总浓度应不超过校准曲线的线性范围。样品中待测浓度在方法检出限附近时，加标量应控制在校准曲线的低浓度范围。加标后样品体积应无显著变化，否则应在计算回收率时考虑该项因素。每批相同基体类型的样品应随机抽取一定比例样品进行加标回收及其平行样测定。

根据 HJ/T 92—2002《水污染物排放总量监测技术规范》第 9.3.7 条样品分析的准确度要求，分析方法给定值范围内加标样的回收率在 70%~130%，准确度合格，否则应进行复查。但痕量有机物项目及油类的加标回收率可放宽至 60%~140%。

（1）检查是否存在基体成分的正干扰或负干扰。

（2）选用的分析方法是否合适。

（3）如果是油类、痕量有机物等难以回收的项目，以及 Na、Zn、总氮等空白高，又易沾污的元素，必须在操作中予以注意，这些项目回收量太低或太高，往往是可以理解的，故给予了放宽。

2. 分析测试经验中简化了操作的复杂，但国家实验室认可要求每个操作步骤都必须遵守操作规程，如何解决这一冲突？

答：计量认证和实验室认证要求在质量管理程序中制定出实验操作步骤，这是管理的需要。在计量认证的基本操作考核中，必须每个步骤都遵守操作规程。

但"熟中生巧"，监测分析的目的是得到准确、可靠的数据，许多复杂的、掺入许多管理色彩的步骤完全可以省略。例如：按管理规定如果称取 0.5000g 土样，用 35.00g 的聚四氟乙烯坩埚称取显然是不合理的，这样称量会造成误差全部加在少量的土样中。而目前电子天平可以自动扣除坩埚的质量，就不会使称样产生较大误差。

技术在发展，人的经验也在不断积累，只要能测出准确的数据，操作步骤许多可以简化，在繁忙的常规监测中应提高工作效率。

3. 何为"管理样"，国际上是否有这样的说法，何处能查到相关材料？

答：国际上未曾见到"管理样"的说法。相关样品只有"标样""受控样""考核样"等。"考核样"也是计量认证中用于"三基"考核的样品，故"管理样"也应是质量控制的一种样品。

4. 请介绍不确定度的概念、来源、意义和评定方法。

答：（1）不确定度的概念。测量不确定度是表征合理地赋予测量值的分散性与测量结果相联系的参数。这个参数可能是标准偏差（或其指定倍数）可置信区间宽度。测量不确定度一般包括很多分量。其中一些分量是由测量序列结果的统计学分布得出的，可表示为标准偏差；另一些分量是由根据经验和其他信息确定的概率分布得出的，也可以用标准偏差表示。在 ISO 指南中，将这些不同种类的分量分别划分为 A 类评定和 B 类评定。

（2）不确定度的来源。在实际工作中，测定结果的不确定度可能有很多来源，例如定义不完整、取样、基体效应和干扰、环境条件、质量和容量仪器的不确定度、参考值、测量方法和程序中的估计和假定以及随机变化等。不确定度来源于分析测定的全过程，典型的不确定度来源包括：

1）取样。当内部或外部取样是规定程序的组成部分时，例如环境污染物的时间和空间分布的不均匀性，不同样品间的随机变化以及取样程序存在偏差等影响因素构成了影响最终结果的不确定度分量。

2）存储和运输条件。当测试样品在分析前要储存一段时间，则存储条件可能影响结果。存储时间以及存储条件因此也被认为是不确定度来源；从样品采集现场运至实验过程中的沾污或损失等。

3）仪器的影响。仪器影响可包括，如对分析天平准确度限制；保持平均温度的控温器偏离（在规范范围内）其设定的指示点；受进位影响的自动分析仪；测量条件的优化选择与否，仪器的噪声水平、波动性等。

4）试剂纯度。即使母材料已经化验过，因为分析过程中存在着某些不确定度，其滴定溶液浓度将不能准确知道。例如许多有机染料，不是 100％纯度，可能含有异构体和无机盐。对于这类物质的纯度，制造商通常只标明不低于规定值。关于纯度水平的假设将会引进一个不确定度分量。

5）假设的化学反应定量。当假定分析过程按照特定的化学反应定量关系进行时，可能有必要考虑偏离所预期的化学反应定量关系，或反应的不完全或副反应。

6）测量条件。例如，容量玻璃仪器可能在与校准温度不同的环境温度下使用。总的温度影响应加以修正，但是液体和玻璃温度的不确定度应加以考虑。同样，当材料对湿度的可能变化敏感时，湿度也是重要的。

7）样品的影响。复杂基体的被分析物的回收率或仪器的响应可能受基体成分的影响。被分析物的物种会使这一影响变得更复杂。由于改变的热力情况或光分解影响，样品/被分析物的稳定性在分析过程中可能会发生变化。当用"加标样品"来估计回收率时，由于加标样中待测组分的形态与被测物的形态不同，样品中的被分析物的回收率可能与加标样品的回收率不同，因而引进了需要加以考虑的不确定度

8）计算影响。选择校准模型，例如对曲线的影响应用直线校准，会导致较差的拟合，因此引入较大的不确定度。修约能导致最终结果的不准确。因为这些是很少能预知的，也有必要考虑不确定度。

9）空白修正。空白修正的值和适宜性都会有不确定度。在痕量污染物分析中尤为重

要。目前我国测总氮、油类、挥发酚、汞等标准方法都存在空白高，且空白变化大的问题。

10) 操作人员的影响。可能总是将仪表或刻度的读数读高或低，操作人员的熟练程度等。

11) 随机影响。在所有测量中都有随机影响产生的不确定度。

(3) 不确定度的意义。不确定度主要用来描述所有测量值，即对测量结果进行评述，它以一个区间形成来表示，如果是为一个分析过程和所规定样品类型做评估时，可适用于其所描述的所有测量值。一般不能用不确定度数值来修正测量结果。必须注意误差和不确定度的差别还表现在：修正后的分析结果可能非常接近于被测量的数值，因此误差可以忽略。但是，不确定度可能还是很大，因为分析人员对于测量结果的接近程度没有把握。测量结果的不确定度并不可以解释为代表了误差本身或经修正后的残余误差。

(4) 不确定度的评定方法。测量不确定度的评定按照评定方法可分为 A 类评定和 B 类评定。这种分类方法在本质上无任何区别，它仅表示计算测量不确定度的两种不同途径，都是在概率分布基础上，用标准偏差来定量描述，但在评定方法上存在一定区别：A 类评定要求对被测量进行重复观测，通过计算其实验标准差来进行评定，B 类评定不需要重复观测值，只是利用与被测量有关的其他先验信息来评定；A 类评定的自由度由重复测量次数和实验标准差的计算方法求得，B 类评定按其不可靠程度计算。分别见表 1 和表 2。

表 1　　　　　　　　　　几种 A 类评定不确定度的自由度

不确定度	1	2	3	4	5	6	7	8	9	10	15	20
贝塞尔公式		1	2	3	4	5	6	7	8	9	14	19
Peters 法		0.9	1.8	2.7	3.6	4.5	5.4	6.2	7.1	8.0	12.4	16.7
最大误差法	0.9	1.9	2.6	3.3	3.9	4.6	5.2	5.8	6.4	6.9	8.3	9.5
极差法		0.9	1.8	2.7	3.6	4.5	5.3	6.0	6.8	7.5	10.5	13.1

表 2　　　　　　　　　B 类评定的相对标准差与自由度的关系

相对标准差	0	0.10	0.20	0.25	0.30	0.40	0.50
自由度	∞	50	12	8	6	3	2

1) A 类评定方法采用统计分析法进行评定，其不确定度等于测量的标准差。

当用单次测量值作为被测量的估计值时，不确定度为单次测量的标准差。采用贝塞尔公式进行计算：

$$u(x) = \sqrt{\frac{1}{n-1}\sum_{i=1}^{n}(x_i - \overline{x})^2}$$

当用 n 次测量的平均值作为被测量的估计值时，不确定度为测量平均值的标准差。

$$u(\overline{x}) = u(x)/\sqrt{n} = \sqrt{\frac{1}{n(n-1)}\sum_{i=1}^{n}(x_i - \overline{x})^2}$$

2) B 类评定不用统计方法，而是利用与被测量有关的其他先验信息进行判断。因此，先验信息极为重要。常用的先验信息来源有：以前的测量数据；校准证书、检定证书、测试报告及其他证书文件；生产厂家的技术说明书；引用的手册或文件中给出的参考数据及不确定度值等；测量经验、仪器特性和其他有关材料等。

根据先验信息的不同，B类评定的方法也不同。主要有以下几种：

① 若先验信息中给出测量结果的概率分布，及其"置信区间"和"置信水平"，则不确定度为给定置信区间的半宽与对应置信水平的包含因子的比值。

$$u=a/k_p$$

式中　a——置信区间的半宽；

k_p——对应于置信水平的包含因子。

当给定测量结果服从正态分布时，查正态分布表即可获得包含因子。对于一些常用的置信水平，其对应的包含因子列于表3中。

表3　正态分布置信概率与置信因子对应表

置信概率 P	置信因子 k	置信概率 P	置信因子 k	置信概率 P	置信因子 k
0.5000	0.6667	0.9500	1.960	0.9950	2.807
0.6827	1.000	0.9545	2.000	0.9973	3.000
0.9000	1.645	0.9900	2.576	0.9990	3.291

当给定测量结果服从非正态分布时，其包含因子与置信水平的对应关系见表4。

表4　非正态分布置信水平与包含因子对应表

分布类型	$P=1$	$P=0.9973$	$P=0.99$	$P=0.95$
均匀分布	$\sqrt{3}$	1.73	1.71	1.65
三角分布	$\sqrt{6}$	2.32	2.20	1.90
反正弦分布	$\sqrt{2}$	1.41	1.41	1.41
两点分布	1.00	1.00	1.00	1.00

② 若先验信息中给出测量结果的"置信区间"和所服从的分布，则不确定度为给定置信区间的半宽与对应分布的包含因子的比值。

$$u=U/k$$

在置信水平未知时，一般从保守的角度考虑，正态分布的包含因子取3，其他分布的置信水平取1，其包含因子见表5。

表5　几种概率分布的包含因子

分布类型	均匀分布	三角分布	反余弦分布	梯形分布①	两点分布
包含因子	$\sqrt{3}$	$\sqrt{6}$	$\sqrt{2}$	$\sqrt{6/(1+\lambda)^2}$	1

① λ 为梯形的上底和下底的比值。

③ 若先验信息中给出的不确定度 U 为标准差的 k 倍时，则不确定度 u 为给出的测量不确定度值与倍数的比值。

$$u=U/k$$

④ 几种常见误差的不确定度计算：

a. 舍入误差：舍入误差的最大误差界限为0.5（末），对应的不确定度为

$$u(x)=0.5(末)/\sqrt{3}=0.3(末)$$

b. 引用误差：测量上限为 x_m 的 s 级，其不确定度为

$$u(x)=x_m s\%/\sqrt{3}$$

c. 示值误差：当某些测量误差给出为最大允许误差 a 时，则不确定度为

$$u(x)=a/\sqrt{3}=0.6a$$

d. 仪器的基本误差：设某仪器在指定条件下对某一被测量进行测量时，可能达到的最大误差为 a，则不确定度为

$$u(x)=a/\sqrt{3}=0.6a$$

上式中，假设为均匀分布。若分布已知，则按实际分布进行计算。

e. 仪器分辨力：设仪器的分辨力为 δ，则其区间半宽度为 a，不确定度为

$$u(x)=a/\sqrt{3}=\delta/2\sqrt{3}=0.3\delta$$

f. 仪器的滞后：滞后使得仪器示值连续上升和连续下降时对同一示值的标准仪器的读数会相差一个大致固定的值 δ，而实际值与在最后到达的方向有关。故该示值的实际值的可读范围宽度为 δ，于是滞后引起的不确定度为

$$u(x)=\delta/2\sqrt{3}=0.3\delta$$

上述结果为ISO（国际标准化组织）给出的，它是基于均匀分布的。在实际中，也可按反正弦分布或两点分布进行计算。

误差和测量不确定度作为经典误差理论和现代误差理论的核心，虽然存在本质的区别，但也具有密切的联系。误差是不确定度的基础，不确定度的评定需要在误差分析的基础上进行。不确定度是误差的综合与发展，它使测量结果的质量有了统一的评定标准。

5. 作为质控人员，实验室以外的质控工作重点在哪些方面？

答：首先应该说明实验内的误差远远小于室外误差，可以说采样现场和试样传输中的误差是环境监测最主要的误差来源。目前我国实验室外的质控工作开展比较少，因此必须加强室外的质控工作。

（1）由于污染在环境中时间和空间的变化，必须优化采样点位，优化采样频次。

采样点都是通过专家论证已经确定，采样时间的掌握十分重要。例如，在沙尘暴期间测量 PM_{10}，在洪水期间测悬浮物，显然都不合适。

（2）烟尘、烟气及 SO_2、NO_2 测定前的流量计校准，采样现场的管路系统检漏等。例如在测湿法脱硫的烟气 SO_2 时，由于管路集水吸收 SO_2 导致的误差是不容忽视的。

（3）水质采样瓶的清洗及用现场水样冲洗（不含油类、BOD_5、粪大肠菌群等项目）等。

（4）现场空白制作。

（5）现场测定项目的仪器使用前校准（如：pH值测定应至少用两点校正，用水温而不是气温作温度补偿等）。

（6）试样的现场固定（如重金属项目已改为加酸至1%）。

（7）试样的现场保存（如须低温保存、避光保存的试样）。

(8) 试样运送过程中的损失或沾污的避免等。

6. 如果客户送样品检测，未采平行样，是否就无法做平行样，那怎么能达到精密度控制的要求？

答：如果未得到平行样，可用同一份样分别为多份进行平行测定，计算出测定精密度，在报告中注明。

7. 如何判定真假监测结果？

答：判断监测数据的真假主要靠实践经验和基本常识，现举例说明：

(1) 某石油化工厂的环保验收，无组织排放非甲烷总烃测定，连续3天，每天3次采样测定结果都是0.128mg/L，在第二天下了2h中雨。显然该数据是假的。这是仅测了1次，把第一次监测的结果作为3次监测的结果。

(2) 某企业的污水处理厂污染物去除率的测定，连续3天，每天2次采样测定，每次进口SS为42mg/L，COD为489mg/L。实际上，企业的生产能力和产污量不可能没有任何变化，究其原因也同（1）。

(3) 在某地纳污的地表水BOD_5、COD测定的12组数据，发现BOD_5值恰好是COD的1/3，在未颁布《中华人民共和国环境评价法》之前，个别环评单位根据有些书上的说法，竟按BOD_5是COD的1/3处理，为了减少BOD_5测定的时间和经费，只测COD换算出BOD_5，这种做法是错误的。

(4) 无论春、夏、秋、冬，某城市空气PM_{10}在TSP中占的比例不变，这显然是不正确的。

(5) 此外有些数据是典型错误的，但并非是假的数据，如$NH_3-N>TN$，$BOD_5>COD$，$Cr(Ⅵ)>T-Cr$等。在地表水自动监测结果中，某监测点位DO为12.2mg/L，COD_{Mn}为10.5mg/L；另一点位DO为7.8mg/L，COD_{Mn}为23.1mg/L；另第二个点位DO为7.69mg/L，COD_{Mn}为60.9mg/L等。

(6) 以下是同一水样COD、BOD_5和DO的存在关系：如果同一水样COD很高，说明水中耗氧性物质多，DO应该很低，而可被$K_2Cr_2O_7$氧化的污染物不一定可生化降解，因此BOD_5难以判断；如果同一个水样COD很低，BOD_5肯定很低，DO较高，这类水质是很好的；如果一个水样BOD_5很高，COD肯定也高，且DO就会很低。

(7) 如燃煤电厂手工监测烟尘浓度与CEMC系统比对的误差仅0.1%~0.4%，这明显是人为修正过的。

8. 除了平行样、密码样、加标回收、控制图等质量控制措施，目前国内外还有哪些更先进的室内质控措施？

答：目前国内外还有"比对"措施。例如，同一个人用两种或两种以上的不同分析方法，测定同一样品中的某成分进行比对，如测定水样中的Pb，可用原子吸收法、ICP法或原子荧光比对；测定水中的苯系物可用GC法和GC-MS法比对等。还有不同人员用同一种分析方法的比对。

此外，就质控样而言，我国与发达国家尚存在不小的差距。我国的质控样绝大多数是由纯试剂和纯水配制，基体很少；在测定污染源样品时，难以真正达到质控要求，即质控样测定准确不能仅依此判断试样测定准确。发达国家在质控考核时经常使用"模拟海水""模拟污水""模拟地表水"经过多家定值的"土壤""底质"等，或者用实际环境样品经制备、定值后考核使用。

9. A、B 为同一水样两次平行测定的结果，下列情况中平行双样的相对误差如何计算：如果 A 检出、B 未检出时；如果 A、B 均未检出。

答：这两种情况不能得出均值。

当 A 检出，B 未检出时，只能报出 A 的监测数据，不能取均值。当 A、B 均未检出时，报使用监测分析方法的检出限，并在数字后加"L"。说明该水样中测定项目的浓度很低，难以得出准确的测定结果。

10. 标准曲线 $r<0.99$ 时，用比例法处理数据，无法按有关规定填写原始记录，怎么办？

答：完全可以将标准曲线的测定情况如实填写在原始记录中，包括浓度、测定浓度、工作曲线的 a、b、r 值，只是结果计算方法不同，须另外加以说明。

11. 做大气中 NO_2 或 SO_2 项目，除了做明码标参或密码标参外，如何做质量控制？

答：空气中 SO_2、NO_2 的测定质控措施还有许多，如：吸收液配制过程中的控，必须达到准确称量、配制，并在保存运输过程中不发生变化；流量计的校准；采样系统的检漏；采样流量的选择与控制；根据流量用几级吸收；平行双样采集；试样采完后的避光，低温保存及安全运送至实验室，以及按时限要求进行分析等。

12. 做平行双样如何填报测定结果，填均值吗？

答：平行双样的报告表设计，都有每次测定结果和均值两个栏目。如果两者偏差小于 10% 可在评价时使用均值，如果是污水试样偏差小于 30% 时亦可取均值评价。如果偏高的数据超标时应另做评价。

13. 样品分析测定时是否要求做 100% 的平行样；是否每次分析时都要做标准曲线？

答：在常规监测分析时，只要求做不小于 10% 的平行样，没必要做 100% 平行样，这样工作太大了。

同一份试样重复多次测定，这不叫平行样，而叫重复测量，究竟重复测量几次才能得出结果，要根据重复测量结果的波动性，目前尚难以给出结论。重复测量次数主要由试样中待测成分的含量来确定，如果接近方法的检出限，必须多次重复测量。此外，方法本身的成熟性，分析方法对测定成分的适用性及测定成分在试样中的稳定性，使用仪器的噪声及测试条件的优化情况等，都影响信号读数的波动，波动性越大重复测量次数应该越多。

不一定每次都做标准曲线。但每次测样时必须同时测量 1~2 个标准曲线的溶液，观察与原标准曲线信号的差异，如果大于 5%（HJ/T 92—2002《水污染物排放总量监测技术规范》规定）则应重新做标准曲线，或者将试样的测量信号扣除偏差（如乘以或除以 15%）后，用原标准曲线处理数据。

14. 水质分析过程中带标准曲线点，如何校正以前标准曲线？标准点是按浓度（mg/L）

还是含量（μg）计算？

答：以火焰原子吸收测定 Cu 加以说明。

例如 Cu 标准曲线系列分别为 0.0mg/L、0.05mg/L、0.10mg/L、0.15mg/L、0.20mg/L，其吸光度值测定结果分别为 0.0010、0.1100、0.2201、0.3200、0.4300。

当测定试样时没做标准曲线仅测了 0.15mg/L 的标准点，测定结果为 0.3540，空白为 0.0023，其吸光度之差为 0.0327，将试样测得的吸光度值加 0.0327 即可用原标准曲线处理数据。

15. 相关系数 $r<0.999$ 时，如何用比例法？

答：在 HJ/T 91—2002《地表水和污水监测技术规范》"11.6.1.3 校准曲线的制作"规定：

水质分析使用的校准曲线为该分析方法的直线范围，根据方法的测量范围（直线范围），配制一系列浓度的标准溶液，系列的浓度值应较均匀分布在测量范围内，系列点不少于 6 个（包括零浓度）。

校准曲线测量应按样品测定的相同操作步骤进行（经过实验证实，标准溶液系列在省略部分操作步骤时，直接测量的响应值与全部操作步骤具有一致结果时，可允许省略操作步骤），测得的仪器响应值在扣除零浓度的响应值后，绘制曲线。

用线性回归方程计算出校准曲线的相关系数、截距和斜率，应符合标准方法中规定的要求，一般情况相关系数 r 应 $\geqslant 0.999$。

用线性回归方程计算结果时，要求 $r \geqslant 0.999$。

对某些分析方法，如石墨炉原子吸收分光光度法、离子色谱法、等离子发射光谱法、气相色谱法、气相色谱—质谱法、等离子发射光谱—质谱法等，应检查测量信号与测定浓度的线性关系，当 $r \geqslant 0.999$ 时，可用回归方程处理数据；若 $r<0.999$，而测量信号与浓度确实存在一定的线性关系，可用比例法计算结果。

这里规定的比例法是指，工作曲线的 A 浓度点与其相对应的测量信号 A_s，待测试样的测量信号 A_1 和未知浓度 A_x 之间的关系，既然测量信号与测定浓度确实存在一定的线性关系，那么 $A_x = AA_1/A_s$。在选择计算使用的标准点时，应找出测量信号与样品信号接近的浓度点，如果曲线弯曲，则应使用比样品信号稍大和稍小的浓度点分别计算后，取其平均值。

16. 标准曲线 $y=a+bx$ 式中 a、b 值有无要求？多大的荧光强度（y）才是可信的，分元素而定吗？

答：对标准曲线的 a、b 值不应做出具体的要求，因为测定成分不同，使用的试剂、水及实验室气氛不同，空白值难以做出统一规定（即 a 值）；此外由于使用的测定方法不同，即使使用同一方法测定同一成分，仪器的灵敏度等条件也会发生变化，这就对 b 值产生影响。

我国有的标准方法中提出了对 a、b 的要求，这是不够合理的。

判别荧光信号是否有效与测定元素的灵敏度及空白值有关，此外也与仪器的波动性有关。一般而言，试样测量的荧光信号应高出空白信号的 1 倍才能认为可靠。

17. 现场采空白样，如何采样，数据如何处理？

答：现场空白是把采样器皿和试样瓶、保存剂等带到现场。如果采集水样，现场在采样瓶中加入纯水和固定剂，如果采集气样，如空气中 SO_2，将吸收液瓶现场打开，只是不通入试样空气，采完样后与试样一起封装保存，并送入实验室。

现场空白测定结果应从试样测定结果中扣除。

18. 请说明标准曲线中单点校正法的具体步骤。

答：请见题 15 回答。

19. 三级站对计量认证要求的校核和检定仪器的情况如何？有些什么具体要求？

答：《中华人民共和国计量法》规定，一切对社会出具检验报告的单位必须通过计量认证。各级环境监测机构都有为各级环境保护行政主管部门及社会提供环境质量现状和污染排放情况报告的职能，应按计量认证准则进行认证。

只有按规定（如声级计、天平每年检定一次，气相色谱、原子吸收 2 年检定一次）对所用仪器进行检定，才能保证分析数据的质量，仪器按期检定是计量认证的必备条件。

由于我国经济发展不平衡，在东部沿海地区、中部地区及直辖市的各级监测站都进行了计量认证。

对三级站与一级、二级站计量认证的规则都是相同的，只有认证项目，例如，二噁英、POPs 类等，不能测定的项目则目前应省略。

20. $y=bx+a$ 中，a 值较高如何解释？

答：a 值较高说明空白较高，能找出产生空白的原因加以消除，如实验器皿的认真洗涤，使用 GR 级试剂，试剂的提纯等。

21. 某监测站管理部门要求，对于环保验收监测、环评监测、污染事故监测，必须做 10% 外控，此规定是否科学？

答：所谓的外控样应该是他控的质控样，我国有规定测定质控样、平行双样不得少于 10%，质量样又可分为自控和他（外）控。

看来该站对质控工作抓得十分认真。我们认为做 10% 外控样是合理的。

22. 对"每批水样应选择部分项目加采现场空白样"做一详细解答。

答：这里是指便于实现的项目，"现场空白"问题见题 17。如果选择 COD_{Cr}、COD_{Mn}、Pb、Cd、Hg 等就便于实现，如果选择油类、PCB 类等就相对困难。

23. 哪些项目不适合做平行双样？SS 需做平行样吗？

答：严格说来每个项目都应做平行双样，包括 SS 在内，但由于污染物在环境中的时间和空间分布特征，在同一时间、同一点不可能采集到 100% 相同的平行双样。因此，对平行双样的偏差必须根据现场情况适当放宽要求。

又因测定项目不同，其平行双样的偏差大小也相差较大，这点实际分析人员体会最深。但某监测站测黄河水中 Pb，平行双样的偏差仅为 0.2%，这应是偶然巧合，难以反映出真实情况。为了得到真实的监测数据，并考虑到采集平行双样的实际情况，在 HJ/T 92—2002《水污染物排放总量监测技术规范》"9.3.6 样品分析的精度"中，对平行双样的允许差放宽了要求：

在每次监测过程中，必须在现场加采不少于10%的平行样（自动采样除外），并且还要在实验室内随机抽取不少于10%密码平行样作为质控检查样同时进行测定。

平行样相对允许差的计算方法为

$$相对允许差 = \frac{|x_1 - x_2|}{\bar{x}}$$

式中　x_1、x_2——平行样的测定结果，mg/L；

$\bar{x}$——x_1、x_2平行样测定结果的平均值，mg/L。

平行样测定结果的相对允许差，应视水样中测定项目的含量范围及水样实际情况确定，一般要求在20%以内精密度合格，但痕量有机污染物项目及油类的精密度可放宽至30%。

即使如此，油类亦难达到要求，有时测定炼油厂污水处理厂的进口水中油时，平行双样偏差竟超过40%。

24. 水样保存中是否现场必须加入保存剂，采样回来马上分析是否仍要现场加入？

答：一般要求现场加入保存剂。只有近距离采样且在冬季天冷时，并经过实践证明测定成分的形态和浓度不会发生变化时，方可不现场加入保存剂。

25. 如何评判现场平行双样和室内平行双样？

答：现场采样的平行双样测定结果偏差，一般应大于室内平行双样（指一份试样，在室内分为两份后分别测定）。对前者偏差的要求应适当放宽（见题23），当试样很容易在实验室内分为均匀的两份时，应对偏差要求严格些。

26. 对污染源平行双样的采样，是应该同时采两个样，还是采一个样在现场分装成两个样？

答：应该在同一地点同时（时间越靠近越好）采集两个样。

27. 应急监测过程中的QA/QC如何解决，如应急恶臭监测，恶臭现象有时是瞬时发生，接到反映后赶到现场监测时状况往往已发生了变化，如何处理？

答：当发生污染事故时，监测人员往往不会正好在现场，时间总有滞后性。我国目前尚未对应急监测的QA/QC做出具体规定。

应急监测的QA应与常规监测相似，从管理上说应提高监测数据的时效性及事故之后的跟踪监测，污染物扩散范围及影响区域监测。

QC与常规监测应有很大差别，例如有机磷农药泄漏造成鱼类死亡，由于有机磷农药在水中很容易降解，仅测水样则难以得出合理的结论。应对底质、鱼类内脏（不是鱼肉）等试样中的有机磷进行测定，再观察死鱼的表观状况可得出结论。且有时缺少相应的标准物质，只要定性半定量分析便可判断出事故的原因。

在这里QA/QC的解决应重点放在试样的代表性、采集试样的时效性、对照试样的采集等，以及仪器设备的检定、正常运行，而人员的素质和技术储备应放在首位。

恶臭类物质很容易随风扩散，一旦污染源不排放，很难监测出其污染实况。所提的问题应通过在群众调查的基础上，对照周围的污染源存在情况进行分析和判断。

此外，国家重大污染事故一旦发生，要求监测人员到现场后马上报告是什么污染物造成的事故，污染到什么程度，以采取相应的对策。在这种情况下，只要快速定性、半定量测定即可，没必要再执行一系列的质控措施。例如：陕西发生 5.2t NaCN 泄漏事故时，国务院领导批示后，要求马上报告，监测人员在现场沿河道首先用 NaCN 专用比色纸测量，及时报告。待生态恢复期再按 QA/QC 要求监测。

28. 对原子吸收的工作曲线的斜率和截距是否有要求？要求是什么？

答：没有具体要求，但斜率影响测定灵敏度，如果太低误差会增大；截距是由空白和背景吸收决定的，如果太大也会影响监测结果。使用不同的测定条件，工作曲线的斜率和截距会发生变化。因此在使用仪器储存的标准曲线定量时，要时刻校正。

29. 气相色谱的检出限怎么确定？因为空白时无峰。

答：按 HJ/T 168—2002《环境监测 分析方法标准制修订技术导则》，气相色谱分析的最小检测量是指监测器恰能产生与噪声相区别的响应信号时所需要进入色谱柱的物质最小量，一般为恰能辨别的响应信号，最小应为噪声的两倍。

最小检测浓度系指最小检测量单位体积所对应的浓度。

30. 做标准曲线时必须包括前处理过程吗？一条有机物标准曲线能使用多长时间，如何判断？

答：一般标准曲线不包括试样的前处理过程，是用标准溶液稀释成的。但如果样品溶液需要萃取处理（如 APDC-MIBK 萃取测定重金属），为了补偿不能达到 100% 萃取率的误差及 MIBK 和水的进样误差，标准系列也应和样品同时前处理。

有机物标准曲线储存在仪器的计算机里，可使用多长时间没有统一要求，但无论如何，每次用其定量处理样品测量数据时，必须用 1~2 个标准点进行校对，并修正测量数据。当校对时发现同一点的测量结果与原标准曲线偏离超过 30%，应重新制作标准曲线。

31. 海水测定时要调 pH 值，一般所取海水样要加酸固定。这样水样必须加氨水调至相应的 pH 值，而做标液一般都是用纯净水 pH 值偏碱，就要用 HNO_3 调到相应的 pH 值。这样就造成水样用氨水调 pH 值而做标准曲线用酸调，这样做对结果有影响吗？

答：任何水样调节 pH 值最好不使用氨水，因为水中 NH_4^+ 与某些重金属离子有络合作用，最好使用优级纯 KOH 或 NaOH 溶液调节 pH 值。

只要调节 pH 值所用的 HNO_3 和碱的纯度高，并确切知道加入的量，同时带空白扣除，不会对结果产生影响。

32. 原子吸收的标准曲线的零浓度，连续测几天其吸光值相差相当大：0.0079~0.0160（1% HNO_3 溶液），为何会这样？会是什么原因造成？

答：其原因是多方面的：

（1）因大家共用一台仪器，当别人用完后你再使用，没有把测定条件完全调至以前的状态，条件变了，肯定影响测定结果。

（2）仪器管路的清洗十分重要，使用前必须用 5% HCl 或 HNO_3 冲洗 10min。

（3）实验室氛围影响。

(4) 是否空白受到沾污？这点很重要，当测完最高浓度点的溶液后，重新测量时应先测空白，这样容易沾污。

(5) 当然，如果测定 Na、Zn 出现这种情况是可以理解的，因为其本身空白高，且变化大。

33. 经稀释配制后的标准溶液可放多久？（浓度有 $5\sim35\mu g/mL$，元素有 K、Na、Ca、Mg、Fe、Zn、Cu、Mn、Cd、Ba、Sn 等）

答： 这一问题比较难以回答，在资质认证时，有的专家就问"为什么溶液没注明有效期？"说明这样的专家实验工作做得太少了。

关于标准溶液的存放时间与溶液的浓度和保存剂浓度（该问题是酸度）密切相关。在不干扰测定的条件下，适当加大保存酸度其放置时间可以延长，因此不同溶液和不同配置酸度（或其他保存剂）的标准溶液不能统一规定出保存时间。

$5\sim35\mu g/mL$ 的题述标准溶液已经算是比较浓的了，如果加至 3% HCl 或 HNO_3，在约 4℃ 的冰箱中放置 1 个月，其浓度不会有什么变化。

34. 为什么配置的金属标准溶液或样品溶液中要加酸？加酸的话应加何种酸，多少浓度的为合适？

答： 由于金属元素在纯水中容易水解，为防止水解应加入酸。根据使用的分析方法不同选择不同种类的酸。例如：测定 Pb，若用火焰原子吸收法应加入 HCl，用石墨炉原子吸收法最好加入 HNO_3，用电化学方法应加入 H_2SO_4。加入的浓度在不干扰测定的前提下，尽可能加入多些，以便于标准溶液保存。

十二、标准、规范相关问题

这部分内容属于现行标准中的问题,有些是标准如何理解,如何解释,有些是标准中确实存在的问题。监测站系统是使用标准和执行标准的单位,标准解释权都是国家环保部或者标准起草单位。

1. HJ 544—2016《固定污染源废气 硫酸雾的测定 离子色谱法》存在明显错误,使测定结果高出硫酸雾实际排浓度的 10 倍以上。有的省高等人民法院判决环保系统输给了企业的诉讼案。

答:在硫酸工业污染物排放标准 GB 26163—2010 中规定,现有企业限值 SO_2 860mg/m³,硫酸雾 45mg/m³,新建企业限值是 SO_2 400mg/m³,硫酸雾 30mg/m³。

HJ 544—2016 规定使用滤筒采集烟尘和雾状物,后面增加了两支装 50mL 30mmol/L 的 KOH 或 NaOH 溶液吸收穿透滤筒的小液滴,其实 SO_2 也被碱溶液吸收生成 SO_3^{2-},SO_3^{2-} 很不稳定,曝气变成了 SO_4^{2-},用离子色谱测出的既有滤筒截留的硫酸雾也有被碱液吸收的大量 SO_2,根据 GB 26132—2010 排放标准,把 400mg/m³ 的 SO_2 加在 30mg/m³ 硫酸雾中,肯定会超标近 10 倍。这是 HJ 544—2016 存在的严重错误。

被代替的 HJ 544—2009 是比较合理的监测方法,使用 0.45μm 超细玻璃纤维或石英纤维滤筒(或滤膜)采集硫酸雾,超声波提取或加热浸出后离子色谱测定。此标准规定了无组织排放采样流量是 100L/min,而有组织排放没有规定采样流量,使用低于 30L/min 采样流量比较合理。在修订标准时应该做详细研究。

2. GB 15618—2018《土壤环境质量 农用地土壤污染风险管控标准》(代替 GB 15618—1995)和 GB 36600—2018《土壤环境质量 建设用地土壤污染风险管控标准》。

答:在执行这两个标准时,用标准中规定的不同分析方法会得出"达标"和"超标"两种截然不同的结论,确实标准"2 规范性引用文件"中所列的 GB/T 和 HJ 标准方法存在失误。同一个土壤样品使用 GB/T 17141 测定的 Pb,结果比使用 HJ 803 测定结果偏高,GB/T 17141 和 HJ 780 测定结果有可比性。该问题已有一些检测站提出质疑。

引用的其他方法,如 HJ 680 测定的 As、Sb 也比 HJ 803 测定结果高出一倍。出现结果相差较大的原因是土壤样品前处理,而非分析方法火焰原子吸收、石墨炉原子吸收、原子荧光、ICP 和 X—射线荧光等不会产生明显偏差。X—射线荧光不用消解处理样品,且在 HJ 803 中 Pb 的室间相对标准偏差 23%~47% 也较大。

早在"九五"公关土壤背景值调查中,我们就研究过同一土壤样品分别用 HNO_3、$HCl-HNO_3$(王水)、$HNO_3-HClO_4-H_2SO_4$ 和 $HCl-HNO_3$(王水或逆王水)-$HF-HClO_4$ 对 Pb、Ni、Cd、Mn、Cu、Cr、Zn 消解效果[见齐文启等中国环境监测,47-50,7(3),1991],发现水稻土用王水消解出的 Pb 仅占王水-$HF-HClO_4$ 消解出的 62.2%

~82.9%,平均 69.4%。而灰色森林土和棕针土 Pb 的溶出必仅 35.7%~39.2%,平均 37.0%,Cr 也仅为 46.9%~63.9%,平均 55.5%。分析如下:

(1) 除用 HF 以外,各种土类中 Pb、Cr 的溶出比都较低,分别低于 65.8% 和 64.6%。因为 Cr 和 Pb 主要包藏在土壤矿物晶格中,且晶格稳定。例如 Cr^{3+} 可能与硅酸盐岩中四面体或八面体的氧原子配位,尤其八面体配位十分稳定。土壤中大部分 Cu、Cd、Zn、Ni、Mn 的矿物晶格能较低,易受酸分解破坏,所以溶出比较高。

(2) HCO_4 有极强的氧化能力,能有效地破坏土壤中的有机质及有机质分解产生的碳。其挥发温度高,有利于破坏矿物晶格。因此,除了 $HNO_3 - H_2SO_4 - HClO_4$ 溶解法能导致部分 Pb 沉淀和可能使部分 Cr 挥发外,各土类中其他元素的溶出比大都略高于 HNO_3 和 $HCl - HNO_3$ 法。

(3) 就几种溶样方法而言,全分解法要使用 HF,这样才能破坏 Si、SiO_2 等硅酸盐矿物晶格。但 HF 易引入玻璃器皿溶蚀的空白,且有危险性;HNO_3 消解容易迸溅,当必须仅用 HNO_3 溶样时(如测定 Ag),应减少称样量或使用砂浴、水浴;$HNO_3 - H_2SO_4 - HClO_4$ 消解土样时最平静,且蒸发温度高,能有效地破坏有机物及多数微量元素的矿物晶格。在不要求测定 Pb、Cr 时建议使用 $HNO_3 - H_2SO_4 - HClO_4$ 法消解土样,但要将 H_2SO_4 和 $HClO_4$ 尽量赶尽,否则对 Pb 测定有影响。

(4) 几种土类中各元素的平均溶出比(%)及日本、美国和本次调查得到的我国土壤中各元素的几何均值列于表 1 中。由此可知,我国土壤中 Pb、Cr 的背景值明显高于日本和美国,这除了确实存在一些差异外,还有由于采用的溶样方法不同而引入的差异,因为日本和美国采用的溶样方法不能将土壤中的 Pb、Cr 全部溶出。

表 1　　三类土壤中各元素的平均溶出比及与日本、美国土壤含量比较

元素	HNO_3/%	$HCl - HNO_3$/%	$HNO_3 - H_2SO_4 - HClO_4$/%	中国/10^{-6}	日本/10^{-6}	美国/10^{-6}
Pb	73.3	76.3	65.8	23.6	18.71	16.0
Cr	64.6	64.6	70.9	53.9	29.77	37.0
Ni	88.8	92.8	94.9	23.4	20.26	13.0
Cd	90.7	91.1	91.2	0.074	0.36	—
Mn	89.7	91.9	92.0	482	449.3	330
Cu	93.1	93.1	94.4	20.0	29.2	17.0
Zn	92.5	90.8	93.8	67.7	57.77	48.0

编写此类标准和审查时要有环境监测专业人员积极参与,充分发表意见。

以下关于标准的问题是经过和标准起草人讨论并加上我们的理解作出的回答,供参考。

1. GB 3838—2002《地表水环境质量标准》中 TN(湖、库以 N 计)是否专对湖库而言,不适用河流等地表水?

答:GB 3838—2002 表 1 的第 9 项总氮(湖、库,以 N 计),其中总氮的Ⅰ~Ⅴ类标准仅用于湖库评价,不能用于河流地表水的评价。

2. 测定数据临界标准值问题：如 COD 测定结果 102mg/L（污水），临近标准值 100mg/L，该结果如何评价？

答：①结果难以判定为超标；②这种情况应采集平行样，并增加采样频次，数据多了才能做出公正、合理的结论。

3. GB 3838—2002《地表水环境质量标准》中油的Ⅰ类、Ⅱ类、Ⅲ类均为 0.05mg/L，如果样品测出的油类结果为 0.05mg/L 时，如何确定该样品的水质类别？

答：GB 3838—2002 表1 的第21项石油类，按监测结果应确定该水质仅按石油类评价属于Ⅰ类，因为达到了Ⅰ类标准。

4. pH=5.95 是否符合 6~9 的标准值，如果符合，是否可以理解同样 COD 值为 184mg/L 的样品满足 180mg/L 的标准？

答：pH=5.96 应符合 pH 6~9 的标准。因为 GB 3838—2002《地表水环境质量标准》中规定Ⅰ~Ⅴ类水质的 pH 值为 6~9，并不是 6.0~9.0；此外，根据 GB/T 6920—1996《水质　pH 值的测定　玻璃电极法》的仪器规定，酸度计或离子计至少应精确到 0.1pH 单位，同时该方法的精密度表（见表2）中，当 pH=6~9 时，重复性和再现性分别为±0.1 和±0.2；又根据四舍六入的修约规则，pH=5.96 应为 pH=6.0，其中的 0.04pH 单位可理解为测量误差。

表 2　　　　　　　　　　　玻璃电极法测 pH 值的精密度表

pH 值范围	允　许　差	
	重复性	再现性
6	±0.1	±0.3
6~9	±0.1	±0.2
9	±0.2	±0.5

但是 COD 的 184mg/L 超过了 180mg/L 的标准值，因为按 HJ/T 91—2002《地表水和污水监测技术规范》，如果使用库仑法或比色法 COD 的检出限是 2mg/L，4mg/L 虽然低于定量下限但高于检出限，且不是单独测定的结果，而是 184mg/L 的结果，因此应判定为超标。

当遇到这类情况时，应加强质量保证和质量控制工作，多采集平行双样，多采试样，当数据达到一定程度时更便于判断。

5. HJ 493—2009《水质采样　样品的保存和管理技术规定》和 HJ/T 91—2002《地表水和污水监测技术规范》中水和废水监测分析方法对水样保存的叙述存在差异时应以哪个说法为准？

答：HJ/T 91—2002 是在水样保存研究基础上做出的规定，是当年课题研究中，北京市环保监测中心、山东潍坊市监测站、苏州城建环保学院和中国环境监测总站共同研究的结果。

当两个标准没有原则差异时，使用哪个都可以，当有原则差别时，如：水中重金属 HJ/T 91—2002 规定加入酸至 1%，而 HJ 493—2009 是酸化至 pH<2，实际中发现相当

多的污水酸化至 pH<2 时 Pb、Cd 等也会随时间而降低。

技术人员可通过比对,以实际情况判断究竟使用哪个标准。

6. GB 3838—2002《地表水环境质量标准》中,Cu、Zn、Pb、Cd 是指总 Cu、总 Zn 还是指溶解性 Cu、Zn、Pb 和 Cd?

答:GB 3838—2002 "6 水质监测"中规定:本标准规定的项目标准值,要求水样采集后自然沉降 30min,取上层非沉降部分用规定方法进行分析,可理解为除铬(六价)外,Cu、Zn、Se、As、Hg、Cd、Pb 等都为"总",即总铅、总镉等。但从夏青等编著的《水质基准与水质标准》著作对《地表水环境质量标准》部分项目涵义的说明中"铜、锌、镉、铅、铁、锰在水质基准中的涵义是指它们在水中的可溶性金属含量,即分别指可溶性铜、可溶性锌、可溶性镉、可溶性铅、铁、可溶性锰。也就是说水样经过 $0.45\mu m$ 的滤膜过滤后测得的金属浓度"。据此,原环境保护部环境监测司组织编制的《国家地表水环境质量监测网监测任务作业指导书(试行)》中规定了铜、锌、镉、铅、铁、锰为溶解态含量。

7. 地表水中氨氮、空气中氨、降水中的 NH_4^+ 分析方法均为纳氏试剂光度法,但标准不一样,上岗证考核是否也应该分别考核?

答:上岗证考核是分为不同专业领域的,例如,空气质量监测、废气监测、降水监测、地表水监测等。每个领域又分为许多不同项目,例如,NH_3-N、NO_3^--N、Pb、Cd、挥发酚油类、噪声、苯系物、SO_2、NO_2 等。

各种氨的成分虽然都可用纳氏试剂光度法测定,但地表水样有时须蒸馏、空气样要吸收后测量,降水样也有样品采集、用 H_2SO_4 吸收液吸收和保存等一系列问题,且采样和样品前处理是主要的误差来源,纳氏试剂法测定的误差是较小的。因此,应分别考核。

8. GB 3838—2002《地表水环境质量标准》中总氮的标准是否明显偏低,因为地表水达标率直接影响到"城市环境综合整治定量考核"及"创建国家环境保护模范城市"工作(三类水 TN:1.0mg/L,NO_3^--N:10mg/L 有矛盾),对于这种问题如何处理?

答:河流不能以总氮为标准评价,因为 GB 3838—2002 中对总氮的规定是针对湖库水质Ⅰ~Ⅴ类标准,目前我国大部分湖库都显富营养状态,因此国家制定了严格的总氮标准,这有利于湖、库水质的改善。

许多饮用水源都是从湖库取水,如北京的密云水库、上海的淀山湖等。而集中式生活饮用水地表水源地补充项目中,却把硝酸盐(以 N 计)规定为 10mg/L,如果仅以氮评价,劣Ⅴ类水都可做饮用水源,这是 GB 3838—2002 容易误解的地方,前者是作为营养盐指标,后者是作为人体健康指标,目标不同指标的限值也不同。

9. 请问 GB 8978—1996《污水综合排放标准》中 pH 值为什么是 6~9 而不是 6.0~9.0 或 6.00~9.00,pH 值是 5.5~5.9 或 9.1~9.4 是否达标?

答:在 GB 8978—1996 中,规定 pH=6~9,而不是 6.0~9.0,这是不合理的。关于 pH=5.9 和 pH=9.1 是否达标问题,请参见题 4。

10. 在环境质量标准体系中有没有底质（底泥）标准，如没有是否应该参照土壤标准？

答： 目前已有几个污泥的排放标准，可在评价底质（底泥）时作为参考。

CJ 3025—1993《城市污水处理厂污水污泥排放标准》中，评价和判断是否污染物超标时，污泥与土壤的使用情况差别很大，必须通过监测判断污泥是否属于危险废物，还是一般废物，两者分别有不同的处置方法。

（1）城市污水处理厂污泥应本着综合利用，化害为利，保护环境，造福人民的原则进行妥善处理和处置。

（2）城市污水处理厂污泥应因地制宜采取经济合理的方法进行稳定安全的处理。

（3）在厂内经稳定处理后的城市污水处理厂污泥宜脱水处理，其含水率宜小于80%。

（4）处理后的城市污水处理厂污泥，用于农业时，应符合 GB 4284—2018《农用污泥中污染物控制标准》的规定。用于其他方面时，应符合相应的有关现行规定。

（5）城市污水处理厂污泥不得任意弃置。禁止向一切地表水体及其沿岸、山谷、洼地、溶洞以及划定的污泥堆场以外的任何区域排放城市污水处理厂污泥。城市污水处理厂污泥排海时应按 GB 3097—1997《海水水质标准》及海洋管理部门的有关规定执行。

此外，在 GB 18918—2002《城镇污水处理厂污染物排放标准》中，也规定了污泥的控制标准。

（1）城镇污水处理厂的污泥应进行稳定化处理，稳定化处理后应达到表3中的规定。

表3　污泥稳定化控制指标

稳定化方法	控制项目	控制指标
厌氧消化	有机物降解率/%	>40
好氧消化	有机物降解率/%	>40
好氧堆肥	含水率/%	<80
	有机物降解率/%	>50
	蠕虫卵死亡率/%	>95
	粪大肠菌群值	>0.01

（2）城镇污水处理厂的污泥应进行污泥脱水处理，脱水后污泥含水率应小于80%。

（3）处理后的污泥进行填埋处理时，应达到安全填埋的相关环境保护要求。

（4）处理后的污泥农用时，其污染物含量应满足表4的要求。其施用条件须符合 GB 4284—2018 的有关规定。

表4　污泥产物的污染物浓度限值

序号	控制项目	污染物限值	
		A级污泥产物	B级污泥产物
1	总镉（以干基计）/(mg/kg)	<3	<15
2	总汞（以干基计）/(mg/kg)	<3	<15
3	总铅（以干基计）/(mg/kg)	<300	<1000

续表

序号	控制项目	污染物限值	
		A级污泥产物	B级污泥产物
4	总铬（以干基计）/(mg/kg)	<500	<1000
5	总砷（以干基计）/(mg/kg)	<30	<75
6	总镍（以干基计）/(mg/kg)	<100	<200
7	总锌（以干基计）/(mg/kg)	<1200	<3000
8	总铜（以干基计）/(mg/kg)	<500	<1500
9	矿物油（以干基计）/(mg/kg)	<500	<3000
10	苯并[a]芘（以干基计）/(mg/kg)	<2	<3
11	多环芳烃（PAHs）（以干基计）/(mg/kg)	<5	<6

11. 在确定地方排放标准时，是否应考虑当地的环境容量？当该地区已无环境容量时，是否应杜绝排放，对企业进行搬迁或政府停批类似项目？

答：这实际是国家经济与环保协调发展的重大问题。这里以水污染物排放标准的制定为例，只能谈一些粗浅的看法，仅供参考。

GB 8978—1996《污水综合排放标准》的制定依据是：为贯彻《中华人民共和国环境保护法》《中华人民共和国水污染防治法》和《中华人民共和国海洋环境保护法》，控制水污染，保护江河、湖泊、运河、渠道、水库和海洋等地面水以及地下水水质的良好状态，保障人体健康、维护生态平衡，促进国民经济和城乡建设的发展。因此在制定地方标准时，如果当地已无环境容量时，杜绝排放是不合理的，人体健康和生态环境的保护应与国民经济协调发展。

环境容量的有无不是绝对的，而是随时会发生变化，因为自然环境条件下，除POPs类外，许多污染物都会随时扩散或降解。当某地区环境容量很小时，应制定相对严格的污染物排放标准，但禁排不利于国民经济发展。人的生活也会有大量污染物排放，但除增强环保意识外，人们还必须生活。同时也应深入探讨治理污染的投入及相关技术的现状。例如，目前我国大部分江河有机物污染日益严重，所有排入江河的水都经活性炭吸附除去有机污染物，虽然效果很好，但技术并不能普及应用，且耗资会巨大，只能从排污大户的源头抓起。

此外，企业的优化组合，以"新带老"项目的建设是十分必要的。我们验收的许多水泥项目、电解铝项目大多是以"新带老"典型，确实绝大部分达到了增产减污的相关政策要求。这样既能减轻环境容量较小的压力，又能促进国民经济的发展。

在规定禁止排放的敏感区域，在标准制定时应作出明确规定。如在GB 8978—1996中规定：GB 3838中Ⅰ类、Ⅱ类水域和Ⅲ类水域中划定的保护区和游泳区，GB 3097—1997《海水水质标准》中一类海域，禁止新建排污口，现有排污口应按水体功能要求，实行污染物总量控制，以保证受纳水体水质符合规定用途的水质标准。

12. 行业排放标准与国家综合排放标准哪个优先选用，是否有明文规定？

答：单从污染物排放标准来看，有国家污染物综合排放标准，如GB 8978—1996《污水综合排放标准》、GB 16297—1996《大气污染物综合排放标准》，这类标准是强制性的，超标排污则违法。但这些标准比较宏观、概括。

此外还有两类排放标准。一是针对不同行业制定的国家标准，如 GB 3544—2008《制浆造纸工业水污染物排放标准》、GB 15580—2011《磷肥工业水污染物排放标准》、GB 4915—2004《水泥工业大气污染物排放标准》。这类标准对相关行业排污规定得十分详细，故应首先执行行业类国家标准，不能首先执行"综合排放标准"。二是行业标准，如 CJ 3082—1999《污水排入城市下水道水质标准》、GJ 3025—93《城市污水处理厂污水污泥排放标准》等。

例如：在 GB 8978—1996 中仅用"一切排污单位"概括了造纸工业，而在 GB 3544—2008 中详细规定了木浆、非木浆等制浆、造纸，以及无制浆造纸企业的 SS、AOX、COD、BOD_5 等排污限值，还规定了污染物最高允许排水量和污染物排放量。

此外，GB 16297—1996 中也找不到水泥行业、火电行业的相关污染物排放限值，而 GB 4915—2004 和 GB 13223—2011《火电厂大气污染物排放标准》则有详细具体的规定。

在执行标准时，我国一直在实行综合排放标准与行业性排放标准不交叉执行的原则。这在综合排放标准的"适用范围"栏目已有明确规定。

例如：GB 8978—1996 的适用范围规定：按照国家综合排放标准与国家行业排放标准不交叉执行的原则，造纸工业执行 GB 3544—1992《造纸工业水污染物排放标准》❶、船舶工业执行 GB 3552—1983《船舶污染物排放标准》、GB 4286—1984《船舶工业污染物排放标准》❷，海洋石油工业执行 GB 4914—1985《海洋石油开发工业含油污水排放标准》❸，纺织染整工业执行 GB 4287—1992《纺织染整工业水污染物排放标准》❹，肉类加工工业执行 GB 13457—1992《肉类加工工业水污染物排放标准》，合成氨工业执行 GB 13458—1992《合成氨工业水污染物排放标准》❺，钢铁工业执行 GB 13456—1992《钢铁工业水污染物排放标准》❻，航天工业执行 GB 14374—1993《航天推进剂水污染物排放标准》，兵器工业执行 GB 1470.1～3—1993《兵器工业水污染物排放标准》❼ 和 GB 4274～4279—1984❽，磷肥工业执行 GB 15580—95《磷肥工业水污染物排放标准》❾，烧碱、聚氯乙烯工业执行 GB 15581—1995《烧碱、聚氯乙烯工业水污染物排放标准》，其他水污染物排放均执行本标准。本标准颁布后，新增国家行业水污染标准的行业，其适用范围执行相应的

---

❶ 已被 GB 3544—2008《制浆造纸工业水污染物排放标准》替代。
❷ 已废止。
❸ 已被 GB 4914—2008《海洋石油勘探开发污染物排放浓度限值》替代。
❹ 已被 GB 4278—2012《纺织染整工业水污染物排放标准》替代。
❺ 已被 GB 13458—2001《合成氨工业水污染物排放标准》替代。
❻ 已被 GB 13456—2012《钢铁工业水污染物排放标准》替代。
❼ 已被 GB 14470.1—2002《兵器工业水污染物排放标准　火炸药》、GB 14470.2—2002《兵器工业水污染物排放标准　火工药剂》、GB 14470.3—2011《弹药装药行业水污染物排放标准》替代。
❽ 已被 GB 14470.1—2002《兵器工业水污染物排放标准　火炸药》、GB 14470.2—2002《兵器工业水污染物排放标准　火工药剂》替代。
❾ 已被 GB 15580—2011《磷肥工业水污染物排放标准》替代。

国家水污染物行业标准，不再执行本标准。

再如 GB 16297—1996 的适用范围也明确规定：在我国现有的国家大气污染物排放标准体系中，按照综合性排放标准与行业性排放标准不交叉执行的原则，锅炉执行 GB 13271—1991《锅炉大气污染物排放标准》❶、工业炉窑执行 GB 9078—1996《工业炉窑大气污染物排放标准》、火电厂执行 GB 13223—1996《火电厂大气污染物排放标准》❷、炼焦炉执行 GB 16171—1996《炼焦炉大气污染物排放标准》❸、水泥厂执行 GB 4915—1996《水泥厂大气污染物排放标准》❹、恶臭物质排放执行 GB 14554—1993《恶臭污染物排放标准》、汽车排放执行 GB 14761.1～7—1993《汽车大气污染物排放标准》❺、摩托车排气执行 GB 14621—1993《摩托车排气污染物排放标准》❻，其他大气污染物排放均执行本标准。本标准实施后再发布的行业性国家大气污染物排放标准，按其适用范围规定的污染源不再执行本标准。

13. GB 3838—2002《地表水环境质量标准》中为什么不制定 SS 的标准？

答：地表水中 SS 是比较难测定准确的项目，测定Ⅰ类、Ⅱ类水时，必须认真把可能洗脱的滤纸纤维洗除并恒重，十分耗时；我国水土流失十分严重，在雨季和洪水期测定水中的 SS 以泥沙为主，并非污染点源的排放，在评价说明时又相当困难。因此，考虑到我国的实际情况，把 SS 删去。

14. 稀土行业污水监测（钴、铊）应执行什么标准？

答：稀土行业污水监测应执行 GB 26451—2011《稀土工业污染物排放标准》，但排放标准中不包含 Co、Tl 指标。

用火焰原子吸收法测 Co，石墨炉原子吸收测 Tl，或者用 ICP 法测 Co 和 Tl。在评价监测结果时，Co 可参照苏联、日本或美国核电工业（^{60}Co 为放射性核素）的相关标准，Tl 可参考发达国家有色冶金、半导体制造（Tl 与 Ga、In 伴生）业的相关标准。

15. GB 3838—2002《地表水环境质量标准》为什么要同时控制耗氧性有机物 COD_{Cr} 和 COD_{Mn}？

答：这主要是由于我国河流纳污比较普遍，且有的河段还十分严重。Ⅰ～Ⅲ类水应以测定 COD_{Mn} 为主，而纳污严重的河段尤其是Ⅳ～Ⅴ类水或劣Ⅴ类水应以测定 COD_{Cr} 为主。

16. 数据处理过程中如何评价标准限值附近的数据，如标准限值为 9.0mg/L，对于测定结果 8.98mg/L、9.02mg/L、9.05mg/L 如何评价？

答：在实际监测中如果得到标准限值附近的数据，为了判定是否超标时，应该慎重对

---

❶ 已被 GB 13271—2001《锅炉大气污染物排放标准》替代。
❷ 已被 GB 13223—2011《火电厂大气污染物排放标准》替代。
❸ 已被 GB 16171—2012《炼焦化学工业污染物排放标准》替代。
❹ 已被 GB 4915—2004《水泥工业大气污染物排放标准》替代。
❺ 已被 GB 18285—2005《点燃式发动机汽车排放污染物排放限值及测量方法（双怠速法及简易工况法）》、GB 3847—2005《车用压燃式发动机和压燃式发动机汽车排气烟度排放限值及测量方法》替代。
❻ 已被 GB 14621—2011《摩托车和轻便摩托车排气污染物排放限值及测量方法（双怠速法）》替代。

待，比如多采集几份平行双样，除用一种方法分析外，还应该用其他分析方法比对，认真加标回收等，确保数据的准确性。

所提出的具体问题分析如下（仅供参考）：

（1）首先应分析监测结果的不确定度，尤其是合成不确定度，判断 0.02 和 0.05 数据是否可修。

（2）使用监测分析方法在本次测定中的实际检出限如果达到 0.01mg/L 以下，则 9.02mg/L 和 9.05mg/L 应为超标；如果仅为 0.05mg/L 以上，则 9.02mg/L 和 9.05mg/L 都应算达标。当然 8.98mg/L 也达标。这里还应强调说明，绝大多数监测站不做使用方法的检出限，有的甚至不知道怎么做。在计量认证和实验室认可时一律照抄标准分析方法的检出限。须知，在不同实验室环境中，使用试剂的改变、测量仪器的不同，检出限都会发生变化。

（3）提出的问题在实际工作中经常遇到，在下结论时应慎重，应以"稍有超标"较为合理。

17. 同一组数据用 GB 3838—2002《地表水环境质量标准》评价后，能否再用 GB 5084—2005《农田灌溉水质标准》来评价？另外 GB 3838—2002《地表水环境质量标准》中 Ⅱ 类标准适用于农业用水区、景观区等，与 GB 5084—2005《农田灌溉水质标准》本质上有何不同？

答： 两种标准都是国家标准。GB 3838—2002 比较概括，Ⅰ～Ⅱ 类是特别好的水质，为节省资源不应用于农业灌溉，只规定 Ⅴ 类水主要适用于农业用水及一般景观要求水域。如果其中 As、Cd 达到了 Ⅴ 类则不能用于农田灌溉，因为 As、Cd 的 Ⅴ 类水标准分别为 0.1mg/L 和 0.01mg/L，而农灌水用于蔬菜 As 为 0.05mg/L，用于水作 As、Cd 分别为 0.05mg/L 和 0.005mg/L，还是 Ⅲ 类地表水质标准值。

一组监测数据完全可以用于两种评价，但是侧重点不同，GB 5084—2005 项目较少，正如前述，两个国家标准在衔接上尚存在一些问题，评价时必须注意。由此可见，我国的标准管理、制定等方面存在相当多的不足。

在适用范围和制定目的的方面这两个标准有本质的不同。GB 3838—2002 规定了水环境质量应控制的项目及限值。为了保护人体健康，对水质做出评价而制定适用于国内领域内江河、湖泊、运河、渠道、水库等具有使用功能的地表水水域。同时还规定具有特定功能的水域，执行相应的专业用水水质标准。因为作为农灌应使用专业标准 GB 5084—2005 是为了防止土壤、地下水和农产品污染而制定，其适用范围是用于全国以地表水、地下水和处理后的城市污水及与城市污水水质相近的工业废水作水源的农田灌溉用水。不适用医药、生物制品、化学试剂、农药、石油炼制、焦化和有机化工处理后的废水进行灌溉。

18. 有些标准方法如粪大肠菌群在 GB 3838—2002《地表水环境质量标准》中没有标准方法，但后来发布了该项目的标准方法，但标准方法落后于《水和废水监测分析方法》（第四版）中方法，这种项目的分析方法将如何选用？

答： 在《水和废水监测分析方法（第四版）》699～706 页中登载的三个粪大肠菌群的

测定方法，即多管发酵法、滤膜法和延迟培养法，尤其是多管发酵法在国内外已十分普及。这三个方法都是 B 类，是经过国内的研究和多个单位的实验验证表明是成熟的统一方法。原国家环境保护总局在出版说明中指出：A 类和 B 类方法均可在环保监测与执法中使用。

19. 关于饮用水源水质 TN 标准是否存在问题？乌鲁木齐饮用水源水质较好，大多数项目都达到 I 类标准，但由于地表水加测 TN 项目后，自源头开始就超标，如何解决该问题？

答： GB 3838—2002《地表水环境质量标准》表 1 中 TN 是湖库监测的基本项目，作为饮用水源地需加测硝酸盐指标，其中硝酸盐（以 N 计）浓度限值为 10mg/L，这与基本项目中的总氮浓度限值相矛盾，很容易引起误解。

该标准规定 II 类、III 类水分别用于集中式生活饮用水地表水源地一级和二级保护区。如果乌鲁木齐市水源地属于湖、库，应执行总氮 0.5mg/L 和 1.0mg/L 的标准，这比表 2 中硝酸盐氮还低得多。如果水源地是河流，则总氮不作为评价指标，因为标准中的总氮是指湖、库而言，不能用于河流水质评价。

20. 地表水中磷的标准为总磷，污染源中磷的标准为磷酸盐，这两个项目是否是一样的？《水和废水监测分析方法（第四版）》中磷分为"总磷""可溶性总磷酸盐"和"可溶性正磷酸盐"，这三个指标分别在什么情况下才要控制？

答： 监测分析方法是为执行标准和科研服务的，在研究富营养化时，磷及其化合物和水环境中的迁移、转化时往往须要测定"可溶性总磷酸盐""可溶性正磷酸盐"及"总磷"。

在环境监测中只测总磷。在 GB 3838—2002《地表水环境质量标准》中规定总磷是合适的。而 GB 8978—1996《污水综合排放标准》中的磷酸盐（以 P 计）是错误的，因为磷酸盐在污水中有正磷酸盐、偏磷酸盐、聚磷酸盐，洗衣粉中还有磺基磷酸盐等，因各种磷酸盐的分子量不同，要做到以 P 计是不可能的。

由于 GB 8978—1996 测磷酸盐的测定方法是钼蓝比色法，来源于《水和废水监测分析方法（第三版）》，该方法采用过硫酸钾或 HNO_3-$HClO_4$ 消解水样，其实际测定的是总磷。

因此，应把 GB 8978—1996 中的磷酸盐理解为总磷。

21. GB 3838—2002《地表水环境质量标准》规定"集中式生活饮用水地表水源地特定项目"（80 项）应如何进行选择？

答： 80 项特定项目确实很多。选择特定项目的原则是按本地区的污染源来确定，如果有石油、化工等污染源选择的项目以有机为主，如果有农药和除草剂生产厂应该测定农药类，如果有冶金、电镀行业应测重金属。

如果当地没有的污染源，可以免测，或每年监测一次。

22. GB 3838—2002《地表水环境质量标准》中 BOD_5 V 类标准限值为 10，小于 10mg/L 的 BOD_5 以及更小的（如 6mg/L、4mg/L、3mg/L 等）还有意义吗？

答： 在 GB 3838—2002 中 I～V 类水的标准值分别是≤3mg/L、3mg/L、4mg/L、

6mg/L 和 10mg/L，可依此评价水质的质量。HJ 505—2009《水质　五日生化需氧量的测定　稀释与接种法》检出限为 0.5mg/L，而定量下限是 2mg/L，可以满足 BOD_5 的测定。

23. 污水排放标准中有悬浮物、TOC、总氰化物，为便于进行总量控制与评价，建议在 GB 3838—2002《地表水环境质量标准》中增加这些因子。

答： 从目前通过国家环保验收的工业建设项目来看，大多数大型工业都对环保十分重视，排水中的 SS 都能达标；而对 TOC 有贡献的有机物多数对环境有危害，但有些不一定是污染物质；氰化物在"九五"期间是总量控制指标，现在水的总量控制指标仅有 COD 和 NH_3-N。这是根据我国环境质量现状和变化情况而制定的。在国家层次上究竟需要增加哪些项目须由生态环境部组织专家论证后报国务院批准。地方的总量控制项目由地方政府确定，例如上海市、江苏省的总量控制比国家项目多。

24. GB 3838—2002《地表水环境质量标准》中 TP 标准偏低，该标准是如何制定出的？是否结合我国的地表水体实际情况？

答： 我国制定环境质量标准时，首先要调查全国环境质量现状，并参考发达国家的相关标准。制定 GB 3838—2002 的目的是贯彻《中华人民共和国环境保护法》和《中华人民共和国水污染防治法》，防治水污染，保护地表水质，保障人体健康，维护良好的生态系统。

在标准制定前首先要组织专家论证，编制出"征求意见稿"后发至全国各地征求意见，汇总意见并修改后形成"送审稿"，由专家提出意见并修改后产生"报批稿"。时间很长，且工作量大。有不尽合理之处还会不定期做出修改。

25. 地表水的标准与生活饮用水标准的区别，能否相互代用，比如说总磷的标准。

答： 生活饮用水标准已成为 GB 3838—2002《地表水环境质量标准》的"引用标准"。在 GB 3838—2002 中指出，《生活饮用水水质卫生规范》（卫生部，2001 年）和本标准表 4～表 6 所列分析方法标准及规范中所含条文在本标准中被引用即构成为本标准条文，与本标准同效。当上述标准和规范被修订时，应使用其最新版本。

这两个标准的适用范围不同，不能互相取代。在地表水环境质量标准中，Ⅰ类、Ⅱ类、Ⅲ类水质可作为饮用水源，此外还规定了集中式生活饮用水地表水源地补充项目限值分项和特定项目限值 80 项。饮用水源通过自来水厂的净化、消毒才能成为饮用水。水源水是不能直接饮用的，许多指标通过自来水厂净化可以部分去除，如 Fe、Mn 等重金属用絮凝沉淀，粪大肠菌群通过加氯灭杀等。

而《生活饮用水水质卫生规范》适用于城市生活饮用集中式供水（包括自建集中式供水）及二次供水，其中还规定了生活饮用水及水源水水质卫生要求。在对水源水质要求栏中引用了饮用水水质常规检测项目，除 NO_3^--N 20mg/L 比 GB 3838—2002 高 1 倍之外，还增加了色、浑浊度、臭和味、肉眼可见物等卫生指标。附录 A 水源水的特定项目均未发现有总磷的限值标准。

26. 污水排放标准中的磷酸盐指标是可溶性正磷酸盐还是可溶性总磷酸盐或是总磷？

答： 正如前面所述，应理解为"总磷"。

27. 挥发酚检测限为 0.002mg/L，而饮用水的水质标准为 0.004mg/L，按照定量下限的计算，在定量下限以下就超过水质标准，如果测量值在检测限至定量下限之间，该如何判定是否超过标准？

答：地表水Ⅰ~Ⅱ类水质标准和生活饮用水质标准中挥发酚都是 0.002mg/L（不是 0.004mg/L），而该实验室测挥发酚的检出限也是 0.002mg/L，应报告 0.002L（mg/L），属于"未检出"。

如果测量值在检出限和定量下限之间，可如实报告数据，在评述时应加以说明，不可断然做出准确的结论。

28. HJ/T 91—2002《地表水和污水监测技术规范》中水样保存期比以前明显缩短，为什么？如 COD 以前为 7d，本标准仅为 2d。

答：由于我国水土流失严重，地表水中汇流入的污染物相当复杂，且污水中基体成分可能会与测定成分发生反应，给测定结果带来误差。因此除保存剂变化外，也缩短了保存时间。

关于水样保存专门做过研究。而原来的一些规定，有的是使用美国的标准规定，而我国水土流失比美国严重，因此原环境保护总局科技标准司 20 世纪 90 年代就支持我们做了水样保存研究的工作。HJ/T 91—2002 中有的保存条件就是按当时的研究结果规定的。

29. 为什么硝酸盐氮标准是 10.0mg/L，而总氮标准却是 1.0mg/L？

答：可以参考 19。

30. 关于农业土壤环境标准中，除去对重金属污染物的限定以外，制定标准是否考虑过有机肥与化肥对自然界土壤的影响？这种影响是可以忽略不计的吗？

答：有机肥种类繁多，化肥相对品种较少，两者对土壤生态的影响肯定不同，前者会增加土壤肥力，后者在增加肥力的同时，长期施用会对土壤黏粒和生态产生不良影响，这是相当复杂的问题，估计很难在农业土壤标准中做出具体规定。

31. 地表水质量标准中可否增加 TOC、SS、沉降物等指标？

答：质量标准的制定要有许多基础性研究为依托，包括毒性试验和污染物在自然环境中的迁移转化等。例如：美国为制定 $PM_{2.5}$ 的环境质量标准，进行了历时 17 年之久的相关性研究，日本则用了 8 年时间。我国环保科研相对投入较少，且基础研究比较薄弱，因此许多环境质量标准参照了发达国家的相关标准。

原环境保护部科技标准司曾经十分重视 TOC 水质标准的制定，由于前述原因，目前仍未见发布。

至于 SS 和沉降物，我国水土流失严重，不少河流中 SS 和沉降物是泥沙所致，且严格说来泥沙本身除对水体感官的影响外，与其他各类污染物相比对水质生态环境的影响相对较小，因此删除了 SS 等项目。

为了防止污染源中 SS 夹带的污染物对水质生态环境影响，GB 8978—1996《污水综合排放标准》、GB 13456—2012《钢铁工业污水排放标准》，以及肉类加工、合成氨工业、造纸工业等污水排放标准中都有悬浮物（SS）的项目。

32. 污水排放标准中 Cu 的控制指标为什么比较严格？

答：Cu 是二类污染物，也是人体所必需的微量元素。但当水中铜达 0.01mg/L 时，对水体自净有明显的抑制作用。铜对水生生物毒性很大，有人认为铜对鱼类的起始毒性浓度为 0.002mg/L，但一般认为水体含铜 0.01mg/L 对鱼类是安全的。铜对水生生物的毒性与其在水体中的形态有关，游离铜离子的毒性比络合态铜要大得多。灌溉水中硫酸铜对水稻的临界危害浓度为 0.6mg/L。世界范围内，淡水平均含铜 $3\mu g/L$，海水平均含铜 $0.25\mu g/L$。

因此，在 GB 8978—1996《污水综合排放标准》中，一切排污单位一级、二级、三级 Cu 排放标准规定为 0.5mg/L，10mg/L 和 2.0mg/L，不应说比较严格。

33. GB 3838—2002《地表水环境质量标准》中，地表水苯胺类的测定方法用气相色谱法，《水和废水监测分析方法》上没有此方法，该方法具体在哪里可以查找？如果用 N-(1-萘)乙二胺偶氮分光光度法进行分析是否可行？

答：GB 3838—2002 测定苯胺的气相色谱法是引用的《生活饮用水水质卫生规范》（卫生部，2001 年），可去查找。

GB/T 11889—1989《水质 苯胺类化合物的测定 N-(1-萘基)乙二胺偶氮分光光度法》是国家标准方法，该方法的检出限为 0.03mg/L，虽然比气相色谱法（0.002mg/L）检出限高，但标准值是 0.1mg/L，完全可以将 GB/T 11889—1989 用于常规监测。

34. GB 3838—2002《地表水环境质量标准》"氰化物"分析项目是指"总氰化物"还是"易挥发氰化物"，河水需要测定和评价"总氰"项目吗？

答：水中氰化物可分为简单氰化物和络合氰化物两种。简单氰化物包括碱金属的盐类（碱金属氰化物）和其他金属的盐类（金属氰化物）。在碱金属氰化物的水溶液中，氰基以 CN^- 和 HCN 分子的形式存在，两者之比取决于 pH 值。大多数天然水体中，HCN 占优势。在简单的金属氰化物的溶液中，氰基也可能以稳定度不等的各种金属-氰化物的络合阴离子的形式存在。

络合氰化物有多种分子式，但碱金属—金属氰化物通常用 $A_y M(CN)_x$ 来表示。式中 A 代表碱金属，M 代表重金属（低价和高价铁离子、镉、铜、镍、锌、银、钴或其他），y 代表金属原子的数目，x 代表氰基的数目。每个溶解的碱金属—金属络合氰化物，最初离解都产生一个络合阴离子，即 $M(CN)_x^{y-}$ 根。

GB 3838—2002 中的氰化物是指总氰化物，千万不能理解为"易挥发氰化物"，因为配套的监测分析方法是异烟酸吡唑酮比色法和吡啶—巴比妥酸比色法（GB 7487—1987《水质 氰化物的测定 第二部分：氰化物的测定》），由于吡啶是恶臭物质，因此人们广泛使用前者。

用这两种方法分析都必须将水样酸化后进行蒸馏，在此过程中简单氰化物、络合氰化物都会以 HCN 形式被蒸馏出来，用 10% 的 NaOH 溶液吸收后比色测定。

35. 采样技术规范中要求地表水采样时需要静置 30min 后再分样，在江浙一带泥沙流失较少，水流平缓，是否还需要这一步？

答：最好按规范执行。

36. GB 3838—2002《地表水环境质量标准》中 Cu 的标准分别为Ⅰ类 0.01mg/L，Ⅱ类、Ⅲ类、Ⅳ类、Ⅴ类均为 1.0mg/L，而 GB 8978—1996《污水综合排放标准》（1998年1月起建设单位）中总铜一级 0.5mg/L、二级 1.0mg/L、三级 2.0mg/L，是否合理？

答： 显然两个标准难以衔接，因为地表水二级质量标准中的铜和二级污水排放标准中的铜都是 1.0mg/L。

我们认为 GB 3838—2002 的标准限值得认真考虑，有可能是直接引用了美国的基准数据，水利部曾对 GB 3838—2002 提出 60 余条修改意见，我们在审查时也提出过几十条意见，一些意见并没有被采纳。

37. GB 5749—2006《生活饮用水卫生标准》中的 NO_2^--N 为何定为补充项目？其限值定为 1mg/L，而 GB/T 14848—93《地下水质量标准》中Ⅲ类标准定为 0.02mg/L，Ⅲ类标准相当于饮用水标准，两者是否有矛盾？

答： 在地表水环境中 NO_2^-、NH_4^+、NO_3^- 存在氧化还原平衡的问题，尤其是 NO_2^- 很不稳定，可被氧化成 NO_3^-，也可被还原成 NH_4^+，这与水环境的氧化还原电位和水的深度有关。因此把 NO_2^--N 列为补充项目是合适的，若列为必测项目，很难做到监测数据十分准确。

两个标准的确有矛盾，建议相关部门在修订时应加以重视。

38. GB 3838—2002《地表水环境质量标准》中 Hg 的Ⅲ类标准（0.0001mg/L），GB 5749—2006《生活饮用水卫生标准》中 Hg（0.001mg/L）的限值差别为什么不同？

答： 主要是因为水生生物对 Hg 有极强的富集作用，最终对人体会造成极大的伤害。实验表明，鱼类对水中 Hg 的富集系数约 10^4。因此，GB 3838—2002 中 Hg 的标准限值制定得相对严一些。

39. GB/T 3095—1996《环境空气质量标准》规定用大气飘尘浓度测定方法（GB/T 6921—1986《大气飘尘浓度测定方法》）监测环境空气中 PM_{10}，而我国环境空气质量监测日益自动化，普遍采用β射线衰减法和微量振荡天平法，而且有的采样管带加热装置，有的采样管不带加热装置。我国对 PM_{10} 的监测各监测站均以各自监测方法的测定结果报出数据，缺乏可比性，而英国和美国都对用非"空气质量标准"中规定方法监测的 PM_{10} 结果进行修正。我国能否采用统一的评价方法对 PM_{10} 监测结果进行评价？

答： 我国 PM_{10} 监测的确存在一些技术问题，在《中国环境监测》2003 年第 1 期发表了监测 PM_{10} 的技术文章，其中对日本 B 7954—1988 大气中 PM_{10} 自动监测仪的相关规定进行了介绍，可供参考。

40. 对甲烷的评价应选用什么标准？

答： 目前我国的废气污染物排放标准没有甲烷排放浓度的标准限值。可使用 GB 18918—2002《城镇污水处理厂污染物排放标准》表 4 中"厂界废气排放最高允许浓度甲烷一级、二级、三级标准的 0.5mg/m³、1.0mg/m³、1.0mg/m³"进行评价。但甲烷采样应在厂内最高浓度点。

41. 熔炼炉排放的烟气经烟气治理设施后通过烟囱排放，其排放标准应执行 GB 9078—1996《工业炉窑大气污染物排放标准》还是 GB 16297—1996《大气污染物排放标准》，如果改为熔化炉应执行什么标准？

答：熔炼炉及熔化炉外排废气均执行 GB 9078—1996《工业炉窑大气污染物排放标准》。

42. 为什么按 GB 9078—1996《工业炉窑大气污染物排放标准》，熔炼炉中的排放浓度可以按实测计，而熔化炉中的排放浓度应按折算浓度计？

答：GB 9078—1996 中规定，熔炼炉生产工艺特殊，故不进行过量空气系数折算，而采用实测浓度。熔化炉分为金属熔化炉、非金属熔化炉、冲天炉和化铁炉，其中冲天炉分为冷风炉（鼓风温度不大于 400℃）和热风炉（鼓风温度不小于 400℃）。冷风炉、热风炉均不以过量空气系数对排放浓度进行换算，而是掺风系数，冷风炉为 4.0，热风炉为 2.5。其他熔化炉均按标准中的规定的过量空气系数 1.7 进行换算。

43. 燃烧木屑、锯末的锅炉烟尘烟气监测过程中，工矿很难控制，含氧量容易高，导致折算浓度高，高得离奇，此时怎么执行排放标准？

答：木屑、锯末的发热量比煤低，其燃烧所需的理论空气量相对煤而言较小，而一般锅炉上的鼓风机的风量都是按燃煤时核算的，所以实际过量空气系数肯定是偏高。应执行 GB 13271—2014《锅炉大气污染物排放标准》，同时要测定废气中的二噁英（可参照执行 GB 18485—2001《生活垃圾焚烧污染控制标准》）。

44. 环境监测技术规范与计量监督/审查工作有的要求不一致，应该以什么为准？浓度单位符号、标液的贮存期限如何表述？

答：环境监测技术规范是为了保证得出具有代表性、准确性、精密性、可比性和完整性五性数据的标准。其中从有布点、采样、样品保存、试样前处理到分析数据、数据统计计算等监测的全过程进行了规范性指导。

"要求不一致"不知具体是什么内容。计量认证工作的重点是整个过程的程序化管理，可能具体的误差要求、精度要求、分析方法选择等方面存在差别。但环境监测与产品检验有本质的不同，即污染物在环境中有时间和空间的分布，随时都会发生变化，在采样中的误差本身就很大，对实验室过分要求意义不大。而只要产品均匀，任何时间都能抽取到代表性的样品。如果是环境监测工作应该以环境监测技术规范为准。

环境监测中表述浓度的单位较多，如 mg/L、μg/L、ng/m³、μg/m³。然而目前空气监测中还有的用 ppm 表示，这不符合计量认证中的标准化计量单位使用原则，应予改正。

标液储存时间长短做统一规定毫无意义的，因为测定成分在标液中的有效存在时间与标液配制时的介质、介质浓度、标液本身的浓度以及存放条件等密切相关。例如：1mg/L 的 Cu 标准溶液，如果配制在 10%HNO_3 介质中，即使室温下保存 2 年都不会使浓度发生变化；如果是 0.02mg/L，在 0.5%HNO_3 介质中，即使在约 4℃ 的冰箱中存放，3 个月后其浓度就会降低。因此，在计量认证考核时，有的专家指出"试剂配制的标签上没有标明有效期"是不合理的，应该是标明配制日期。

45. 结果低于检出限，此检出限应报规范规定的检出限，还是仪器本身的检出限或自测检出限，未规定检出限的应如何表示？如色度在无色的情况下应报零还是报未检出？

答：规范中的方法检测限及标准方法的检出限本身仅能起到指导性的作用。因为不同实验室所使用的试剂纯度、实验用水的质量、仪器型号和性能均有差异。应报出本实验室使用方法的实际检出限。当标准方法和规范中没有指出检出限的项目可以自行通过研究定出检出限。但对于色度、臭、细菌总数、粪大肠菌群无法测定检出限的项目，在试样测定时又未检出，可报告"未检出"。

46. HJ/T 91—2002《地表水和污水监测技术规范》第 47 页序号 97 监测项目为阴离子洗涤剂、分析方法为亚甲蓝分光光度法的最低检出浓度量 0.50mg/L，小数点后最多位数为 1 是否错误？

答：是错误的，小数点后最多位数应是 2 位。

此外，该附表仅建议作为参考，因为其中还有一些不尽合理之处。应以 HJ/T 91—2002 第 10.2.6 条内容为主，即分析结果有效数字所能达到的位数不能超过方法最低检出浓度的有效位数所能达到的位数。例如，一个方法的最低检出浓度为 0.02mg/L，则分析结果报 0.088mg/L 就不合理，应报 0.09mg/L。

47. 目前的 HJ/T 91—2002《地表水和污水监测技术规范》对磷酸盐的监测如何要求，因为 GB 8978—1996《污水综合排放标准》中为磷酸盐（以 P 计），但排污收费工作中为总磷。

答：HJ/T 91—2002 中把磷称为"总磷"，GB 8978—1996 中的磷酸盐也应理解为总磷，分析方法是一致的，即钼酸铵分光光度法、孔雀绿—磷钼杂多酸分光光度法等。水样必须经过消解处理，即过硫酸钾法或 $HNO_3 - HClO_4$ 消解法，将各种形态的含磷化合物转变为 PO_4^{3-} 后测定。

48. 有些项目在技术规范和 GB 3838—2002《地表水环境质量标准》中的最低检出浓度不一致，如氨氮在技术规范中最低检出浓度为 0.025mg/L，在 GB 3838—2002 中为 0.05mg/L，以哪个为准？

答：提出的这个问题很好。在 GB 3838—2002 附表中氨氮测定使用的是 GB/T 7479—1987《水质　氨氮的测定　纳氏试剂比色法》，标的最低检出限是 0.05mg/L。然而在 GB/T 7497—1987 中氨氮的最低检出浓度为 0.05mg/L，而不是检出限，这是编制 GB 3838—2002 时把概念搞混了。其实两者是有差别的，一般说来，4 倍的（因分析方法不同而异）检出限是最低检出浓度，因此 HJ/T 91—2002《地表水和污水监测技术规范》中的氨氮最低检出限规定为 0.025mg/L 是对的，其最低测定浓度应为 0.10mg/L，而不是 0.05mg/L。

49. 技术规范对某些分析项目的"有效数字最多位数""小数点最多位数"和"最低检出浓度"的规定，前后出现不统一的地方，如何理解？

答：方法的"最低检出浓度"与"检出限"密切联相关，根据所使用的分析方法和仪器种类不同，一般 4 倍的检出限是最低检出浓度。

"有效数字最多位数"是不够合理的，这是依据了部分标准方法，如 GB 11914—1989《水质　化学需氧量的测定　重铬酸钾法》中，规定"测定结果一般保留三位有效数字"。这样会给总量计算引入较大误差，如果某企业每天排放 COD 平均浓度为 1263mg/L，按 GB 11914—1989 表示为 $1.26×10^3$ mg/L，若其日排水量为 1000t，则每天 COD 总量误差竟达到 3t。因此不宜再使用"有效数字最多位数"的概念。

"小数点后最多位数"是为规范环境监测数据的报告而制定的。必须注意，小数点后的位数与使用单位密切相关。规范中规定数据报告中的小数点后位数不能超过使用分析方法的检出限。在某次三峡上游水质监测中，Pb 的报告数据中竟有（mg/L）0.008、0.003、0.00001、0.00435、0.00017 等。而 Pb 的火焰原子吸收法检出限为 0.2mg/L，螯合萃取火焰原子吸收法为 0.010mg/L，可见前述数据的不合理性。应报告为（mg/L）0.02L 或 0.010L。

50. 如何界定 HJ/T 91—2002《地表水和污水监测技术规范》表 2-6 的"钢铁工业"包括"炼焦""焦化""炼焦业"中规定的必测项目，煤焦油加工企业的必测项目应该选择以上哪种企业？

答： GB 13456—1992《钢铁工业水污染物排放标准》中就包括了焦化，其中增加了挥发酚、氰化物等项目，因此 HJ/T 91—2002 中把钢铁工业和炼焦放在一起。

在炼焦行业的煤焦化过程中会产生焦油，而焦油加工中的特征污染物应为苯并[a]芘，是一类污染物，但并未规定哪些企业（包括焦化）必须监测。

"煤焦油加工企业"从特征污染物来分析，原应使用 GB 4916—1985《沥青工业污染物排放标准》，但在 GB 8978—1996《污水综合排放标准》颁布后，GB 4916—1985 已被代替而不再使用。因此应使用 GB 13456—1992 中的焦化内容，并增加苯并[a]芘和苯系物的监测，还有苯可溶物等。

51. HJ/T 91—2002《地表水和污水监测技术规范》中河流监测改为隔月单月监测，1月会遇到有些断面冰冻无法采样的情况，如何处理？有些地表水饮用水源要求每月监测，但冬季的几个月存在断面冰冻又无法破冰（冰面薄），导致几个月无法监测，怎么办？

答： 这是一个难以回答的问题。应该是破冰取水进行监测，并在报告中加以说明。如果由于天气原因达不到采样的频次要求，应请示环境保护行政主管部门。

52. 执行 GB 3838—2002《地表水环境质量标准》后，监测数据如何与旧标准的监测数据做比较？

答： 监测的采样时间作了比较具体的规定，这与旧标准中的丰、枯、平不同，但隔月采样一次也会遇到丰、枯、平，因此不会出现数据不可比的问题。

与过去数据可比性差的只有"油类"，因为以前用石油醚萃取—紫外法测定，HJ/T 91—2002《地表水和污水监测技术规范》已把这一方法删去，改用用重量法（污染源）和 CCl_4 萃取—红外法，从 2019 年 1 月 1 日起，开始采用 HJ 637—2018 四氯乙烯萃取—红外法（适用于工业废水和生活污水），采用 HJ 970—2018 正己烷萃取—紫外法（适用于地表水、地下水和海水）（具体参见七、油类监测中的问题）。对历史数据采集多份不同断面的地表水，分别用紫外法和红外法测定，找出用不同方法测定结果的比例关系，用修正系数来把过去的监测数据修正。

53. 原国家环保总局颁布的"环境监测技术路线"与"监测技术规范"中的有些要求，例如监测频次、监测项目等不同时，以哪个为准？

答： "环境监测技术路线"是指导方向性的研究，主要放眼于未来，它并不能取代标准。从具体执行监测频次、监测项目角度来说，应以标准形式颁布的"监测技术规范"

为准。

由于"监测技术路线"是研究课题，并未像"监测技术规范"那样经过了全国征求意见形成"征求意见稿""送审稿""报批稿"等多种程序，难免会有不妥之处，如其中把 GB/T 16488—1996《水质 石油类和动植物油测定 红外光度法》的测试范围和检出限分别定为 0.02～1000mg/L 和大于 0.2mg/L，就不够合理。

54. HJ/T 91—2002《地表水和污水监测技术规范》中 TN 样品的保存时间为 7d，TP 样品的保存时间为 24h，与以前的样品保存相反，以何种方法为主？

答：以前规范和《水和废水监测分析方法（第二版）》中的水样保存，由于当时出版较早，国家监测科研基础比较薄，主要是引用了美国的相关标准，这是可以理解的。

为制定 HJ/T 91—2002，于 1994—1995 年期间，专门组织了地表水和废水的水样保存研究。由于国内水土流失及污水治理力度与美国有明显的不同，导致我国的地表水和污水与发达国家尚有差距。如果仍使用过去的水样保存方法与时间，不能保证 TN、TP 浓度不会发生变化，因此在研究的基础上做了修改。

55. HJ/T 91—2002《地表水和污水监测技术规范》中 As 的样品保存，规定 1L 水样加浓 HNO_3 10mL，但《水和废水监测分析方法（第四版）》中 As 的分析方法指出 0.01mol/L 的 HNO_3 对 As 的测定有负干扰，不适合做保存剂，以哪个规定为准？

答：为了使 As 的浓度不发生变化，HJ/T 91—2002 中规定每升水样加浓 HNO_3 10mL，这样 HNO_3 浓度小于 0.15mol/L；但同时指出用 DDCAg 法测定加 2mL HCl，而 0.01mol/L HNO_3 对 As 干扰是指的 DDCAg 法，因此并不矛盾。

（1）用 DDCAg 法测定时，为防止 HNO_3 干扰，按规范每升水样加 2mL HCl；

（2）用原子荧光法、ICP 法、石墨炉原子吸收法可在每升水样中加 10mL HNO_3。

56. 下列问题主要是关于 HJ/T 91—2002《地表水和污水监测技术规范》中最低检出浓度和小数点后有效位数：

（1）HJ/T 91—2002 中 pH 最低检出浓度为 0.1，为什么小数点后最多可报 2 位？

（2）COD 最低检出浓度为 2mg/L，为什么小数点后最多可报 1 位？

（3）挥发酚最低检出浓度为 0.02mg/L，小数点后最多可报 4 位？

（4）油类最低检出浓度为 0.1mg/L，小数点后最多可报 2 位？

（5）在实际工作中红外测油仪的最低检出浓度是 0.02mg/L，HJ/T 91—2002 中却是 0.1mg/L。

（6）阴离子洗涤剂亚甲蓝分光光度法最低检出浓度是 0.05mg/L，HJ/T 91—2002 是 0.50mg/L。

答：这一问题前面曾多次提出，已经多次回答。HJ/T 91—2002 附表 1 中，有效数字最多位数与小数点后最多位数仅作参考。

无论如何，小数点后最多位数不能多于使用方法的最低检出浓度或检出限。

（1）我国质量标准和排放标准的 pH=6～9，并非 6.0～9.0。只有饮用水标准、地下水标准是 6.5～8.5，在地表水和污水监测中只保留小数点后 1 位，在后者监测中如果不存在 4 舍 6 入的问题，保留小数点后 1 位即可。

(2) COD 只报整数位。

(3) 挥发酚只报小数点后三位。

(4) 油类用红外法测定只报小数点后 1 位,重量法只报整数位。

最低检出浓度能达到 0.02mg/L 是太好了,但 99% 的监测站是达不到的。

(5) 亚甲蓝分光光度法测定阴离子表面活性剂最低检出浓度确是 0.05mg/L,规范中的 0.50mg/L 是印刷错误。

57. HJ/T 91—2002《地表水和污水监测技术规范》第 5.2.2.5 条 C 项中规定,"用于测定悬浮物、BOD_5、硫化物、油类、余氯的水样,必须单独定容采样,全部用于测定",而日常使用 500mL 的容器采样,这样就要求 500mL 全部过滤。但《水和废水监测分析方法(第四版)》第 108 页"悬浮物的测定"中规定"量取充分混合均匀的试样 100mL 抽吸过滤",也就是说不必整瓶全部用于过滤。应该按照哪种要求做?

答:测定悬浮物、BOD_5、硫化物、油类、余氯的水样,由于保存方法各不相同,必须单独采样。由于余氯易挥发,BOD_5 采样瓶本身经过灭菌,不宜分装。而油类分取时,水样瓶内壁沾油,硫化物和悬浮物相同,一旦以 ZnS 形固定,很难再分取均匀,因此规定了"单独定容采样,全部用于测定"。其实应把"全部用于测定"理解为油类即可。

当然,如果确保分取到均匀的试样亦可分取后测定。

58. 技术规范中的监测项目与国家环保总局下发的"监测技术路线"中规定的监测项目不同,请问应该参照哪一个?

答:应按照 GB 8978—1996《污水综合排放标准》中的表 1 "第一类污染物最高允许排放浓度"和表 2 "第二类污染物最高允许排放浓度",并参照表 2 中的"适用范围"栏目的相关企业一级至三级标准。同时根据"综合排放标准与国家行业排放标准不交叉执行的原则",有行业排放标准的如造纸、纺织染整工业等,则执行行业标准。

至于哪些项目必测,应按照不同行业标准执行。

59. GB 8978—1996《污水综合排放标准》是按照污水的受纳水体的水域功能确定排放级别的,而水域功能是按照 GB 3838—2002《地表水环境质量标准》的 Ⅰ~Ⅴ 类界定。新疆很多企业的污水排到沙漠或戈壁滩,没有进入任何水体。请问这种情况,排放标准应执行几级标准?如何评价工业和生活污水排入沙漠、戈壁后对环境造成的影响?

答:污水排入对沙漠、戈壁的环境影响评价是十分复杂的工作,目前我国开展尚不多,应从排入污水中污染物的种类,污染物在沙漠环境中的自净能力或迁移、转化,对沙漠、戈壁地表生态环境的影响,以及对地下水环境的影响多方面进行调整后做出评价。

60. 我们现在使用的《噪声监测技术规范》是 1986 年的,最近有无新的技术规范出台。

答:已发布的有关噪声监测技术规范有 HJ 640—2012《环境噪声监测技术规范 城市声环境常规监测》,HJ 706—2014《环境噪声监测技术规范 噪声测量值修正》,HJ 707—2014《环境噪声监测技术规范 结构传播固定设备室内噪声》。

61. GB 3838—2002《地表水环境质量标准》中规定,"本标准规定的项目标准值,要求水样采集后自然沉降 30min,取上层非沉降部分按规定方法进行分析";HJ/T 91—2002《地表水和污水监测技术规范》中采样部分规定水样中含沉降性固体要静置 30min。这两个规定是要求在采样和样品分析前进行两次静置吗?

答: 不需要在采样和样品分析前进行两次静置。

GB 3838—2002 是 2002 年 4 月发布,在修订过程中,水质监测一节"要求水样采集后自然沉降 30min,取上层非沉降部分按规定方法进行分析"是引用的 HJ/T 91—2002 的送审稿。2002 年 12 月发布的 HJ/T 91—2002 与此完全一致。即如果水样中含沉降性固体(如泥沙等),则应分离除去。分离方法为:将所采水样摇匀后倒入筒形玻璃容器(如 1~2L 量筒),静置 30min,将不含沉降性的固体但含有悬浮性固体的水样移入盛样容器并加入保存剂。测定水温、pH 值、DO、电导率、总悬浮物和油类的水样除外。

测定湖库水的 COD、高锰酸盐指数、叶绿素 a、总氮、总磷时,水样静置 30min 后,用吸管一次或几次移取水样,吸管进水尖嘴应插至水样表层 50min 以下位置,再加保存剂保存。

可见,两个标准都要求在采样现场沉降,现场加固定剂。

另外,测定油类、BOD_5、DO、硫化物、余氯、粪大肠菌群、悬浮物、放射性等项目要单独采样。

62. 采样后如果项目在短时间内就可以做到实验室分析,是否还需要加保存剂?

答: 如果确保分析成分不会损失,在短时间内即进行分析时,可不加保存剂。

63.《水和废水监测分析方法(第四版)》采样注意事项规定:测定湖库水样中几个特定项目,采样要求静止 30min 后,用吸管一次或几次移取水样,吸管进水尖嘴应插至水样表层 50mm 以下位置,在加保存剂保存。

答:《水和废水监测分析方法(第四版)》和 HJ/T 91—2002《地表水和污水监测技术规范》是一致的。这样规定是由于我国湖、库水质都有富营养化的趋势。以太湖水为例,即使是轻度或中度富营养化的水质表层,都会有悬浮态的细小纤维状藻类,如果从表层吸取水样,严重时吸管进水的尖嘴会被堵塞,有时藻类沾附在进水口形成滤器使分析的水样没有代表性。经多次研究表明将吸管进水尖嘴插至水样表层 50mm 以下,悬浮的藻类较少,在此处取样不会发生堵塞或沾附现象。

64. 像题 63 那样采集的水样,分析时还需静止 30min 吗?

答: 分析时,摇匀后即可分取测定水样,不必再静置。

65. GB 8978—1996《污水综合排放标准》中医院废水余氯标准值为何只有最低值而无最高限值?

答: 在 GB 8978—1996 中采用氯化消毒的医院污水总余氯一级、二级、三级标准分别为小于 0.5mg/L、大于 3mg/L(接触时间不小于 1h)、大于 2mg/L(接触时间不小于 1h)。

总余氯又称为总氯,即游离氯和氯胺、有机氯胺类等化合氯的总称。水中氯的来源主要是饮用水或污水中加氯以杀灭或抑制微生物。医院污水中的总余氯主要是因灭杀病毒、病菌等加入的次氯酸盐或容易分解为原子氯的氯化合物，氯以单质或次氯酸盐形式加入水中后，经水解生成游离氯，包括含水分子氯、次氯酸和次氯酸盐离子等形式，其相对比例决定于水的 pH 值和温度，在一般水体的 pH 值下，主要是次氯酸和次氯酸盐离子。

由于医院污水加氯灭菌消毒的同时还会产生不利的影响，余氯可使含酚的水产生氯酚，还可生成有机氯化合物，对人体十分有害，并可因存在化合氯而对某些水生生物产生有害作用。

一般医院污水的余氯浓度与污水在处理厂停留时间密切相关，其在水中很不稳定，尤其水中共存有机物或其他还原性物质时，更易分解。除规定一类标准小于 0.5mg/L 外，还规定了大于 3mg/L 和大于 2mg/L 的高标准限值（可能该标准有误，二类、三类标准值应为小于 2mg/L 和小于 3mg/L 才对），其中的接触时间是指余氯与污水的接触时间。

66. 水样的保存期问题，在 HJ/T 91—2002《地表水和污水监测技术规范》《水和废水监测分析方法（第四版）》等中有同项目保存期不一样的按哪个要求执行？

答：应首先执行 HJ/T 91—2002。我国的标准正在逐步深化，新标准颁布会替代旧标准。

67. 如果选用的分析方法不是 HJ/T 91—2002《地表水和污水监测技术规范》附表 1 中规定的，也不是《水和废水监测分析方法（第四版）》中的 A 类、B 类、C 类，这样数据有效吗？如 Pb 的测定可用原子荧光法测出，而在规范和方法中无此方法。

答：按实验室认可 CNAL/ACOI 评审核查要求 "5.4.2 方法的选择" 一节中规定，选择分析方法可优先使用以国家标准或国际标准、区域标准发布的方法，实验室除了选择上述三类方法外，还可选择知名的技术组织或有关科学书籍和期刊公布的方法，或由设备制造商指定的方法等。

因此除 HJ/T 91—2002、《水和废水监测分析方法（第四版）》及其他标准规定的方法外，只要经过本实验室的等效性检验便可在分析测试中使用。因此，Pb 可以使用原子荧光法测定。

68. HJ/T 91—2002《地表水和污水监测技术规范》中，水样的保存可操作性不够强，如测 Fe 时，若加酸保存较不加酸保存，其测定结果高得多。可否称作总铁、总锰？

答：现在 GB 3838—2002《地表水环境质量标准》已把重金属前的"总"字取消。按 HJ/T 91—2002 规定，采样、制样后测定出的 Fe、Mn 都可认为是总铁和总锰。但《国家地表水环境质量监测网监测任务指导书（试行）》规定的是溶解态含量（具体参见十二、6）。

由于铁在近中性的水中很容易水解，因此不加酸时 Fe 会发生水解，以致在水样瓶内壁吸附，因此测定结果偏低。

还应注意，测 Fe 时必须带现场试剂空白，从测定结果中扣除空白值，即使是优级纯的 HNO_3 和 HCl，其分别含 Fe 也可能会达到 0.3mg/L 和 3mg/L。此外，蒸馏水中往往也含 Fe 达 0.05mg/L，可见扣除空白十分重要。

69. HJ/T 91—2002《地表水和污水监测技术规范》中明确规定，"监测方案的制订是排污单位的职责，由排污单位在环境保护行政主管部门所属的环境监测站指导下制订"，是否会导致削弱监测站的权利，使监测站听从于排污单位的指挥？请问此规范的制订背景和目的？

答：HJ/T 91—2002 是以规范我国地表水和污水的监测为制定目的。在制定前首先请各方面的专家进行了技术论证，编写出"征求意见稿"后，发至各省（自治区、直辖市）的环境监测中心和省会城市、计划单列市的环境监测站征询意见，将各方面的意见汇总修改后形成"送审稿"，在审查时除国家环境监测站、中国环境科学研究院的专家外，还邀请了部分行业专家参加审查会议。在此基础上编写出"报批稿"，由原国家环保总局的局务会审查批准后发布。

HJ/T 91—2002 的技术基础，一是组织的全国重点污染源调查，二是"九五"攻关项目"污染源在线监测的关键技术研究"。"九五"期间在北京燕山石化、抚顺石油等企业做了大量的示范工程。发现大型企业污水管网比较复杂，污染物排放无规律性，浓度和总量在24h内变化幅度较大。如果没有排污单位参与监测方案的制定，很难把握污染源的实际排污情况。且污染物排放情况与生产工艺、生产周期密切相关。在征询多方面意见的基础上制定出本规定。

环境监测站应提倡服务意识，上为环保行政主管部门服务，监督执法。下为群众服务，如实反映环境质量现状，还要为企业服务，如实反映和监测排污情况。

在 HJ/T 91—2002 第 4 监测方案的制定中规定："监测方案的制订是排污单位的职责，由排污单位在环境保护行政主管部门所属的环境监测站的指导下制订。经地（市）以上环境保护行政主管部门审定批准。"既明确了排污单位的责任，又强调了监测站的指导及各级环保局的审定批准。

70. GB 3838—2002《地表水环境质量标准》中，测金属类因子的样品保存中，均使用强酸调节 pH 值的方法，因而包含可溶态和不可溶态的金属，即测定结果是总金属，是否可以提总铅、总锰这样的表述？

答：GB 3838—2002 中并未单独提出"可溶态"和"不可溶态"金属的概念，因此在水质的常规监测中也没必要来区别对待。（除烷基汞和六价铬外）把重金属类都理解为总的各种形态，因为加酸保存试样和测定前的水样消解会把各种形态的重金属变为同一种无机离子态。因此理解为"总"即总铅、总铬等是对的。

只有在研究重金属类的致毒原理，在水环境中的迁移转化等课题时才使用"可溶态""不可溶态"等概念。

71. GB 3838—2002《地表水环境质量标准》中关于自然沉降时间确定为30min，有待于深入研究，因为按 GB 3838—2002 要求操作，不同因子、不同实验室监测结果可比性不够好。可否在标准中不提自然沉降时间，而是按各监测因子的概念及分析方法测定？

答：提出自然沉降30min是合理的，这样全国有统一的规定后便于评价、比较全国地表水质量状况。

由于我国水土流失相当严重，不同流域、甚至不同河段的可沉降性悬浮物不尽相同。只要不是洪水期，一般河水自然沉降 30min 后可沉降性泥沙都能达到基本沉降完全。我们调查研究结果表明：在平水期的辽河上游含泥沙的水 COD 值竟比经沉降 30min 后的水高出 70% 以上，这是泥沙中的富敏酸、胡敏素等有机质被 $K_2Cr_2O_7$ 氧化的结果。此外任何泥沙都会含 Pb、Cd、Hg、As 等一类污染物，如果不经沉降而将泥沙和水消解后测定，那我国每年会有大量一类污染物经过江河排入大海。因此在 GB 3838—2002 中做出自然沉降 30min 的规定是合理的。

72. COD 测定重铬酸盐法规范中描述的检出限低浓度试剂为 10mg/L，而 P_{40} 表为 5mg/L，以何者为准？

答：在 GB/T 11914—89《水质 化学需氧量的测定 重铬的钾法》中，"本标准适用于各种类型的含 COD 值大于 30mg/L 的水样"，说明该标准方法的定量下限是 30mg/L，按定量下限是检出限的 4 倍计算，通常规定该方法的检出限为 7～8mg/L 也是合理的。

GB/T 11914—89 规定，"试验用水均为蒸馏水或同等纯度的水"。规定用蒸馏水是合理的，但在制作蒸馏水过程中，几乎都使用聚乙烯桶盛接冷凝下来并且尚热的蒸馏水，这样不可避免蒸馏水中会溶解以分子态存在的聚乙烯、酞酸酯类等，但水质的电导率仍符合纯水要求。去离子水中的有机物也是以分子态存在，一般实验用水的纯度以电导率表征，因此去离子水也符合用水要求。但测定 COD 时空白很高（曾达到 18mg/L），且波动性大，因此检出限可达 10mg/L。

然而制作蒸馏水时，只要用玻璃瓶盛接作为实验用水很容易使检出限达到 5mg/L。HJ/T 91—2002《地表水和污水监测技术规范》是在长期实验研究基础上得出的结论。

73. HJ/T 91—2002《地表水和污水监测技术规范》平行样允许差计算方法与 HJ/T 92—2002《水污染物排放总量监测技术规范》平行样相对允许差计算方法一般要求在 20% 以内精密度合格，两个标准计算方法正好是 2 倍关系，在工作中应该用哪一个计算方法。

答：HJ/T 91—2002 中是双份平行测定结果在允许差范围之内，则结果以平均值表示。

相对偏差的计算方法为

$$相对偏差(\%) = \frac{A-B}{A+B} \times 100\%$$

式中 A、B——同一水样两次平行测定的结果。

这种计算方法不能用于平行双样的计算，只能用于同一份试样两次平行测定之间的"相对偏差"。式中 A、B 已说明是同一水样两次平行测定的结果。

而 HJ/T 91—2002 指的是平行双样的测定。平行双样相对允许误差的计算方法为

$$相对允许误差 = \frac{|x_1 - x_2|}{\bar{x}}$$

式中 x_1、x_2——平行样的测定结果，mg/L；
　　　$\bar{x}$——x_1、x_2 平行样测定结果的平均值，mg/L。

平行样测定结果的相对允许差，应视水样中测定项目的含量范围及水样实际情况确定，一般要求在 20% 以内精密度合格，但痕量有机污染物项目及油类的精密度可放宽至 30%。

请注意两个计算方法是用于不同的需要，相对偏差用于同一试样的平行测定结果的计

算。相对偏差要求严格。由于污染物在环境中的时空分布不均匀性，时间、点位完全相同的平行双样难以采到，因此相对允许误差放宽了要求（约是 2 倍关系）。

74. GB 8978—1996《污水综合排放标准》中第二类污染物排放标准（1981 年 1 月 1 日后建设单位）中"建设单位"如何理解，如果有一排污企业建于 20 世纪 70 年代，而污水处理设施是 2003 年新建，如何执行标准？

答：国家的污染物排放标准中的时段是十分重要的，由于新标准颁布时旧标准已被取代，考虑到我国的实际情况，使用了时段的概念，这给标准的实施提供了方便。

以 GB 8978—1996 为例。表 2 第二类污染物最高允许排放浓度，适合于 1997 年 12 月 31 日之前的建设单位，表 4、表 5 适用于 1998 年 1 月 1 日后的建设单位。

20 世纪 70 年代的建设单位，其污水处理设施 2003 年新建，应执行新标准的规定。理由是：1998 年 1 月 1 日起（包括改、扩建）的建设单位，水污染物的排放必须同时执行表 1、表 4、表 5 的规定。2003 年建设的污水处理设施，应视为该建设单位的改建项目。

75.《水和废水监测分析方法（第四版）》规定 COD_{Cr} 保留三位有效数字，而 HJ/T 91—2002《地表水和污水监测技术规范》上规定 COD_{Cr} 有效数字最多位数为 3，小数点后最多为 0，若测量水样浓度为 19.4mg/L，应如何上报数据？

答：《水和废水监测分析方法（第四版）》和 GB/T 11914—1989《水质　化学需氧量的测定　重铬酸钾法》是一致的，即"测定结果一般保留三位有效数字"。但这一规定对 COD 的排放总量会产生较大误差。

由于 COD 不同测定方法的检出限分别是 5mg/L 和 2mg/L，因此小数点后的浓度（如 0.8mg/L）是测不准的，只要求报整数位。当测定水样 COD 为 19.4mg/L 时应报 19mg/L。

76. HJ/T 91—2002《地表水和污水监测技术规范》39 页"水和污水监测分析方法"，是否是地表水（或地下水）和污水监测分析方法。如挥发酚，用萃取光度法最低检出限是 0.002mg/L，但要求小数点最多位数为 4 位有何意义？又如地表水中未检出酚，是报 0.002，还是报 0.0020 呢？

答：HJ/T 91—2002 中小数点后最多位数有误。挥发酚小数点后最多位数应改为 3 位。当使用萃取光度法时检出限为 0.002mg/L，未检出时报告（mg/L）0.002L。

77.《水和废水监测方法（第三版）》中，阴离子洗剂亚甲蓝分光光度法检出限 0.05mg/L。而 HJ/T 91—2002《地表水和污水监测技术规范》中检出限为 0.50mg/L。两者为何不一致。

答：HJ/T 91—2002 中是错误的，应为 0.05mg/L。

78. HJ/T 91—2002《地表水和污水监测技术规范》第 10.2.6 条规定的最低检出浓度如果为 0.02mg/L，分析结果的报法应为 0.09mg/L，Fe、Mn、Zn 等检出浓度均为 0.0X mg/L，小数点后最多位数规定却为 3 位，为什么？

答：HJ/T 91—2002 第 10.2.6 条规定：分析结果有效数字所能达到的位数不能超过

方法最低检出浓度的有效位数所能达到的位数。例如，一个方法的最低检出浓度为 0.02mg/L，则分析结果报 0.088mg/L 就不合理，应报 0.09mg/L。

HJ/T 91—2002 附表 1 的"小数点后最多位数"大部分不够合理，应按第 10.2.6 条执行，即报告数据的小数点后最多位数应与使用方法的检出限相同。因此，Fe、Mn、Zn 检出限为 0.0X mg/L，报告监测数据的小数点后最多位数应为 2 位。

79. 1μg/L 时小数点后最多位数为 1，若用 mg/L 表示，小数点后最多可几位？

答：小数点后最多位数与表示的浓度单位有关。标准方法中也都明确了表示单位，如 GB/T 7475—1987《水质 铜、锌、铅、镉的测定 原子吸收分光光谱法》中火焰原子吸收法测 Zn 的检出限为 0.02mg/L，而 GB/T 11902—89《水质 硒的测定 2,3-二氨基萘荧光法》荧光光度法测 Se 的检出限为 0.25μg/L，GB/T 14204—1993《水质 烷基汞的测定 气相色谱法》测烷基汞的检出限为 20ng/L。报告监测数据时，使用的浓度单位应和使用的分析方法相同，这样就不会出现小数点后位数的差错。

80. Zn 的最低检出浓度 0.02mg/L 依据是什么？别的重金属原子吸收法的最低检出浓度均与《水和废水监测分析方法（第四版）》一致，Zn 为何不同？

答：在《水和废水监测分析方法（第四版）》和 Cu、Zn、Pb、Cd 测定原子吸收分光光度法（GB/T 7475—1987《水质 铜、锌、铅、镉的测定 原子吸收分光光谱法》）中，并未明确指出 Cu、Zn、Pb、Cd 的检出限和最低检出浓度。

HJ/T 91—2002《地表水和污水监测技术规范》中是按标准和《水和废水监测分析方法（第四版）》的适用浓度范围下限确定的"最低检出浓度"。Zn 与 Cu、Cd 相比灵敏度最高，其测量波长 213.8nm 比 Cu 324.7nm 和 Cd 228.8nm 都更短，因此受到火焰的光散射、背景吸收等影响更小，如果再注意克服测定过程中的空白影响，完全可以达到 0.02mg/L 的最低测定浓度。

81. GB 3838—2002《地表水环境质量标准》中 109 项方法比较老，如填充柱，不合适用时，能不能自己建方法？

答：因编写环境质量标准和污染物排放标准的人员一般并不是监测站的一线人员，在选择监测方法时会直接采用旧有资料中的标准分析方法。目前，填充柱只有在科研院所或高等院校搞科研时使用，而各级环境监测站都使用各类毛细柱代替填充柱。因此完全可以自己建立分析方法，但为了使监测数据准确可靠，应该与标准方法比对。

十三、环保验收中的问题

1. 为什么有时脱硫设施出口的烟尘比其进口还高？

答：一般脱硫设施安装在除尘器后，即先除尘后再脱硫，脱硫过程不会产生烟尘，且有抑尘作用，因此烟尘浓度脱硫设备出口应小于进口。出现相反的情况是因为烟尘监测口离脱硫系统太近，而烟尘监测时采气量又较大，流速也大，把脱硫生成的 $CaSO_3$ 吸入滤筒。遇到这种情况，应把监测口向上移。

如果烟尘浓度太低也可能会出现出口比进口高的情况，这可能是监测误差。其差值如果在监测方法的不确定范围内，是不允许的。

2. 某电厂生活区居住 700 余人，而污水处理厂进口水的 COD 和 BOD_5 分别仅为 30mg/L 和 16mg/L，合理吗？

答：这一监测结果肯定不合理。其原因：①水样采集没有代表性；②可能用清水稀释了。

在这一情况下应做水平衡，把采样期间的排放量与设计排水量相比较，判断采样期间排水量是否突然增大。

3. 某焦化厂验收时，第一次监测 3 天，每天采样 4 次，监测的多环芳烃类 12 次全部超标，最高竟达 $1.85\mu g/L$（排放标准是 $0.03\mu g/L$）。而在复测的 12 次中全部未检出，如何分析？

答：第一次监测时，可能是该焦化厂进行了污水处理设施的整改，使多环芳烃达标排放，但是污水处理厂的污泥也有释放，完全监测不出来，这难以解释清楚。复测时，可能是放清水稀释了。由于多环芳烃属于难降解的有机污染物，有强致癌性，在两次监测时应测量排水量，否则出现问题难以判断。

4. 某厂以玉米为原料生产醋酸，由于该厂在敏感区，环评中使用了 GB 8978—1996《污水综合排放标准》中的 COD 一级 60mg/L 标准，而 BOD_5 为 20mg/L。验收时发现 COD 在 50mg/L 左右，而 BOD_5 超标，在 30mg/L 左右，这一结果合理吗？

答：监测结果是合理的。GB 8978—1996《污水综合排放标准》中有酒精行业的标准（已由 GB 27631—2011《发酵酒精和白酒工业水污染物评分标准》替代），其一级排放标准 COD 为 100mg/L，BOD_5 为 30mg/L，这一标准限值规定并不合理。因为酒精和醋酸生产都属酿造行业，生产过程是粮食经发酵后得到产品。其排放污水中对 COD 有贡献的污染物可生化很强。通过调查，发现在酒精、食醋、啤酒等酿造企业排水中 BOD_5 和 COD 的比例关系不是 1/3，而 BOD_5 占 COD 约 80% 以上。因为有的资料中写了"BOD_5 约为 COD 的 1/3"，因此有的环评单位只测 COD 计算出 BOD_5，这是不合理的，在水标准制定中也受到其影响。COD 和 BOD_5 在不同的地表水和排水中没有一定的比例关系，如碳素厂、粉末冶金厂、焦化厂等，其排水中能被 COD 测定的污染物可生化性较差，因此 BOD_5 有的只占 COD 值的百分之几左右，碳素厂排水的 BOD_5 值不足 COD 的 5%。

5. 在电子行业的环保验收时发现，排气筒监测：VOC 19.6mg/m³、NMC 13mg/m³、IPA（异丙醇）100mg/m³；无组织排放：VOC 0.11mg/m³、NMC 1.1mg/m³、IPA 0.3mg/m³。数据合理吗？在用 100mL 注射器采样与气袋采样测 NMC 偏差达 80%，为什么？

答：这一问题也是我们在几个电子行业验收中遇到的实际问题，而这些电子行业项目都是外国独资或合资项目，外方也曾提出过异议。

出现这种不合理数据的原因较多，其中有 VOC 和 NMC 的概念问题，也有采样和分析方法问题。根据 WHO（世界卫生组织）规定，VOC 和 SVOC 是指沸点为 100～260℃ 和 260～400℃ 的有机物。根据这些进行了调研，并以"建设项目环保验收监测中的 VOC 问题分析"，在《中国环境监测》2007 年第 23 卷第 3 期发表如下论文，仅供参考。

建设项目环保验收监测中的 VOC 问题分析

1. 前言

在石油、石油化工类和电子行业建设项目环保验收监测时经常遇到 T-VOC、非甲烷总烃等实际问题，我国目前尚未颁布 VOC 的环境质量标准和污染排放标准。而环评单位却经常使用 VOC 评价，究其内涵难以得出准确的答复，而我们测定的结果又往往不符合环评预测的实际情况。

例如，某电子行业的排气筒监测结果为：T-VOC 26.2mg/m³、非甲烷总烃 9.6mg/m³（此项目并无甲烷排放）、异丙醇 59mg/m³，异丙醇应是 T-VOC 的成分之一（见表1），显然这样的监测结果不够合理。另一验收项目有机排气筒监测结果为：非甲烷总烃 3.94mg/m³、异丙醇 3.87mg/m³、丙酮 0.29mg/m³、二丁醚 1.94mg/m³、苯 0.11mg/m³、甲苯 0.28mg/m³、二甲苯 0.12mg/m³ 也难以解释清楚。

而某甲级证环评单位把某些废气处理排放情况 VOC 和非甲烷总烃排放浓度分别预测为 3.67mg/m³ 和 2.26mg/m³。而该项目并无甲烷排放，那么 VOC 与非甲烷总烃的差别如何理解？只能认为该项目还有不属于 VOC 的多环芳烃和二噁英类排放，然而从工艺分析，本项目并无此类难挥发性的碳氢化合物排放。这样就给环保验收监测带来了困难。

本文就 VOC 类化合物、污染源、采样方法和监测分析技术进行介绍。

表 1　　　　　挥发性有机物（VOC）中的主要化合物

序　号	化　合　物	序　号	化　合　物
1	甲苯	5	癸烷
2	二甲苯	6	甲醇
3	1,3,5-三甲苯	7	二氯甲烷
4	醋酸乙酯	8	甲基乙基酮

续表

序　号	化　合　物	序　号	化　合　物
9	正丁烷	44	N,N-二甲基酰胺
10	异丁烷	45	反式-2-戊烯
11	三氯乙烯	46	顺式-2-戊烯
12	异丙醇	47	苯乙烯
13	醋酸丁酯	48	N-甲基-2-吡咯烷酮
14	丙酮	49	乙基乙酸溶纤剂
15	甲基异丁基酮	50	苯
16	甲基溶纤剂	51	异佛尔酮
17	正己烷	52	环己酮
18	正丁醇	53	乙醇
19	正戊烷	54	甲基环庚烷
20	顺式-2-丁烯	55	醋酸乙烯酯
21	异丁醇	56	3-甲基己烷
22	丙二醇甲基醚	57	2,3-二甲基丁烷
23	四氯乙烯	58	2,2-二甲基丁烷
24	环己烷	59	甲基环己烷
25	醋酸丙酯	60	异丙基溶纤剂
26	反式-2-丁烯	61	1,2-二氯乙烷
27	乙基溶纤剂	62	氯乙烯
28	十一烷	63	四氟乙烯
29	壬烷	64	乙苯
30	丙二醇甲基醚乙酸	65	枯烯
31	2-甲基戊烷	66	氯乙烷
32	乙二醇	67	三氯乙烷
33	2-甲基-2-丁烯	68	丙烯腈
34	乙基环己烷	69	四氢呋喃
35	萘满	70	乙二醇甲基醚
36	甲基戊基甲酮	71	溴丙烷
37	甲基-n-丁酮	72	甲基丙烯酸甲酯
38	氯甲烷	73	1,3-丁二烯
39	苯甲醇	74	1,1-二氯乙烯
40	环戊酮	75	2,4-二甲基戊烷
41	2-甲基-1-丁烯	76	环氧丙烷
42	正庚烷	77	氯仿
43	二环己烷	78	溴甲烷

续表

序　号	化合物	序　号	化合物
79	二戊烯	90	邻二氯苯
80	1-庚烯	91	氯苯
81	1,4-二氧六环	92	甲酸甲酯
82	乙腈	93	三乙胺
83	氯丙烯	94	3-甲基-庚烷
84	丙烯酸	95	苯酚
85	异戊二烯	96	萘
86	乙醛	97	丙烯酸甲酯
87	1,2-二氯丙烷	98	环己胺
88	甲基乙酸溶纤剂	99	甲醛
89	环氧乙烷	100	3-氯-1,2-环氧丙烷

2. 我国的相关标准

我国已有环境空气中总烃测定的标准方法（GB/T 15263—94《环境空气　总烃的测定　气相色谱法》），该方法适用于环境空气中总烃的测定。规定用注射器采样，以 GC-FID 测定，其测定下限为 $0.14\mathrm{mg/m^3}$。

在 GB 16297—1996《大气污染物综合排放标准》中，也规定了非甲烷总烃的限值标准。其监测分析方法也是用 GC-FID 法测定总烃后减去甲烷。当进样量 1mL 时方法检出限是 0.2ng。

GB/T 15263—94 中 FID 所检测的碳氢化合物为 $C_1 \sim C_8$，而二乙基苯等分子中含 C 大于 8 的不能检测出来。

众所周知，大气有机污染物监测的采样十分重要，尤其污染源监测中，采样对监测结果的影响更大。而在我国标准中并未说明相关采样的规定。

GB 16297—1996"表1"中非甲烷总烃的有组织和无组织排放的限值标准，也存在欠妥当之处（见表2）。在检测时测定总烃，即总碳氢化合物后减去甲烷。那么芳烃类也属于碳氢化合物，表1中各类污染物也是 VOC 类。

表2　　　　　　　　　现有污染源大气污染物排放限值　　　　　　　单位：$\mathrm{mg/m^3}$

项　目	最高允许排放浓度	无组织排放浓度
非甲烷总烃	150	5.0
苯	17	0.5
甲苯	60	3.0
二甲苯	90	1.5
酚类	115	0.10
甲醇	220	15
硝基苯	20	0.050
氯苯类	85	0.50

3. VOC 的排放源

VOC 是环境中以气态存在的有机化合物，但不包括生成大气颗粒物和光化学氧化剂的化合物。目前在工业生产中使用的 VOC 类化合物约 200 种，而用量较大的约 100 种（见表 1）。

VOC 类的主要排放设施如下：

(1) 以 VOC 类作溶剂的化学产品生产及其干燥设施。

1) 有机化工产品、化学纤维、涂料等生产，以 VOC 类为溶剂、原料、中间体或产品、副产品属 VOC 类的生产设施。

2) VOC 类蒸发、干燥设施或经焚烧、吸附后的治理设施。

(2) 涂装设施：

1) 产品表面用漆或涂料保护、装修或特殊漆膜的生产工艺。这类 VOC 排放源较多，如：防锈涂料、防污涂料、发光涂料、绝缘涂料、导电涂料、半导体用涂料、磁性涂料及耐火、防火、降噪声涂料等。粉体涂料、紫外线硬化型涂料、电子线路硬化型涂料等，此外部分水溶性涂料也含 VOC 类污染物。

2) 以喷射方式使涂料雾化的喷涂工艺，或以浸渍方式涂层的工艺中对排放的 VOC 加热分解、吸附设施的排放口。

汽车行业涂装适用水溶性涂料时，日本的排放标准定为 700×10^{-6}。

(3) 涂装工序的干燥设施：

涂料使用的溶剂中 VOC 蒸发后的干燥设施与涂装工序 VOC 排放形态不同，制定标准时也应有所区别。

1) 干燥工序中一般都有加热分解 VOC 的实施。

2) 在喷涂、浸渍过程中 VOC 类大量挥发，而干燥或焚烧之后排放口的 VOC 一般浓度较低。

3) 电涂装是将水溶性涂料涂在导电性物体表面，这种工艺一般 VOC 排放浓度较低。

4) 日本对涂装工序干燥设施的 VOC 排放标准定为 600×10^{-6}。而木材制品中天然 VOC 含量较高，排放限值定为 1000×10^{-6}。

(4) 电子行业。

电路板、集成电路、芯片、显示屏生产等电子行业是 VOC 排放量较大的产业之一。必须将排放的 VOC 经干燥、焚烧、吸附后才能排放。

(5) 粘贴纸等。

在不干胶等纸、布单面或双面涂胶过程中，也有大量 VOC 类排放。

(6) 合成树脂包装材料。

以合成树脂、金属箔、纸、布等为原料制作包装材料都使用粘合剂和粘合助剂。此外，塑料膜、聚乙烯树脂膜、易拉罐等包装材料的表面广告印制，图案的喷涂印制等都使用 VOC 也必须经干燥将 VOC 分解后排放。

(7) 印刷。

彩色印刷，前述的包装材料印刷纸器、建材表面印刷等也有 VOC 排放。

(8) 工业用 VOC 清洗设施。

指用 VOC 类作为清洗剂对机械、器皿、金属材料等脱脂清洗设施。由分为浸渍洗涤、喷洗、蒸发清洗等过程。由于工艺较多，只对其干燥排放设施进行监控。

这里不包括用表面活性剂的清洗工艺。

(9) 有机化学品储罐机汽油、原油、柴油等挥发性油类等储罐。

这里的储罐还包括在 37.8℃ 蒸汽压超过 20kPa 的 VOC 储罐。

密闭性储罐在常温、常压下储存挥发性强的有机物，当罐内压力增大时设置安全阀自动开启。

浮顶式储罐是随着浮筒内溶液的进出使浮顶上下移动，液面上部并未设置 VOC 蒸发的空间，因此是抑制 VOC 排放的储存方式。

4. VOC 的采样

采样方式与分析方法相关，虽然可使用连续自动分析设备（如 GC-FID），但在需要监测 VOC 的污染源都不能携带 H_2 气瓶进入。而分析中也须使用催化氧化的加热条件，也存在不安全性问题。

因此一般使用容器间歇式采样方法。采样容器可使用气袋、苏玛罐或真空瓶，由于苏玛罐清洗困难，目前采样以气袋为主。样品采集系统见图 1。

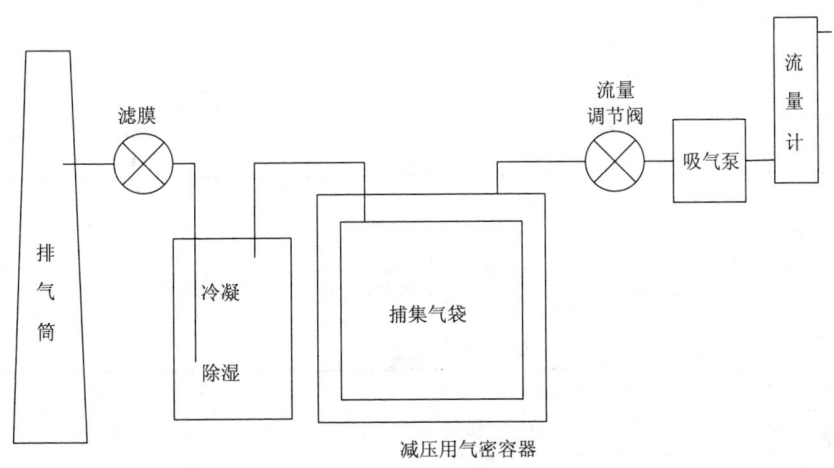

图 1 样品采集系统

通过采样时间和 VOC 浓度变化情况的研究表明，采样约 20min 能得到排放源 VOC 的平均浓度，因此规定采样 20min。

采样袋对 VOC 的吸附损失较为严重，因此选择袋的材质十分重要。氟树脂袋、聚酯树脂袋为首选，即使如此，VOC 气样存放 8h 浓度约下降 10%，因此必须采样后尽快分析。采气袋的容量应在 20L 以上。

此外，污染源 VOC 监测要求以扣除水分后的干气浓度计算。在 VOC 测定时可不必考虑水分的影响因为在采样系统中（见图 1）已有去除水分的设计。

为了除去烟尘、颗粒物等在采样系统中加入滤膜，要求滤膜的压力损失小，且不能吸附 VOC 类有机物。导气管尽可能缩短，内径以 4~25mm 为宜，选用不吸附有机物且不与 VOC 类发生反应的材质。

流量调节阀能将采样流量调节在 0.5~5L/min，其材质不能吸附 VOC 类，也不能与 VOC 类有机物发生反应。流量计的使用范围也是 0.5~5L/min。

在有防爆规定的区域采样时，用手动泵采样或者用防爆泵采样。

5. VOC 分析测定

在 VOC 类测定时，并不是对每种 VOC 化合物进行分别检测后计算出其总浓度，而是用规定的方法测定出 VOC 类的总量，换算成 CH_4 的量（浓度）。测定方法使用非分散红外法（NDIR）或气相色谱法（GC-FID）。要求测定范围为 $10\sim5000\times10^{-6}$（指换算为 CH_4 的浓度）。

5.1 分析仪的性能要求

表 3　　　　　　　　　　　　NDIR 分析仪的性能要求

项　目	性　能　要　求
零点漂移	24h 在最大值的 ±2% 以内①
量程漂移	24h 最大量程的 ±2% 以内②
重复性误差	最大量程的 ±2% 以内②
指示误差	最大量程的 ±2% 以内②
90% 响应	120s 以内②
无机碳影响	最大量程的 ±6% 以内③
灵敏度	对甲苯、乙酸乙酯、2-丙醇、二氯甲烷、氯苯、丁酮的响应达 90% 以上④

注　① 含有机物 CO 及 CO_2 1×10^{-6} 以下的高纯空气或氮气。
　　② 用丙烷标准气体经高纯空气或氮气稀释后使用。
　　③ 用约 1000×10^{-6} 的丙烷标气，约 1500×10^{-6} 的 CO_2 分别试验。
　　④ 分析各种标准物质的测定值（$\times10^{-6}$）除以标准物质的实际浓度后，除以 100。

表 4　　　　　　　　　　　　FID 分析仪的性能要求

项　目	性　能　要　求
零点漂移	24h 在最大值的 ±1% 以内
量程漂移	24h 最大量程的 ±1% 以内
重复性误差	最大量程的 ±1% 以内
指示误差	最大量程的 ±1% 以内
90% 响应	60s 以内
氧的干扰	尽可能减少
灵敏度（响应）	甲苯 90~105%，乙酸乙酯 70% 以上，三氯乙烯 95~110%

5.2 测定仪器的组成

(1) NDIR 分析仪。

NDIR 分析仪的组成如图 2 所示。

将采集的污染源气体导入试样前处理部分，接入气体采气袋。在燃烧炉中装有铂等催

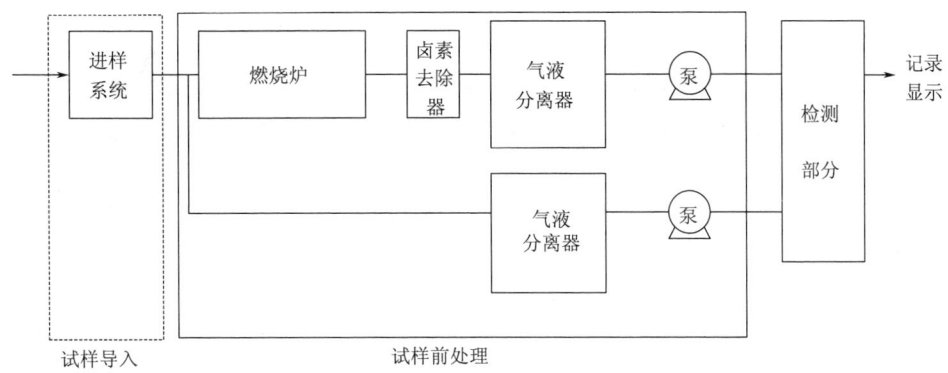

图 2 NDIR 分析仪组成

化剂的燃烧管,当试样通过时 VOC 类被燃烧产生 CO_2。在除去卤素的装置中将燃烧产生的 HCl、HF 等含卤素的气体除去,只有 CO_2 通过。气液分离器由电子制冷,冷凝管及排水管组成,除去气体样品中的水分。燃烧 VOC 类产生的 CO_2 由 NDIR 进行测量。

(2) GC-FID 法。

试样中的 VOC 类在 H_2 气体中燃烧,用 FID 检测。该方法受试样中 O_2 的正干扰,如果气样中 O_2 含量高,不仅影响测定的准确度,其灵敏度也会降低。

前述两种方法适合于 $10\sim5000\times10^{-6}$(换算成 CH_4 浓度)VOC 类污染源的测定。一般环境空气中 CH_4 仅 2×10^{-6},其他 VOC 类也较低,不能用该方法测定。

5.3 结果计算

按下式将试样中 VOC 类换算成 CH_4 的浓度:

$$C=(V-V_c)/V_s\times10^3\times D\times F$$

式中 C——试样中 CH_4 的浓度,ppm;

V——从工作曲线得出采集的气袋中 CH_4 的量,μL;

V_c——从工作曲线得出空白试验中采气袋中 CH_4 的量,μL;

V_s——测量时气体试样的进样量,mL;

D——稀释倍率;

F——C 的换算系数(CH_4 为 1)。

5.4 VOC 类的简易测定方法

由于 NDIR 法和 GC-FID 法都比较复杂,在排污单位日常自控检测或考查 VOC 类污染治理设施的效果、效率时,往往使用简易监测方法。

此外,我国燃烧、爆炸性生产事故频频发生,在这类突发性环境污染事故现场监测时,也可使用这类简易监测方法。

(1) 探测器法。

对 VOC 类敏感的探头较多,其原理可分为:半导体探测器、脂质类膜探测器。

几种探测器除对 VOC 类敏感以外,也能检测出 VOC 类以外的气体成分,因此这种测定方法不是真正意义上的 VOC 测定,当测定成分有较大变化时,还须使用 NDIR 法或 GC-FID 法校正。

在使用探测器测定前，必须考虑水分影响、校正方法、检测数据的意义等。

（2）检测管法。

检测管并不是 T-VOC 测定仪，只能测定 VOC 的特定成分。现在有专门测定甲苯、二甲苯等多种气体成分的检测管，用该方法只能检测 VOC 类中的主要成分。

检测管法检测时与探测器法相同，只能用于排气成分变化不大的场合，当成分组成变化较大时也须使用 NDIR 法或 GC-FID 法校正检测结果。

（3）PID 检测器。

GC-PID 虽非简易检测，但从使用的便捷性和其经济性而言，在污染源监测中占有重要地位。由于 PID 对 VOC 了灵敏度较多，对醇类、醛酮类灵敏度较低，当监测以芳烃为主的污染源时，可使用 PID 检测器。

6. 在环保验收时为什么要手工监测的 NO_x、SO_2、烟尘浓度与 CEMC 监测数据比对？误差多少为合适？

答：目前，我国要求一定规模的电厂必须安装烟尘烟气自动在线监测装置（CEMC），以达到 NO_x、SO_2 和烟尘监控的目的。大多数 CEMC 系统已和当地环保局数据传输联网，实现了实时监测，CEMC 系统是减排和执法的主要依据之一。

然而，目前有的 CEMC 系统安装不够合理，使用和管理尚存一些技术问题。例如烟气除湿、校标等。因此在环保验收时要求用手工监测和 CEMC 系统数据进行比对。并以手工监测的数据作为判断是否达标的依据。

由于电厂排气筒中的 NO_x、SO_2、烟尘不可能均匀分布，且 CEMC 系统的取样点和手工监测的采样点并不是同一点位，因此出现误差是可以理解的。此外，CEMC 系统和手工监测使用的分析方法也有所不同，要求数据相同是不合适的。表1～表3是几组燃煤电厂验收时比对的部分数据。

表 1　　　　NO_x、SO_2、烟尘在线监测与手工监测的比对结果 1

项　目	SO_2 /(mg/m³)		NO_x /(mg/m³)		烟尘 /(mg/m³)		烟 气 流 量	
	在线	手工	在线	手工	在线	手工	在线	手工
1	90	35	321	482	119	56	766751	2179635
2	90	37	317	487	128	88	792019	2188736
3	92	41	320	496	127	64	783955	2161192
4	92	40	313	486	120	74	799802	2181793
5	90	42	317	484	127	68	797876	2168024
6	92	39	310	487	132	107	788788	2199591
平均值	91	39	316	487	126	76	788199	2179829
误差	52		－171		—		—	
相对误差	—		—		66%		64%	
CEMC 系统技术要求	57		41		25%		10%	

表 2　　　　　　NO$_x$、SO$_2$、烟尘在线监测与手工监测的比对结果 2

项 目	SO$_2$ /(mg/m^3)		NO$_x$ /(mg/m^3)		烟尘 /(mg/m^3)	
	在线	手工	在线	手工	在线	手工
1	21	14	298	450	31.4	38.0
2	20	14	306	451	30.9	39.3
3	21	17	304	449	29.9	38.5
4	21	23	298	447	31.3	40.7
5	21	23	305	453	30.5	39.7
6	22	26	305	451	31.2	37.8
7	19	20	301	455	30.4	38.7
8	19	17	304	448	30.1	39.9
9	16	17	305	451	30.0	40.6
误差	1～7		144～152		6.6～10.6	
CEMC 系统技术要求	57		41		15	

表 3　　　　　　NO$_x$、SO$_2$、烟尘在线监测与手工监测的比对结果 3

项 目	SO$_2$ /(mg/m^3)		NO$_x$ /(mg/m^3)		烟尘 /(mg/m^3)	
	在线	手工	在线	手工	在线	手工
1	19	37	404	497	50.8	46.9
2	21	29	414	492	49.4	46.5
3	20	29	424	495	50.6	48.0
4	19	23	398	491	51.0	44.0
5	22	23	397	480	50.5	44.5
6	20	29	419	499	50.4	43.7
7	18	23	397	502	49.7	46.8
8	14	34	397	487	49.7	43.6
9	23	29	409	492	49.6	45.6
误差	1～20		71～105		－7.0～－1.4	
CEMC 系统技术要求	57		41		15	

从表 1～表 3 的比对结果可以看出，CEMC 系统和手工监测的数据误差较大。有的 CEMC 也显然不符合连续监测系统的技术要求。然而我们的任务是环保验收，只要 NO$_x$、SO$_2$ 和烟尘浓度及总量达到排放限值标准和环评批复的要求即可，况且这里的比对与实际仪器质检时要求的条件及规定也不完全相同。

然而有个别单位不做实际比对，甚至比对后只挑选出误差小的数据上报，且误差小的数据与 CEMC 系统不是同一时间的数据，不能说明任何问题（见表 4），且可能是上报了假的数据。

表 4　烟尘烟气排放连续监测系统参比测试结果

项　目	第 一 次		第 二 次		第 三 次		相对准确度
	在线	手工	在线	手工	在线	手工	
烟尘 /(mg/m^3)	31.2	30.3	31.7	31.3	31.7	30.1	−3.0%
SO_2 /(mg/m^3)	35.7	37.2	38.4	42.9	36.7	40.0	−4.0%
NO_x /(mg/m^3)	410.5	418.9	415.7	423.7	422.4	427.5	−2.0%
烟气流量 /(m^3/h)	1953435	1943626	1943217	1930494	1973527	1956449	−0.5%

7. 排水的 pH 值和 TOC 自动监测和手工比对数据相差较大，如何分析？

答：在环保验收时，我们曾做过某外资项目的有机聚合物生产厂区雨水排口的比对实验，结果见表 5。由于 pH 值受水温影响较大，自动监测系统有温度自动补偿功能，一般使用单点校正，而手工监测一般使用双点校正，因此有 0.1～0.2 的 pH 值误差是也是允许的。而 TOC 误差较大，其主要原因是 TOC 自动监测仪是大口径进样系统，有机悬浮物也能直接进样测定，而实验室用的 TOC 测定仪不能测量含悬浮物的水样，需过滤或超声粉碎后才能进样，这样 VOC 类会有损失。另一个原因是 TOC 自动在线监测仪首先将水样均质化后取样测定，使水样中的悬浮物也一起分析，而手工测定时做不到这一点，由于进样管很细，只导入微小颗粒的悬浮物，使测量结果偏低。因此表中误差大的数据都是手工测量的 TOC 浓度较低。

表 5　雨水口 pH 值、TOC 自动监测数据与手工监测数据的比对

项　目		pH 值		TOC	
监测时间		自动监测	手工监测	自动监测	手工监测
第一天	9：25	7.89	7.70	7.72	10.1
	11：45	7.96	7.62	8.98	10.9
	13：45	7.93	7.61	10.4	8.2
	15：50	7.87	7.61	10.1	10.9
	17：55	7.85	7.63	9.72	8.3
第二天	9：40	7.86	7.78	10.3	14.5
	11：45	7.83	7.81	11.0	3.2
	13：50	7.83	7.71	10.6	6.6
	15：55	7.85	7.73	10.5	4.3
	18：00	7.82	7.73	11.2	5.4
相对误差/%		0.3～4.5		−224～29.2	

此外，最主要的问题是还在于排水中污染物有时间空间分布，自动监测系统和手工测

量的试样不能保证完全相同。

8. 某省环保局对锌业公司"铅锌密闭鼓风炉"环评批复：对密闭鼓风炉生产系统，烧结烟气经除尘后送制酸系统；鼓风炉烟气经除尘后作为煤气回收送热风炉利用；烟化炉和干燥窑烟气经除尘后排放，为确保各排放源铅尘排放浓度低于 $10\text{mg}/(\text{N} \cdot \text{m}^3)$ 国家排放标准，要求对各排放源必须采用高效布袋除尘器，以保证其粉尘排放浓度低于 $40\text{mg}/(\text{N} \cdot \text{m}^3)$。请问对铅尘和粉尘 $40\text{mg}/(\text{N} \cdot \text{m}^3)$ 的执行如何理解？

答： 该批复主要依据可能是 GB 9078—1996《工业炉窑大气污染物排放标准》。该标准中的工业炉窑是指在工业生产用燃料燃烧或电能转换产生的热量，将物料或工件进行冶炼、焙烧、烧结、熔化、加热等工序的热工设备（不能用于炼焦炉、焚烧炉和水泥工业）。标准中有金属熔炼铅的排放标准，其一级、二级、三级标准分别为禁排、$10\text{mg}/(\text{N} \cdot \text{m}^3)$ 和 $35\text{mg}/(\text{N} \cdot \text{m}^3)$。在金属熔炼过程中的铅主要以尘态存在（这与 Hg、As 不同），在监测时应测定粉尘中的铅，即尘铅（采集粉尘后经过消解处理，测定其中的铅含量），而不是铅尘。因为从生产工艺和物料分析，粉尘中不仅有含铅的尘也有不含铅的尘，如石灰石、石英石、粉煤等尘的排放。在采样时或采样后的处理时，不能把含铅的粉尘和不含铅的粉尘分开。因此监测粉尘中的铅较为合理。

此外，在 GB 9078—1996 中有色金属熔炼炉的粉尘一级、二级、三级标准分别为禁排、$100\text{mg}/(\text{N} \cdot \text{m}^3)$ 和 $200\text{mg}/(\text{N} \cdot \text{m}^3)$。干燥炉的粉尘一级、二级、三级标准分别为禁排、$200\text{mg}/(\text{N} \cdot \text{m}^3)$ 和 $300\text{mg}/(\text{N} \cdot \text{m}^3)$。按建设项目的情况应执行二级排放标准。如果各排放源按粉尘 $40\text{mg}/(\text{N} \cdot \text{m}^3)$ 验收，必须做到：①查阅该省的相关排放标准，因为地方标准严于国家标准；②若无相应的地方标准，在验收时应与该省环保局沟通解决。

9. 在铝业验收时，某省环保局批复了"大气 F^- 排放总量指标"，如何测定 F^- 总量？

答： 这可能是起草批复文件时的笔误。因为经常有技术资料或书刊把氟化物写成 F^-，这些都是错误的。我国污水综合排放标准 GB 8978—1996《污水综合排放标准》和 GB 3838—2002《地表水环境质量标准》中，都是氟化物，并不是 F^-。GB 16297—1996《大气污染物综合排放标准》中，也规定了氟化物的限值标准，但未说明氟化物的形态。但在 GB 3095—1996《环境空气质量标准》中指明：氟化物（以 F 计），以气态及颗粒态形式存在的无机氟化物，以 F 计和 F^- 是两个不同的概念。

从监测角度来看，空气中或排气筒氟化物的测定方法有：GB/T 15433—1995《环境空气 氟化物的测定 石灰滤纸·氟离子选择电极法》和 GB/T 15434—1995《环境空气 氟化物质量浓度的测定 滤膜·氟离子选择电极法》，其原理都是以碱性滤膜吸附阻留气中的以 HF、SiF_4 或金属氟化物颗粒态存在的无机氟化物，滤膜上的氟化物用 HCl 或总离子强度调节缓冲液提取后，用离子选择电极法测定。

因为氟化物包括了金属氟化物，主要以颗粒物态存在，而这类氟化物主要以 CaF_2、NaF、FeF_3 等存在，在监测中又不能判断以颗粒态氟化物的存在形态，因此不能计算出 F^- 浓度。

10. 在铝业项目的环保验收时，经常要监测土壤和植物中的氟化物，而测定的结果重现性差，与环评中监测结果没有可比性，排气中氟化物监测也存在许多问题，如何解决这些问题？

答：关于这一问题我们在《现代科学仪器》杂志上曾发表过《铝业项目环保验收中氟监测存在的问题分析》一文，相关部分摘抄如下，供参考。

1 烟气和烟尘中氟化物的监测

烟气中氟化物有气态和尘态两种形式。气态氟多以氟化氢、四氟化硅等形式存在。尘态氟多以尘粒状和雾滴状存在，其中包括水溶性氟、酸溶性氟和难溶性氟。因此在监测结果报告时千万不可以F^-和HF表示。我国的污染物排放标准和环境质量标准中，都称为氟化物（以F计）。由于对标准理解不够，在"环评"和"验收"报告中，甚至有的省环保局文件把气态氟写为F^-。

测定气中氟化物的方法主要有氟离子选择电极法、氟试剂分光光度法。氟试剂分光光度法灵敏度和精密度较好，但干扰因素多，测定范围窄；氟离子选择电极法具有快速、灵敏、适用范围宽、方法简便、准确、选择性好等优点，但必须保证测试样品中的氟化物以F^-存在，以化合物存在的氟对电极无响应。

含氟化物在内的一切污染项目监测的最大误差来源是采样误差。烟尘中氟化物采样必须用等速采样，在滤筒采样管出口串接三个装有75mL的0.3mol/L NaOH吸收液的冲击式吸收瓶，分别采集烟尘和气态氟化物。吸收瓶可直接用于测定气态氟化物。

在烟尘氟化物的测定时，对尘样品的前处理方法不同，误差也较大。按《空气和废气监测分析方法（第四版）》的方法："将玻璃纤维滤筒剪碎，置于150mL聚乙烯杯中，加0.25mol/L 盐酸溶液50mL，用玻棒将滤筒搅碎，在超声波清洗器中提取处理30min。用定性滤纸将溶液滤入100mL容量瓶中，用水洗涤聚乙烯杯及滤筒残渣5~6次，洗涤液并入容量瓶中，用水稀释至标线摇匀，作为样品溶液测定。"

但是当烟尘含氟较高时，由于上述规定与HJ/T 67—2001等效，必须执行，这种前处理方法会使测定结果偏低，解决测定结果偏低的办法是：①用聚四氟乙烯棒将滤筒捣碎，而不用玻棒；②使用大于500W的超声功率（标准中不规定功率是不合适的）。即使如此，随烟气排出的含氟化物矿物质颗粒中的氟也难以溶出。为了达到氟化物的全部溶出，应使用后述的"碱熔"法。

2 无组织排放监测

GB/T 15434—1996和GB/T 15433—1996规定了滤膜和石灰滤纸—氟离子选择电极法。实际使用过程中磷酸二氢钾浸渍的滤膜碱性偏弱，还是以石灰滤纸法为佳，在制备石灰悬浊液时要注意空白的消除问题，即实验室气氛、试剂纯度，当石灰滤纸含氟高于1μg且难以除去时，可多做些空白测定，经统计剔除后取均值作为空白扣除，否则会给测定结果带来较大误差。

3 土壤和植物监测

由于我国炼铝工业起步较早，在20世纪六七十年代环保尚未起步，因此目前"以新带老"的电解铝项目都存在不同程度的氟污染。

我国目前氟中毒者超过4000万，其主要是氟斑牙和氟骨症，在氟中毒的各种类型中，发生在铝业周围的比较普遍，此外还有我国西南地区燃煤污染型氟中毒。

① "以新带老"项目

"以新带老"项目相对比较复杂。以某"以新带老"项目为例，炼铝厂区周围土壤和植物监测结果表明，小麦、油菜籽、牧草都受到不同程度氟污染，其源于土壤氟污染，这一结果表明，氟会通过食物链危害人体健康，监测结果见表1和表2。

表1   土壤氟监测结果

监测点位	采样深度	pH	总氟 /(mg/kg)	水溶氟 /(mg/kg)	水溶氟与总氟含量之比/%
对照点1号	0～20cm	8.98	514	9.80	1.9
	20～40cm	8.98	475	8.60	1.8
	均值	—	494	9.30	1.8
2号	0～20cm	8.93	650	30.5	4.7
	20～40cm	8.97	514	28.0	5.4
	均值	—	582	29.2	5.0
3号	0～20cm	8.62	557	10.5	1.9
	20～40cm	8.48	520	9.28	1.8
	均值	—	538	9.76	1.8
4号	0～20cm	8.12	614	26.4	4.3
	20～40cm	8.18	526	24.6	4.7
	均值	—	570	25.5	4.5
5号	0～20cm	8.08	605	22.9	3.8
	20～40cm	8.19	507	27.1	5.3
	均值	—	556	25.0	4.5

表2   植物中氟化物监测结果   单位：mg/kg

监测点位	小麦	油菜籽	牧草
1号对照点	7.39	9.51	10.1
2号	64.9	29.8	44.5
3号	17.8	13.6	19.3
4号	23.2	20.3	15.7
5号	25.2	28.8	17.8

1号点为对照点，该点采集的小麦、油菜籽和牧草中氟的浓度分别为7.39mg/kg、9.51mg/kg、10.1mg/kg，对照点小麦和油菜籽中氟的含量均超过GB 4809—84《食品中氟允许量标准》要求（≤1.0mg/kg），说明对照点可能是氟的高背景问题，或者受到排气中的氟污染。2～5号点小麦中的氟的浓度分别是对照点的8.78倍、2.41倍、3.14倍和3.41倍，油菜籽中氟的浓度分别是对照点的3.13倍、1.43倍、2.13倍和3.03倍，牧草中氟的浓度分别是对照点的4.40倍、1.91倍、1.55倍和1.76倍。监测结果表明，植物受到了严重污染。由于环评报告和批复中未涉及这类问题，从现状监测结果来看，本项目

原来的自焙烧电解槽生产造成了明显的氟污染，应引起当地政府的高度重视。

表3　　土壤中氟化物监测结果一览表

样品编号	样品名称	浸出液pH	浸出液氟化物/(mg/L)		土壤中总氟/(mg/kg)	
			监测结果	环评结果	监测结果	环评结果
1号	0~20cm	6.62	0.38	37.0	538	262.6
	20~40cm	6.30	0.56		499	
	均值	—	0.47		518.5	
2号	0~20cm	4.68	0.09	36.1	1485	237.5
	20~40cm	4.54	0.06		966	
	均值	—	0.075		1255.5	
3号	0~20cm	5.74	0.07	75.5	1743	346.3
	20~40cm	5.43	0.05		1267	
	均值	—	0.06		1505	

② 新建项目

某新建电解铝厂土壤中氟的监测结果见表3。验收监测结果与环评结果相差甚远，究竟谁的监测结果更准确，目前尚无法判断，但无论如何相差1000倍以上是必须要找出原因的。

4　土壤和植物中氟监测常见技术问题

① 土壤监测

表3中氟实际监测结果与环评预测结果相差高达1000倍以上，其主要误差来源于采样和制样。采样时应注意剔除异物、植物根系、植株等都会富集氟化物（由表2可以看出），尤其是乔灌木，土壤中夹杂这类异物会使测定结果偏高，当然采样点位的布设也会影响监测数据的代表性。

制样方法不合适会产生严重的测量误差。氟的浸出液如果pH<6.0就会使测试结果偏低，因为试样中OH^-浓度必须不能大于F^-浓度的十分之一，因此表3中2号、3号样比环评低了500~1000多倍。此外浸出液中的氟不一定都以F^-状态存在，不将浸出液进行预处理直接以GB/T 7484—87离子选择电极法测定，肯定结果偏低，因为该方法只能测定F^-状态的氟化物。在电极法中总离子强度调节也不是万能的，对氟硼酸盐的干扰就不能消除，此时应将浸出液预处理。

关于土壤中氟化物测定的试样分解方法目前国内尚未统一，即使HJ/T 166—2004《土壤环境监测技术规范》规定的D.1.4.1碳酸钠熔融法（适合于氟、钽、镍）也存在技术错误，即测定土壤中氟不能使用高铝坩埚熔样。高铝坩埚本身是硅质，在土样熔融和浸出过程中部分氟会以SiF_4逸出，Al^{3+}也能和氟形成溶于水的化合物。

在土壤熔融时应首先选用铂坩埚，可使用950℃高温使土壤熔融完全。由于铂坩埚较贵重，可用镍坩埚代替，但必须注意镍也与氟生成难溶于水的化合物，会使测定结果偏低。因此，镍坩埚必须预先做钝化处理，且不能使用高于600℃的温度。此时Na_2O_2和NaOH熔融效果最好，千万不可使用Na_2CO_3溶液。操作手续如下：

称取 0.5～1.0g（准确至 0.1mg）土样放入预先用少量氢氧化钠垫底的镍坩埚中（以充满坩埚底部为宜，以防止熔融物粘底），分次加入 1.5～3.0g 过氧化钠，并用圆头玻璃棒小心搅拌，使与土样充分混匀，再用小滤纸片擦下玻璃棒粘附的土壤并将滤纸放入坩埚中，再放入 0.5～1g 过氧化钠，使平铺在混合物表面，盖好坩埚盖。移入马弗炉中，于 550～580℃ 熔融 0.5h。自然冷却至 200℃ 左右时，可稍打开炉盖以加速冷却，冷却至室温，取出。用水将坩埚底部洗净后，然后放入 250mL 聚乙烯烧杯中，加入 100mL 水，在电热板上加热浸提熔融物，用水及 1+1 HCl 将坩埚及坩埚盖洗净取出，并小心用 1+1 HCl 中和、酸化（注意盖好表面皿，以免大量 CO_2 冒泡引起试样的损失），待大量盐类溶解后，用中速滤纸过滤，用水及 1% HCl 洗净滤纸及其中的不溶物，定容待测。

由于耕作土壤有机质较高，在碱熔时应注意：

（1）在分解含有机质较高的土壤试样时，由于反应激烈，容易溅出，可将称好的试样置于洁净的镍坩埚中，在 500～550℃ 的马弗炉中进行预灰化处理，使有机质氧化分解。然后再按上述方法熔融分解。

（2）用镍坩埚熔样时，多使用氢氧化钠或过氧化钠做熔剂（不宜使用 Na_2CO_3），因为这两种熔剂可在 600℃ 以下达到熔样效果，一般镍坩埚应在 600℃ 以下使用。

（3）马弗炉温度要注意控制，指示温度与热电偶位置有关，在熔样前要检查热电偶的位置是否安装得适当。

（4）试样在熔融之后马上观察（注意使用瓷质或高铝坩埚熔样时，要动作迅速，否则骤冷会使坩埚破裂），若熔剂与试样成为均匀的流体，中间无气泡和不熔物，这表明试样已完全分解，否则应重新熔融。

（5）含有机质较多的试样不易直接用铂坩埚分解，因为容易使铂坩埚变黑（生成碳化铂）。一旦变黑，不可用刮、磨的方法处理，可用焦硫酸钾熔融处理。

（6）镍坩埚在使用前必须作钝化处理。

② 植物监测

我国早在 1984 年就制定了食品中氟允许量的标准（≤1.0mg/kg），因此在环保验收中往往需要监测粮食、蔬菜和牧草中的氟含量。

这类试样监测的关键，一是试样处理，二是失水率的测定。由于粮食、牧草尤其是蔬菜、水果的水分含量不同，标准要求以"干基"表示，监测结果必须扣除失水，而失水的测量误差是主要的误差来源。

（1）失水的测定。一般取代表性的试样粉碎后（蔬菜、水果用均浆器粉碎、均化），称取 4 份平行样，每份重量为 5～8g（准确至 0.001g，蔬菜、水果水分含量多时，可酌情增加称样量）其中 1 份碱熔后测定，另外 3 份放入烘箱中 60～70℃ 烘干（不可碳化），并烘至恒重后称量，烘干前后的重量减少即为失水率。由于失水率测量本身误差较大，必须至少称取 3 份平行测量。计算失水率平均值后，从试样含氟量的测定结果中扣除。

（2）植物等试样与土壤样品的碱熔方法和操作程序完全相同，一般用 NaOH 和 Na_2O_2 混合熔融效果比只用 Na_2O_2 效果更佳。

11. 对于大部分小企业，环评报告书中要求建生活污水处理设施，但小企业本身就几个人，一般情况经化粪池处理后就排了，对于这种情况怎么处理？

答：这种情况的确存在，例如：变电站的工作人员一般8个人，这种情况只要建化粪池（北方冬季气温低，建地埋式的效果更好），如果环保行政主管部门在批复中没有要求建污水处理设施，只是化粪池且污水排放达标就可通过验收。如果环评报告书的批复中要求建污水处理设施，企业只建化粪池的情况下，在试运行中监测污水能够达标排放，在申请验收报告提出之前，必须由企业以文件形式向批复报告书的环保行政主管部门提出"环保设施变更"申请。

12. 在对房地产项目进行验收时，对水、气、声、固废分别监测哪些项目？怎样去布点？

答：该问题详细回答很困难，在环评时这些要素都应该有监测。点位布设方法：①气应按空气质量监测布点。②噪声按居民区噪声监测布点，但有的项目就建在工厂周边，而厂界噪声达标，居民区噪声超标，这和房产开发商、环评有关，这类问题我国发生率较高。③排水一般由市政污水厂处理，在项目验收时住户往往不会超过75%，且目前对居民区污水排入市政污水厂又没接管标准可依，水质监测比较困难。如果直接排入地表径流，应按市政污水处理厂排放标准评价。如果有污水泵站应监测噪声和恶臭强度。④固体废弃物以垃圾为主，不用监测，只提出分类要求即可。

题干中没有提到土壤的问题，其实有的房地产项目的用地应认真监测并探讨。例如：北方某市由于铅、镉、汞等污染废弃的耕地建成了居民区，有的老垃圾填埋场也建成了居民区，甚至倒闭的化工厂等、受到污染的土地上也建成了居民区。在这类项目验收时，必须根据过去几十年土地的使用情况，选择相应的土壤监测因子进行实事求是的监测。

13. 汽车改装项目，原设计和环评中有酸洗—磷化工序，现已由外单位代为加工，现申请验收：是否符合验收条件，重要污染工序已经消失，与环评报告有重大改变，是否需要重新申请环评报告？若进行验收监测，关于验收结论怎么描述这种问题，污染物总量怎么核算？

答：这属于工艺流程和环保设施有重大变更，建设单位必须通过文件向环保行政主管部门提出变更申请，得到肯定的答复后不必重新申请环评。

在验收时必须把申请变更得到同意的文件作为附件，在正文中做相应的描述。总磷的总量，只按实际排放情况计算。对受委托单位也应监测其总磷排放浓度以及与该汽车项目相关部分的总磷排放总量。

14. 燃煤电厂湿法除灰的灰渣场，通过验收监测能反映其渗漏吗？

答：如果是技术改造项目，利用了原先使用5年以上的老灰场，通过监测地下水能反映其防渗漏情况。但新建灰场比较困难，因为发电机组试运行3个月后开始验收监测，灰场储灰量还很少，即使防渗漏效果不好也难以通过周边地下水监测结果反映出来。此外，目前建设工程存在层层分包现象，这些工程的偷工减料现象十分严重。

因此，在验收灰渣场、垃圾填埋场、危废填埋场、重金属尾矿库时都存在类似的问题。这里首先应检查工程监理情况，深入施工和原材料品质。另外，在报告中要留有余地，说明情况，如使用期短，且没发现地下水受到污染，在结论中应指出："本次验收监测未发现渗漏情况，为确保地下水不受污染，请当地环境保护主管部门和环境监察部门加强监督管理等。"

15. 曾发现灰渣冲除管路周边地下水井受到污染，验收时为何没有监测？

答：这是环境影响评价和环评报告书批复中从未涉及的问题，而有的省（自治区、直辖市）内管理的老电厂也发生过地下水污染事故。严格说来，冲送灰渣的地下管沿途也应布设地下水监测点位，理由是目前冲灰管都是大内径的钢筋水泥管，为防止热胀冷缩导致管路破损，每节管之间都会留有缝隙，该缝隙容易产生渗漏污染周边的地下水。

16. 针对有些企业 BOD_5 浓度较高排放的企业，如果污水最终的去向是污水处理厂，在竣工验收监测时，BOD_5 排放浓度超过三级标准，是否不能作为企业竣工验收监测不达标的依据？（如啤酒厂）。BOD_5 浓度高，可生化性强的废水实际上进入污水处理厂后还需处理，对降解 COD 会有帮助。

答：这一问题首先要看环评批复，如果批复中没有对 BOD_5 排放浓度提出要求的话，再看受纳的污水处理厂有没有协议排放浓度，也就是污水处理厂和企业之间签署的受纳污水各项目的浓度要求，如果达到要求，说明污水厂有能力处理，在验收监测时必须同时监测该污水处理厂的排污情况。如果各相关项目浓度和批复的总量都达标，可通过验收。如果不能达到批复要求或受纳协议值则不能通过验收。

本问题的确说得很好，BOD_5 适当地提供了碳源，对污水厂处理 COD 有一定的帮助。

17. 污水处理设施排放口某污染物超标，而总排口此污染物不超标，验收结论如何给出？

答：要看是不是一类污染物，由于一类污染物对生态环境和人体健康影响十分严重，我国规定必须在车间排口或车间处理设施排口监测，防止在单位总排口稀释达标。因此如果是一类污染物不能通过验收，结论中应找出原因，提出整改建议。如果不是一类污染物在结论中加以分析后可以通过验收。

18. 想请教一下生态验收方面的问题，矿山煤矿项目的生态验收工作应该如何开展呢？

答：矿山煤矿项目的生态调查应重点放在：煤矿开采区的植被、生态变化、煤的储存区、扬尘、运输的噪声对生态影响（如植被生长、野生的鸟类、动物的生存与繁衍等），采空区或地质塌陷区的情况，选煤情况，矿井水处置等。此外，有无永久性和临时性征地，土壤类型及土地利用格局是否发生了变化，临时用地的生态恢复，水土流失现状与流失量，对土地的破坏及恢复等，都是调查内容。

如果需要监测的话，对水的监测主要是对矿山的疏干水、矿工的生活污水的处理与监测，开矿对地表水、地下水影响监测。对气的监测主要是尘，如果有锅炉（取暖、生活、生产用）还需监测相应指标：如烟尘、SO_2、NO_x 等。固体废弃物监测以生活垃圾去向、疏干水处理的污泥去向，经选煤后剩余的固废去向等。这里噪声监测十分重要，点位应该尽可能多布设，除考虑环境扰民外，还应考虑对当地生态的影响。

19. 一些非生产性企业（如超市、商场、医院等）的生产负荷如何计算？

答：调查其经营情况，可大概知道其生产负荷。

20. 水套炉对原油加热便于流动。从地下采出的石油（原油）经计量站的加热炉升温再流入联合站。计量站的加热炉燃烧的是天然气（没有经过处理），水温升至80℃左右石油就可以流动，燃烧炉负荷最高达20％～30％，如何对燃烧炉监测？是否需将燃烧炉燃烧达到75％的负荷再监测烟尘、SO_2、NO_x？

答：如果是常规监测20％～30％负荷时可以监测。但验收监测最好能调到75％以上负荷再监测，如果负荷调高后，温度会升高，低碳组分的原油会挥发，导致输油管内压增高而造成不安全因素。也可以在负荷为20％～30％时监测烟尘、SO_2、NO_x 排放浓度和排放总量，再换算成75％或100％负荷时的情况。

21. 排入污水处理厂管网的企业排放总量该如何计算？

答：同样在企业排放口测定项目的浓度和水流量，进行计算。同时也应该监测污水处理厂的该企业特征污染物排放浓度，以防止对环境产生污染。

22. 请问为掌握验收时生产工况，监测人员除看主要设备是否开机、产品当天入库量、查水表外，还有什么其他手段？

答：除查产品、水表和主要设备是否开机外，还应该检查原料、材料的投入和使用量。根据以往的用电量，检查验收监测期间用电负荷是否正常等。

23. 未检出时什么条件下不参加平均值计算？

答：根据HJ/T 91—2002《地表水和污水监测技术规范》和HJ/T 92—2002《水污染物排放总量监测技术规范》，当出现未检出时，未检出的结果不能参加平均值计算，也不能参加总量计算。

例如：某企业排水口一天测了6次油类，结果分别是：0.7mL、0.6mL、0.1L、0.3mL、0.1L、0.4mL，该排放口的油类排放浓度日均值为0.5mg/L。

24. 经仔细核对后，验收期间仍有时工况不稳定，对不稳定工况下的样品如何处理？

答：最好在稳定工况下测定。如果工况不稳定，应加大采样频次，只要采样频次足够高，从统计角度来看，也能使监测数据反映排污状况。

25. 某建设项目（新建、扩建）属季节性生产（如啤酒等），预测其污染物排放总量时如何计算？（监测周期仅2个周期，3～5次/周期，仅2～3天时间）

答：首先，排污总量不是预测的，而是通过实际监测结果计算出来的排污总量。

应在正常生产期间进行监测。在不从事生产期间内，如果维护设备，备班员工较多，其生活污水也应监测，与生产排污总量之和才是企业排污总量。

26. 燃煤电厂的除尘器灰是危险废弃物还是普通废弃物？

答：除尘器灰一般应属普通废物，但如果煤质含Hg、As和氟化物较高，虽然目前我国煤质分析并不要求测定这三种成分，而在验收监测时曾发现有的燃煤电厂脱硫污水设施进口As>3mg/L，Hg也较高。我国也曾发生因燃煤引起的氟骨病。因为As、Hg、氟化物都易挥发，在煤的燃烧过程中会随排气排出而被除尘器部分截留。

可首先监测判断脱硫污水设施进口 As、Hg、氟化物是否很高,如果高再监测除尘器灰是否属于危险废弃物。《中华人民共和国固体废物污染防治法》中规定,危险废弃物名录中有的危险废弃物经监测结果不属于危险废弃物时,按普通废弃物处置(例如:用废纸为原料生产纸浆的脱墨污泥,属于危险废弃物。但对多个厂家监测结果属于普通废弃物,目前按普通废弃物处理)。而危险废弃物名录中没有的,经监测结果属于危险废弃物,应按危险废弃物处理。因此,对燃煤电厂除尘器灰的判断,要根据情况确定是否监测,依监测结果判断。

27. 燃煤电厂湿法脱硫废水处理设施进口有的 pH>8.0 如何解释?

答: 该问题在前边已有说明,湿法脱硫目前都使用石灰石乳液,其 pH 值在 7.2~7.5,当吸收了酸性二氧化硫后 pH 值应降低,正常情况下 pH<5.5 是合理的。

pH>8 的原因如下:

(1) 可能电厂为了应付验收监测,在石灰石乳液中加了碱。如碳酸钠、碳酸氢钠、氢氧化钠等。

(2) 可能有煤尘混入,进口 SS 也会很高。

(3) 采样点位不合适。因为脱硫污水要加入碱,沉淀氟化物及 Hg、As 等,可能采进了碱液或加入碱液的水样。

应重新布设点位,确保采集到脱硫后且中和前的污水。

28. 项目中有关噪声的验收监测主要包括哪几项步骤和内容?

答:(1) 仔细阅读"环评"及"环评批复"。了解项目概况、噪声污染源情况、特征、"环评"及"环评批复"对该项目隔声降噪设施的要求。

(2) 现场踏勘。搞清污染源的形式、位置、影响范围及治理设施的安装、运转情况,主要包括:①设备开机台数、运行情况:如开几台、备用几台等;②主要设备布局,如噪声源分布情况;③噪声排放特征,如噪声源在室外或室内,机械噪声还是气流噪声等;④噪声治理设施运行情况,如消声减振措施、声屏障等;⑤工作运行时段,如每天几班运转,每班工作时段等。

(3) 制订《验收监测方案》中的噪声监测部分内容。

(4) 根据批准的验收监测方案实施监测。监测中注意背景噪声(本底噪声)对测试值的干扰问题。

(5) 根据测试数据分析存在问题。

(6) 根据分析结果、环保检查内容编写验收监测结论和建议,提交《验收监测报告》。

29. 编制"三同时"方案时,某建设项目在环评时,采用老标准,而在建设期间,国家颁布了新标准,我认为在验收时应执行新标准,但在方案批复时,要求按环评批复标准执行,是否合理?该如何处理?

答: 国家及地方污染物排放标准的作用在于考核建设项目污染物排放浓度和相关项目排放总量等是否达标,这是验收的主要依据。验收监测涉及污染物排放标准时,应执行环境保护行政主管部门相关批复及批准的环境影响报告书中确定的污染物排放标准。当国家或地方颁布实施新的污染排放标准或某项污染物的排放限值被新发标准修改时，应执行新标准相应时段的标准限值，即按新标准时段划分的原则，分别以环境影响报告书批准时间、项目初步设计批准时间、项目建成使用时间等来确定相应时段污染物排放限值，以此作为建设项目竣工环保验收监测执行标准。

若国家或地方新颁布实施的污染物排放标准超前于建设相应时段要求的标准限值，则新标准可作为参考标准，新标准的作用在于考核建设项目是否能满足验收期间的现行标准，体现超前控制思想，为企业环保整改提供依据，为建设项目验收后交由地方环境保护行政主管部门管理做好铺垫。

30. 某生产三唑酮草酯的农药项目，环评和环评批复都未涉及产品农药的验收标准，如何评价这类农药污水是否对环境产生影响？

答：首先调查发达国家是否有三唑酮草酯的排放标准，如果有可以参照。在验收时，还应根据原料、辅料和工艺过程的中间体，确定相应的验收监测因子。

此外，由于该项目是有机类农药，可以用 GB 8978—1996《污水综合排放标准》中的 TOC 为验收标准。

31. 废水排放口某污染物是否达标排放，是按均值评价，还是像废气排放那样有 1 次不达标就评价为不达标呢？

答：目前判断污水是否达标以日均值评价。

32. 钢铁厂的副产品高炉、转炉煤气进入其自备电厂的锅炉燃烧，排放的废气应执行什么标准？

答：应执行 GB 13271—2001《锅炉大气污染物排放标准》表 2 列出的燃气锅炉最高允许排放浓度限值，即：二氧化硫 $100mg/m^3$，氮氧化物 $400mg/m^3$。

33. 一家线缆厂"三同时"验收，电镀镀的是银，环评要求用次氯酸钠处理银离子，设施排口银离子达标。但是铜线在电镀时用硫酸铜清洗，导致总排口铜超标（3.5mg/L），但采取了铜回收后仍然超标（1.7mg/L）。企业目前也没办法，如何指导企业治理铜离子达标？

答：该问题不是环境监测和验收监测的问题。本身是污水处理的问题，总排口铜 3.5mg/L，采取了铜回收后仍达 1.7mg/L，首先应提高铜回收的效率，使铜达标排放，这是资源化减排的最好办法。此外，处理污水铜的方法较多，如加入硫化物时 Cu^{2+} 以 CuS 沉淀。国外处理重金属有的使用聚丙烯酰胺，虽然效果很好但成本较高。我国有的电镀厂实现了重金属"零排放"，主要使用电解法回收重金属。

34. 在炼油厂和石油化工项目验收时有哪些要注意的问题？

答：该问题详细回答十分困难，以下只是简略地、概括地回答。

首先要通过环评和工程分析了解工艺过程、原料、辅料（含催化剂）、产品和副产品。分析产污环节也十分重要。

（1）一般炼油过程中，不同沸程的油品都是通过管路输送，如果没有预留监测口，从安全和产品质量角度出发没必要为了监测要求工厂开口。

（2）加热炉都是以燃油为燃料，监测时一般二氧化硫、烟尘浓度较低，氮氧化物稍高，这是正常的。

(3) 无组织排放监测十分重要。按 GB 16297—1996《大气污染物综合排放标准》，应在厂界布设点位，但有的厂区面积很大，装置区距厂界都在几公里以上，并且其间还有其他装置。在此情况下，可在验收设施的周边布设监测点位。

(4) 监测项目目前一般以非甲烷总烃为主，这是不合理的。我国的非甲烷总烃监测分析方法（HJ/T 38—1999《固定污染源排气中非甲烷总烃的测定 气相色谱法》）只能测定 $C_2 \sim C_8$ 的烃类。但原油和重油品的成分十分复杂，只监测小于 C_8 的烃类不能如实反映排污情况。发达国家规定原油是 $C_4 \sim C_{44}$ 的烃类，而我国有的柴油产品中多环芳烃含量竟高达 30%，无组织排放的苯并[a]芘也超标。因此在确定无组织排放监测项目时除非甲烷总烃外，还应监测苯系物和以苯并[a]芘为代表的多环芳烃类。

(5) 按 GB 16297—1996《大气污染物综合排放标准》规定，无组织排放以最高监控点评价，不扣除参照点的浓度。这在炼油和石化验收监测中难以执行。目前我国此类企业规模都很大，炼化装置林立，无组织排放情况十分复杂。是否需要扣除监控点的浓度，应视当地实际情况确定。

(6) 检查液相反应罐区是否有围堰，围堰规模和牢固性，围堰边沟的水是否会进入污水处理场。

(7) 初期雨水必须经处理后排放，对是否具有雨水管网进污水处理场的切换阀，切换是否正常，应认真检查。

(8) 风险防范措施，如是否有针对性，还是照抄了别的项目（这种情况不少）。

(9) 应急预案中是否有当地行政主管部门和社会支援、帮助、实际联络等条款。

(10) 危险废弃物的收集，暂时存放场所及去向等检查。

(11) 石油化工除前述的内容之外，还必须根据工艺流程、产品和产污环节，确定监测项目和点位布设。这里详细分析十分困难，以爆炸事故发生的吉林双苯厂为例：其爆炸的环节是苯的硝化阶段，硝基苯是中间体，苯胺是产品。这些都是易挥发的有机污染物。因此，除监测气中的非甲烷总烃，还应监测苯、硝基苯和苯胺。同时也必须监测排放污水及雨水中的这些相关项目。

(12) 运原油或油产品的码头、储罐和相关区域的管网及安全管理，有的是检查，有的则需要监测气和水的相关项目。

总之，炼油和石油化工项目一般都比较大，而且是因非安全生产而导致环境污染事故的多发行业，社会反映也十分敏感。安全生产不是我们主管的范围，但监测不到位则会发生污染事故。因此，安全生产、风险防范、突发性环境污染事故应急预案等，没有完美，只有做得更好，在现场查勘时应该认真检查，在结论和建议中必须强调。

此外，如果有危险焚烧炉、填埋场等，情况会更为复杂，可按相关规定和标准进行验收监测。如果环评和环评批复中要求做空气环境质量、环境水和地下水质量、土壤也应布点监测。

35. 电子行业，如芯片、显示屏生产项目验收监测应注意什么？

答： 电子行业验收监测比较复杂，其中气和水的监测项目除有机污染物外，还有重金属及酸、碱等，有的还用到 AsH_3、PH_3 及目前没有评价标准和采样、监测分析方法的氟氯烷烃、氟化硼等。

(1) 生产中经常会使用大量挥发性有机物，而有的在环评和批复中会有 VOC 的排放限值。这是一个很含混的概念，上海市颁布了电子行业 VOC 100mg/m³ 的限值标准，但在有的情况下是不合理的。例如：上海 NEC 公司使用异丙醇，也属于 VOC 类，GBZ 2.1—2007《工作场所有害因素职业接触限值　第 1 部分：化学有害因素》规定，车间 40h 以上接触限值是 350mg/m³，15min 以内接触限值是 700mg/m³。显然，按 100mg/m³ 判断其排放情况就不够合理。

(2) 电子行业排气筒一般很多，有的达 39 余个，不可能每个都监测，在选择时必须分清哪个排气筒排放什么污染物。排气筒也有高低不同，由于有机气体排放速率限值与排气筒高度相关，在使用的污染物相同的情况下，应尽力选择高度低的排气筒监测。

(3) 有的在生产中使用重金属 Pb 和类金属 As 等，在废水的布点监测时必须在车间排口采样。

(4) 阴极溅射使用的靶有 W、Mo、Cr 等，其中我国没有 W、Mo 的评价标准，但 Cr 是一类污染物，因此不能忽略 Cr 的监测。

(5) 有的电子项目还用到硼烷、丙酮、三氟化氮、三氟化氯、四氟化碳、六氟乙烷、一氟甲烷、六甲基二硅铵等化学品，目前国内尚无排放标准，采样和分析方法也没有，因此监测和评价比较困难，过去验收的电子项目中，这类污染物都没有进行监测。建议将其作为氟化物监测和评价［但是 GB 3095—1996《环境空气质量标准》中规定的氟化物（以 F 计）是以气态及颗粒形式存在的无机氟化物］。

(6) 也有电子项目排放的污染物中有 AsH_3、PH_3，其中 AsH_3 可用"砷及其化合物"（GB 16297—1996《大气污染物综合排放标准》）来评价，但采样使用滤筒空白太高，使用原子荧光法测定时空白的荧光强度超过了标准曲线最高点的荧光强度，数据无效。必须把滤筒认真清洗并恒重后使用，且要多带几个空白才能有效扣除。PH_3 的毒性也很大，目前评价和监测也有很多困难。

(7) 电子行业排水中 Pb、Cd 的监测也存在技术问题，Pb 必须在车间排口采样，而车间污水中基体成分复杂，有的会对 Pb 的测定产生基体干扰，要注意扣除空白才能得出正确的监测结果。

36. 在农药项目的验收时，如十三吗啉既没有标准物质又没有监测方法，如何验收监测？

答：目前这类问题确实比较多，我国低残留农药发展很快，经常出现新的农药品种，在监测时标准样品和分析方法的选择比较困难。

首先介绍这类项目的标准物质的解决办法。在定量分析时必须有标准的比对，标准物质是准确定量的关键之一。可把农药产品作为代替标准，农药成分不纯，例如含量是 82%，先当 100% 使用了，然后再把测定结果除以 82% 就能补偿监测数据的误差。此外农药类有的含结晶水或湿存水，因其易挥发性和易分解性，千万不可烘干，应将其平铺薄薄一层于干净且干燥的培养皿中，放在硅胶干燥器中 24h 后湿存水会被除去。而结晶水一般都是定量存在的，在计算时扣除即可。将经前述干燥的农药类称量配置替代标准溶液。早在 1997 年处理阿特拉津导致 4 万余亩水稻死亡事故时，就是以这种方法解决的配置标准系列使用的化学物质。

至于分析方法，GC 法、GC—MS 法都可以使用。按照资质认定的评审准则，分析方法优先使用国家、地方规定的标准方法，或者权威书、杂志登载的方法，以及仪器生产厂家推荐的方法。

37. 农药项目验收应注意什么？

答：（1）农药类新品种很多，有的国内和国外尚无评价标准，有的环评和环境批复也没有指出排放标准，这种问题常遇到。从目前验过的农药、除草剂和灭菌剂项目经验看，除硫酰氟外都是有机物，因此可按 GB 8978—1996《污水综合排放标准》中的 TOC 标准验收，排水Ⅰ类是 20mg/L；Ⅱ类是 30mg/L。

（2）农药类项目一般投资规模不大。在验收监测时水平衡十分重要，不能完全按照企业提出的水平衡验收，必须实际测量水平衡，以防偷排。

（3）固废及污水处理厂污泥处置，临时储存场所是否符合要求。

（4）因农药及其中间体挥发性较强，气的无组织排放监测十分重要。

（5）初期雨水必须进入污水设施处理后才能排放。

（6）风险防范、安全生产等。

38. 某有机化工项目环评批复要求对雨水排口安装自动在线监测仪，企业又没安装，怎么解决？

答：按规定要求，厂区初期雨水必须进入污水处理厂进行处理，达标后方可排放。如果初期雨水经切换阀进入污水处理厂处理了，则中、后期雨水可直接排放。这种情况下，雨水排口虽未安装自动在线监测仪，但也可建议通过验收。

水的自动在线监测系统应安装在常年有水流动的位置，而我国没有一个省区每天都 24 小时下雨，如果没有水样采集到系统中去，则仪器极易发生故障。例如 pH 计必须浸泡在水中才能进行监测，当不下雨时探头没有浸泡在水中就会损坏。

一般规模化的企业、污水管网和雨水管网布设是不同的，还有水平衡的问题，再加大监察力度就可以发现偷排问题，不一定要在雨水排口安装自动在线监测装置。

39. 某企业排水中氯离子高达 3000mg/L 以上，环评批复要求安装 COD 自动在线监测，企业装了，但经常发现 COD 超标，而手工监测是达标的，如何解释？

答：这类问题在 10 年前也曾发现，山东某氯碱厂的环评批复要求在污水排放口安装 COD 自动在线监测仪，验收监测时发现批复不够合理，企业没有安装也通过了验收。

超过 3000mg/L 的含氯污水是不可能实现 COD 自动在线监测的，目前世界上还没有哪一个厂家生产的仪器能在自动监测时克服这么高氯的干扰。

手工监测时，使用 HJ/T 70—2001《高氯废水 化学需氧量的测定 氯气校正法》可克服高氯离子干扰，但该方法目前还难以应用于自动在线监测。

而氯离子对 COD 的测定有正干扰，使测定的 COD 值偏高造成超标。当然两种监测的结果不同。

如果该企业污水中氯离子含量比较恒定，可用氯气修正法和自动在线仪分析 20 个以上的相同污水样品，求出两种方法 COD 值的比例系数，把仪器读数加以修正，也能大概反映出该企业 COD 排放情况。

该问题是环境监测中较深层次的技术问题。目前，环评人员持证上岗，有"环境监测"方面的培训和考试，因时间较短，也不可能要求人人掌握这样的技术知识。环评师培训和考试并没有"环境监测"的内容。且环评单位中从事环境监测技术人员很少，出现这类问题就不足为奇了。

40. 在某项目的省环境局环评批复中，要求排气的 F^- 总量 87kg/a？如何监测气中 F^- 排放总量？

答：排气中的 F^- 总量是根本不能监测的，F^- 的浓度也不可能监测。

这类错误不仅在环评报告书中经常出现，就连各级环境监测站的资料、报告、论文中也屡见不鲜。不仅是 F^- 常在报告中出现，甚至还有 S^{2-}、CN^- 等严重的错误。这是对标准的理解不够。我国各种有关气的标准中是氟化物（尘氟、气氟），而水中则是氟化物、硫化物、氰化物（总氰化物）等。

排气中的尘氟可能会有 CaF_2、NaF、FeF_3 等（因 Ca、Fe、Na 是地壳中的宏量元素），在采样中不可能把这些氟化物分离并测量。因这些化合物分子量及含氟原子数都不同，换算成 F^- 更不可能。气态氟化物除 HF、BF_3 无机物外，还有各种含氟有机物，如氟氯烷烃等，虽能分别定量监测，但标准物质难以解决，含氟气态物也难全部定量监测。故这里应理解为氟化物（即尘态和气态氟化物）。

至于水中 S^{2-}、CN^-、Cr^{6+} 为什么是错误的，这里做简单说明。水中硫化物包括可被酸分解的金属硫化物，如：ZnS、CaS（不包括酸难以分解的 CuS、PbS 等）、HS^-、S^{2-} 等，监测分析方法是酸化吹气把生成的 H_2S 吸收后测定。而 CN^- 在中性水中极易和共存的一些金属离子形成络合物，主要以络合氰存在，以 CN^- 存在的可能性较小，因此标准中称为"氰化物"或"总氰化物"。监测分析时要将水样经酸化破坏各种络合物，同时吹气把 HCN 导入吸收液后测定。而在标准中称为"六价铬"的也不能以 Cr^{6+} 表示，在水中不可能存在 Cr^{6+} 离子，而是以 $Cr_2O_7^{2-}$ 和 CrO_4^{2-} 阴离子存在，世界各国在标准中并没有规定要分离出重铬酸态铬或铬酸态铬，而是都称为六价铬，因此用 Cr^{6+} 表示也不合理。

41. 大气污染物综合排放标准中"炭黑尘"的无组织排放是"肉眼不可见"，我们验收监测时，在采样中用白色滤料，观察其变黑了，判断超标，企业不认可，怎么办？

答：企业不认可是对的，应该勇于承认工作中的失误。标准并没有规定出采样时间、采气流速和采气体积等，也没有说明使用什么滤料。不知你们使用的什么采样条件？使滤料变黑的不一定都是炭黑尘。以下看法仅供参考。

"肉眼不可见"，应理解为不经采样浓缩，直接用眼睛观测。用一个不透光的厚板（纸壳箱板也行），在其中间开个圆孔，于向光方向用手电筒照时，小孔会射出光柱，在光柱后边衬一片 A4 白纸，观察光柱中是否有黑色小炭粒飘动。多测几个点位，发现有则超标。

此外，GB 16297—1996《大气污染物综合排放标准》中"沥青烟""石棉尘"规定"不得有明显的无组织排放"，也很难执行。建议用前述方法观察，沥青烟和石棉尘与炭黑尘的形状不同，前者似微小的云状或油烟状，后者是灰色的微小丝状，而不是黑色。如果在建筑工地的保温材料堆置处和补修马路的沥青熔化槽边，就可学习观测到石棉尘和沥青烟的形状。

42. 在验收铅、锌冶炼的新建项目时，通过地下水监测很难反映出填埋场和尾矿坝是否防渗漏合格，怎么办？

答：该问题确实存在，通过验收监测也难以解决。按建设项目的管理规定，试运行3个月后组织验收。在验收监测时填埋的固体废弃物很少，尾矿渣也很少，即使防渗层不合格也不能通过监测发现。建议按下述方法处理这类问题：

（1）在监测结论中，应说明"目前尚未发现因渗漏对地下水的污染"，不可绝对化，更不能用"没有"等说法。

（2）在建议和要求时，必须指出：企业应加强管理，防止对地下水污染，也应指出防止崩坝造成的污染等。

（3）还应要求当地环保行政主管部门加强监督管理和跟踪监测。

（4）最重要的是应检查建设施工单位的资质，使用材料的品质，如钢筋、水泥标号、防渗层的品质等。严格说来，这些应是安全生产和质量监督的工作，监测人员只是检查。

（5）无论如何，必须指出"加强管理防止各类污染事故发生"。

43. 我们在验收开发区污水处理厂（该厂处理开发区的工业污水和市区部分生活污水）时，发现总磷进口日均值是1.8mg/L，出口是3.8mg/L，是否可通过验收？为什么出口比进口还高？

答：是否通过验收要看批复要求执行什么标准，是几级标准。如果批复执行 GB 8978—1996《污水综合排放标准》，其中没有三级标准值，二级是1.0mg/L，应判断其超标。

因该项目还处理部分城市污水，按 GB 18918—2002《城镇污水处理厂污染物排放标准》，二级是3mg/L，三级是5mg/L，达到了三级排放标准。

因一般污水处理厂都有生化处理，为了维持菌种的活性使其对污染物有更好的降解能力，往往加入磷酸盐，本项目可能加的磷酸盐过量了。

此外，1.8mg/L 和 3.8mg/L 不可能是测定误差，要考虑当天采集的水样是否有代表性。当进口和出口同时采样时，分析的不会是同样的水样，因为进去的水还要经过至少两级处理才能外排，相隔时间至少会有几天。该因素也应考虑在内。

44. 环境保护验收重金属污染与监测中应注意哪些问题？

国务院已批复《重金属污染综合防治"十二五"规划》，该规划要求，到2015年重点区域重金属 pb、Hg、Cr、Cd 等和类金属 As 的排放要比2007年削减15%。重金属污染防治工作已成为2011年九部委环保专项行动重点工作。

我们从事建设项目环保验收的工作近20年，从实际工作中发现工业建设项目的环境影响评价、环评报告书的评估及验收监测都尚存在一些不足。下文就目前存在的一些技术问题做一初步分析和探讨。

环境保护验收重金属污染与监测中的问题

齐文启 等

《现代科学仪器》（2012 年第 02 期）

1 环境影响评价中的不足

环境影响评价是判断建设项目对区域环境影响的重要依据，如何进行污染物的治理，减少和削减污染物排放，在环评中都必须提出明确要求。因此污染源的分析和把握十分关键。

由于环评单位和环评人员的能力所限，一些建设项目的环评和批复存在不合理之处，这里仅就重金属污染防治方面存在的一些问题进行分析。

1.1 燃煤电厂会有重金属污染

煤是生物质燃料，不可避免会含有 Hg、As、氟化物。在我国西南地区早已发现因燃煤引起氟骨病。而重金属 Hg 及 As 的污染与防治目前仍没有一个环评报告中提出。

联合国环境规划署（UNEP）早在 2005 年就对全球 Hg 的排放量进行了研究。我国 Hg 排放量为 825.2t，占全球排放量的 42.85%，居世界第一。其中有 387.4t 来自煤的燃烧排放。印度第二，Hg 排放 171.9t，占全球的 6.15%。

2008 年 UNEP 发布了燃煤电厂汞削减的指导性文件。我国是电力生产大国，近 76% 的总装机容量来自火电，这些火电厂以燃煤为主。UNEP 发布研究报告已有将近 6 年，时至今日仍没引起环评单位的重视。

由于 Hg、As 是易挥发的元素，而我国煤中 Hg 含量约为 11～433mg/kg，在湿法脱硫时 Hg、As 会随着脱硫剂进入污水，我们在对部分脱硫污水监测时曾发现 Hg、As 都有超过《污水综合排放标准》的现象。且 As 有的超标近 8 倍之多，然而污水处理的污泥及除尘器飞灰中重金属含量如何？由于环评和批复未做要求，我们没有进行监测。

1.2 赤泥中的重金属

一般铝矿含氧化铝超过 30%，在生产过程中把大量氧化铝提取后其共生的铁受到富集呈现红色，该固废称为"赤泥"，铁受到富集，而共生的 Pb、Cd、Hg 等重金属及 As 的富集情况如何？赤泥是属于危废？还是普废？也是由于环评和批复没有提出要求，在验收时我们没有监测过赤泥中重金属的含量。

根据一般常识和国内外曾发生过的污染事故，我们只对几家企业赤泥堆场的回水和部分地下水进行过监测。发现有的回水 As 高达 4.4mg/L，明显超过了 0.5mg/L 的排放标准，且地下水也有升高趋势。也有的回水 Pb、Cd 超标。该回水有的 pH 值范围大于 12.0，As、Pb、Cd 是否会在赤泥中累积升高，在回用的输水管网是否渗漏污染地下水？目前尚属未知。

1.3 铅锌的冶炼

铅等冶炼企业已列为"十二五"期间环境安全隐患排查的重点。2009 年以来我国发生的 30 多起特大污染事故中，Pb 污染事件所占比例超过 50%，最近发生的安徽省安庆市的 Pb 污染更是令人瞠目结舌。

我们验收的铅锌冶炼企业中,既有 20 世纪 30 年代建设的企业,也有新建企业。验收监测结果表明:这类大型企业建设、整改、扩建的环保设施建设大多数都比较到位。废气和污水中的重金属基本能达标排放,甚至污水 100% 回用。然而,达标排放不等于不排放或零排放,由于 Pb、Cd 等重金属在环境中不能降解,且容易在动、植物等食物链中富集,长年累月即使达标排放,也会对当地居民的身体健康产生影响。

在这类项目验收时,烟气无组织排放的颗粒物中 Pb、Cd 等重金属的采样、监测十分重要。但是环境影响评价和环评批复中往往出现"铅尘"的概念,这是十分错误的,如果环评人员和评估专家稍加从技术层面上思考,就不会出现这样的错误。目前世界上没有任何一个国家在烟尘和无组织排放的颗粒物采样时,能把含铅的尘和不含铅的尘分别采集,且采样后也不能分开。因此,我们在验收时把环评和批复中的"铅尘"按"尘铅"监测,把尘采集后经酸消解、测定消解液中 Pb、Cd 等重金属,再根据采气体积折算为"尘铅"浓度。

此外,在样品分析时也容易产生误差。例如:采样滤筒和滤膜 Pb 等重金属空白较高,消解使用的 HCl、HNO_3 等酸类空白也相当高。我国曾发生过同一血铅不同单位分析结果相差 700 余倍的事故。

在样品采集和前处理过程中必须至少带 6 个以上的空白,才能确保扣除空白后的监测数据准确。在审查监测数据时我们曾发现以下问题:

(1) 分析方法选择不合理,导致数据有效性差,用火焰原子吸收分析时,吸光度值为 0.005~0.006 时也报出数据。1% 吸收即 0.0044 吸光度值才是分析方法的灵敏度,低于或接近灵敏度的数据是"未检出"。例如:采样体积 4539L,消解定容体积 50.0mL,样品溶液吸光度值为 0.007,扣除试剂空白吸收后为 0.004,就不能报出准确测定结果,在此情况下应报出"未检出"。

(2) 由于我国 Pb、Cd、Hg 等重金属的限值标准较低,例如 Pb 是 $0.006mg/m^3$,必须使用石墨炉原子吸收法或 ICP—MS 法分析才能得出正确结果。

(3) 必须带多个现场滤膜或滤筒空白,与样品同时消解测定,经统计取均值,作为空白扣除。

(4) 采样时,必须按标准和规范执行,记录风向、风速,避开地面扬尘,这样就不会出现对照点远远高于监控点的监测结果,否则采样点位布设就不够合理。

(5) 必须注意滤筒、滤膜的恒重问题,并不是按标准要求在什么温度下烘多长时间就叫"恒重"。

(6) 在铅、锌冶炼企业的技改项目验收监测时还发现,原来的污水处理厂排水 pH、Pb、Zn、As 都有超标,新建污水处理厂的 pH、Pb、Zn、Cd 也超标,虽然该厂污水全部回用不外排,但污水处理的污泥必须认真监测,并检查其处置情况,防止对环境造成污染。

铅、锌矿多以硫化矿为主,Cd、Cu、Hg 都是亲硫重金属,砷也会有伴生,从我们监测的污水 As、Cd 超标就可以证明。在冶炼过程中大部分 Hg 和少量 As 会随烟气排放,由于环评和批复没提出要求,未能实施验收监测。

1.4 镍的冶炼

Ni 目前属于国标一类污染物，我们验收的镍冶炼项目包括日处理硫化铜镍矿石1500t 的中型有色选矿厂，经选矿后主产品为镍粒矿和副产品铜粒矿。以此为原料年生产 $NiSO_4$ 20000t，$CuSO_4$ 119t，$CoSO_4$ 346t，镍铁 7398t，回收 H_2SO_4 85000t。

(1) 该项目环评中的不足。

在环评中没有提供出矿物的全分析资料，这对评价对象，尤其是重金属的评价就会出现缺陷。在环评时对现有污水的 Ni、Cr(Ⅵ)、Pb、Cd 重金属及 As 进行了监测。

使用的矿石是硫化矿，其伴生元素肯定还有 Hg、产品中又有 Cu、Co。这三项重金属并未做出评价和预测，尤其是一类污染物 Hg，其不仅对水产生污染，其在冶炼过程中的易挥发性也应对烟气、烟尘中的 Hg 以及无组织排放颗粒物及周边土壤进行 Hg 的评价。更难以理解的是环评时监测了干燥窑除尘水 Ni 3.31mg/L（超过 1.0 的标准），Cd 0.102mg/L（超过 0.1 标准），而挥发性的 Hg 却没有监测。此外，H_2SO_4 是用硫化矿冶炼中的 SO_2 回收生产，硫酸厂生产废水 Cd 高达 0.815mg/L，远远超过了 0.1mg/L 的限值标准。如果监测 Hg，肯定会更高，并会大大超标，环评中既对现有项目没有监测，也没有评价。

此外，评价报告书中只有对区域的地表水，地下水，土壤及农作物中 Ni、Cd、As 进行了监测和评价，且 Cd、Ni 都有超标。并没有对伴生元素 Pb、Hg 监测和评价。

(2) 根据批复增加验收监测内容。

由于国家环保总局对该项目环评报告书的批复中："鉴于企业周围地下水体、土壤已经受到重金属污染，建设单位必须尽快制定和落实专项治理方案，提出有效整治措施。"因此，我们在验收监测时补充了对排气、排水、地表水、地下水及土壤中 Hg 进行监测。

排气和烟尘中的 Hg、As 及气的无组织排放我们也要求监测。

1.5 半导体和电子行业

某半导体厂在生产中使用 Pb 和 Cu，该车间污水采用絮凝沉淀处理：电镀废水首先在蓄水池中蓄积，达到一定量后通过电解沉析预处理除去其中大量重金属后，进入絮凝沉淀池处理。我国规定一类污染物 Pb 必须在车间排口采样监测，由于环评要求 Pb、Cu 处理要达到一定的去除率。因此，验收监测时对絮凝沉淀池的进、出口 Pb、Cu 进行了两天，每天四次采样监测。数据分析时发现进口 Pb、Cu 的浓度范围分别为未检出～133mg/L 和未检出～48.0mg/L，出口 Pb 是未检出～1.33mg/L（超标），Cu 是未检出～0.18mg/L。

经详细审查原始数据发现，监测单位使用 GB/T 7475—1987 直接吸入火焰原子吸收法测定，报出的检出限 Pb、Cu 都是 0.05mg/L。这显然出现了失误，用火焰原子吸收法直接测定水样 Cu 的灵敏度至少比 Pb 要高出 5 倍之多。因此要求监测单位说明 Cu 比 Pb 灵敏度高很多，为什么使用同一台仪器在同一实验室出现了都是 0.05mg/L 的检出限。而验收监测方案中 Cu、Pb 检出限分别是 0.03mg/L 和 0.04mg/L。GB/T 7475—1987 中没有说明方法的检出限，只有标准系列的最低点浓度，其中 Cu 是 0.05mg/L，Pb 为 0.2mg/L，如果理解为这是定量下限的话，按定量下限是检出线的 4 倍规定（HJ/T 168—2004）。Cu 的检出限应为 0.012mg/L，Pb 为 0.05mg/L。由于技术方法存在不足之处，我们难以判断出企业的 Pb 排放是否达标。经过对仪器设备、分析中使用的酸空白等认真核对后重新监测，该排口两天 8 次的监测浓度在 0.30～0.49mg/L，没有超过 1.0mg/L 的标准限值。

2 重金属监测中的问题

同一家实验室使用同一台仪器测定一种重金属时，由于使用的酸种类和品质不同，可能会出现检出限的波动，但其差别不能太大，否则应检查和调查仪器寻找原因，并给予解决。

在某电子行业验收监测时，我们对 AsH_3 进行过监测。发现 As 的排放浓度远远超标。通过物料恒算发现，生产过程中使用的 As 即使全部排放，也不可能有如此高的浓度。

经过详细分析采样、制样和样品分析的全过程发现：是由于全程序空白太高，又没有做有效扣除的结果，空白的原子荧光强度超过了标准曲线最高点的荧光强度。当标准系列浓度是：$2.62\mu g/L$、$5.24\mu g/L$、$10.48\mu g/L$ 和 $31.44\mu g/L$ 时，荧光强度分别为 76、95、185 和 475，而两个样品空白荧光强度分别是 483 和 482，超过了 $31.44\mu g/L$ 的 475，这样就不能报出准确的监测结果。

我们要求采样滤筒用 1+1 HNO_3 浸泡过夜，超声波清洗 30min，然后用纯水反复 3 次用超声波清洗后，风干恒重后使用。并且在清洗滤筒、消解样品和配置标准系列时都使用同一瓶优级纯的 HNO_3 和 HCl。同时采样时带 6 个现场空白，并做全程序空白。这样不仅空白值得到了有效的扣除。且重新监测发现企业能做到达标排放。

这里我们联想到海南省的"砒霜门"事件和同一血铅样品分析结果相差 700 余倍的报道。在环保验收监测时，As 及重金属 Pb、Cd、Hg 等的监测，必须注意空白的扣除，并认真实施全程序质量控制，以确保监测数据准确。

45. 火电厂验收时应注意的哪些问题？

答：可参考下述文章。

关于火电厂验收存在的问题分析

1 前言

随着我国工业的高速发展，发电行业也发展很快。我国目前发电仍以燃煤为主，2008 年我国燃煤电厂耗煤量为 13.19 亿 t，到 2009 年增加至 14 亿 t，2010 年达到 15 亿 t，预计 2020 年将超过 19.5 亿 t。就目前环保竣工验收的项目来看，每年仅电厂验收就超过 40 个。

火电厂除燃煤电厂外，还有燃气、燃油（含焦油）、燃秸秆和垃圾发电等，在这类项目验收时，我们发现从燃料成分分析，到环评和环评批复都存在一些不足，在验收监测中也发现一些技术或管理问题，本文就这些问题加以分析。

2 燃煤电厂

2.1 生产负荷

按管理规定，生产负荷达到 75% 以上验收监测结果才有效，而有的电厂建成试运行后，申请不到上网指标，因此在验收监测时达不到管理要求，一拖再拖，有的电厂甚至拖1~2年。

另外，有的电厂申请验收时发电效率刚刚达到75%，而锅炉效率仅有65%，这显然不够合理。因为锅炉产生的蒸汽量会有损失，如果锅炉和发电机组匹配（多数属于这种情况，以减少投资），锅炉负荷应稍高于发电负荷。

2.2 关于脱硫问题

有的使用湿法脱硫的电厂为了提高脱硫效率，使二氧化硫浓度和排放总量降到最低程度，在验收监测期间向石灰石乳液中加强碱，导致脱硫污水处理设施进口的pH>8，甚至有的pH>11或pH=12，这样的污水再经处理实在是浪费资源，应返回到脱硫系统继续用来脱硫。

我们监测过脱硫石灰石乳液的pH为7.2~7.6，当吸收了酸性的二氧化硫后，脱硫污水进口的pH应小于6.5。例如：南京某电厂脱硫污水处理设施进口8次监测的pH为5.4~5.6，江西某电厂pH为6.0~6.3，四川某电厂pH为6.3~6.4，这些都是比较正常的，而某发电厂五期及扩建工程脱硫污水处理设施进口pH为9.0~9.2，经处理后仍为9.1~9.2，显然不合理。

也有的监测发现脱硫污水设施进口pH>11，甚至pH>12。究其原因除有可能弄虚作假在石灰石乳液中加入强碱外，也有可能是煤尘混入，或处理时加入的碱液混入，可通过观察SS是否很高加以判断，还有可能是采样点位不合适，采样时采到了处理污水时加入的碱溶液。我们规定测定脱硫污水进口，而不是加入了碱液处理的水。因此，采样时应充分考虑这一问题。

2.3 脱硫污水的监测

对于脱硫污水设施的进、出口应测pH、SS、As、Hg、氟化物等项目。如果监测COD可能会很高，甚至超标，有的电厂进口COD高达1360mg/L，出口也高达500mg/L以上。而脱硫污水中并不含大量对COD有贡献的污染物，这是由于该污水处理设施规模较小，污水的中和及沉淀时间过短，烟气中二氧化硫被石灰石乳液吸收后形成的亚硫酸钙未充分曝气生成硫酸钙，导致COD值过高。

在监测有的电厂脱硫污水中的氟化物时，发现其进、出口分别高达58~61mg/L和25~27mg/L。按GB 8978—1996《污水综合排放标准》评价，超过了20mg/L的三级标准值。多年前在我国有些地区就发生过因燃煤引发的氟骨病。因此，必须认真监测脱硫污水、污泥及灰渣场地下水中氟化物。

2.4 脱硫污水中的As、Hg监测

我国目前还没有燃煤中砷、汞的确切含量，在建设项目的环评和环评批复中也没有涉及砷、汞排放的问题，也对监测没有要求。除国外的文献报道外，十多年前，我们曾调查过因燃煤导致的砷中毒事件，以及矿难中煤矿污水砷、汞浓度很高的情况。在验收时开展了不得对脱硫污水设备的进出口砷、汞的监测，除参考文献资料外，还考虑砷、汞的化学性质。煤是生物质燃料，其中不可避免存在砷、汞和氟化物及铅、铬、镉等重金属，铅、铬、镉等不易挥发，煤燃尽后会进入渣中，而砷、汞、氟化物易挥发，大部分会随烟尘、烟气排出，在石灰石乳液脱硫时部分被淋入脱硫污水中。

美国、日本、德国等发达国家六年前就开始了燃煤的汞排放监控,在美国目前有约30%的燃煤电厂监控汞的排放。我国有六千多个电厂,燃用的煤来自两万多个大小煤矿,煤含汞0.01~2.0mg/kg,含量范围广,情况十分复杂。据专家统计和预测2010年、2015年和2020年我国燃煤产生汞分别是252t、295t和328t,由于除尘和脱硫会部分抑制汞在大气中排放,实际通过烟气排入环境中的汞分别为87t、90t和88t。

我们监测发现个别电厂脱硫污水设施进口的砷竟高达2.2~3.1mg/L、1.1~2.8mg/L,汞也高达0.02mg/L,虽然中和处理后能达到85%以上的去除率并达标排放,但脱硫污泥是否属于危废还应密切关注。

目前脱硫污水都不直接外排,有的返回系统继续脱硫,这样砷、汞含量会越来越高,尤其污泥也会逐渐成为危废。有的用于湿冲渣进入灰渣场,这样灰渣场的防渗漏就十分关键,在南方丰水地区的灰渣水外溢也必须关注。我们也发现个别灰渣场外溢水氟化物高达6200~7500mg/L,远远超过了20mg/L的排放限值,并且汞也较高。

2.5 灰渣场及湿除灰渣管线

在发达地区,燃煤灰渣基本能做到100%综合利用,而欠发达地区和中部地区灰渣仍有部分进入专用贮灰场,如果是干除灰渣且灰场有防渗层验收监测比较简单。如果是湿除灰渣,且贮灰场是新建的,即使防渗层不合格,通过地下水监测也很难反映出污染状况。尤其目前工程层层承包,建筑材料和工程质量难以保证100%达标,如2010年发生的福建紫金矿业重金属污染事故,上海高楼失火,甚至武汉长江三桥运营十年竟大修21次,而长江一桥从1958年通车以来仅大修过一次,这些都有工程材料和施工资质等方面的问题。我们验收监测时不可能挖开防渗层观察和检验,通过地下水监测又难以判断。因此建设过程中的工程监理十分重要,在华东地区已经开展,应追溯到钢筋、水泥、防渗层等建筑材料的出处、标号等质量以及施工单位资质和施工质量。

关于地下水监测目前尚存在一些技术问题。其一,南方某技改电厂的灰渣场已使用十年以上,环评时地下水pH为6.7~7.2,而验收监测时pH为6.2~6.4,而灰渣浸出液pH>9.2,验收监测结果显然不合理,其原因是现场使用的pH计没有温度自动补偿,也没有做现场校标。该问题应引起注意。其二,内蒙古赤峰地区某电厂环评时地下水氟化物、总硬度都达标,而验收时发现氟化物和总硬度都远远超标,该地区严重缺水且是高氟区,应认为环评数据有误,因灰场为新建,也不能判断是污染所致。其三,因目前环评和环评批复都没涉及湿除灰渣输送去管网对地下水的影响,验收时也从未监测过,而我国西部地区曾发生过此类污染事故。目前输送灰渣都使用大口径的钢筋水泥管,为防止热胀冷缩破损,每节管路在接口处都留有缝隙,此处也没要求有防渗漏措施,长年日久对途经地的地下水污染不容忽视。此外,地下水流向难以把握。尤其在长江以南的丰水地区,监测数据也难以判断出合理性。

3 其他燃料电厂

3.1 燃气电厂

目前我国燃气电厂较少,由于天然气中硫化氢含量较低,所以二氧化硫一般小于20mg/m³,难以准确测量,氮氧化物应是重要控制指标。海南某电厂验收监测二氧化硫小于14mg/m³,而其排放总量却恰好超过了批复要求的一倍,排气量并没有增加,究其原因可能是环评预测有误。天然气中的硫是以硫化氢存在，其分子量是34，而排放标准是二氧化硫，其分子量是64，以后在评价时应引起注意。

3.2 燃油电厂

几年前的奥里油发电厂，环评和批复确定了钒的排放浓度，在监测中比较困难，采样滤筒经微波消解后用ICP测定钒，发现空白值很高，广东省监测中心在消解时带了高达12个全程序空白，经统计扣除后才得到了准确的监测结果。

一般燃油电厂的燃料油多为重油，重油中必不可少的含大量苯系物，甚至多环芳烃（我国有的柴油多环芳烃高达30%以上），因此在环评和批复没提出要求的情况下，也应监测非甲烷总烃和芳烃类及多环芳烃的无组织排放。脱硫污水也应监测多环芳烃和苯系物。

3.3 煤和焦油混合燃烧发电厂

最近我们正在对某"煤代油热电联产"项目组织验收监测。该项目的环评报告表中只提到了二氧化硫、氮氧化物和烟尘，对焦油中可能存在的碳氢化合物，尤其是芳烃类和多环芳烃类都没涉及。而涉及煤焦比是1∶1，实际上焦油掺比量达到了80%，该项目预测烟尘产生量18634mg/m³，速率为7340kg/h，除尘飞灰51964t/a，送至水泥厂综合利用。

在验收监测方案中我们增加了芳烃类的有组织排放监测。由于焦油燃烧的飞灰究竟是普废还是危废，水泥厂综合利用是否安全，目前尚无数据可依，为了对环境负责，我们对飞灰也进行了监测。验收监测发现：该项目排气中的苯并[a]芘若按GB 16171—1996《煤焦炉大气污染物排放标准》达标，该项目显然不是煤焦，若按GB 16297—1996《大气污染物综合排放标准》中沥青及碳素制品生产和加工行业评价则明显超标。由于这是环评漏项，就不可能有批复标准，确实难以判断，但"排气中存在苯并[a]芘"是可以确定的。

此外，除尘器灰中苯并[a]芘含量也相当高。环评并没指出这应属于危废，而是送至水泥厂综合利用，这会成为环境安全的重大隐患。并且全厂总排口甲苯、二甲苯和苯并[a]芘明显超标。按GB 8978—1996苯并[a]芘是一类污染物，必须在车间排水口采样监测，而总排口经过其他种类的污水稀释后仍然超标，可见其问题的严重性。也有可能是其他环节污水存在处理效率低下的问题，但环境风险不容忽视。

由于电厂燃料不同，有组织和无组织排放的特征污染物也会有所不同，以后环评不能按二氧化硫、氮氧化物和烟尘的老路走了，要认真进行污染源的分析。

3.4 植物秸秆发电

目前这类项目很少，我们仅验收过一家秸秆发电的项目，发现一些值得深思的问题，在环评时分析了该电厂环评其秸秆资源主要为棉秆、麦秆、稻秆、油菜秆，氯元素最高含量为1.19%，最低含量为0.07%，平均含量为0.41%，而结论并没有提到产生二噁英的可能性，仍按照一般燃煤电厂对二氧化硫、氮氧化物和烟尘进行了评价，甚至连除尘器灰是危废还是普废都没有评价，当然环评批复也没涉及这类问题。

关于秸秆焚烧产生二噁英的可能性，国外早在十年前就曾有报道，我们也曾对我国在田间随意焚烧秸秆进行过论述（齐文启 汪志国"二噁英类污染物排放的农业面源分析"

中国环境监测，2006 年第二期）报道了当树叶含氯 0.08~2.4mg/g 时，焚烧不当排气中仅 2,3,7,8-四氯二苯并二噁英可达到 0.066~3.9ngTEQ/m³，且底灰中也会有不同异构体的二噁英类，甚至排气中 2,3,7,8-四氯二苯呋喃更高，达 0.34~4.8ngTEQ/m³，且底灰也有存在。这两种都是毒性最大的二噁英类。

该项目焚烧的秸秆氯含量最高达 1.19%，远比 2.4mg/g 报道的树叶中氯含量。该电厂每年产灰渣约 1100t，除尘器灰多达 9900t，环评认为这都是"很好的农家肥料"。究竟如何？尚待考查研究。

3.5 中水回用

中水回用实际落实情况往往与项目所处区域水资源丰富程度、厂址距污水处理厂距离以及中水深度处理成本等因素有关管，在实际验收中水回用未落实的原因大多是因为管网未敷设（因涉及占地），或管网建成但中水价格过高（1.5~6 元/t），或中水深度处理运行成本过高等。

有的环评要求使用某污水处理厂的中水，而该污水厂在我们验收时并没建成，也有的要求使用淡化的海水，而海水淡化项目正在计划之中，这些都给验收工作带来一定的难度。

46. 在氧化铝生产项目环评和验收中重金属及 As 污染问题应注意哪些方面？

答：《重金属污染综合防治"十二五"规划》要求，2010 年重点区域重金属 Pb、Hg、Cr、Cd 等和类金属 As 的排放要比 2007 年削减 15%。自 2009 年以来，我国已连续发生 30 多起特大重金属污染事故，直接危害当地居民健康，其中导致受害居民血液中重金属超标的也超过 10 起。重金属污染防治已作为 2011 年九部委环保专项行动的重点。作为环境保护部重要工作之一的环境影响评价和建设项目竣工环保验收尚存在许多不足之处，在新的形势下必须尽快更新理念，专业人员在业务上精益求精，做到与时俱进，把该项工作做好。

本题就氧化铝生产项目竣工环保验收中发现的问题做以评述，希望能引起相关部门领导和同行专家的注意。在氧化铝项目环保验收中发现有 As 和重金属的污染问题，存在一定的环境风险。

氧化铝生产过程中产生大量赤泥，目前我国还没有把赤泥列为危险废物。因此，在我们验收过的氧化铝企业的环境影响评价和各级环评批复中基本没有涉及 Pb、Hg、Cr、Cd 及 As 等的污染及其治理设施的建设要求等问题。

由于多年前我国曾发生过赤泥堆场溃坝导致了河水 Pb、Cd、As 的污染事故，我们也曾指导处置工作，从 4 年前就开始对一些主要企业赤泥堆场的回水及部分赤泥堆场的地下水进行 Pb、Hg、Cd 等重金属及 As 的监测工作，验收报告中已明确指出重金属及 As 存在风险的问题。

验收监测中发现，某氧化铝生产公司的赤泥回用水 As 竟高达 4.4mg/L，大大超过了 GB 8978—1996《污水综合排放标准》中规定的一类污染物 0.5mg/L 的排放标准限值。该水又呈碱性，长期反复回用会导致 As 浓度越来越高，一旦溃坝后果会十分严重。该赤泥堆场部分地下水有的监测项目也有升高的趋势，其中总硬度、Fe 严重超标，硫酸盐也有超标，尤其 As 比环评时竟升高了近一倍。究其原因，可能是防渗漏措施不当产生的后果。因此审定结论为："赤泥水不外排全部回用，但赤泥回用水 As 超过了一类污染物排放标准的 8 倍，长期回用会导致累积升高，存在一定的潜在风险；赤泥堆场地下水总硬度、硫酸盐和铁有升高，并有的超过了地下水质标准，As 虽然达标，但比环评值升高了一倍，是否有渗漏，应引起重视。过去我国赤泥按普废处置，也曾发生过赤泥崩坝泄露引起的地表水 Pb、Cd、As 污染事故，赤泥管理问题应引起相关单位的重视。"同时，我们审查意见还"建议地方环保主管部门加强地下水的监督监测，防止危害民众。"

此外，我们验收监测还发现有的赤泥堆场回用水 pH＝12.8，Hg 为 0.02mg/L，Cd 为 0.20～0.25mg/L，Pb 为 0.9～1.1mg/L。其中，Cd 和 Pb 均超过了 GB 8978—1996《污水综合排放标准》中规定的一类污染物排放标准限值。虽然该水回用，但 pH＝12.8 的回用水不但使重金属和 As 更加沉积浓缩，也会腐蚀输水管网。在该水回用输送途中，管网是否有防渗漏措施，不得而知。又是否会因渗漏对地下水产生影响，因环评和批复均未涉及，在沿途又未设置观测井，故留下了隐患。

在环保验收过程中还存在以下一些问题：

由于国家对赤泥中的重金属没有明确规定，目前此类建设项目的环境影响评价、环评报告的评估及批复没有涉及此类问题。这方面应着力加强。

我们组织验收时还有一些项目并没有对 As 及重金属进行监测。有的在验收监测方案要求实施时，一些建设单位尚不理解，甚至认为我们超过了环评和环评批复要求的工作范围，因此没有进行监测。例如有的氧化铝项目污水全盐量和总硬度竟分别高达 1200mg/L 和 530mg/L，这种水在回用时也存在相当大的风险，赤泥堆场地下水没有监测 As、Pb、Cd 等，但此回用水 pH 值高达 13，对输水管网的腐蚀显而易见，管网周边的地下水也存在被污染的风险。

目前，我国已成为全球最大氧化铝生产国，2009 年产量约为 2385 万 t，占全球总产量的 30%。赤泥的产生量也达到了约 3000 万 t，占全球的 1/3。由于我国缺乏赤泥综合利用技术，目前利用率仅约为 4%，造成大量赤泥堆存，存在着相当大的环境隐患。

2010 年匈牙利赤泥泄漏对多瑙河的污染已受到国际社会的关注，也给我国氧化铝生产的环境安全敲响了警钟。目前我国氧化铝生产所用铝矿，部分是国产，部分从其他国家进口，由于矿石产地不同，并且和铝伴生的金属除铁外，As、Pb、Cd、Cr、Hg 等并没有相关报道。铝矿在提取了氧化铝之后，铁得到相对富集，因此产生大量赤泥，而矿石中含有的 As 及 Pb、Cd、Cr、Hg 等重金属也会得到相对富集。赤泥究竟是危险废弃物还是普通废弃物？应与矿石的来源密切相关。仅从目前掌握的部分赤泥回水来看，有的 pH＝12.8，有的竟高达 13.0，按 GB 5085.1—2007《危险废物鉴别标准 腐蚀性鉴别》，如果浸出液 pH≥12.5 属于危险废弃物。由于碱性物质与酸性物质不同的是其挥发性较差，可以判断，单从腐蚀性来看，有的赤泥应属于危险废弃物，须按危险废弃物来管理。

建设项目环保验收只是完成"十二五"规划的一个工作手段之一，真正削减重金属和 As 的排放还要依靠环境督查，污染源调查及环境监测等重要手段。

污染物控制标准和相关环境质量标准应根据执行中存在的问题实时修订，尤其固废标准应尽快更新并补齐。例如：燃煤电厂脱硫废水处理污泥，现已发现有的污水进口 As、氟化物超标严重,是否属于危险废弃物?是否需要监测?秸秆焚烧发电的除尘器灰是否含二噁英?是否监测?等等。

在鉴别固废中的重金属时,除现有的浸出液限值以外,还应补充酸溶后的总量限制标准与鉴别。因为有的重金属及 As 虽然浸出量不高,尤其碱性的赤泥,浸出时重金属及 As 会沉淀,难以进入浸出液中,这类固体废弃物处置不当,对环境也有潜在的危害。

评估专家队伍的考核与深层次专业知识的教育十分重要。环评批复有的是根据评估专家对环评报告书的评审意见,如果评审有误,批复就有发生错误的可能,这种现象确实存在。

应重视环评人员的进一步教育及水平的提高。对环评人员,评估专家和验收监测人员的继续教育是管理部门的责任之一。而根据环保形势的发展和技术进步,不断地认真学习,提高技术水平和能力,应是各种专家和技术人员的自觉行为。

十四、其 他 问 题

1. 某住户楼下（一楼）是个小冷库，冷库建后3个月，家人（妻子、女儿、女婿，他是海员不住家里）同时出现昏迷。症状为知道别人说什么，但动不了，没反应。开始时一两个小时就好了，现在他妻子昏迷两三天，送到省立医院检查都查不出原因，身体一切正常，但血液中有项指标超很多，他没带化验单，我不知道是什么指标，我问了省监测站，他们也不知道是否是污染所致，请问如果是污染物所致，该监测什么项目？

答：我们不是医疗专家，又没有血液化验指标，难以判断他们的致病原因。从冷库来看，其污染源应主要是冷媒，一般冷媒使用的是液氨，其泄漏的可能性也较小，且氨虽有毒，但其阈值很低，较容易发现。此外，冷库中的物品也应考虑，如施用农药的农产品，在冷冻过程中农药随水分蒸发等因素，都会产生污染。

2. 定性半定量快速检测的工具市场上有吗？

答：定性定量的方法很多，其实不用什么特殊的工具，无色透明试管、带凹槽的白色比色盘都可以使用。加入水样和显色剂后观察是否变色、色泽深浅，可做出定性半定量判断。另外市场上也有比色纸、比色管等商品出售，例如：使用填充吸附剂和显色剂的测气管，当吸入空气后根据显色部分的位置（长短）可定性、半定量判断空气中甲醛的含量。

3. 某市有家化工（制药）企业向河流内排放有许多泡沫的清水，常规水质项目监测达标，有机复杂的项目又暂无分析能力，可上级领导又对水质达标排放有疑问，请问作为监测人员应如何处理？

答：上级领导对监测结果提出疑问是对的。在 GB 8979—1996《污水综合排放标准》中，1998年1月1日以后建设的单位共有的56项常规监测指标，表5中还列出了"制药工业医疗原料"的最高允许排水量。

制药化工比较复杂，应从原材料、辅助材料、生产工艺、中间体、产品、副产品分析可能有什么污染物排放，从而确定出监测项目。形成泡沫清水除监测 COD、BOD_5 等常规项目外，还应以阴离子表面活性剂或阳离子表面活性剂监测为主，此外，许多监测站并未将 TOC 作为常规监测项目，这里应重点监测 TOC，以 20mg/L 或 30mg/L 限值评价。

4. 如何判断企业有稀释排放的嫌疑？有无配水比例的限制？

答：这类问题十分复杂，在"九五"期间曾查出过淮河流域某排污企业的偷排问题。

我国目前没有配水比例的限制，如果企业把污水稀释后排放，污染物排放总量并不会减少，其用水量也会偏大。任何企业使用地表水或地下水都要交纳水费，如果稀释排放用水量增大，交费也会增加。通过水平衡可以解决这一问题，同时也可判断出企业是否有偷排污水的可能。

**5. 监测发源于祁连山的丰乐河，当地水利局在丰乐河上游建了3个电厂，解决8000

多人的农村饮用水。经过监测分析,盐类、溶解性总固体也不高,在 300mg/L 左右,可是这个水在丰水期、枯水期交替的时间,PVC 管路里形成黄褐色、小片状结晶,堵塞水管,导致用水困难。洪河水上游是有一些采矿的,不知是否有影响?监测人员准备去调查一下,不知该从哪方面入手?

答: 这类问题首先要考虑当地的水土流失,祁连山周边降水量小于蒸发量,尤其是枯水期,由于植被较差,土壤干燥,丰水期江水会把泥沙和土壤表层物质冲入水中。而当地并不是红壤区域,黄褐色片状结晶不会是来自土壤,应从采矿区开始沿途进行调查。首先应弄清楚是开采什么矿。如果是铁矿,黄褐色很有可能是氧化铁类,但无论是哪种矿都会含铁,因为铁是地壳中的主要成分,在选矿过程中把所需的矿物提出,铁在矿渣中会相对富集,顺水冲下进入输水管网。铁对人的毒害性不严重,但伴生的重金属及类金属砷毒性就很大,应调查铁、砷和其他重金属。

此外采选矿使用的黄药也是污染物之一。黄药作为选矿药剂时,可选铜、铅、镍、金、银等矿。广泛用于易浮硫化矿的浮选及复杂硫化矿的优先浮选。黄药品种很多,有丁基黄原酸钠、丁基黄原酸钾、异丁基钠(钾),戊基钠(钾),乙基钾等十多种。黄药分子中存在醇基,容易在水中形成悬浮物。

6. 想找一些有关分析方法的文献资料,应该去哪儿找?

答: 分析方法的文献很多,网上查也很方便,各行各业都编了许多汇集分析方法的书籍,如《水和废水监测分析方法(第四版)》、《空气和废气监测分析方法(第四版)》、《土壤元素近代分析》等。

但从文献资料中查来的方法不能简单地使用(包括有的标准分析方法也存在不足或技术错误),要加以分析。但对查来的分析方法要加以判断和灵活运用,尤其是样品前处理和干扰消除十分重要。

附 表

附表1　主要行业污染物排放表标准

序号	排放标准	标准编号	代替标准	实施时间
1	《污水综合排放标准》	GB 8978—1996	代替 GB 8978—1988	1998-01-01 实施
2	《船舶水污染物排放控制标准》	GB 3552—2018	代替 GB 3552—1983	2018-07-01 实施
3	《石油炼制工业污染物排放标准》	GB 31570—2015	—	2015-07-01 实施
4	《再生铜、铝、铅、锌工业污染物排放标准》	GB 31574—2015	—	2015-07-01 实施
5	《合成树脂工业污染物排放标准》	GB 31572—2015	—	2015-07-01 实施
6	《无机化学工业污染物排放标准》	GB 31573—2015	—	2015-07-01 实施
7	《电池工业污染物排放标准》	GB 30484—2013	—	2014-03-01 实施
8	《制革及毛皮加工工业水污染物排放标准》	GB 30486—2013	—	2014-03-01 实施
9	《合成氨工业水污染物排放标准》	GB 13458—2013	代替 GB 13458—2001	2013-07-01 实施
10	《柠檬酸工业水污染物排放标准》	GB 19430—2013	代替 GB 19430—2004	2013-07-01 实施
11	《麻纺工业水污染物排放标准》	GB 28938—2012	—	2013-01-01 实施
12	《毛纺工业水污染物排放标准》	GB 28937—2012	—	2013-01-01 实施
13	《缫丝工业水污染物排放标准》	GB 28936—2012	—	2013-01-01 实施
14	《纺织染整工业水污染物排放标准》	GB 4287—2012	代替 GB 4287—1992	2013-01-01 实施
15	《炼焦化学工业污染物排放标准》	GB 16171—2012	代替 GB 16171—1996	2012-10-01 实施
16	《铁合金工业污染物排放标准》	GB 28666—2012	—	2012-10-01 实施
17	《钢铁工业水污染物排放标准》	GB 13456—2012	代替 GB 13456—1992	2012-10-01 实施

附表 1 主要行业污染物排放表标准

续表

序号	排放标准	标准编号	代替标准	实施时间
18	《铁矿采选工业污染物排放标准》	GB 28661—2012	—	2012-10-01 实施
19	《橡胶制品工业污染物排放标准》	GB 27632—2011	—	2012-01-01 实施
20	《发酵酒精和白酒工业水污染物排放标准》	GB 27631—2011	—	2012-01-01 实施
21	《汽车维修业水污染物排放标准》	GB 26877—2011	—	2012-01-01 实施
22	《弹药装药行业水污染物排放标准》	GB 14470.3—2011	代替 GB 14470.3—2002	2012-01-01 实施
23	《钒工业污染物排放标准》	GB 26452—2011	—	2011-10-01 实施
24	《磷肥工业污染物排放标准》	GB 15580—2011	代替 GB 15580—1995	2011-03-01 实施
25	《硫酸工业污染物排放标准》	GB 26132—2011	—	2011-10-01 实施
26	《稀土工业污染物排放标准》	GB 26451—2011	—	2011-10-01 实施
27	《硝酸工业污染物排放标准》	GB 26131—2011	—	2011-03-01 实施
28	《镁、钛工业污染物排放标准》	GB 25468—2010	—	2010-10-01 实施
29	《铜、镍、钴工业污染物排放标准》	GB 25467—2010	—	2010-10-01 实施
30	《铅、锌工业污染物排放标准》	GB 25466—2010	—	2010-10-01 实施
31	《铝工业污染物排放标准》	GB 25465—2010	—	2010-10-01 实施
32	《陶瓷工业污染物排放标准》	GB 25464—2010	—	2010-10-01 实施
33	《油墨工业水污染物排放标准》	GB 25463—2010	—	2010-10-01 实施
34	《酵母工业水污染物排放标准》	GB 25462—2010	—	2010-10-01 实施
35	《淀粉工业水污染物排放标准》	GB 25461—2010	—	2010-10-01 实施
36	《制糖工业水污染物排放标准》	GB 21909—2008	—	2010-10-01 实施
37	《混装制剂类制药工业水污染物排放标准》	GB 21908—2008	—	2008-08-01 实施
38	《生物工程类制药工业水污染物排放标准》	GB 21907—2008	—	2008-08-01 实施
39	《中药类制药工业水污染物排放标准》	GB 21906—2008	—	2008-08-01 实施
40	《提取类制药工业水污染物排放标准》	GB 21905—2008	—	2008-08-01 实施

续表

序号	排放标准	标准编号	代替标准	实施时间
41	《化学合成类制药工业水污染物排放标准》	GB 21904—2008	—	2008-08-01 实施
42	《发酵类制药工业水污染物排放标准》	GB 21903—2008	—	2008-08-01 实施
43	《合成革与人造革工业污染物排放标准》	GB 21902—2008	—	2008-08-01 实施
44	《电镀污染物排放标准》	GB 21900—2008	—	2008-08-01 实施
45	《羽绒工业水污染物排放标准》	GB 21901—2008	—	2008-08-01 实施
46	《制浆造纸工业水污染物排放标准》	GB 3544—2008	代替 GB 3544—2001	2008-08-01 实施
47	《杂环类农药工业水污染物排放标准》	GB 21523—2008	—	2008-07-01 实施
48	《煤炭工业污染物排放标准》	GB 20426—2006	部分代替 GB 8978—1996，GB 16297—1996	2006-10-01 实施
49	《皂素工业水污染物排放标准》	GB 20425—2006	部分代替 GB 8978—1996	2007-01-01 实施
50	《医疗机构水污染物排放标准》	GB 18466—2005	—	2006-01-01 实施
51	《啤酒工业污染物排放标准》	GB 19821—2005	—	2006-01-01 实施
52	《味精工业污染物排放标准》	GB 19431—2004	—	2004-04-01 实施
53	《柠檬酸工业污染物排放标准》	GB 19430—2004	—	2004-04-01 实施
54	《兵器工业水污染物排放标准 火炸药》	GB 14470.1—2002	—	2003-07-01 实施
55	《兵器工业水污染物排放标准 火工药剂》	GB 14470.2—2002	—	2003-07-01 实施
56	《城镇污水处理厂污染物排放标准》	GB 18918—2002	—	2003-07-01 实施
57	《畜禽养殖业污染物排放标准》	GB 18596—2001	—	2003-01-01 实施
58	《污水海洋处置工程污染物控制标准》	GB 18486—2001	—	2002-01-01 实施
59	《烧碱、聚氯乙烯工业水污染物排放标准》	GB 15581—95	—	1996-07-01 实施
60	《航天推进剂水污染物排放与分析方法标准》	GB 14374—93	—	1993-12-01 实施
61	《肉类加工工业水污染物排放标准》	GB 13457—92	—	1992-07-01 实施
62	《海洋石油开发工业含油污水排放标准》	GB 4914—85	—	1985-08-01 实施
63	《船舶工业污染物排放标准》	GB 4286—84	—	1985-03-01 实施

附表2 《地表水和污水监测技术规范》和标准分析方法中的水样保存及标准分析方法等相关规定要求

序号	项目	《地表水和污水监测技术规范》(HJ/T 91—2002)水样保存等相关规定					标准分析方法	代替标准	适用范围	标准分析方法中样品保存	方法原理	测定范围/(mg/L)	检出限/(mg/L)	测定下限/(mg/L)	测定上限/(mg/L)
		采样容器	保存剂及用量	保存期	采样量/mL	容器洗涤									
1	水温	—	—	—	—	—	GB 13195—91	—	井水、江河水、湖泊和水库水及海水	现场测定	温度计或颠倒温度计	—	—	—	—
2	pH值*	G.P.	无	12h	250	I	GB 6920—86	—	饮用水、地面水及工业废水	现场测定。否则,应在采样后把样品保持在0~4℃,并在采样后6h之内进行测定	玻璃电极法	pH为1~10	—	—	—
3	电导率*	G.P.	无	12h	250	I	GB/T 5750.4—2006	GB/T 5750—1985	饮用水及水源水	现场测定。G.P.,12h	电极法	—	—	—	—
4	溶解氧*	溶解氧瓶	加入硫酸锰、碱性碘化钾叠氮化钠溶液、现场固定	24h	250	I	HJ 506—2009	GB 11913—89	地表水、地下水、生活污水、工业废水和盐水	现场测定	电化学探头法	0~20, 0~100% [或超过100%(20mg/L)的过饱和溶解氧]	—	—	—
5							GB 7489—87	—	水	1mL二价硫酸锰和2mL碱性试剂,避光	碘量法	0.2~20	—	—	—
6	浊度（臭度）*	G.P.	无	12h	250	I	GB 13200—91	—	饮用水、天然水及高浊度水(分光光度法)、饮用水及水源水(目视比浊法)	样品应收集到具塞玻璃瓶中,取样后尽快测定。如需保存,可保存在冷暗处不超过24h	分光光度法和目视比浊法	—	3度(分光光度法)、1度(目视比浊法)	—	—

附 表

续表

《地表水和污水监测技术规范》(HJ/T 91—2002)水样保存等相关规定

序号	项目	采样容器	保存剂及用量	保存期	采样量/mL	容器洗涤	标准分析方法	代替标准	适用范围	标准分析方法中样品保存	方法原理	测定范围/(mg/L)	检出限/(mg/L)	测定下限/(mg/L)	测定上限/(mg/L)
7	浊度(罕浊度)*	G.P.	无	12h	250	I	HJ 1075—2019	—	地表水、地下水和海水	样品应收集到具塞玻璃瓶或聚乙烯瓶中,取样后尽快现场测定。否则,应在4℃以下冷藏避光保存,不超过48h	浊度计法	—	0.3NTU	—	—
8		G.P.	无	12h	250	I	GB/T 5750.4—2006	GB/T 5750—1985	饮用水及水源水	冷藏(0~4℃),保存时间12h	散射法和视比浊法	—	0.5NTU(散射法)、1NTU(目视浊法)	—	—
9	色度*	G.P.	无	12h	250	I	GB 11903—89	—	地面水、地下水和饮用水	样品采集在玻璃瓶内,在采样后要尽早进行测定。如果必须贮存,则将样品贮于暗处,在有些情况下还要避免样品与空气接触。同时避免温度的变化	铂-钴比色法和稀释倍数法	—	—	—	—
10		G.P.	无	12h	250	I	GB/T 5750.4—2006	GB/T 5750—1985	饮用水及水源水	G.P.,冷藏,保存时间12h	铂-钴标准比色法	5~50度	5度	—	—
11	悬浮物**	G.P.	无	14d	500	I	GB 11901—89	—	地面水、生活污水和工业废水	水样采在硬质玻璃瓶或聚乙烯瓶中,样品采集后应尽快分析测定。如需放置,应置于4℃冷藏箱中,但最长不得超过7d	重量法	—	—	—	—

附表2 《地表水和污水监测技术规范》和标准分析方法中的水样保存及标准分析方法等相关规定要求

续表

序号	项目	《地表水和污水监测技术规范》(HJ/T 91—2002)水样保存等相关规定				标准分析方法	代替标准	适用范围	标准分析方法中样品保存	方法原理	测定范围 /(mg/L)	检出限 /(mg/L)	测定下限 /(mg/L)	测定上限 /(mg/L)
		采样容器	保存剂及用量	保存期	采样量/mL	容器洗涤								
12	高锰酸盐指数**	G	无	2d	500	I	GB 11892—89	—	饮用水、水源水和地面水。不适用于工业废水。当氯离子浓度高于300mg/L时采用碱性高锰酸钾氧化法	采样后要加硫酸,使样品pH为1~2,并尽快分析。如保存时间超过6h,则需置暗处,0~5℃下保存,不得超过2d	酸性(碱性)高锰酸钾氧化法	0.5~4.5	—	—	—
13	化学需氧量	G	加 H_2SO_4, pH≤2	2d	500	I	HJ 828—2017	GB 11914—89	地表水、生活污水和工业废水。不适用于含氯化物大于1000mg/L(稀释后)的水样	采集的水样应尽快分析。如不能立即分析时,应加入硫酸至pH<2,置于4℃下保存,保存时间不超过5d	重铬酸盐法	—	4	16	700
14		G					HJ/T 132—2003	—	高氯废水(氯离子含量大于1000mg/L)。适用于油田和煤化企业氯离子含量高达几万至几十万毫克每升的高氯废水	水样采集于玻璃瓶中,应快分析。若不能立即加入硫酸调节pH<2,加热保存并在48h内测定	碘化钾碱性高锰酸钾法	—	0.20	—	62.5

· 341 ·

续表

序号	项目	《地表水和污水监测技术规范》(HJ/T 91—2002)水样保存等相关规定				标准分析方法	代替标准	适用范围	标准分析方法中样品保存	方法原理	测定范围/(mg/L)	检出限/(mg/L)	测定下限/(mg/L)	测定上限/(mg/L)
		采样容器	保存剂及用量	保存期	采样量/mL	容器洗涤								
15	化学需氧量	G	加 H_2SO_4，pH≤2	2d	500	I	HJ/T 399—2007	—	地表水、地下水、生活污水和工业废水	采集好的水样应在24h内测定，否则应加入硫酸调节水样pH≤2，在0~4℃保存，一般可保存7d	快速消解分光光度法	—		15	1000
16							HJ/T 70—2001	—	高氯离子含量(氯离子含量大于1000mg/L的废水)。适用于油田、油库、炼油厂、氯碱厂、海水深海排放等废水(氯离子量小于20000mg/L)	采集的水样应尽快分析，不能立即分析时，应加入硫酸至pH<2，置4℃下保存，在5d内完成测试	氯气校正法	—	30		—
17	五日生化需氧量**	溶解氧瓶	无	12h	250	I	HJ 505—2009	GB/T 7488—1987	地表水、工业废水和生活污水	采集的样品应充满并密封于棕色玻璃瓶中，样品量不小于1000mL，在0~4℃的暗处运输和保存，并于24h内尽快分析保存(冷冻保存时避免样品冻裂)，冷冻样品分析前需解冻，均质化和接种	稀释与接种法	—	0.5	2	6(非稀释法和稀释接种法)，6000(稀释与稀释接种法)

附表2 《地表水和污水监测技术规范》和标准分析方法中的水样保存及标准分析方法等相关规定要求

续表

序号	项目	《地表水和污水监测技术规范》(HJ/T 91—2002)水样保存等相关规定					标准分析方法	代替标准	适用范围	标准分析方法中样品保存	方法原理	测定范围/(mg/L)	检出限/(mg/L)	测定下限/(mg/L)	测定上限/(mg/L)
		采样容器	保存剂及用量	保存期	采样量/mL	容器洗涤									
18	总有机碳(TOC)	G.	加H_2SO_4,pH≤2	7d	250	I	HJ 501—2009	GB 13193—91和HJ/T 71—2001	地表水、地下水、生活污水和工业废水	水样应采集在棕色玻璃瓶中并充满采样瓶,不留顶空。水样采集后应在24h内测定,否则滴加入硫酸将水样酸化至pH≤2,在4℃条件下可保存7d	燃烧氧化-非分散红外吸收法	—	0.1	0.5	—
19	氨氮	G.P.	H_2SO_4,pH≤2	24h	250	I	HJ/T 195—2005	—	地表水、地下水、海水、饮用水、生活污水及工业污水	水样采集在聚乙烯瓶或玻璃瓶中,并应充满样品瓶。采集好的水样应立即测定,否则应加硫酸将水样酸化至pH<2,防止吸收空气中的氨而玷污,在2~5℃保存,24h内测定	气相分子吸收光谱法	—	0.020	0.080	100
20							HJ 535—2009	GB 7479—87	地表水、地下水、生活污水和工业废水	水样采集在聚乙烯瓶或玻璃瓶中,要尽快分析。如需保存,应加硫酸使水样酸化至pH<2,在2~5℃下可保存7d	纳氏试剂分光光度法	—	0.025	0.10	2.0
21							HJ 536—2009	GB 7481—87	地下水、地表水和工业废水	水样采集在聚乙烯瓶或玻璃瓶中,要尽快分析。如需保存,应加硫酸使水样酸化至pH<2,2~5℃下可保存7d	水杨酸分光光度法	—	0.01(10mm比色皿)/0.004(30mm比色皿)	0.04(10mm比色皿)/0.016(30mm比色皿)	1.0(10mm比色皿)/0.25(30mm比色皿)

续表

序号	项目	《地表水和污水监测技术规范》(HJ/T 91—2002)水样保存等相关规定				标准分析方法	代替标准	适用范围	标准分析方法中样品保存	方法原理	测定范围/(mg/L)	检出限/(mg/L)	测定下限/(mg/L)	测定上限/(mg/L)
		采样容器	保存剂及用量	保存期	采样量/mL	容器洗涤								
22	氨氮	G.P.	H_2SO_4, pH≤2	24h	250	I	HJ 665—2013	—	地表水、地下水、生活污水和工业废水	水样采集在聚乙烯瓶或玻璃瓶中,应尽快分析。若需保存,应加硫酸至pH<2, 2~5℃下密闭保存7d;酸化样品分析前应将pH值调至中性	连续流动-水杨酸分光光度法	0.04~1.00(直接比色模块) 0.16~10.0 (在线蒸馏模块)	0.01(直接比色模块)/0.04(在线蒸馏模块)	—	—
23							HJ 666—2013	—	地表水、地下水、生活污水和工业废水	水样采集在聚乙烯瓶或玻璃瓶中,应尽快分析。若需保存,应加硫酸至pH<2, 5℃以下冷藏可保存7d;酸化样品分析前应将pH值调至中性	流动注射-水杨酸分光光度法	0.04~5.00	0.01	—	—
24							HJ 537—2009	GB 7478—87	生活污水和工业废水	水样采集后要尽快分析,若需保存,应加硫酸化保存至pH<2, 5℃下保存7d	蒸馏-中和滴定法	—	0.05	—	—
25	总磷	G.P.	HCl, H_2SO_4, pH≤2	24h	250	IV	GB 11893—89	—	地面水、污水和工业废水	水样采集后应立即加入硫酸至pH<1,或不加任何试剂于干冷处保存	钼酸铵分光光度法	—	0.01(最低检出浓度)	—	0.6
26							HJ 670—2013	—	地表水、生活污水和工业废水	水样采集后加入硫酸至pH<2,常温可保存24h;于-20℃冷冻,可保存1个月	连续流动-钼酸铵分光光度法	0.04~5.00	0.01	—	—

附表2 《地表水和污水监测技术规范》和标准分析方法中的水样保存及标准分析方法等相关规定要求

续表

序号	项目	《地表水和污水监测技术规范》(HJ/T 91—2002) 水样保存等相关规定				标准分析方法	代替标准	适用范围	标准分析方法中样品保存	方法原理	测定范围/(mg/L)	检出限/(mg/L)	测定下限/(mg/L)	测定上限/(mg/L)
		采样容器	保存剂及用量	保存期	采样量/mL	容器洗涤								
27	总磷	G.P.	HCl, H₂SO₄, pH≤2	24h	250	Ⅳ	HJ 671—2013	—	地表水、地下水、生活污水和工业废水	水样采集后应立即加入硫酸至pH≤2, 常温可保存24h; 于−20℃冷冻, 可保存1个月	流动注射-钼酸铵分光光度法	0.020~1.00	0.005	—	—
28							HJ 667—2013	—	地表水、地下水、生活污水和工业废水	水样采集在聚乙烯瓶或玻璃瓶中, 加硫酸至pH≤2, 常温可保存7d; 或采集于聚乙烯瓶中, −20℃冷冻, 可保存1个月	连续流动-盐酸萘乙二胺分光光度法	0.16~10	0.04	—	—
29	总氮	G.P.	H₂SO₄, pH≤2	7d	250	Ⅰ	HJ 636—2012	GB 11894—89	地表水、地下水、生活污水和工业废水	碱性过硫酸钾消解紫外分光光度法 贮存pH值至1~2, 常温下可保存7d; 在无−20℃冷冻, 可保存1个月	碱性过硫酸钾消解紫外分光光度法	0.2~7.00	0.05	—	—
30							HJ 668—2013	—	地表水、地下水、生活污水和工业废水	水样采集在聚乙烯瓶或玻璃瓶中, 加硫酸至pH≤2, 常温可保存7d; 或采集于聚乙烯瓶中, −20℃冷冻, 可保存1个月	流动注射-盐酸萘乙二胺分光光度法	0.12~10	0.03	—	—
31							HJ/T 199—2005	—	地表水、水库、湖泊、江河水	水样采集在聚乙烯瓶中, 用硫酸酸化至pH<2, 在24h内进行测定	气相分子吸收法	—	0.050	0.200	100
32	氰化物**	P	无	14d	250	Ⅰ	GB 7484—87	—	地面水和工业废水		离子选择电极法			0.05	1900

续表

序号	项目	《地表水和污水监测技术规范》(HJ/T 91—2002) 水样保存等相关规定				标准分析方法	代替标准	适用范围	标准分析方法中样品保存	方法原理	测定范围/(mg/L)	检出限/(mg/L)	测定下限/(mg/L)	测定上限/(mg/L)
		采样容器	保存剂及用量	保存期	采样量/mL	容器洗涤								
33	氟化物**	P	无	14d	250	I	HJ 84—2016	HJ/T 84—2016	地表水、地下水、工业废水和生活污水	水样采集在聚乙烯瓶中，样品采集后应尽快分析，若不能及时测定，应经0.45μm微孔滤膜过滤，于4℃以下冷藏、避光保存14d	离子色谱法	—	0.006	0.024	—
34							HJ 487—2009	GB 7482—87	饮用水、地表水和工业废水	—	茜素磺酸锆目视比色法	—	0.1	0.4	1.5
35							HJ 488—2009	GB 7483—87	地表水、地下水和工业废水	—	氟试剂分光光度法	—	0.02	0.08	—
36	硫化物	G.P.	1L水样加NaOH至pH为9，加入5%抗坏血酸5mL，饱和EDTA 3mL，滴加饱和Zn(AC)₂至胶体产生，常温避光	24h	250	I	HJ 824—2017		地表水、生活污水、地下水和工业废水	采样前向样品瓶中加入氢氧化钠乳液和抗坏血酸，每升水样加入5mL氢氧化钠、4g抗坏血酸，使样品的pH≥11，常温避光保存应尽快分析，样品保存时间不超过24h	流动注射-亚甲基蓝分光光度法	0.016~2.00	0.004	—	—

附表2 《地表水和污水监测技术规范》和标准分析方法中的水样保存及标准分析方法等相关规定要求

续表

序号	项目	《地表水和污水监测技术规范》(HJ/T 91—2002)水样保存等相关规定					标准分析方法	代替标准	适用范围	标准分析方法中样品保存	方法原理	测定范围 /(mg/L)	检出限 /(mg/L)	测定下限 /(mg/L)	测定上限 /(mg/L)
		采样容器	保存剂及用量	保存期	采样量/mL	容器洗涤									
37	硫化物	G、P	1L水样加NaOH至pH为9，加入5%抗坏血酸5mL，饱和EDTA 3mL，滴加饱和Zn(AC)₂至胶体产生，常温避光	24h	250	I	GB/T 16489—1996	—	地面水、地下水、生活污水和工业废水	采样时加适量氢氧化钠乳液和乙酸锌-乙酸钠溶液，使水样呈碱性并形成硫化锌沉淀。通常每升中性水样加入1mL、乙酸锌-乙酸钠溶液加入量为每升水样加2mL，硫化物含量较高时应酌情多加直至沉淀完全。水样应加满瓶，瓶塞下留不空气。现场采集并固定的水样贮存在棕色瓶内，保存时间为1周	亚甲基蓝分光光度法		0.005	—	0.700
38							GB/T 17133—1997	—	地面水及生活污水、造纸废水、石油化工废水、炼焦废水与印染废水	水样应在现场固定，一般加入1mL 1mol/L乙酸锌固定剂与500mL塑料瓶（或玻璃瓶）内，用要采集的水样注满瓶，塞紧瓶盖、将瓶上下轻微颠倒2～3次。运输途中避免阳光直照，样品应在24h内测定	直接显色分光光度法	0.008～25	0.004	—	—

续表

序号	项目	《地表水和污水监测技术规范》(HJ/T 91—2002) 水样保存等相关规定				标准分析方法	代替标准	适用范围	标准分析方法中样品保存	方法原理	测定范围/(mg/L)	检出限/(mg/L)	测定下限/(mg/L)	测定上限/(mg/L)
		采样容器	保存剂及用量	保存期	采样量/mL	容器洗涤								
39	硫化物	G.P.	1L水样加NaOH至pH为9,加入5%抗坏血酸5mL,饱和EDTA 3mL,滴加饱和Zn(AC)₂至胶体产生,常温避光	24h	250	I	HJ/T 200—2005	—	地表水、地下水、海水、饮用水、生活污水及工业污水	采样前先向采样瓶中加入升水为3~5mL的乙酸锌+乙酸钠固定液,注入水样后,用氢氧化钠调至弱碱性,运输途中不受阳光直射,采集的水样保存在4℃冰箱保存,并在24h内测定	气相分子吸收光谱法	—	0.005	0.020	10
40	氰化物	G.P.	NaOH,pH≥9	12h	250	I	HJ 484—2009	GB 7486—87、GB 7487—87	地表水、生活污水和工业废水	水样采集在聚乙烯塑料瓶或硬质玻璃瓶中,样品采集后必须立即加氢氧化钠固定,一般每升水样加0.5g固体氢氧化钠固定。当水样酸度高时,使样品的pH>12。如果不能及时测定样品,必须将样品在4℃以下冷藏,并在采样后24h内分析样品。当样品中含有大量硫化物时,应先加碳酸镉或碳酸铅,除去硫化物,再加固体氢氧化钠固定。否则,氰离子和硫离子在碱性条件下,反应生成硫氰酸根,氰离子和硫氰酸离子二者干扰测定	容量法和分光光度法	—	0.25(硝酸银滴定法)、0.004(异烟酸-吡唑啉酮分光光度法)、0.001(异烟酸-巴比妥酸分光光度法)、0.002(吡啶-巴比妥酸分光光度法)	1.00(硝酸银滴定法)、0.016(异烟酸-吡唑啉酮分光光度法)、0.004(异烟酸-巴比妥酸分光光度法)、0.008(吡啶-巴比妥酸分光光度法)	100(硝酸银滴定法)、0.25(异烟酸-吡唑啉酮分光光度法)、0.45(异烟酸-巴比妥酸分光光度法)、0.45(吡啶-巴比妥酸分光光度法)

附表2 《地表水和污水监测技术规范》和标准分析方法中的水样保存及标准分析方法等相关规定要求

续表

序号	项目	《地表水和污水监测技术规范》(HJ/T 91—2002)水样保存等相关规定					标准分析方法	代替标准	适用范围	标准分析方法中样品保存	方法原理	测定范围/(mg/L)	检出限/(mg/L)	测定下限/(mg/L)	测定上限/(mg/L)
		采样容器	保存剂及用量	保存期	采样量/mL	容器洗涤									
41	氰化物	G.P.	NaOH, pH≥9	12h	250	I	HJ 823—2017	—	地表水、地下水、生活污水和工业废水	样品应采集在密闭的塑料样品瓶中。样品采集后,应立即加入固体氢氧化钠,一般每升水样加0.5g固体氢氧化钠。当水样碱化固定时,应多加固体氢氧化钠,使样品的pH至12~12.5。采集的样品尽快测定,否则,应将样品贮存于4℃以下,并在采样后24h内进行测定	流动注射-分光光度法	0.004~0.10(异烟酸-巴比妥酸法)、0.008~0.50(吡啶-巴比妥酸法)	0.001(异烟酸-巴比妥酸法)、0.002(吡啶-巴比妥酸法)	—	—
42							HJ 659—2013	—	地表水、地下水、生活污水和工业废水	样品应尽快现场测定,不需要添加固定剂	真空检测管-电子比色法	—	—	—	—
43							HJ 84—2016	HJ/T 84—2016	地下水、地表水、工业废水和生活污水	水样采集在硬质玻璃瓶或聚乙烯瓶中,样品采集后应尽快分析,若不能及时测定,应经0.45μm微孔滤膜过滤于4℃以下冷藏、避光保存30d	离子色谱法	—	0.018	0.072	—
44	硫酸盐**	G.P.	无	30d	250	I	GB 13196—91	—	地表水、地下水及饮用水	水样采集后,立即用0.45μm微孔滤膜抽滤除去悬浮物,贮存于聚乙烯瓶中	火焰原子吸收原子吸光光度法	—	0.4(最低检出浓度)	—	30

续表

序号	项目	《地表水和污水监测技术规范》(HJ/T 91—2002) 水样保存等相关规定				标准分析方法	代替标准	适用范围	标准分析方法中样品保存	方法原理	测定范围 /(mg/L)	检出限 /(mg/L)	测定下限 /(mg/L)	测定上限 /(mg/L)
		采样容器	保存剂及用量	保存期	采样量/mL	容器洗涤								
45	硫酸盐**	G.P.	无	30d	250	Ⅰ	GB 11899—89	—	地面水、地下水、含盐水、生活污水和工业废水	样品可以采集在硬质玻璃瓶或聚乙烯瓶中。为了不使水样中可能存在的硫化物氧化或被空气氧化，容器必须用水样完全充满。不必加保护剂。为了分析可以冷藏较长时间。为了分析过滤态的硫酸盐，水样应在采样后立即在现场（或尽可能快地）用0.45μm的微孔滤膜过滤。滤液留待分析。需要测定硫酸盐的总量时，应将水样摇匀后取试料，适当处理后进行分析	重量法			10	5000
46		G.P.	无	30d	250	Ⅰ	HJ 84—2016	HJ/T 84—2016	地表水、工业废水和生活污水	水样采集在硬质玻璃瓶或聚乙烯瓶中，样品采集后应尽快分析。若不能及时测定，应经0.45μm微孔滤膜过滤，于4℃以下冷藏，避光保存30d	离子色谱法		0.007	0.028	—
47	氯化物**	G.P.	无				GB 11896—89	—	天然水、海水、生活污水和工业废水	水样采集在玻璃瓶或聚乙烯瓶内，保存时不必加入特别的防腐剂	硝酸银滴定法	10～500		—	—

附表2 《地表水和污水监测技术规范》和标准分析方法中的水样保存及标准分析方法等相关规定要求

续表

序号	项目	《地表水和污水监测技术规范》(HJ/T 91—2002) 水样保存等相关规定					标准分析方法	代替标准	适用范围	标准分析方法样品保存	方法原理	测定范围 /(mg/L)	检出限 /(mg/L)	测定下限 /(mg/L)	测定上限 /(mg/L)
		采样容器	保存剂及用量	保存期	采样量/mL	容器洗涤									
48	溴化物**	G.P.	无	14h	250	I	HJ 84—2016	HJ/T 84—2016	地表水、地下水、工业废水和生活污水	水样采集在硬质玻璃瓶或聚乙烯瓶中，样品采集后应尽快分析。若不能及时测定，应经0.45μm微孔滤膜过滤，于4℃以下冷藏，避光保存2d	离子色谱法	—	0.016	0.064	—
49	碘化物	G.P.	NaOH, pH=12	14h	250	I	HJ 778—2015	—	地表水和地下水	水样采集后立即置于聚乙烯瓶或棕色玻璃瓶中，加入氢氧化钠饱和溶液调节pH约为12，尽快分析。如不能及时分析，应于0～4℃冷藏，避光保存，并于24h内完成测定	离子色谱法	—	0.002	0.008	—
50		G.P.	NaOH,H₂SO₄调pH=7, CHCl₃ 0.5%	7d	250	IV	HJ 669—2013	—	地表水和地下水	样品应经0.45μm微孔滤膜过滤，其滤液不加任何保存剂，收集于聚乙烯或玻璃瓶内，在0～4℃下可保存48h	离子色谱法	—	0.007	0.028	—
51	磷酸盐	G.P.					HJ 84—2016	HJ/T 84—2016	地表水、地下水、工业废水和生活污水	水样采集在硬质玻璃瓶或聚乙烯瓶中，样品采集后应尽快分析。若不能及时测定，应经0.45μm微孔滤膜过滤，于4℃以下冷藏，避光保存2d	离子色谱法	—	0.051	0.204	—

续表

序号	项目	《地表水和污水监测技术规范》(HJ/T 91—2002)水样保存等相关规定					标准分析方法	代替标准	适用范围	标准分析方法中样品保存	方法原理	测定范围/(mg/L)	检出限/(mg/L)	测定下限/(mg/L)	测定上限/(mg/L)
		采样容器	保存剂及用量	保存期	采样量/mL	容器洗涤									
52	亚硝酸盐氮**	G.P.	无	24h	250	I	HJ 84—2016	HJ/T 84—2016	地表水、地下水、工业废水和生活污水	水样采集在硬质玻璃瓶或聚乙烯瓶中，样品采集后应尽快分析。若不能及时测定，干4℃以下冷藏，经0.45μm微孔滤膜过滤，避光保存2d	离子色谱法	—	0.016	0.064	—
53		G.P.					GB 7493—87	—	饮用水、地面水及废水	水样采集在硬质聚乙烯瓶或玻璃瓶中，样品尽快分析(1~2d)，若需短期保存，可以在每升样品中加入40mg氯化汞，并保存于2~5℃	分光光度法	—	0.001 (最低检出浓度)	—	0.20
54							HJ/T 197	—	地表水、地下水、饮用水、生活污水及工业废水	一般用玻璃瓶或聚乙烯瓶。采样时水样应充满采样瓶，采集的水样应立即测定，否则应在4℃冰箱内保存，并尽快分析	气相分子吸收光谱法	—	0.003	0.012	10
55	硝酸盐氮**	G.P.	无	24h	250	I	HJ 84—2016	HJ/T 84—2001	地表水、地下水、工业废水和生活污水	水样采集在硬质玻璃瓶或聚乙烯瓶中，样品采集后应尽快分析。若不能及时测定，干4℃以下冷藏，经0.45μm微孔滤膜过滤，避光保存7d	离子色谱法	—	0.016	0.064	—

附表2 《地表水和污水监测技术规范》和标准分析方法中的水样保存及标准分析方法等相关规定要求

续表

序号	项目	《地表水和污水监测技术规范》(HJ/T 91—2002) 水样保存等相关规定					标准分析方法	代替标准	适用范围	标准分析方法中样品保存	方法原理	测定范围/(mg/L)	检出限/(mg/L)	测定下限/(mg/L)	测定上限/(mg/L)
		采样容器	保存剂及用量	保存期	采样量/mL	容器洗涤									
56	硝酸盐氮**	G.P.	无	24h	250	Ⅰ	GB 7480—87	—	饮用水、地下水和清洁地面水	水样采集在玻璃瓶或聚乙烯瓶中，样品采集后立即分析，必要时，应保存于4℃下，但不得超过24h	酚二磺酸分光光度法	0.02~2.0	0.02（最低检出浓度）	—	—
57							HJ/T 198—2005	—	地下水、海水、饮用水、生活污水及工业废水	一般用玻璃瓶或聚乙烯瓶采集水样的水样用稀硫酸酸化至pH<2，在24h内测定	气相分子吸收光谱法	—	—	—	—
58							GB 11911—89	—	地面水、地下水和工业废水	水样采集在聚乙烯瓶中，样品采集后立即加硝酸酸化至pH至1~2。若测定可过滤态，样品采集后尽快通过0.45μm微孔滤膜过滤后硝酸酸化至pH至1~2	火焰原子吸收分光光度法	—	0.03	0.03	10
59	铁	G.P.	HNO₃, 1L水样中加浓HNO₃ 10mL	14d	250	Ⅲ	HJ 700—2014	—	地表水、生活污水、低浓度工业废水	水样采集在聚乙烯瓶中，样品采集后立即加硝酸酸化至pH<2	电感耦合等离子体质谱法	—	0.82μg/L	3.28μg/L	—
60							HJ 776—2015	—	地表水、生活污水和工业废水	水样采集在聚乙烯瓶中，样品采集后立即加硝酸酸化后硝酸使含量达到1%	电感耦合等离子体发生光谱法	—	0.01（水平）/0.02（垂直）	0.04（水平）/0.07（垂直）	—

· 353 ·

续表

序号	项目	《地表水和污水监测技术规范》(HJ/T 91—2002) 水样保存等相关规定			标准分析方法	代替标准	适用范围	标准分析方法中样品保存	方法原理	测定范围/(mg/L)	检出限/(mg/L)	测定下限/(mg/L)	测定上限/(mg/L)
		采样容器	保存剂及用量	保存期 采样量/mL 容器洗涤									
61		G.P.			HJ 776—2015	—	地表水、地下水、生活污水和工业废水	水样采集在聚乙烯瓶中，样品采集后立即加硝酸酸化，样品采集后立即加硝酸使硝酸含量达到1%	电感耦合等离子体发生光谱法	—	0.01（水平）/0.004（垂直）	0.06（水平）/0.02（垂直）	—
62			HNO₃, 1L 水样中加浓 HNO₃ 10mL	14d 250 Ⅲ	GB 11911—89	—	地面水、地下水、低浓度工业废水	水样采集在聚乙烯瓶中，样品采集后加硝酸酸化至pH至1~2。若测定可过滤态，样品采集后尽快通过0.45μm微孔滤膜过滤后加硝酸酸化至pH至1~2	火焰原子吸收分光光度法	—	0.01	—	—
63	锰				HJ 700—2014	—	地表水、地下水、生活污水、工业废水	水样采集在聚乙烯瓶中，样品采集后立即加硝酸酸化至pH<2	电感耦合等离子体质谱法	—	0.12μg/L	0.48μg/L	—
64					GB 11906—89	—	饮用水、地面水、地下水和工业废水	用硬质玻璃瓶或聚乙烯瓶采集样品，低价锰易氧化到四价形成沉淀吸附在瓶壁上，采集后加入硝酸，调节pH至1~2	高碘酸钾分光光度法	—	0.02	—	3

附表2 《地表水和污水监测技术规范》和标准分析方法中的水样保存及标准分析方法等相关规定要求

续表

序号	项目	《地表水和污水监测技术规范》(HJ/T 91—2002)水样保存等相关规定					标准分析方法	代替标准	适用范围	标准分析方法中样品保存	方法原理	测定范围/(mg/L)	检出限/(mg/L)	测定下限/(mg/L)	测定上限/(mg/L)
		采样容器	保存剂及用量	保存期	采样量/mL	容器洗涤									
65	铜	P	HNO₃,1L水样中加浓HNO₃ 10mL②	14d	250	Ⅲ	HJ 485—2009	GB 7474—87	地表水、地下水、生活污水和工业废水	水样采集在聚乙烯瓶中，样品采集后应尽快分析，应于100mL水样中加入0.5mL盐酸溶液，酸化至pH约为1.5	二乙基二硫代氨基甲酸钠分光光度法	—	0.010	0.040	6.00
66							HJ 486—2009	GB 7473—87	地表水、地下水、生活污水和工业废水	水样采集在聚乙烯瓶中，样品采集后应尽快分析，应于100mL水样中加入0.5mL盐酸溶液，酸化至pH约为1.5	2,9-二甲基-1,10-菲啰啉分光光度法	—	0.03（直接）/0.02（萃取）	0.12（直接）/0.08（萃取）	1.3（直接）/3.2（萃取）
67							GB 7475—87	—	地下水、地面水和废水	水样采集在聚乙烯瓶中，样品采集后立即加硝酸酸化至pH为1~2	原子吸收分光光度法	0.05~5（直接法）/1~50μg/L（螯合萃取法）			
68							HJ 700—2014	—	地表水、地下水、生活污水、低密度工业废水	水样采集在聚乙烯瓶中，样品采集后立即加硝酸酸化至pH<2	电感耦合等离子体质谱法	—	0.08μg/L	0.32μg/L	—
69							HJ 776—2015	—	地表水、地下水、生活污水和工业废水	水样采集在聚乙烯瓶中，样品采集后立即加硝酸使硝酸含量达到1%	电感耦合等离子体发生光谱法	—	0.04（水平）/0.006（垂直）	0.16（水平）/0.02（垂直）	—

续表

序号	项目	《地表水和污水监测技术规范》(HJ/T 91—2002) 水样保存等相关规定					标准分析方法	代替标准	适用范围	标准分析方法中样品保存	方法原理	测定范围/(mg/L)	检出限/(mg/L)	测定下限/(mg/L)	测定上限/(mg/L)
		采样容器	保存剂及用量	保存期	采样量/mL	容器洗涤									
70	锌	P	HNO₃, 1L 水样中加浓HNO₃ 10mL②	14d	250	Ⅲ	HJ 776—2015	—	地表水、地下水、生活污水和工业废水	水样采集在聚乙烯瓶中，样品采集后立即加硝酸使硝酸含量达到1%	电感耦合等离子体发射光谱法	—	0.009（水平）/0.004（垂直）	0.04（水平）/0.02（垂直）	—
71							GB 7472—87	—	天然水和某些废水	水样采集在聚乙烯瓶中，样品采集后立即加硝酸使硝酸pH约1.5	双硫腙分光光度法	—	—	—	—
72							GB 7475—87	—	地下水、地面水和废水	水样采集在聚乙烯瓶中，样品采集后立即加硝酸使硝酸pH为1~2	原子吸收分光光度法	0.05~1（直接法）	5μg/L	—	—
73							HJ 700—2014	—	地表水、地下水、生活污水和工业废水	水样采集在聚乙烯瓶中，样品采集后立即加硝酸使硝酸pH<2	电感耦合等离子体质谱法	—	0.67μg/L	2.68μg/L	—
74	硒	G.P.	HCl, 1L 水样中加浓HCl 2mL	14d	250	Ⅲ	HJ 694—2014	—	地表水、生活污水和工业废水	每升水样中加入2mL盐酸。样品保存为14d	原子荧光法	—	0.4μg/L	1.6μg/L	—
75							GB/T 15505—1995	—	水和废水	水样采集后立即加硝酸酸化至pH为1~2。正常情况下，每1000mL样品中加3mL硝酸，常温下可保存半年	石墨炉原子吸收分光光度法	0.015~0.2	0.003	—	—

附表2 《地表水和污水监测技术规范》和标准分析方法中的水样保存及标准分析方法等相关规定要求

续表

序号	项目	《地表水和污水监测技术规范》(HJ/T 91—2002) 水样保存技术等相关规定					标准分析方法	代替标准	适用范围	标准分析方法中样品保存	方法原理	测定范围 /(mg/L)	检出限 /(mg/L)	测定下限 /(mg/L)	测定上限 /(mg/L)
		采样容器	保存剂及用量	保存期	采样量 /mL	容器洗涤									
76	硒	G.P.	HCl, 1L 水样中加浓 HCl 2mL	14d	250	Ⅲ	HJ 700—2014	—	地表水、地下水、生活污水、低浓度工业废水	水样采集在聚乙烯瓶中,样品采集后立即加硝酸酸化至 pH<2	电感耦合等离子体质谱法	—	0.41μg/L	1.64μg/L	—
77							HJ 811—2016	—	地表水、地下水、生活污水和工业废水	水样采集在玻璃或聚乙烯瓶中,应按比例(1000mL 样品加入 10mL 硝酸),加入硝酸,于 4℃以下冷藏保存,14d 内完成分析测定	3,3'-二氨基联苯胺分光光度法	—	2.0μg/L	8.0μg/L	—
78							HJ 776—2015	—	地表水、地下水、生活污水和工业废水	水样采集在聚乙烯瓶中,样品采集后立即加硝酸使硝酸含量达到1%	电感耦合等离子体发生光谱法	—	0.03（水平）/0.1（垂直）	0.12（水平）/0.45（垂直）	—
79	砷	G.P.	HNO₃, 1L 水样中加浓 HNO₃ 10mL, DDTC 法,HCl 2mL	14d	250	Ⅰ	HJ 694—2014	—	地表水、地下水、生活污水和工业废水	每升水样中加入 2mL 盐酸。样品保存区为 14d	原子荧光法	—	0.3μg/L	1.2μg/L	—

续表

序号	项目	采样容器	保存剂及用量	保存期	采样量/mL	容器洗涤	标准分析方法	代替标准	适用范围	标准分析方法中样品保存	方法原理	测定范围/(mg/L)	检出限/(mg/L)	测定下限/(mg/L)	测定上限/(mg/L)
80	砷	G.P.	HNO₃, 1L水样中加浓HNO₃ 10mL, DDTC法, HCl 2mL	14d	250	Ⅰ	HJ 700—2014	—	地表水、地下水、生活污水、低浓度工业废水	水样采集在聚乙烯瓶中，样品采集后立即加硝酸酸化至pH<2	电感耦合等离子体质谱法	—	0.12μg/L	0.48μg/L	—
81							HJ 776—2015	—	地表水、地下水、生活污水和工业废水	水样采集在聚乙烯瓶中，样品采集后立即加硝酸酸化，酸含量达到1%	电感耦合等离子体发射光谱法	—	0.2（水平）/0.2（垂直）	0.6（水平）/0.81（垂直）	—
82							GB 7485—87	—	水和废水	—	二乙基二硫代氨基甲酸银分光光度法	—	0.007	—	0.50
83							GB 11900—89	—	地面水和饮用水	采集后的样品，用浓硫酸调节pH<2，贮于玻璃或聚乙烯瓶中，在低温下保存	硼氢化钾-硝酸银分光光度法	—	0.4μg/L（最低检出浓度）	—	0.12μg/L（最低检出浓度）
84							HJ 694—2014	—	地表水、地下水、生活污水和工业废水	每升水样中加入5mL盐酸，样品保存区为14d	原子荧光法	—	0.04μg/L	0.16μg/L	—
85	汞	G.P.	HCl 1%如水样为中性，1L水样中加浓HCl 10mL	14d	250	Ⅲ	HJ 597—2011	GB 7468—87	地表水、地下水、工业废水和生活污水	每升水样中加入10mL盐酸至pH<1，在室温阴凉处放置，可保存1个月	冷原子吸收分光光度法	—	0.01μg/L	0.04μg/L	—

附表2 《地表水和污水监测技术规范》和标准分析方法中的水样保存及标准分析方法等相关规定要求

续表

序号	项目	《地表水和污水监测技术规范》(HJ/T 91—2002)水样保存等相关规定					标准分析方法	代替标准	适用范围	标准分析方法中样品保存	方法原理	测定范围/(mg/L)	检出限/(mg/L)	测定下限/(mg/L)	测定上限/(mg/L)
		采样容器	保存剂及用量	保存期	采样量/mL	容器洗涤									
86		G.P.	HNO₃, 1L 水样中加浓 HNO₃ 10mL②	14d	250	Ⅲ	HJ 776—2015	—	地表水、地下水、生活污水和工业废水	水样采集在聚乙烯瓶中,样品采集后立即加硝酸酸化至量达到1%	电感耦合等离子体发射光谱法	—	0.05(水平)/0.005(垂直)	0.20(水平)/0.02(垂直)	—
87	镉						GB 7475—87	—	地下水、地面水和废水	水样采集在聚乙烯瓶中,样品采集后立即加硝酸酸化至 pH 为1~2	原子吸收分光光度法	0.05~1(直接法)/1~50μg/L(螯合萃取法)	0.05μg/L	0.20μg/L	—
88							HJ 700—2014	—	地下水、地表水、生活污水、低浓度工业废水	水样采集在聚乙烯瓶中,样品采集后立即加硝酸酸化至 pH<2	电感耦合等离子体质谱法	—	0.001	0.004	—
89							HJ 908—2017	—	地表水、地下水和生活污水	样品采集后,加入适量的氢氧化钠溶液,调节样品 pH 值至8~9,并在采集24h 内测定	流动注射-二苯碳酰二肼分光光度法	—	—	—	0.600
90	铬(六价)	G.P.	NaOH, pH=8~9	14d	250	Ⅲ	GB 7467—87	—	地面水和工业废水	样品应该用玻璃瓶采集、加入氢氧化钠,调节样品 pH 值约为8。并放置,如采集后尽快测定,不要超过24h	二苯碳酰二肼分光光度法	—	0.004	—	1.0

续表

序号	项目	《地表水和污水监测技术规范》(HJ/T 91—2002) 水样保存等相关规定					标准分析方法	代替标准	适用范围	标准分析方法中样品保存	方法原理	测定范围 /(mg/L)	检出限 /(mg/L)	测定下限 /(mg/L)	测定上限 /(mg/L)
		采样容器	保存剂及用量	保存期	采样量 /mL	容器洗涤									
91	铅	G.P.	HNO_3, 1%如水样为中性，1L水样中加浓HNO_3 10mL②	14d	250	Ⅲ	GB 7470—87	—	天然水和废水	样品采集后，每1000mL水样立即加入2.0mL硝酸加以酸化(pH约为1.5)，加入碘溶液以避免挥发性有机铅化合物在水样处理和消化过程中损失	双硫腙分光光度法	0.01～0.30	0.010	—	—
92							GB 7475—87	—	地下水、地面水和废水	水样采集在聚乙烯瓶中，样品采集后立即加硝酸酸化至pH为1～2	原子吸收分光光度法	0.2～10(直接法)/ 10～200μg/L(螯合萃取法)	—	—	—
93							HJ 700—2014	—	地表水、地下水、生活污水、低浓度工业废水	水样采集在聚乙烯瓶中，样品采集后立即加硝酸酸化至pH<2	电感耦合等离子体质谱法	—	0.09μg/L	0.36μg/L	—
94							HJ 776—2015	—	地表水、地下水、生活污水和工业废水	水样采集在聚乙烯瓶中，样品采集后立即加硝酸使硝酸含量达到1%	电感耦合等离子体发生光谱法	—	0.1μg/L(水平)/0.07(垂直)	0.39(水平)/0.29(垂直)	—
95	铍	G.P.	HNO_3, 1L水样中加浓HNO_3 10mL	14d	250	Ⅲ	HJ/T 59—2000	—	地表水和污水	水样采集后立即加入硝酸，使样品pH为1～2	石墨炉原子吸收分光光度法	0.2～0.5μg/L	0.02μg/L	—	—

附表2 《地表水和污水监测技术规范》和标准分析方法中的水样保存及标准分析方法等相关规定要求

续表

序号	项目	《地表水和污水监测技术规范》(HJ/T 91—2002) 水样保存等相关规定					标准分析方法	代替标准	适用范围	标准分析方法中样品保存	方法原理	测定范围 /(mg/L)	检出限 /(mg/L)	测定下限 /(mg/L)	测定上限 /(mg/L)
		采样容器	保存剂及用量	保存期	采样量 /mL	容器洗涤									
96	铍	G.P.	HNO₃，1L水样中加浓HNO₃ 10mL	14d	250	Ⅲ	HJ 700—2014	—	地表水、地下水、生活污水、低浓度工业废水	水样采集在聚乙烯瓶中，样品采集后立即加硝酸酸化至pH<2	电感耦合等离子体质谱法	—	0.04μg/L	0.16μg/L	—
97							HJ/T 58—2000	—	地表水和污水	水样采集如不能立即分析，需用盐酸将水样酸化至pH为1~2	铬菁R分光光度法	0.7~40.0μg/L	0.2μg/L	—	—
98							HJ 776—2015	—	地表水、地下水、生活污水和低浓度工业废水	水样采集在聚乙烯瓶中，样品采集后立即加硝酸酸化使硝酸含量达到1%	电感耦合等离子体发生光谱法	—	0.008（水平）/0.010（垂直）	0.03（水平）/0.04（垂直）	—
99	硼	P	HNO₃，1L水样中加浓HNO₃ 10mL	14d	250	Ⅰ	HJ 776—2015	—	地表水、地下水、生活污水和低浓度工业废水	水样采集在聚乙烯瓶中，样品采集后立即加硝酸酸化使硝酸含量达到1%	电感耦合等离子体发生光谱法	—	0.01（水平）/0.4（垂直）	0.05（水平）/1.6（垂直）	—
100							HJ 700—2014	—	地表水、地下水、生活污水、低浓度工业废水	水样采集在聚乙烯瓶中，样品采集后立即加硝酸酸化至pH<2	电感耦合等离子体质谱法	—	1.25μg/L	5.00μg/L	—

续表

序号	项目	《地表水和污水监测技术规范》(HJ/T 91—2002)水样保存等相关规定				标准分析方法	代替标准	适用范围	标准分析方法中样品保存	方法原理	测定范围/(mg/L)	检出限/(mg/L)	测定下限/(mg/L)	测定上限/(mg/L)
		采样容器	保存剂及用量	保存期	采样量/mL	容器洗涤								
101	钠	P	HNO₃, 1L水样中加浓HNO₃ 10mL	14d	250	Ⅱ	GB 11904—89	—	地面水和饮用水	水样在采集后,应立即以0.45μm微孔滤膜(或中速定量滤纸)过滤,其滤液用硝酸调至pH为1~2,于聚乙烯瓶中保存	火焰原子吸收分光光度法	0.01~2.00	—	—	—
102	钾	P	HNO₃, 1L水样中加浓HNO₃ 10mL	14d	250	Ⅱ	GB 11904—89	—	地面水和饮用水	样品采集后冷藏运输。运回实验室后应立即放入冰箱中,在4℃以下保存,14d内分析完毕	火焰原子吸收分光光度法	0.05~4.00	—	—	—
103	钙	G.P.			250	Ⅱ	GB 7476—87	—	地下水和地面水	水样采集在聚乙烯或成玻璃瓶中,水样应于24h内完成测定。否则,每升水样中应加2mL硝酸至pH1.5左右	EDTA滴定法	2~100 (0.05~2.5m mol/L)	0.05m mol/L	—	—
104		G.P.			250	Ⅱ	GB 7477—87	—	地下水和地面水	水样采集在聚乙烯或成玻璃瓶中,水样应于24h内完成测定。否则,每升水样中应加2mL硝酸至pH1.5左右	EDTA滴定法	—	0.02	—	—
105		G.P.					GB 11905—89	—	地下水、地面水和废水	水样采集在聚乙烯瓶中,加硝酸酸化至pH为1.5左右	原子吸收分光光度法	0.1~6.0		—	—
106	镁	G.P.	HNO₃, 1L水样中加浓HNO₃ 10mL	14d	250	Ⅱ	GB 7477—87	—	地下水和地面水	水样采集在聚乙烯或成玻璃瓶中,水样应于24h内完成测定。否则,每升水样中应加2mL硝酸至pH1.5左右	EDTA滴定法	—	0.05m mol/L	—	—
107		G.P.					GB 11905—89	—	地下水、地面水和废水	水样采集在聚乙烯瓶中,加硝酸酸化至pH为1.5左右	原子吸收分光光度法	0.01~0.6	0.002	—	—

附表2 《地表水和污水监测技术规范》和标准分析方法中的水样保存及标准分析方法等相关规定要求

续表

序号	项目	《地表水和污水监测技术规范》(HJ/T 91—2002) 水样保存等相关规定					标准分析方法	代替标准	适用范围	标准分析方法中样品保存	方法原理	测定范围/(mg/L)	检出限/(mg/L)	测定下限/(mg/L)	测定上限/(mg/L)
		采样容器	保存剂及用量	保存期	采样量/mL	容器洗涤									
108	镍	G.P.	HNO_3，1L水样中加浓HNO_3 10mL	14d	250	Ⅲ	GB 11910—89	—	工业废水及受到污染的环境水	水样采集在聚乙烯瓶中，样品采集后立即加硝酸酸化至pH为1~2	丁二酮肟分光光度法	—	0.25	—	10
109							GB 11912—89	—	工业废水及受到污染的环境水	水样采集在聚乙烯瓶中，样品采集后立即加硝酸酸化至pH为1~2	火焰原子吸收分光光度法	—	0.05	—	—
110							HJ 776—2015	—	地表水、地下水、生活污水和工业废水	水样采集在聚乙烯瓶中，样品采集后立即加硝酸使硝酸含量达到1%	电感耦合等离子体发射光谱法	—	0.007（水平）/0.02（垂直）	0.03（水平）/0.06（垂直）	—
111							HJ 700—2014	—	地表水、地下水、生活污水、低浓度工业废水	水样采集在聚乙烯瓶中，样品采集后立即加硝酸酸化使pH<2	电感耦合等离子体质谱法	—	0.06μg/L	0.24μg/L	—
112	银	G.P.	HNO_3，1L水样中加浓HNO_3 2mL	14d	250	Ⅲ	HJ 490—2009	GB 11908—89	受银污染的地表水及感光材料生产、胶片洗印、镀银、冶炼等行业的工业废水	采集的水样保存在聚乙烯瓶中，用浓硝酸将水样酸化到pH为1~2，并尽快分析。镀银光材料生产洗印、冶炼等行业的废水、样品不加酸，并立即进行分析	镉试剂2B分光光度法	—	0.01	0.04	0.8

· 363 ·

续表

序号	项目	《地表水和污水监测技术规范》(HJ/T 91—2002) 水样保存等相关规定					标准分析方法	代替标准	适用范围	标准分析方法中样品保存	方法原理	测定范围 /(mg/L)	检出限 /(mg/L)	测定下限 /(mg/L)	测定上限 /(mg/L)
		采样容器	保存剂及用量	保存期	采样量/mL	容器洗涤									
113	银	G.P.	HNO_3, 1L水样中加浓HNO_3 2mL	14d	250	Ⅲ	GB 11907—89	—	感光材料生产、胶片洗印、镀银、冶炼等行业排放废水及受银污染的地面水	采集的水样保存在聚乙烯瓶中,用浓硝酸将水样酸化到pH为1~2,并尽快进行分析。感光材料生产和胶片洗印、镀银等行业的废水,样品采集后不加酸,采集后即进行分析	火焰原子吸收分光光度法	—	0.03	—	5.0
114							HJ 489—2009	GB 11909—89	受银污染的地表水及感光材料生产,胶片洗印、镀银、冶炼等行业的工业废水	采集的水样保存在聚乙烯瓶中,用浓硝酸将水样酸化到pH为1~2,并尽快进行分析,采集的水样应避光保存	3,5-Br_2-PADAP 分光光度法	—	0.02	0.08	1.0
115							HJ 694—2014	—	地表水、地下水、生活污水和工业废水	每升水样中加入2mL盐酸,样品保存期为14d	原子荧光法	—	0.2μg/L	0.8μg/L	—
116	锑	G.P.	HCl, 0.2%(氢化物法)	14d	250	Ⅲ	HJ 700—2014	—	地表水、地下水、生活污水、低浓度工业废水	水样采集在聚乙烯瓶中,样品采集后立即加硝酸酸化至pH<2	电感耦合等离子体质谱法	—	0.15μg/L	0.60μg/L	—
117							HJ 776—2015	—	地表水、地下水、生活污水和工业废水	水样采集在聚乙烯瓶中,样品采集后立即加硝酸酸化使硝酸含量达到1%	电感耦合等离子体发生光谱法	—	0.2(水平)/0.06(垂直)	0.33(水平)/0.24(垂直)	—

附表2 《地表水和污水监测技术规范》和标准分析方法中的水样保存及标准分析方法等相关规定要求

续表

序号	项目	《地表水和污水监测技术规范》(HJ/T 91—2002)水样保存等相关规定					标准分析方法	代替标准	适用范围	标准分析方法中样品保存	方法原理	测定范围/(mg/L)	检出限/(mg/L)	测定下限/(mg/L)	测定上限/(mg/L)
		采样容器	保存剂及用量	保存期	采样量/mL	容器洗涤									
118	铍	—	—	—	—	—	HJ 694—2014	—	地表水、地下水、生活污水和工业废水	每升水样中加入2mL盐酸。样品保存期为14d	原子荧光法	—	0.2μg/L	0.8μg/L	—
119		—	—	—	—	—	HJ 825—2017	—	地表水、地下水、生活污水和工业废水	应用玻璃瓶采集水样。样品采集后,用磷酸调至pH约2.0,或用0.01~0.02g抗坏血酸除去残余氯,使样品的pH约为2.0,一般每升水样加入0.5g固体氢氧化钠,当样品酸度较高时,适当增加固体用量,使样品在4℃下避光保存,24h内测定	流动注射-4-氨基安替比林分光光度法	0.008~0.200	0.002	—	—
120	挥发酚**	—	—	—	—	—	HJ 502—2009	GB 7491—87	工业废水	采集后的样品应及时加磷酸酸化至pH约4.0,并加适量硫酸铜,使样品中硫酸铜质量浓度为1g/L以抑制酚类微生物对酚的氧化作用。样品在4℃下冷藏,24h内进行测定	溴化容量法	—	0.1	0.4	45.0

· 365 ·

续表

序号	项目	《地表水和污水监测技术规范》(HJ/T 91—2002) 水样保存技术等相关规定					标准分析方法	代替标准	适用范围	标准分析方法中样品保存	方法原理	测定范围 /(mg/L)	检出限 /(mg/L)	测定下限 /(mg/L)	测定上限 /(mg/L)
		采样容器	保存剂及用量	保存期	采样量 /mL	容器洗涤									
121	挥发酚**	G	加入HCl 至pH≤2	—	—	—	HJ 503—2009	GB 7490—87	地表水、地下水、工业废水和生活污水	采集后的样品应及时加磷酸酸化至pH约4.0,并加适量硫酸铜,使样品中硫酸铜质量浓度为1g/L以抑制微生物对酚类的氧化作用。样品在4℃下冷藏,24h内进行测定	4-氨基安替比林分光光度法	—	0.01(直接)/0.0003(萃取)	0.04(直接)/0.001(萃取)	2.50(直接)/0.04(萃取)
122	石油类	G		7d	250	Ⅱ	HJ 637—2018	HJ 637—2012	工业废水和生活污水	用玻璃容瓶采集水样后,加入盐酸溶液酸化至pH≤2。如果样品不能在24h内测定,应在0~4℃冷藏保存,3d内测定	红外分光光度法	—	0.06	0.24	—
123		G.P.	无	24h	250	Ⅳ	HJ 970—2018	—	地表水、地下水和海水	用玻璃容瓶采集水样后,加入盐酸溶液酸化至pH≤2。如果样品不能在24h内测定,应在0~4℃冷藏保存,3d内测定	紫外分光光度法	—	0.01	0.04	—
124	阴离子表面活性剂	G.P.					HJ 826—2017	—	地表水、生活污水和工业废水	采集好的样品中加入甲醛,是甲醛体积浓度为1%,4℃下保存,可保存1周	流动注射-亚甲基蓝分光光度法	0.13~2.00	0.04	—	—

附表2 《地表水和污水监测技术规范》和标准分析方法中的水样保存及标准分析方法等相关规定要求

续表

序号	项目	《地表水和污水监测技术规范》(HJ/T 91—2002)水样保存等相关规定					标准分析方法	代替标准	适用范围	标准分析方法中样品保存	方法原理	测定范围/(mg/L)	检出限/(mg/L)	测定下限/(mg/L)	测定上限/(mg/L)
		采样容器	保存剂及用量	保存期	采样量/mL	容器洗涤									
125	阴离子表面活性剂	G.P.	无	24h	250	Ⅳ	GB 13199—91	—	污染水体	采集和保存样品应使用清洁玻璃瓶。水样采集后用硫酸溶液酸化至pH=4,并视样品的清洁度决定是否需要过滤。滤器可用慢速定量滤纸或0.45μm微孔滤膜。试样应尽快分析,若需要保存,应将其pH调至≤2,于4℃冷藏,可保存3d	电位滴定法	—	5	—	24
126		G	用1+10 HCl调至pH=2,加入0.01~0.02抗坏血酸除余氯	12h	1000	Ⅰ	GB 7494—87	—	饮用水、地面水、生活污水及工业废水	短期保存建议冷藏在4℃冰箱中,如果保存期超过24h,则应采取保护措施。保存期为4d,加入1%(V/V)甲醛溶液即可,保存期长达8d,则需要保存液40%(V/V)甲醛溶液即可	亚甲蓝分光光度法	—	0.05(最低检出浓度)	—	2.0
127	挥发性有机物**						HJ 810—2016	—	地表水、地下水、生活污水、工业废水和海水	样品采集后,应立即量盐酸溶液,贴上标签,拧紧瓶塞,立即放入冷藏箱中4℃以下冷藏运输。样品运回实验室后,应于4℃以下冷藏、避光和密封保存,14d内完成分析测定	顶空/气相色谱-质谱法	—	2~10(Scan)/ 0.4~1.7(SIM) μg/L	8~40(Scan)/ 1.6~6.8(SIM) μg/L	—

续表

序号	项目	《地表水和污水监测技术规范》(HJ/T 91—2002) 水样保存等相关规定				标准分析方法	代替标准	适用范围	标准分析方法中样品保存	方法原理	测定范围/(mg/L)	检出限/(mg/L)	测定下限/(mg/L)	测定上限/(mg/L)
		采样容器	保存剂及用量	保存期	采样量/mL	容器洗涤								
128	挥发性有机物**	G	用1+10 HCl调至pH=2，加入0.01～0.02抗坏血酸除去残余氯	12h	1000	I	HJ 639—2012	—	海水、地下水、地表水、生活污水和工业废水	采样时，水样瓶中加入0.5mL盐酸溶液，拧紧瓶盖；水样呈碱性时应加入适量盐酸溶液使样品pH≤2，在4℃以下保存，14d内分析完毕。当水样加盐酸溶液后产生大量气泡时，样品不应加盐酸溶液，该样品应在24h内分析	吹扫捕集/气相色谱-质谱法	—	0.6～5.0/(Scan)/(mg/L) 0.2～2.3 (SIM) μg/L	2.4～20.0 (Scan)/(mg/L) 0.8～9.2 (SIM) μg/L	—
129							HJ 686—2014	—	地表水、地下水、生活污水和工业废水	样品采集于40mL棕色玻璃瓶中，采集保存、4℃下尽快分析。盐酸溶液0.5mL，样品有余氯时，需加血酸25mg抗坏血酸溶液，再加0.5mL盐酸溶液，4℃下保存14d	吹扫捕集/气相色谱法	—	0.1～0.5μg/L	0.4～2.0μg/L	—
130	烷基汞	—	—	—	—	—	GB/T 14204—93	—	地面水和污水	样品采集在塑料瓶中，如在数小时内样品不能进行分析，应在样品瓶中预先加入硫酸铜（水样处理时不再加硫酸铜溶液），水样在2～5℃条件下贮存	气相色谱法	—	10ng/L（甲基汞）、20ng/L（乙基汞）	—	—

附表2 《地表水和污水监测技术规范》和标准分析方法中的水样保存及标准分析方法等相关规定要求

续表

序号	项目	《地表水和污水监测技术规范》(HJ/T 91—2002)水样保存等相关规定				标准分析方法	代替标准	适用范围	标准分析方法中样品保存	方法原理	测定范围 /(mg/L)	检出限 /(mg/L)	测定下限 /(mg/L)	测定上限 /(mg/L)
		采样容器	保存剂及用量	保存期	采样量/mL									
131	苯系物	—	—	—	—	GB 11890—89	—	工业废水及地表水	水样采集在玻璃瓶中充满,样品采集后应尽快分析。若不能及时测定,可在4℃冰箱中保存,不得多于14d	气相色谱法	0.005~0.1(顶空法),0.05~12(萃取法)	0.005(顶空法),0.05(萃取法)	—	—
132		—	—	—	—	HJ 1067—2019	—	地表水、地下水、生活污水、工业废水和海水	水样采集在40mL棕色玻璃瓶中,样品采集后4℃以下冷藏运输和保存,14d内完成分析	顶空/气相色谱法	—	2~3μg/L	8~12μg/L	—
133		—	—	—	—	HJ 621—2011	GB/T 17131—1997	地表水、地下水、饮用水、海水、工业废水和生活污水	用棕色玻璃瓶充满采集水样,采集水样的水样瓶应尽快分析。如每升水样中加入1.0mL浓硫酸,采样时每升水样中加入1.0mL浓硫酸,保存,7d内完成样品分析	气相色谱法	—	0.003~12μg/L	0.012~48μg/L	—
134	氯苯类	—	—	—	—	HJ 639—2012	—	海水、地表水、地下水、生活污水和工业废水	采样时,水样呈中性时向每个样品瓶中加入0.5mL盐酸溶液、柠檬酸盐缓冲溶液时应加入适量盐酸溶液使样品呈酸性;水样呈碱性时应加入适量盐酸溶液使样品pH≤2,在4℃以下保存,14d内分析完毕。当水样产生大量气泡或沉淀液,应加盐酸溶液,该样品应在24h内分析	吹扫捕集/气相色谱-质谱法	—	0.8~1.1(Scan)/ 0.2~0.5(SIM)μg/L	3.2~4.4(Scan)/ 0.8~2.0(SIM)μg/L	—

· 369 ·

续表

序号	项目	《地表水和污水监测技术规范》(HJ/T 91—2002) 水样保存等相关规定				标准分析方法	代替标准	适用范围	标准分析方法中样品保存	方法原理	测定范围/(mg/L)	检出限/(mg/L)	测定下限/(mg/L)	测定上限/(mg/L)
		采样容器	保存剂及用量	保存期	采样量/mL	容器洗涤								
135	氯苯类	—	—	—	—	—	HJ 810—2016	—	地表水、地下水、生活污水、工业废水和海水	样品采集后，应即加入适量盐酸溶液，使样品pH≤2，拧紧瓶塞，贴上标签，立即放入冷藏箱中于4℃以下冷藏运输。样品运回实验室后，应于4℃以下冷藏、避光和密封保存，14d内完成分析测定	顶空/气相色谱-质谱法	—	3～8(Scan)/0.5～1.0(SIM)μg/L	12～32(Scan)/2.0～4.0(SIM)μg/L	—
136		—	—	—	—	—	HJ/T 74—2001	—	地表水、地下水及废水	样品用玻璃瓶子，应充满有气泡，加盖密封。采集后尽快分析，如不能及时分析，可在2～5℃冰箱中保存，不得多于7d	气相色谱法	—	0.01(氯苯，最低检出浓度)	—	—
137	甲醛**	G	加入0.2～0.5g/L硫代硫酸钠除去残余氯	24h	250	Ⅰ	HJ 601—2011	GB 13197—91	地表水、地下水和工业废水，不适用于印染废水	当水样加盐酸溶液后产生大量气泡时，应弃该溶液，重新采集样品，采集的样品不应加盐酸溶液，样品标签上应注明未酸化，该样品应在24h内分析	乙酰丙酮分光光度法	0.20～3.20	0.05	—	—

附表2 《地表水和污水监测技术规范》和标准分析方法中的水样保存及标准分析方法等相关规定要求

续表

序号	项目	《地表水和污水监测技术规范》(HJ/T 91—2002)水样保存等相关规定					标准分析方法	代替标准	适用范围	标准分析方法中样品保存	方法原理	测定范围/(mg/L)	检出限/(mg/L)	测定下限/(mg/L)	测定上限/(mg/L)
		采样容器	保存剂及用量	保存期	采样量/mL	容器洗涤									
138	酚类化合物	G	用H_3PO_4调至pH=2,用0.01~0.02g抗坏血酸除去残余氯	24h	1000	I	HJ 744—2015	—	地表水、地下水、生活污水和工业废水	用磨口棕色玻璃瓶采集样品。采集样品时水样不能用水样预洗采样瓶。样品采集后,用硫酸酸溶液将水样调节至pH≤2。水样应充满样品瓶并加盖密封,4℃下避光保存。若水样不能及时测定,应在7d内萃取,萃取液在4℃下避光保存,在20d内完成分析	气相色谱-质谱法	—	0.1~0.2μg/L	0.4~0.8μg/L	—
139							HJ 676—2013	—	地表水、地下水、生活污水和工业废水	用磨口棕色玻璃瓶采集样品。采集样品时,不要用水样预洗采样瓶。采集样品后,加入适量盐酸溶液将水样调节至pH<2。水样应充满样品瓶并加盖密封,在4℃下避光保存及时测定。若水样不能及时萃取,应在7d内萃取,萃取液在4℃下避光保存,在20d内完成分析	液液萃取气相色谱法	—	0.5~3.4μg/L	2.0~13.6μg/L	—

续表

序号	项目	《地表水和污水监测技术规范》(HJ/T 91—2002)水样保存等相关规定				标准分析方法	代替标准	适用范围	标准分析方法中样品保存	方法原理	测定范围/(mg/L)	检出限/(mg/L)	测定下限/(mg/L)	测定上限/(mg/L)
		采样容器	保存剂及用量	保存期	采样量/mL	容器洗涤								
140	有机氯农药	G	加入抗坏血酸0.01~0.02g除去残余氯	24h	1000	I	HJ 699—2014	—	地表水、地下水、生活污水、工业废水和海水	用具有玻璃塞的棕色磨口瓶或具有聚四氟乙烯衬垫的棕色玻璃瓶采集样品。样品采集后立即用盐酸溶液调节 pH＜2，4℃下保存，7d内完成萃取，40d内完成分析	气相色谱-质谱法	—	0.025~0.060μg/L(液液萃取)，0.022~0.034μg/L(固相萃取)	0.10~0.24μg/L(液液萃取)，0.088~0.14μg/L(固相萃取)	—
141	有机磷农药	—	—	—	—	—	GB/T 14552—2003	GB/T 14552—1993	地面水、地下水及土壤	采集的水样保存在玻璃瓶中，水样在4℃冰箱中保存	气相色谱法	—	0.8600×10⁻⁴~0.5720×10⁻³	—	—
142		—	—	—	—	—	GB 13192—91	—	地面水、地下水及工业废水	水样应在弱酸性状态下保存，因敌敌畏及敌百虫易降解，应尽快分析，其他水样可在4℃冷藏箱中保存3d	气相色谱法	—	10⁻⁹~10⁻¹⁰ g	5×10⁻⁴~10⁻⁵	—
143	硝基苯类	—	—	—	—	—	HJ 592—2010	GB 4919—85	工业废水和生活污水	采水1000mL的棕色玻璃瓶中，若水样不能在24h内测定，需加入浓硫酸调节 pH≤3，样品必须在7d内萃取，萃取液应在30d下避光保存，应在30d内进行分析	气相色谱法	—	0.002~0.003	0.008~0.012	2.0~2.8

附表2 《地表水和污水监测技术规范》和标准分析方法中的水样保存及标准分析方法等相关规定要求

续表

序号	项目	《地表水和污水监测技术规范》(HJ/T 91—2002)水样保存等相关规定					标准分析方法	代替标准	适用范围	标准分析方法中样品保存	方法原理	测定范围 /(mg/L)	检出限 /(mg/L)	测定下限 /(mg/L)	测定上限 /(mg/L)
		采样容器	保存剂及用量	保存期	采样量/mL	容器洗涤									
144	硝基苯类	—	—	—	—	—	HJ 648—2013	GB 13194—91	地表水、地下水、工业废水、生活污水和海水	按照 GB 17378、HJ/T 91和HJ/T 164的相关规定进行水样的采集保存	液液萃取、固相萃取-气相色谱法	—	0.017~0.22μg/L(液液萃取)、0.0032~0.048μg/L(固相萃取)	0.068~0.88μg/L(液液萃取)、0.013~0.19μg/L(固相萃取)	—
145	邻苯二甲酸酯类**	—	—	—	—	—	HJ 716—2014	—	地表水、工业废水、生活污水和海水	采集样品时，不要用水样预洗采样瓶。水样应充满采样瓶并加盖密封，若水中有残留余氯，要在每升水样中加入80g硫代硫酸钠除氯。样品采集后应避光于4℃冷藏，在7d内完成萃取，在40d内完成分析	气相色谱-质谱法	—	0.04~0.05μg/L	0.16~0.20μg/L	—
146	—	G	加入抗坏血酸0.01~0.02g除去残余氯	24h	1000	I	HJ/T 72—2001	—	水和废水	用盐酸或氢氧化钠将pH值调节到7.0左右，冰箱内保存待用。水样需在采样后7d内进行萃取，30d内完成分析	液相色谱法	—	0.1~0.2μg/L	—	—
147	苯并(a)芘	—	—	—	—	—	GB 11895—89	—	饮用水、地面水、生活污水及工业废水	水样应贮于玻璃瓶中并避光，当日(24h内)用环己烷萃取，环己烷萃取液放入冰箱中保存	乙酰化滤纸层析荧光分光光度法	—	0.004	—	—

附 表

续表

序号	项目	《地表水和污水监测技术规范》(HJ/T 91—2002)水样保存等相关规定				标准分析方法	代替标准	适用范围	标准分析方法中样品保存	方法原理	测定范围 /(mg/L)	检出限 /(mg/L)	测定下限 /(mg/L)	测定上限 /(mg/L)
		采样容器	保存剂及用量	保存期	采样量/mL	容器洗涤								
148	多环芳烃						HJ 478—2009	GB 13198—91	饮用水、地下水、地表水、海水、工业废水和生活污水	用具磨口塞的棕色细口玻璃瓶采集样品。采样前不能用水样预洗采样瓶，以防止样品中有残留余氯，要在每升水中加入80mg硫代硫酸钠除氯，样品采集后应避光于4℃以下冷藏，萃取于7d内完成，萃取后残留应避光于4℃下冷藏，在40d内分析完毕	液液萃取和固相萃取高效液相色谱法		0.002~0.016μg/L(液液萃取)、0.0004~0.0016μg/L(固相萃取)	0.008~0.064μg/L(液液萃取)、0.0016~0.0064μg/L(固相萃取)	—
149	多氯联苯					—	HJ 715—1014	—	地表水、地下水、工业废水和生活污水	样品采集在棕色玻璃瓶中，水样充满样品瓶，在4℃下避光保存，7d内完成萃取	气相色谱-质谱法		1.4~2.2ng/L	5.6~8.8ng/L	—
150	阿特拉津	G	加入抗坏血酸0.01~0.02g除去残余氯	24h	1000	Ⅰ	HJ 587—2010	—	地表水、地下水	样品采集在棕色玻璃瓶中，水样充满样品瓶并加盖密封，置于4℃冰箱内避光保存。采样后应在7d内对样品进行萃取	高效液相色谱法		0.08μg/L	0.32μg/L	—

· 374 ·

附表2 《地表水和污水监测技术规范》和标准分析方法中的水样保存及标准分析方法等相关规定要求

续表

序号	项目	《地表水和污水监测技术规范》(HJ/T 91—2002) 水样保存等相关规定					标准分析方法	代替标准	适用范围	标准分析方法中样品保存	方法原理	测定范围/(mg/L)	检出限/(mg/L)	测定下限/(mg/L)	测定上限/(mg/L)
		采样容器	保存剂及用量	保存期	采样量/mL	容器洗涤									
151	草甘膦	—	—	—	—	—	HJ 1071—2019	—	地表水、地下水和生活工业废水	样品采集在棕色玻璃瓶中，水样充满瓶。若采集的样品pH不在4～9，用盐酸溶液或氢氧化钠溶液调节其pH至4～9，4℃以下冷藏，避光保存，7d内完成样品分析	高效液相色谱法	—	2μg/L	8μg/L	—
152	百菌清	—	—	—	—	—	HJ 698—2014	—	地表水、工业和生活废水	样品采集在棕色玻璃瓶中，水样充满瓶。采集后于2～5℃下保存，7d内完成萃取，萃取液可保存40d	气相色谱法	—	0.07μg/L	0.28μg/L	—
153	氨基甲酸酯类农药	—	—	—	—	—	HJ 827—2017	—	地表水、地下水和生活废水	用磨口棕色玻璃瓶采集水样，采样瓶要完全注满不留气泡。用氢氧化钠溶液调节其pH为中性，水样4℃以下冷藏避光保存，测定灭多威和灭多威肟时应在3d内完成分析，测定其他组分时应在7d内完成分析	超高效液相色谱-三重四级杆质谱法	—	0.1～2μg/L（直接进样）、0.002～0.031μg/L（固相萃取）	0.4～8μg/L（直接进样）、0.008～0.124μg/L（固相萃取）	—
154	总大肠菌群和粪大肠菌群	—	—	—	—	—	HJ 755—2015	—	地表水、废水	采样后2h内检测，否则，需10℃以下冷藏送样且，实验室接样后，不能立即开展检测的，应将样品放入0～4℃冰箱并2h内冰测定	纸片快速法	—	20MPN/L	—	—

续表

序号	项目	《地表水和污水监测技术规范》(HJ/T 91—2002)水样保存等相关规定					标准分析方法	代替标准	适用范围	标准分析方法中样品保存	方法原理	测定范围/(mg/L)	检出限/(mg/L)	测定下限/(mg/L)	测定上限/(mg/L)
		采样容器	保存剂及用量	保存期	采样量/mL	容器洗涤									
155	粪大肠菌群	—	加入硫代硫酸钠至 0.2~0.5g/L,除去残余物,4℃保存	12h	250	I	HJ/T 347—2007	—	地表水、地下水和废水	—	多管发酵法和滤膜法	—	—	—	—
156	微生物	—	—	—	—	—	—	—	—	—	—	—	—	—	—
157	生物**	G、P	不能现场测定时用甲醛固定	12h	250	I	—	—	—	—	—	—	—	—	—

注 1．*表示应尽量做现场测定；**低温(0~4℃)避光保存。
2．G 为硬质玻璃瓶；P 为聚乙烯瓶（桶）。
3．①表示单项样品的最少采样量；②如用容器快安装后测定，可改用 1L 水样中加 19mL 浓 HClO$_4$。
4．I、II、III、IV 表示四种洗涤方法，如下：
   I：洗涤剂洗一次、自来水洗三次、蒸馏水一次；
   II：洗涤剂洗一次、自来水洗三次、1+3HNO$_3$ 荡洗一次、自来水洗三次、蒸馏水一次；
   III：洗涤剂洗一次、自来水洗三次、1+3HNO$_3$ 荡洗一次、自来水洗三次、去离子水一次；
   IV：铬酸洗液洗一次、自来水洗三次、蒸馏水一次、去离子水清洗的步骤。
5．经 160℃干热灭菌 2h 的微生物、生物采样器，必须在两周内使用，否则应重新灭菌；经 121℃高压蒸气灭菌 15min 的采样容器，如不立即使用，应于 60℃将瓶内冷凝水烘干，两周内使用。细菌监测项目采样时不能用水样冲洗采样器，不能合采混合样，应单独采样后 2h 内送实验室分析。
如果采集污水样时可省去蒸馏水、去离子水清洗的步骤。